"十二五"普通高等教育本科国家级规划教材

"十二五"江苏省高等学校重点教材(编号 2014 - 1 - 157)

教育部高等学校特色专业建设点(东南大学城市规划专业)资助成果

城市规划与设计

Urban Planning and Design

（第2版）

阳建强　主编

东南大学出版社·南京

第二版前言

《城市规划与设计》教材,自正式出版以来,在东南大学城市规划专业"城市规划设计"类课程教学中应用多年。在此期间,城乡规划学升格成为一级学科,高等学校城乡规划学科专业指导委员会出台《高等学校城乡规划本科指导性专业规范(2013年版)》,城乡规划的内涵和外延有了新的拓展。

目前我国城市发展已经进入新的发展时期,《国家新型城镇化规划(2014—2020年)》的颁布,明确了我国未来城镇化的指导思想、发展路径、主要目标和战略任务,提出了走中国特色新型城镇化道路和全面提高城市发展质量的未来方向。尤其在时隔37年后,于2015年12月再次召开的中央城市工作会议,针对我国城市发展面临的形势,明确了做好城市工作的指导思想、总体思路和重点任务,提出城市工作要树立系统思维,要综合考虑城市功能定位、文化特色、建设管理等多种因素来制定规划;要在规划理念和方法上不断创新,增强规划科学性、指导性;要加强城市设计,提倡城市修补,加强控制性详细规划的公开性和强制性;要加强对城市的空间立体性、平面协调性、风貌整体性、文脉延续性等方面的规划和管控,留住城市特有的地域环境、文化特色、建筑风格等"基因"等工作部署。

这些新的变化对城市规划专业人才的知识、能力和综合素质均提出了更高的要求。因此,十分有必要按照国家新形势的发展要求和新的城乡规划专业人才培养目标,及时补充反映最新知识、技术和成果的内容,以提高教材的前沿性、系统性、针对性和实用性。

具体修订和补充内容如下:

(1)结构的优化与调整:在原有的章节中新增了"城市规划与设计概述"、"城市更新改建规划与设计"两章内容,原"生态型城镇的规划与建设"与"城市空间发展的生态化转型"两章统筹整合为"生态型城镇建设与规划"一章;并立足城市规划专业整体培养目标,注重城市规划从总体规划到详细规划不同规划层次在教学过程中的贯穿,遵循教学认知规律适当调整章节的安排次序,使教材结构更加清晰与合理。

(2)内容的修改与补充:"国土空间规划与主体功能区规划"一章中,结合主体功能区战略的实施对相关政策性表述进行了修正,并更新了相关数据;"区域与城乡总体规划"一章中新增了区域战略规划和"多规合一"相关知识的介绍,并补充了相应案例;原"小城镇规划和城乡统筹发展"一章内涵拓展至"乡村规划与城乡统筹发展",增加了对于乡村内涵的认识,突出乡村发展的经济和空间特征,补充了国家层面的乡村空间发展政策趋势,强化了村庄布点规划的内容和方法;"控制性详细规划"一章新增"国外与港台类似控制性详细规划的发展"一节;"城市设计原理与方法"一章增加了城市设计基本理论的梳理,扩充了城市设计分类、城市设计编制内容与成果的部分内容;"城市居住空间格局与规划"一章改为"城市居住空间规划设计",新增"住区规划设计原则和内容"一节;"城市历史文化遗产保护与规划"一章在"历史文化遗产保护发展历程"一节中更新补充了最新的国内外发展情况,对"历史街区保护"和"城市设计控制引导"等作了进一步补充;"城市轨道交通枢纽及其用地开发"一章改为"城市轨道交通枢纽及用地规划",对用地开发规划作了进一步充实,补充了典型案例介绍等内容。

(3)除介绍分析城市规划设计的一般工作方法、编制过程和技术标准外,进一步充实了近几年来城市规划设计的实践内容,并增补了部分图文资料,力求简明实用和可读性强。

参加本版《城市规划与设计》教材编写的各章执笔教师如下:

第1章　城市规划与设计概述　阳建强　陶岸君

第2章　国土空间规划与主体功能区规划　陶岸君

第3章　区域与城乡总体规划　王兴平

第4章　乡村规划与城乡统筹发展　王海卉

第5章　控制性详细规划　熊国平

第6章　城市设计原理与方法　高源

第7章　城市居住空间规划设计　王承慧

第8章　城市中心区规划设计　孙世界

第9章　城市历史文化遗产保护与规划　阳建强

第10章　城市更新改建规划与设计　阳建强

第11章　城市轨道交通枢纽及用地规划　朱彦东

第12章　生态型城镇建设与规划　吴晓　权亚玲

由于城乡规划学科是一门正在发展的学科,城市规划设计实践仍在不断探索与创新,加之编写人员水平有限,修订中难免还有诸多问题和不足,殷切希望读者对本教材多提宝贵意见,以帮助我们进一步完善工作,万分感谢。

东南大学建筑学院城市规划系主任
阳建强
2015年12月

第一版前言

随着城市化进程的推进,现代城市规划学科早已突破传统城市规划的范畴,变得内涵更为丰富和外延更为宽广。目前,城市规划在传统城市规划学科强调艺术性、工程性和实践性的基础上,更加强调综合性、社会性和政策性,其主要目标转向揭示城镇建设发展和人居环境整体优化途径及城市规划学科的基本规律,成为一门以物质空间环境规划为核心,且涉及城市社会、经济、文化、政策以及建设等诸多方面内容的综合学科。

"城市规划与设计"是城市规划教学的专业主干核心课程,跨越本科生和研究生教学两个阶段,贯穿城市规划专业教学的全过程,是城市规划教学组织的主线与骨干,具有教师多、时段长、综合性和实践性强等鲜明而突出的城市规划专业特色,对城市规划专业建设和人才培养具有举足轻重的关键性作用。在城市规划教学过程中,"城市规划与设计"课程教学既是专业教学的起点,也是专业教学成果的综合体现。作为专业教学的起点,学生需要从规划设计实践的过程中了解并明确其他相关课程的意义和作用;作为专业教学成果的综合体现,学生必须通过规划设计教学过程将其他课程中学习到的知识创造性地运用于城市规划与设计实践。

《城市规划与设计》教材编写主要有以下几个特点:

(1)立足城市规划专业整体培养目标,顺应现代城市规划学科发展趋势,打破过去长期以来"就规划设计教规划设计"的单一教学模式,基于"规划设计"与"规划理论"交叉互动的教学框架,建立研究型教学和研讨性规划有机结合的教学培养模式,强调学生城市规划设计实际能力与综合能力的培养;

(2)突出基本概念和规划设计方法讲授,合理安排理论、方法和案例分析的内容;

(3)在教学组织上采取课程负责人领衔、不同研究方向教师分工协作与团队授课相结合的方式,各主讲的专题内容设置紧密追踪国际发展前沿并切合国家、地方的经济建设需求。

教材编写的主要目的是让学生全面了解城市规划与设计的概念及其与相关学科的关系,熟悉掌握城市规划与设计的目标原则、工作阶段、编制方法和内容成果要求,培养学生思维能力与操作能力、分析能力与综合能力、自主能力与合作能力协调统一的整体能力。

参加《城市规划与设计》教材编写的各章执笔教师如下：

第 1 章　国土空间规划与主体功能区规划　陶岸君

第 2 章　区域与城乡总体规划　王兴平

第 3 章　小城镇规划和城乡统筹发展　王海卉

第 4 章　控制性详细规划　熊国平

第 5 章　城市中心区规划设计　孙世界

第 6 章　城市居住空间格局与规划　王承慧

第 7 章　城市轨道交通枢纽及其用地开发　朱彦东

第 8 章　城市历史文化遗产保护与规划　阳建强

第 9 章　城市设计原理与方法　高源

第 10 章　生态型城镇的规划与建设　吴晓

第 11 章　城市空间发展的生态化转型　权亚玲

本教材为教育部高等学校特色专业建设点（东南大学城市规划专业）和江苏省高等学校精品课程（东南大学"城市规划与设计"课程）的重要成果组成部分，同时受到"东南大学研究生教学用书建设资助项目"的资助。

殷切希望读者对本教材多提宝贵意见。

东南大学建筑学院城市规划系主任

阳建强

2012 年 3 月

目　录

1 城市规划与设计概述

【导读】 城市规划与设计作为城市规划工作体系的重要组成部分,是政府引导和控制未来城市发展的纲领性文件和技术性蓝本,是城市规划与建设工作开展的重要依据和指南。一般说来,"法定规划"和"非法定规划"构成城乡规划编制体系的总体框架。随着我国城镇化的推进,城市规划设计的目标与内容也变得更为丰富,我们可以按照空间尺度、专业属性以及规划编制的不同阶段等方面将城市规划设计分成不同的类型。因此,在本教程的开篇,对城市规划设计的地位、作用、类型以及当前的发展变化做一基本了解十分必要。

1.1 城市规划与设计的作用

现代城市规划既是一项社会实践,也是一项政府职能,同时也是一项专门技术。一方面与国土规划、区域规划逐渐形成密不可分的城乡空间规划体系,另一方面又与中微观尺度的城市空间设计工作产生直接的联系,是一门以物质空间环境规划为核心,且涉及城市社会、经济、文化、政策以及建设等诸多方面内容的综合学科,具有很强的系统性、综合性、社会性和政策性。

一般说来,一个国家的城市规划体系由法律法规体系、行政体系以及城市规划自身的工作(运行)体系三个子系统所组成。城市规划法律法规体系是城市规划体系的核心,在一个法治国家,所有的公共行为都必须经法律的授权并符合法律的要求,城市规划也不例外,因此,城市规划的法律法规体系为其他两个子系统——规划行政体系和规划运行体系提供法定依据和基本程序;城市规划行政体系是指城市规划行政管理权限的分配、行政组织的架构以及行政过程的整体,城市规划行政体系对城市规划的制定和实施具有重要的作用;城市规划工作体系是指围绕城市规划工作和行为的开展过程所建立起来的结构体系,包括城市规划的制定和城市规划的实施两个部分,也可理解为运行体系或运作体系,它们是城市规划体系的基础。

2015 年"中央城市工作会议"指出城市工作是一个系统工程,要统筹规划、建设、管理三大环节,提高城市工作的系统性。城市工作要树立系统思维,从构成城市诸多要素、结构、功能等方面入手,对事关城市发展的重大问题进行深入研究和周密部署,系统推进各方面工作。因此,从城市系统整体协调的角度,加强城市规划法律法规体系、城市规划行政体系和城市规划工作体系三个子系统的关联和统一,充分发挥这三个子系统各自的职能作用,就显得十分有必要。

城市规划与设计作为城市规划工作体系的重要组成部分,是政府引导和控制未来城市发展的纲领性文件和技术性蓝本,是城市规划与建设工作开展的重要依据和指南。具体而言,城市规划与设计工作的功能与作用可以总结为以下三个方面:

1. 作为城市规划宏观调控的依据

宏观调控是政府运用政策、法规、计划等手段对经济运行状态和经济关系进行调节和干预,以保证国民经济的持续、快速、协调、健康发展的过程,而城市作为国民经济的重要节点,是宏观调控的核心对象之一。城市规划与设计作为城市规划宏观调控的依据和指南,是国家控制、维持和发展城市的重要手段。城市规划与设计对城市建设的宏观调控作用体现在:① 保障必要的城市基础设施和基本的城市公共服务设施建设用地需求;② 在"市场失灵"情况下规范土地市场和房地产市场,在保证土地利用效率的前提下,实现社会公平;③ 保证土地在社会总体利益下进行分配、利用和开发;④ 以政府干预的方式保证土地利用符合社会公共利益。

2. 为城市政策的制定与实施提供蓝本

从本质上讲,规划是一种政策表述,表明了政府对特定地区的建设和发展在未来时段所要采取的行动,具有对社会团体与公众开发建设导向的功能。城市规划与设计作为城市规划的技术蓝本,通过政策引导和信息传输,帮助城市各部门在面对未来发展决策时,克服未来发展的不确定性可能带来的损害,提高决策的质量。城市规划与设计可以把不同类型、不同性质、不同层次的规划决策相互协调并统一到与城乡发展的总体目标相一致的方向上来。

3. 指导城市未来空间形态结构的营造

城市规划设计的主要对象是城市的空间系统,尤其是城市社会、经济、政治关系形态化和作为这种表象载体的城市土地利用系统。城市规划与设计以城市土地利用配置为核心,建立起城市未来发展的空间结构,限定了城市中各项未来建设的空间区位和建设强度,在具体的建设过程中担当了监督者的角色,使各类建设活动都成为实现既定目标的实施环节。城市未来发展空间架构的实现过程,就是在预设的价值判断下来制约和调控城市空间未来演变的过程。

1.2　城市规划与设计的类型

1. 城乡规划编制体系的总体框架

城市规划的编制体系分为两个部分,一是根据《中华人民共和国城乡规划法》的规定而开展的规划设计工作,即所谓"法定规划",这些工作是城市规划与设计工作的核心;二是"法定规划"之外与城乡发展密切相关的其他城乡规划与专项规划,这些工作也是城市规划与设计工作的重要组成部分。

1) 法定规划部分

根据《中华人民共和国城乡规划法》第二条,城乡规划包括城镇体系规划、城市规划、镇规划、乡规划和村庄规划和社区规划。城市规划、镇规划分为总体规划和详细规划。详细规划分为控制性详细规划和修建性详细规划。

其中,城镇体系规划、城市规划、镇规划、乡规划、村庄规划和社区规划是按照规划对象的空间尺度而区分的。城镇体系规划的规划对象是一系列城镇及与其密切相关的区域空间形成的整体,城市规划和镇规划的规划对象是单个城镇,乡规划和村庄规划的规划对象是乡村聚落和居民点,社区规划的规划对象是城镇内部的居住空间单元。

总体规划和详细规划是城市规划和镇规划的不同编制阶段。作为城乡规划的核心对象,城镇地区的人口规模更大、空间构成更加复杂、社会经济活动更加多样,因此城市规划和镇规划需要进行多个阶段的编制。总体规划负责根据社会经济可持续发展的要求以及当地自然、经济、社会条件,对土地的开发、利用、治理、保护在空间上、时间上做总体安排和布局,在总体规划的编制阶段还要编制分区规划和近期建设规划;详细规划在总体规划的指导下对规划区的具体建设提出详细的安排和布局,又分为控制性详细规划和修建性详细规划(图 1-1)。

2) 非法定规划部分

除城乡规划法所规定的上述规划工作外,还有大量规划设计工作与城乡发展密切相关,与法定规划共同组成一个有机整体,构成了城乡规划的完整编制体系。需要指出的是,这些规划设计工作并非没有法律地位,只是在《中华人民共和国城乡规划法》中没有相关法律表述,其中的一些规划设计工作可以通过其他法律法规而获得相应的法律地位。非法定规划部分的城市规划与设计工作可以分为以下三类:

(1) 国土空间规划和区域规划　这类规划面向更大尺度的区域系统,以解决国家和区域的重大空间发展问题为目标,是城市规划的上位规划,对城镇发展具有重要的指导性和约束性意义。

(2) 部门规划和专项规划　这类规划面向城乡空间发展的某一个子系统,解决该系统内与城乡发展相关的空间问题,对城乡发展的某些专项领域提出空间上的安排。这类规划是城乡规划的有机组成部分,与城市规划具有紧密的联系。

(3) 城市设计　城市设计以城市发展所涉及的物质空间为工作对象,解决城市规划中关于城市形体环境的相关空间问题,是以城镇物质空间环境中空间组织和优化为目的,在城市规划协同的前提下,运用跨学科的途径,对包括人、自然和社会因素在内的城市三维空间和物质环境对象所进行的设计工作。城市设计本身作为城市规划的重要工作内容之一,近年来与城乡规划的关系越来越密切,与总体规划和详细规划产生紧密的互动,其工作对象的空间尺度涵盖区域、城市、片区、街区、地段和空间节点等多个层次。

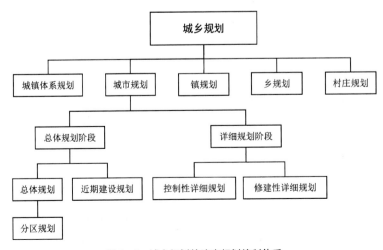

图 1-1　城乡规划的法定规划编制体系

2. 城市规划与设计的类型

随着城市规划内涵的拓展和城镇化进程的推进,城市规划与设计的类型变得越来越丰富。通常情况下,可将城市规划与设计划分为"基本系列"和"非基本系列"。对于基本系列的规划,重点是提供政府间行政管理的内容,通过规划文件的审批达到上下级政府之间意见的统一和行动的协调;对于非基本系列的规划,以解决城市面临的实际问题为原则,根据实际需要编制不同内容和深度的规划。在具体城市规划开展工作中,根据不同的分类原则、工作需要和空间尺度,可以把城市规划与设计进行多种分类。

1) 按照工作对象的空间尺度

在跨区域层面有国土空间规划与主体功能区规划,在县(市)域层面有区域与城乡总体规划、小城镇规划和城乡统筹发展和分区规划,在开发控制层面有控制性详细规划,在营建实施层面有修建性详细规划。

2) 按照规划编制的不同阶段

可以分为战略规划、概念规划、总体规划、分区规划、详细规划、近期建设规划等。

3) 按照工作对象的城乡构成

可以分为城镇规划和乡村规划,城镇规划包括城镇体系规划、城市规划、镇规划等,乡村规划包括乡规划、村庄规划、村庄布点规划等。

4) 按照工作对象的专业属性

可以分为综合规划和专项规划,综合规划包括区域规划、总体规划、分区规划等,专项规划包括城市历史文化遗产保护与规划、旧城改建与更新规划、道路交通规划、市政设施规划、公共服务体系规划、城市空间特色规划、城市色彩规划、城市照明规划、低碳生态城市规划、城市地下空间规划、城市安全与城市防灾规划等。

5) 按照工作对象的空间类型

可以分为城市住区规划设计、中心区规划设计、城市历史街区保护规划、工业区(产业园区)规划设计、新校园规划设计、风景区(旅游区)规划设计、城市轨道交通枢纽及其规划、小城镇规划设计等。

此外,还有以某种规划思想理念为工作对象的规划设计工作,如城乡一体化规划、城乡统筹规划、新型城镇化规划、生态型城镇的规划与建设等。

1.3 近年来城乡规划编制的发展变化

1. 国家城乡规划编制体系改革

1) 由原城乡二元规划编制体系向城乡一元规划编制体系转变

在城乡规划改革的过程中,城乡规划编制体系一直是改革探索的重点,并取得了丰硕成果。国家将城市—乡村纳入同一个规划编制体系,确定了"五级、两阶段"的城乡规划体系,即城镇体系、城市、镇、乡、村五级和总体规划、详细规划两阶段,这是国家层面规划编制体系最大的改革。

2) 强化了城镇体系规划的层级指导性

与旧法相比,《中华人民共和国城乡规划法》对城镇体系规划的指导性进行了层级确定,不再要求直辖市编制城镇体系规划,直辖市直接编制城市总体规划即可,使得各直辖市可根据实际情况对总体规划进行创新。

3) 明确了镇规划的编制体系

《中华人民共和国城乡规划法》对镇的规划编制和管理体系是非常明确的:镇规划分为总体规划和详细规划。新法将镇的规划编制体系以法定形式确定下来,为镇规划的编制提供了法律依据;同时,不再将乡和村庄规划进行细化,统称为乡规划、村庄规划。

4) 以空间规划为平台推动城乡规划的实施

一是多部门共同规划,除住房和城乡建设部组织编制《全国城镇体系规划》,重点指导城镇及其辐射区域的发展外,发改委也组织编制《全国主体功能区规划》,以开发强度引导国土开发和利用。二是城镇空间发展分区,强调以城镇群为核心,通过区域协作带动更多城镇和地区参与全球产业分工,如三大都市连绵区、八大城镇群。

与此同时,在跨省域层面也进行了规划改革的探索,由国家主导编制转变为地方政府联合编制,并建立合作机制以推进跨省域规划的实施。跨省域的规划类型尽管没有进入国家的法定规划编制体系之中,但由于其广泛的实践及其在跨区域发展与合作中的作用,这种类型的规划已经成为中央有关部委和诸多地区认可和客观存在的一种规划类型。

2. 地方城乡规划编制体系改革

在上述基础上,地方省市通过增加某类型规划、细化某层级规划、用新类型规划替代原有规划等方式推进城乡统筹。不少地区还通过制定地方"城乡规划条例"及实施《中华人民共和国城乡规划法》的办法将这些改革和创新的成果法定化,构建起诸多特色的规划编制体系。在贯彻统筹城乡发展这一立法精神中,地方性立法对城乡规划编制体系的深化有以下几个特点:

1) 新增了城乡总体规划这一类型规划

这是当前城乡规划地方性立法的最大特点,如重庆市的城乡总体规划、浙江省的县市域总体规划、陕西的一体化建设规划等。省域层面改革的目的在于实现规划的全域覆盖、全域统筹。这类规划将统筹城乡空间布局、统筹城乡基础设施和公共服务设施作为重点。从内容上,既对全市域的城乡空间、城镇布局进行统筹安排,又重点对中心城区建设用地规模、功能结构、用地布局、基础设施等进行规划,融合了市域城镇体系规划和都市区总体规划两个层级的规划内容。

2）增加了次区域规划的类型

增加次区域规划的类型,是为了解决省域范围内联系相对密切的各相邻区域的协调发展问题,这些做法有的还在地方城乡规划条例中被明确下来。如苏锡常都市圈规划、南京都市区规划、重庆"一圈两翼"次区域城乡总体规划。在具体做法上,区域性城镇体系规划主要是在省域城镇体系规划指导下,针对省内重点地区进行编制,并由省人民政府审批;在编制内容上,次区域性规划既带有区域城镇体系规划的性质,也含有区域性城乡整体空间布局等内容,具有区域性城乡统筹的性质。部分城市尽管没有确定次区域规划的法定地位,但次区域规划实际上指导了区域发展,也应视为规划编制体系进行的改革实践。

3）城市规划体系进一步细化

国家对城市这一行政层级的规划编制体系分为总体规划和详细规划。地方不少省市依据实际情况,对城市的规划体系进行细化,以强化其实际指导作用。一是增加城市全域规划,作为概念规划指导全市的规划统筹。全域规划的基本核心就是规划全覆盖,旨在使城市全境内每一块土地都能有相应的、可操作实施的规划作为指导。打破市域内行政区界,统筹研究确定全市域产业发展、全域功能分区、城乡体系、城乡空间形态、城乡交通结构体系、生态格局,统筹配置全域公共服务设施和市政基础设施,扫清规划盲区,使得城乡都同一个规划进行指导和管理。

4）依据管理对象的特殊性建立相应的规划编制体系

中心城区规划编制体系为:分区规划—单元规划—详细规划。分区规划是城市总体规划确定的中心城内各分区的规划,目标是落实城市总体规划对中心城内土地利用、人口分布、产业布局、基础设施和公共服务设施等提出的要求;单元规划是分区规划确定的各单元的规划,目标是落实分区规划对编制控制性详细规划应确定的土地使用性质、建筑总量、基础设施和公共服务设施等内容提出的要求。

郊区规划编制体系为:郊区区县总体规划 新城、新市镇总体规划—详细规划—村庄规划。其中,郊区区县总体规划应明确规划区和村庄规划区,划分新城、新市镇总体规划的范围,明确编制要求;新城、新市镇总体规划需要明确村庄规划的编制范围和编制要求。新城、新市镇的控制性详细规划由区、县人民政府会同市规划行政管理部门组织编制,经市人民政府批准后,报市人民代表大会常务委员会备案。

对特定区域,则要求在相关城乡规划的基础上编制单元规划和控制性详细规划。

5）开展城乡统筹规划的探索

县(市)域包括城、乡,既具有相对独立的规划管理权限,又具有相对合理的管理范围,成为推进城乡统筹规划工作的重点和突破口。在不少推行改革的地区,实现了规划向全域城乡的延伸和覆盖:一是增加指导全域层面的规划类型,二是以体现城乡统筹性质的规划融合原城镇体系规划和城市总体规划的内容。如南京、重庆等城市要求各区县编制区县城乡总体规划,陕西省在县市域层面增加了城乡一体化建设规划。

6）将专项规划纳入法定城乡规划体系之中

在部分大城市,专项规划也属于法定规划。专项规划由相关行政主管部门或者市规划行政主管部门编制,需与控制性详细规划相衔接;若由市规划行政主管部门组织编制,则直接报市人民政府审批;若由相关行政主管部门组织编制,需经市规划行政主管部门组织审查同意后方可报市人民政府审批,有效保证了市规划行政主管部门的主导型地位。专项规划若需修改,需按照指定的原有审批程序报批。

■ 思考题

1. 城市规划与设计在城乡规划体系中的作用是什么?

2. 在当前城市规划工作中为什么要编制不同类型的城市规划与设计?

■ 主要参考文献

[1] 中国城市科学研究会. 中国城市规划发展报告2014—2015[M]. 北京:中国建筑工业出版社,2015.
[2] 全国城市规划执业制度管理委员会. 转型发展与城乡规划[M]. 北京:中国计划出版社,2011.
[3] 全国城市规划执业制度管理委员会. 城市规划原理[M]. 北京:中国计划出版社,2011.
[4] "城乡统筹视野下城乡规划的改革研究"课题组. 走向整合的城乡规划—城乡统筹视野下城乡规划的改革研究[M]. 北京:中国建筑工业出版社,2013.

2 国土空间规划与主体功能区规划

【导读】 城市脱胎于区域，与城市周围的外部环境密切相关，因此城市化发展作为一种国土空间功能，与区域系统中的其他功能存在很强的相互作用。在城市规划的编制过程中，如果不能处理好区域系统中各种地域功能之间的关系，将会造成国土空间的无序开发，影响区域协调发展。国土空间规划便是以协调城市化和工业化开发与生态保护、合理利用资源、保障农业安全之间的关系为目标，对国土资源的开发、利用、整治和保护所进行的综合性战略部署，也是对国土重大建设活动的综合空间布局。本章将介绍国内外国土空间规划产生和发展的历程，阐述国土空间规划的科学基础，并以我国的国土空间规划——主体功能区规划为例，介绍编制国土空间规划的工作方法。

2.1 国土空间规划的产生与发展

2.1.1 国土空间规划提出的背景

工业革命之后，各国都进入到城市化和工业化高速发展的时期，虽然人口和产业的集聚过程促进了各国经济发展水平的高速增长，但同时也带来了环境污染、生态恶化、资源紧张、耕地减少、城市人口膨胀等严重问题。与此同时，国土空间的无序开发增大了各国政府对国土开发的管理难度，影响到区域竞争力的维持和提高，不利于各国国民经济的可持续发展。因此，进入 20 世纪后半叶，世界各国尤其是发达国家纷纷出于促进区域均衡、统筹配置国土开发和提升本国竞争力的考虑，提出各自的国土空间规划及其相关发展战略。

对于我国来说，这样的需求就更明显。改革开放 30 余年来，我国的国民经济和社会各项事业得到了飞速的发展，取得了整体国力显著增强、现代化进程持续推进的巨大成就，但是也暴露出一些严重的区域发展失衡问题，主要包括以下几个方面：

1) 区域发展差距扩大

区域差距的不断扩大主要体现在发达地区和欠发达地区之间的差距和城乡差距两个层面上。改革开放以来，沿海和内陆的人均 GDP 差距已由 1978 年的不到 200 元增长到 2013 年的 25 660 元，城乡收入差距由 210 元增长到 18 059 元。其中，沿海与内陆农村之间的发展差距大于城镇之间的差距。2013 年，沿海省份和内陆省份的城镇居民收入的差距为 1.43 倍，而人均农民收入的差距却是 1.53 倍。与此同时，中西部内陆越是落后的省区，城乡差距越大，如 2013 年中国城乡收入差距为 3.03 倍，其中西部地区为 3.32 倍，而同期东部地区的城乡差距则是2.69 倍。

2) 盲目城镇化

盲目城镇化主要体现在通过政府主导下的土地开发拉动非理性的城镇化进程。1981 年到 2003 年，城镇人口每增加 1 个百分点，城镇用地则增加 2.27 个百分点，最终导致土地利用效率下降，国土开发强度不断增加。东部个别省区和许多城市的国土开发强度最多可达 40%，已经远远超过了许多发达国家和地区。高强度、低产出的国土开发模式既不利于社会经济的长远发展，也对我国的资源环境承载能力造成严重的威胁。

3) 空间无序开发

空间的无序开发使得产业转型和升级的步履缓慢，更带来区域生态环境质量下降的恶果。一方面，发达地区由于过度开发，面临着严重的环境问题，如大气污染、酸雨、水生态退化、地下水漏斗扩大等；另一方面，欠发达地区往往生态环境脆弱且是我国发达地区的生态屏障，却不合理地大规模推进工业化进程，破坏了发达地区的生态安全和当地下一代人的生存基础，从而对我国的可持续发展带来巨大的威胁。

因此，进入 21 世纪以来，遵循自然和经济发展规律，从战略层面合理配置人类活动的空间分布，建立人口、经济布局与资源环境承载能力相适应的空间开发方式，成为当前我国可持续发展的关键问题。这也是我国正式启动国土空间规划工作，实施主体功能区战略的时代背景。

纵观中外国土空间规划的提出过程，可以总结出国土空间规划的核心目标包括以下几个方面：① 根据资源环境承载能力，确定资源开发(尤其是国土资源开发)的合理规模，遏制空间无序开发；② 科学配置人口和经济活动布局，培育和提升区域竞争力，促进区域发展均衡；③ 确定人口和产业集聚、农业发展、资源开发、生态保护等重要国土功能的空间布局，形成协调的国土空间结构。

2.1.2 国土空间规划的理论基础

国土空间规划涉及区域发展相关的各个领域，其理论基础呈现出明显的学科交叉性质，包括地理学、经济学、生态学、资源科学、环境科学等多个学科门类。具体来看，国土空间规划主要涉及以下重要理论：

1. 资源环境承载能力理论

在国土空间规划中，资源环境承载能力是确定人口城镇布局和对产业进行空间引导的根本依据，也是一切规划内容的基础。资源环境承载能力（resources and environment carrying capacity）是指某区域一定时期内在确保资源合理开发利用和生态环境良性循环的条件下，资源及环境能够承载的人口数量及相应的经济社会活动总量的能力和容量。人类自进入工业社会以来，对自然资源的需求量急剧增加，而地球的资源环境本底对于人类各种社会经济活动的容纳能力是有限度的，因此只有合理地将社会经济活动限定在资源环境能够承载的范围内进行，才可以实现可持续发展。

资源环境承载能力理论早在18世纪末就已萌芽，英国政治经济学家马尔萨斯（T. R. Malthus）在1798年就认识到：人口以几何速率增长而粮食仅以线形速率增长，因此人口的数量将受到限制。在此启发下，19世纪的西方经济学家、地理学家开始逐渐认识到各种资源环境因素对于人口数量的限制作用并开展研究。进入20世纪以来，学界更多地认识到资源环境系统与人类社会经济系统的相互作用，将注意力由资源环境约束下的种群数量的最大值（极限状态）转移到能够使得人与环境发展质量最高的平衡值（最优状态），并将过去单一以人口为对象的承载力研究拓展到包括生态、农业、社会、经济等多个领域，形成了现代的资源环境承载能力理论。

2. 地域空间组织理论

各种社会经济活动在国土空间上呈现出点、线、面等不同的空间形态，这些形态及其内在的相互联系统称为空间结构（spatial structure）。空间结构的形成和演变具有其内在的规律，长久以来，各国学者在此方面展开了大量研究，形成了地域空间组织理论。国土空间规划需要科学地安排人口、经济、产业的空间布局，提高国土开发的效率，就必须遵循这样的规律。对国土空间规划工作具有重要支撑意义的地域空间组织理论包括：

1）农业、工业区位论

农业、工业区位论是确定农业和工业活动的最佳位置的理论。德国经济学家杜能（J. H. von Thünen）于1826年提出了以城市为中心呈六个同心圆状分布的农业地带理论，即著名的"杜能环"，创立了农业区位论；德国经济学家韦伯（A. Weber）又于20世纪初综合了运费、劳动力和集聚三大因素提出了有关工业理想位置的理论，从而创立了工业区位论。此后，农业和工业区位论不断发展，已经形成了十分成熟的学说，对指导产业空间组织具有重要的意义。

2）中心地理论

中心地理论（central place theory）是揭示中心地（城镇）在空间上分布规律的理论，由德国地理学家克里斯塔勒（W. Christaller）和德国经济学家廖什（A. Lösch）分别于1933年和1940年提出，并在此后得到了逐步完善。中心地理论针对城镇的规模等级体系、城乡相互作用、职能布局、市场区域划分等问题给出了系统的阐释，对后世关于城市空间结构的研究产生了深远的影响，并在设计和规划区域城镇体系的工作中应用广泛。

3）区域空间结构理论

区域空间结构理论是在区位论、中心地理论的基础上，综合研究区域发展中各种经济活动的空间分布状态和空间组合形式的理论，兴起于20世纪后半叶，其注意力主要集中于增长极的形成、中心地区的极化效应、区域间要素的流动以及空间相互作用等方面。我国经济地理学家陆大道提出了"点轴"系统理论，阐释了在国土开发中点和轴的形态变化、点轴互动机理和演变的基本规律，为空间结构的合理组织提供了很好的模式，我国以沿海和沿江两条轴线构成的T字形国土开发战略就是依据"点轴"系统理论而确定的。

3. 地域功能理论

国土空间规划的核心目标是空间管制，重点在于国土空间的利用方向，即功能的管制。在国土空间上所承载的这种功能称为地域功能（territorial function），它是自然生态系统赋予的自然功能和社会经济系统赋予的利用功能所叠加而形成的综合功能。地域功能附着于不同的区域之上，就形成了各种各样的功能区。国土空间规划中对国土开发、利用、整治、保护进行战略部署的核心手段，就是通过识别出不同地区对于各种地域功能的适宜程度，从而划分出各类功能区，继而进行因地制宜的规划安排。

地域功能早在近代地理学发端之初就被发现，法国地理学家维达尔·白兰士（P. Vidal de la Blanche）和德国地理学家赫特纳（A. Hettner）都注意到了功能区的存在，进入20世纪以来，英国地理学家赫伯森（A. J. Herbertson）、昂斯特德（J. F. Unstead）等纷纷开始尝试利用地域功能的原理进行功能区划。此后，西欧各国和美国、俄国学者纷纷将功能区划用于指导本国的国土开发，总结出了自然区划、农业区划、经济区划、土地功能区划等多种多样的功能区划理论和方法。目前，在各发达国家所开展的国土空间规划工作中，识别地域功能、开展功能区划都是非常重要的技术手段。我国通过长期区划工作实践的积累，也已形成了较为成熟的地域功能理论，区划对象也由最初的单要素区划逐渐趋向综合，我国当前正在实施的主体功能区战略也正是国土空间规划与地域功能区划相互促进的结果。

4. 空间均衡理论

促进空间均衡是国土空间规划的终极目标，所谓空间均衡(spatial equilibrium)是指国土空间格局的一种动态平衡状态,它既包括发展水平的均衡,又包括功能结构的均衡,含义十分广泛。空间均衡理论认为,一切有序的国土开发行为最终将指向空间均衡,同时只有趋向空间均衡的国土开发行为才是可持续的。因此,空间均衡是区域发展的一种最优状态,是国土空间格局形成和演变的根本机制。

对于空间均衡的理解也是随着时代的发展而不断完善的,这也直接影响到人类调控国土开发活动的指导思想和价值观。早期学者普遍认为地理环境对于地表的各种土地利用事实具有根本性的作用,即环境决定论和必然论。近代地理学兴起之后,环境决定论和必然论被摒弃,而更加强调了人类的作用,如英国地理学家弗勒(H. J. Fleure)就认为增进福利是国土开发活动的根本动因。进入 20 世纪后半叶,发达国家的高强度工业化纷纷引发严重的国土开发失衡问题,对空间均衡的理解则趋向于可持续发展和区域平衡。

我国经历了改革开放 30 余年的快速工业化进程之后,也逐渐在调整国土空间开发的目标指向,并引发学术界的广泛思考。经济地理学家吴传钧、陆大道等都从区域发展的长远考虑,指出了国土空间均衡的若干重大问题和关系;此后,樊杰于 21 世纪初创建了空间均衡模型,提出空间均衡的标准是区域综合发展状态的人均水平值趋于大体相等,而综合发展状态由经济发展、社会发展、生态环境三个维度构成,一个有序的国土空间格局的形成过程应当就是区域综合发展水平最大化的过程。三维目标指向下的空间均衡也已经成为未来我国促进区域协调发展的重要指导思想。

2.1.3 目前各国的国土空间规划

1. 德国

德国是最早建立国土空间规划体系的国家之一,联邦德国政府于 1965 年制定了空间规划(Raumplanung)法案,至 1990 年已经编制了 12 份空间规划报告,内容包括对德国空间发展现状及趋势的详细分析以及具体的分类政策。两德统一后,联邦政府于 1998 年制定了新的空间规划法案以代替 1965 年的版本,将可持续性作为最高原则,目标是建立一个可持续的、大区域的稳健空间,以便使社会和经济对空间的需求与空间的生态功能和谐共处。此后共编制了 2 份空间规划报告,最新一份报告编制于 2005 年。

这部《联邦空间规划报告》分为两个部分。第一部分是对国土空间的分析评价报告,通过以下几个方面认识德国国土空间的开发现状和面临的问题:① 空间结构,根据各地公民对本地域生活质量的满意程度这一主观评价综合一些客观的评测指标,如人口密度、中心可达性等,评估国土空间的集聚程度;② 空间发展趋势,根据人口数量及

结构转变、经济的结构型转变、人口分布的变化、空间网络化四方面的现状和发展趋势,判断各地区的发展活力和潜在的衰退危险;③ 可持续性,从经济竞争力、社会与空间的平等以及自然生态基础的保护三个角度,通过详细的论证对全国各地区的可持续性进行了评估。根据上述三个方面的评价,总结出未来德国国土空间所面临的挑战。第二部分则是由一系列的规划政策构成的,包括空间规划的法律体系、联邦政府和联邦州在空间规划上的权责分割、与欧盟规划的协调以及欧盟框架下的国际合作、与邻国的关系、政策体系建设以及和其他领域规划的衔接等。

2005 年的《联邦空间规划报告》是各国国土空间规划中最为全面和综合的一部,贯彻了最新的国土开发理念,使用了最先进的规划手段,并利用"区划+规划"的结构实现了规划政策与空间布局相结合,堪称现代国家国土空间规划的典范。

2. 法国

法国国土空间规划的工作核心是国土整治(aménagement du territoire),它出台的深层背景是法国自工业革命以来长期形成的区域发展不均衡,巨大的区域差距使得法国在第二次世界大战后急切地寻求将人口和经济在国土上进行重新配置,从根本上改善区域发展的不均衡性,因此,"均衡性"一直是法国国土整治的核心目标,也是其区别于其他国家国土空间规划的鲜明特征。

法国系列国土整治计划在 1960 年后逐渐开始,其核心内涵就是要以综合的观点研究国家与地区的发展,由总体规划指导各项建设,强调地区间、产业间的均衡发展,建立最佳的人口产业布局。法国国土整治的"均衡化"目标包括产业均衡、城市均衡、区域均衡和人与自然均衡等,手段主要包括平衡都会区的发展、对欠发达地区的扶持、山区和滨海地区的保护、老工业区的复兴与改造等。上述各项国土整治的规划战略都是通过包含多个层级的规划体系而落实的:国家层面的规划是综合公共服务规划,负责促进教育、文化、卫生、交通等基本公共事业在全国的均等化配置;在区域层面由各类发展条件相近的 2~5 个省构成一个规划行动区,各自编制大区国土规划,在中央政府的指导下编制各区域内的国土规划,贯彻国家的均衡化国土整治战略;在城市圈层面则开展地域协调发展规划,将国土规划的内容深化、细化,指导各市镇开展土地利用规划和城市规划。

3. 英国

英国的国土空间规划与法国具有很高的相似性。首先,英国开展国土空间规划的背景也是由于区域差距的拉大,具体地说,是由 20 世纪六七十年代之后北部工业区的衰退和伦敦地区的人口过密而造成的区域发展失衡。因此,英国的国土空间规划也是以促进均衡性为首要目标,其核心理念就是解决失业和地区差距。同时,英国的国家

规划体系和法国十分类似:在国家层面只编制宏观的国家规划政策方针,分 25 个领域指导地方的开发;在地区层面由中央主导编制实质性的地方圈综合方针,它是国土规划的主体;在地方自治体层面则在地方圈综合方针的指导下编制自身的发展规划。

4. 荷兰

荷兰自 1940 年代起建立了国家空间规划体系,至 2000 年已经编制了 5 份空间规划报告。2003 年荷兰政府拟定了第六次国家空间计划,并将其定名为"创造发展空间",该计划的理念与德国的空间规划有异曲同工之妙,重点在于国土景观结构的改造、自然保育区的保存、永续农业的发展以及乡村地区的开发。与此同时,除国家空间计划报告外,空间规划的主导权在省一级。荷兰本土的 12 个省都在国家空间计划的指导下编制空间规划,与其他欧洲国家不同,荷兰空间规划的重点在于功能的划分,其将国土划分为都会区、都市扩张区、主要的国家及区域基础建设区、工业区、各种类型农业区、休闲区、自然保育区、主要水源及水体区等 9 类区域,具有明显的土地利用规划性质,这也是荷兰国土空间规划的特点。

5. 欧盟

欧盟是世界上唯一开展过跨国发展规划工作的地区。在欧洲层面进行空间规划具有很深的背景,1990 年代之后,世界进入多极化发展阶段,欧洲各国一方面意识到未来将面临十分难得的发展机遇,另一方面各国自身也遭遇了各式各样的发展问题,因此在 20 世纪末,欧盟决心推动一项旨在通过创新促进经济全面发展的改革,即"里斯本战略",而开展欧洲空间规划就是"里斯本战略"的一部分。1999 年,欧盟公布了《欧洲空间开发展望》(European Spatial Development Perspective,简称 ESDP),它是为共同体和欧盟成员国内具有空间影响的部门提供的一个非常适当的政策框架,基本方针是形成多核心的均衡国土和区域开发,促进基础设施服务和知识发展水平均等化,寻求全欧洲的可持续发展,以实现加强欧盟社会经济的凝聚力,实现均等而可持续的发展的目标。作为 ESDP 的配套,同时开展了欧洲空间规划研究项目(Programme Study of European Spatial Planning,简称 SPESP),在 SPESP 中利用地理位置、空间融合、经济实力、自然资源、文化资源、土地利用压力以及社会融合等 7 项可综合表达空间发展特征的指标进行详尽的分析评价,将欧洲划分为了 8 组区域。在 SPESP 的支撑下,欧洲空间发展的指向得以明确,并且提出有发展潜力的战略方向,为 ESDP 的政策条款提供了科学依据,并在很大程度上细化了这些政策条款。

6. 美国

美国没有全国性的国土空间规划,这一方面是由于美国的国土面积过于广大,另一方面则是由美国自由主义的意识形态决定的。因此,美国不仅没有全国性的国土空间

规划,连州层面的相关计划也比较少见。但即便如此,区域性的规划行为在美国还是比较普遍的,并且形成了一些特色。美国的区域性国土空间规划往往是针对一些特定的地域类型而进行的,如流域开发治理计划、大都市区发展计划、山区开发计划等等,规划也往往具有十分明确的关注领域,如环境问题、萧条、地区差距、公共安全等。但总的来说,美国的这些区域性的国土空间规划并不系统,对于土地利用规划和市镇的城市规划影响较弱。

7. 日本

日本是一个各级国土空间规划都发展得比较完善的国家。国家层面的国土空间规划过去称为"全国综合开发计划",自 1962 年至今已开展 5 次,2005 年颁布了新的法案,用"国土形成计划"代替过去的全国综合开发计划。国家层面的国土空间规划主要负责制定国土开发的根本策略、确定国土空间结构、设定各领域未来的发展方向,因此其内容代表了日本区域发展的最高指导思想,如推动经济增长、打造国土开发轴线、促进地方新增长极的形成、形成分散的国土空间结构等。在国家主导的规划之下,是地方层面的由多元化主体广泛参与和协商的国土开发计划,包括广域地方计划和都道府县(日本的一级行政单元)计划两个层面,这些计划负责制定区域内的发展战略、解决各区域的固有发展问题、指导基层的具体建设计划。

8. 中国

我国自 1970 年代开始逐渐认识到环境问题的严重性,特别是改革开放之后,经济成长过程中的环境和资源问题已经初露端倪,与此同时,旧的计划经济体制已无法承担新时期的国土整治任务,因此政府开始尝试建立起现代的空间管治体系。1981 年,我国提出了国土开发整治的任务,具体内容包括资源的合理利用、大规模改造自然工程的论证、建设布局、基础设施布局和环境治理。之后,我国政府和学界就国土空间规划问题开展了长达近 20 年的前期研究,并在一些地方进行了试验,但正式的国土空间规划工作一直没有开展。进入 21 世纪,开展国土空间规划的必要性越来越高,时机也逐渐成熟。2005 年底,"十一五"规划中首次将"推进形成主体功能区"作为我国重大的区域发展战略,之后按照国务院部署,于 2007 年开始编制国家级和省级主体功能区规划。2010 年,国务院原则通过了《全国主体功能区规划》,并在"十二五"规划中正式提出实施主体功能区战略,标志着我国第一部国家层面的国土空间规划正式实施。

2.2 主体功能区规划概述

主体功能区规划是我国特有的一种国土空间规划,该规划通过将国土空间划分为优化开发、重点开发、限制开发和禁止开发四大类主体功能区作为实施各项规划政策

的载体和依据,以实现对国土空间的调控。全国主体功能区规划于2000年前后开始酝酿,经历了10年左右的时间完成,并建立起了一系列相关的规划制度。从根本上说,全国主体功能区规划在我国目前起到了国土空间规划的作用,是战略性、基础性、约束性的规划。

2.2.1 主体功能区规划的理念

我国地域辽阔,自然条件空间分异显著,不同地区支撑经济建设的资源、生态基础差异很大,加之在区位、对内对外联系以及经济发展的技术基础条件上的差距,因而在全国经济、社会、资源、生态系统中所履行的功能应不同,选择的发展战略和相应的发展政策也应有所差异。我国生态环境比较脆弱,适宜大规模开发的地域空间有限,因此主体功能区规划的核心意义就在于解答了这样的问题:哪些区域适宜工业化和城镇化?适宜走什么样的工业化和城镇化道路?

因此,主体功能区规划根据资源环境承载能力、现有开发强度和未来发展潜力,将全国的国土空间划分为优化开发、重点开发、限制开发和禁止开发四类主体功能区,再根据各主体功能区的开发理念,划清城市化地区、农业地区、生态地区之间的界限,优化生活空间、生产空间、生态空间之间的数量比例和空间结构。主体功能区规划中主要从以下几个方面进行功能空间组织:

1) 优化国土空间结构

调整当前我国生产空间扩张过快、生态空间被侵蚀严重的现状,在优先保证生活空间的基础上,扩大生态空间,适当压缩生产空间,将国土开发活动由追求量的扩大转向注重内部结构的调整。

2) 保护自然生态

对于自然生态系统中具有重要功能的森林、水体、山地等,进行严格的保护,以保障自然生态功能中最基本、最重要也是最难被修复的服务功能。同时,对于生态环境脆弱的地区,要严格限制大规模城市化和工业化的开发,并对自然生态进行积极的修复。

3) 有度有序开发

严格按照资源环境承载能力来约束国土开发的强度,以保障国土开发不超出国家和地区的土地资源、水资源、矿产资源以及其他各类资源的承载能力。同时促进空间开发的有序性,保证城镇空间和产业空间不影响绝大部分耕地、林地、水体等作为保障生态安全和农产品供给安全的空间。

4) 集约高效开发

按照增强我国综合竞争力,培育引领区域发展的增长极、促进人口和产业集中分布的要求,对于资源环境承载能力较强,未来发展潜力较好的地区进行优化和重点开发。对于这些地区,一方面要集约利用土地,提高开发效率,另一方面促进经济和产业的集聚,使得这些地区的竞争力实现整体的提升。

通过合理的空间组织后,我国将形成由不同层级的各类主体功能区构成的清晰的国土空间格局。该国土空间格局变化的基本态势主要表现在人口和产业的集聚程度的提高、功能区格局更加清晰、区域可持续发展基本矛盾的缓解以及区域间社会发展水平的缩小。

2.2.2 主体功能类型及其发展方向

在主体功能区规划中,按照开发方式将国土空间划分为优化开发区域、重点开发区域、限制开发区域和禁止开发区域四类主体功能区。如按开发内容,则可分为城市化地区、农产品主产区和重点生态功能区:优化开发和重点开发两类主体功能区都是城市化地区,而限制开发区域则可包括农产品主产区和重点生态功能区两类。按层级,则可分为国家和省级两个层面(图2-1)。

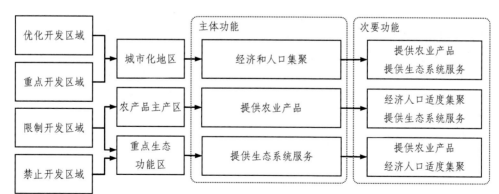

图2-1 不同类型主体功能区的功能内涵和发展方向

1. 优化开发区域

优化开发区域是经济比较发达、人口比较密集、开发强度较高、资源环境问题更加突出,从而应该优化进行工业化城镇化开发的城市化地区。其中,作为提升我国国家竞争力的重要地区主要是指国家层面的优化开发区域。在全国主体功能区规划中,共划分出环渤海地区、长江三角洲地区和珠江三角洲地区等三片国家优化开发区域。这些区域全部位于东部沿海地区,目前已是我国发展最快、集聚能力最强、国际化程度最高的城市群地区。未来这些地区将成为实现增强我国国家竞争力的战略需要的空间载体,发展成具有全球影响力的重要区域。

优化开发区域的发展方向主要包括两个层面的优化。首先是空间结构的优化。这类地区要控制国土开发规模的进一步扩大,着重于土地利用结构的调整和开发效率的提高,增强区域内城市的集聚能力,提高对人口的承载能力。其次是发展方式的优化。产业结构调整和升级是这类地区的主要发展方向,进一步提升区域创新能力,发展高技术、高附加值、环保的新型产业,将整个区域提升到参与全球分工竞争的层次。

2. 重点开发区域

重点开发区域是有一定经济基础、资源环境承载能力较强、发展潜力较大、积聚人口和经济的条件较好,从而应该重点进行工业化城镇化开发的城市化地区。重点开发区域是未来支撑区域经济持续增长的重要区域,它们分布在各省经济基础较好、发展潜力较大的地区,其中相当一部分分布在中西部地区,正在形成或有潜力形成城市群的框架。这些区域未来将成为国家和地方引领区域发展的新的增长极,并支撑起国土空间开发的骨架,对全国区域协调发展意义重大。

重点开发区域和优化开发区域一样,都属于城市化地区,开发内容上总体相同,但开发强度和开发方式则有所不同。重点开发区域未来的开放强度要普遍高于优化开发区域,这类区域未来的主要发展方向是扩大城市规模,促进人口集聚,形成现代化的产业体系。因此这一类区域将适度地扩大生产空间,其目的是通过大规模的城市化和工业化发展成为新型的城市群地区,带动各区域、尤其是广大中西部地区的区域发展。

3. 限制开发区域

限制开发区域分为农产品主产区和重点生态功能区两类。

1) 农产品主产区

农产品主产区是指耕地较多、农业发展条件较好,尽管也适合工业化城镇化开发,但从保障国家农产品安全以及全民族永续发展的需要出发,必须把增强农业综合生产能力作为发展的首要任务,从而应该限制进行大规模高强度工业化城镇化开发的地区。这些地区基本都位于我国传统的农业、牧业地区,对保障全国的粮食、肉类供应具有关键的作用。未来这些地区将形成以大面积永久性耕地、牧草地为基础的农业空间,成为保障农产品安全的关键地区。

农产品主产区未来的开发导向是保护耕地和牧草地,提高农产品供应能力,保障全国和区域的农产品安全。同

时依托现有城镇,促进城市化进程,并选择适宜当地情况的产业发展道路,实现城市化和工业化的适度发展。

2) 重点生态功能区

重点生态功能区是因生态系统脆弱或生态功能重要、资源环境承载能力较低,不具备大规模高强度工业化城镇化开发的条件,必须把增强生态产品生产能力作为首要任务,从而应该限制进行大规模高强度工业化城镇化开发的地区。这些地区所提供的生态产品数量较大,关系全国或较大范围生态安全,需要通过统筹的规划和保护,形成保障国家和区域生态安全的生态屏障。

对于重点生态功能区来说,修复生态、保护环境、提供生态产品是它们的首要任务,要通过生态保护和修复来增强提供水源涵养、水土保持、防风固沙、维护生物多样性等生态产品的能力,同时可以因地制宜地发展资源环境可承载的适宜经济,引导超载人口逐步有序转移。

综合地看,在两类限制开发区域内,大规模城市化和工业化开发都是被严格限制的,但是仍可以通过一定的措施达到基本公共服务均等化的目标,从而实现区域的可持续发展,包括引导人口向区外转移、适度的城市化和产业发展以及跨区域的生态补偿、财政转移支付等二次分配手段。

4. 禁止开发区域

禁止开发区域是依法设立的各级各类自然文化资源保护区域,以及其他禁止进行工业化城镇化开发、需要特殊保护的重点生态功能区。国家层面的禁止开发区域,包括国家级自然保护区、世界文化自然遗产、国家级风景名胜区、国家森林公园和国家地质公园。省级层面的禁止开发区域,包括省级及以下各级各类自然文化资源保护区域,重要水源地以及其他省级人民政府根据需要确定的禁止开发区域。

禁止开发区域要依据法律法规规定和相关规划实施强制性保护,严格控制人为因素对自然生态和文化自然遗产原真性、完整性的干扰,严禁不符合功能定位的各类开发活动,引导人口逐步有序转移,实现污染物零排放,提高环境质量。

2.2.3 主体功能区规划的主要内容

主体功能区规划主要包括三个方面的内容:确定国土空间结构、划分各类主体功能区以及制定政策体系。

1. 确定国土空间结构

国土空间结构是全国区域发展的基本空间框架,国家和各地区未来的区域发展方向、国土开发模式、各项事业建设以及国土空间相关的各项规划目标的确定都与国土空间结构有关。在主体功能区规划中,必须就国土空间结构相关的各类问题做出宏观的规划安排。确定国土空间结构主要包括以下一些工作:

设计空间开发格局包括提出城市化战略格局,确定主要的大城市群、人口产业集聚区以及国土开发轴

线,形成点、线、面相结合的国土开发战略总图;确定重要的农牧产品产区以及各产区的主要农产品种类,形成区、带结合的农业发展战略总图;明确重要的生态屏障和重要生态功能区,确定需要重点保护的生态安全战略格局。

确定国土空间开发的规划指标包括总量指标(城市空间面积、农村居民点面积、耕地保有量、草地面积、林地面积等)、结构性指标(国土开发强度、森林覆盖率等)以及效率相关指标(人口密度、单位土地生产总值产出、农产品单产、单位生态空间提供生态产品的能力、大气环境质量、水环境质量等)。

提出有关区域发展协调性的规划目标,包括区域间居民收入水平的差距、城乡收入差距、扣除成本因素后的人均财政支出差距、基本公共服务均等化程度等。

2. 划分各类主体功能区

划分各类主体功能区(即主体功能区划)是主体功能区规划的核心任务,也是一切规划内容的落脚点。主体功能区划必须在规划提出的国土空间结构的指导下,通过科学的国土空间综合评价来完成。

划分主体功能区分为国家和省级两个层面来完成,国家和省级主体功能区规划分别承担不同的区划任务。国家主体功能区规划负责划分国家限制开发区域和国家禁止开发区域,并指定国家优化开发区域和国家重点开发区域的名录;省级主体功能区规划负责根据国家公布的国家优化和重点开发区域的名录确定本省区域内(如有)国家优化和重点开发区域的具体范围,并将未被划分为国家各类主体功能区的区域划分为省级各类主体功能区(图2-2)。

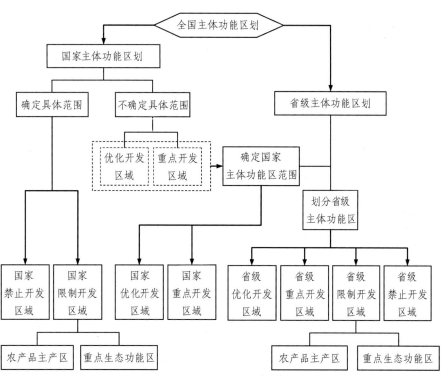

图2-2 国家和省级主体功能区划分的工作分工

在区划单元上,除禁止开发区域按照实际边界进行划分、限制开发区域内的重点生态功能区按自然边界进行划分(之后归并入行政单元)、其他各类主体功能区基本原则上以县级行政区为基本划分单元。西部地区部分面积较大、内部功能分异较明显的县域,可以根据实际情况在县域内划分限制开发的农产品主产区或重点生态功能区。

3. 制定规划实施的政策体系

主体功能区规划是涉及国土空间开发的各项政策及其制度安排的基础平台,为保证规划的实施需要各有关部门调整和完善现行的行政政策和制度安排,建立健全保障形成主体功能区布局的政策体系。主体功能区规划的政策体系包含多种类型,主要涉及以下一些部分:

财政政策:包括均衡性财政转移支付、区域间横向补偿以及专项建设财政投入等方面的政策,以实现主体功能区战略中关于公共服务均等化的目标。

投资政策:包括政府预算内投资分配政策和对民间投资的鼓励、利用和保障政策等。

产业政策:包括按照主体功能区进行产业布局、产业结构调整、建立市场准入机制和退出机制等方面的政策。

土地政策:包括建设用地增量控制、开发强度控制、耕地和基本农田保护、用地结构调整和土地用途改变管理等方面的政策。

农业政策:包括农业补贴制度、三农投入、农产品市场调控体系、农产品加工业等方面的政策,保证农业政策向农产品主产区倾斜。

人口政策:包括户籍管理、就业引导以及人口增长率调控等方面的政策,一方面在优化开发和重点开发区域要引导人口迁入,均衡区内人口分布,另一方面在限制开发和禁止开发区域内引导人口流出。

环境政策:包括产业环境准入、污染物控制、环境影响评价、环境风险防范、环境税、资源利用、循环经济、节能减排、生态补偿等方面的政策。

人事政策:根据不同类型主体功能区的发展导向改革现有的绩效考核评价体系。

2.2.4 主体功能区规划的地位

主体功能区战略的实施是我国的国家规划体系的一个重要变革。过去位居我国国家规划体系顶端的是国民经济和社会发展计划(即五年计划),至2005年已经实施了10部。但是该计划具有强烈的计划经济色彩,且内容并没有得到空间的落实,因此对全国国土开发的指导意义是不足的。由于五年计划的自身缺陷,加之国土空间规划长期无法出台,过去对我国全国性国土开发进行部署主要依靠以下一些规划或战略:① 基于大区域的发展战略。

自1990年代至今,陆续出台了东部地区率先发展、西部大开发、中部崛起、振兴东北老工业基地等四项区域发展战略,但是这种以大区域为载体的发展战略既忽视了区域内部的巨大差异,也没有注意到区域之间的共性,因此作用相对有限。② 全国城镇体系规划。该规划为全国的城市化发展做出了总体空间结构的设计和分地区的部署,但是只能局限于城市化开发的部分,对于资源环境、生态保护、产业发展等环节没有涉及。③ 全国土地利用总体规划。该规划提出了全国性的土地利用战略,为各种国土开发行为提供了调控依据,但是规划内容仅局限于土地,且以指标控制为主,较少落实到空间。

主体功能区战略实施后,主体功能区规划和国民经济和社会发展规划成为我国规划体系中具有最高指导功能的规划,而其中主体功能区规划是空间领域的最高规划。从横向角度,主体功能区规划是土地利用规划、城市规划以及其他部门规划的基本依据;从纵向角度,主体功能区规划对区域规划的编制具有指导和约束功能,进而对城市、村镇尺度的各类规划产生影响。市县层级不编制主体功能区规划,但市域规划和县域规划与主体功能区规划属同一规划序列,是市县层级的最高空间规划(图2-3)。

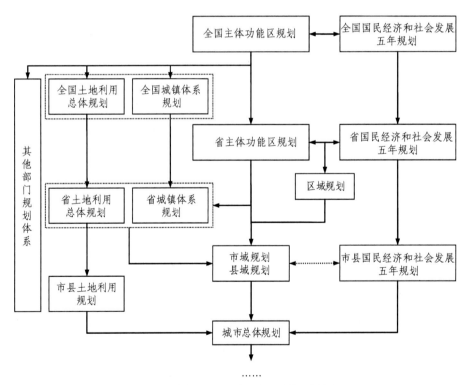

图2-3 主体功能区规划在国家规划体系中的地位

2.3 编制国土空间规划的工作方法

编制国土空间规划是一项专业性、技术性、战略性极高的工作,其工作方法种类繁多,但基本上可以分为前期准备、国土空间综合评价和制订规划方案三个部分。

2.3.1 编制规划的前期准备

国土空间规划是国土开发领域的指导性规划,涉及面广,综合性强,因此需要更加充分的规划前期准备工作。

1. 确定规划目标和规划原则

国土空间规划有一些共性的目标和原则。就规划目标来说，所有的国土空间规划都要以明晰空间开发格局、优化国土空间结构、提高空间利用效率、增强区域发展的协调性和提升可持续发展能力为目标；就规划原则来说，以人为本、集约开发、尊重自然、城乡统筹等则是国土规划必须贯彻的原则。对于这些共性的规划目标和规划原则，一般来说国家的相关法规、行政文件都会有所阐述，规划工作者只需要将其贯彻实施。

与此同时，对于规划工作者来说，更重要的是根据规划区的实际情况确定规划特定的目标和原则。在编制省级主体功能区规划和市域规划、县域规划之前，首先要充分认识到本省、市、县在国土开发方面所面临的问题，充分认识到周边和更大范围地区的区域发展背景，确定特定的规划目标和规划原则。总体上看，对于经济发达的大城市群地区，国土空间规划要更注重转变经济增长方式、提升城市化质量、改善人居环境等方面的内容；对于工业化城市化正处于加速阶段的区域来说，国土空间规划要更注重加强人口产业集聚、统筹城乡发展等方面的内容；对于农业地区、生态地区占有较大比例的区域来说，国土空间规划则要更注重增强开发效率、提升公共服务水平、保障农业生产和生态建设等方面的内容。此外，还可以因地制宜地确定更加细致的规划目标和原则，比如海南省作为旅游地位突出的海岛省份，在主体功能区规划中就提出以优化旅游开发模式、陆海统筹为目标；又如江苏省作为国土开发条件十分平均的平原省份，则将"把握开发时序"作为重要的规划原则。

2. 组织保障

国土空间规划涉及面广，编制工作往往需要多个部门、单位协同完成，因此对组织工作的要求也很高。国土空间规划的工作组织包含两个层面：一是在政府领导层面，要明确政府各部门在规划中的职责、协调部门间的关系等；二是在项目层面，要建立科学的项目结构、配备完善的技术力量。因此，对于国土空间规划的工作者来说，后者的组织保障更加重要。

为了保证规划编制的科学性，国土空间规划项目一般采用首席科学家制度。首席科学家由以区域规划为专长、学术造诣高且经验丰富的规划专家担任，重大的国土空间规划项目还可以设立学术委员会来指导规划的编制工作。在首席科学家的领导下设立各专业课题组，形成由各领域专家构成的技术队伍。根据国土空间规划的工作要求，规划编制的技术队伍必须涵盖以下领域的专门人才：① 宏观经济和产业发展领域；② 人口和城市化领域；③ 交通和基础设施领域；④ 土地利用领域；⑤ 自然资源领域；⑥ 自然地理和生态学领域；⑦ 环境科学领域；⑧ 农业地理和农业发展领域；⑨ 政府管理和政策研究领域；⑩ 地图学和地理信息系统领域。除此之外，也可以根据规划的目标安排其他领域的人才参与规划。在项目层面要明确课题的分工、分配工作任务、排定工作进度，保证规划编制工作有序地推进。

3. 现场踏勘和资料准备

调查研究是编制所有类型规划的基础性工作，其中现场踏勘和资料准备是必须在规划的开始阶段就完成的环节，以使规划工作者对规划区的概貌产生形象的认识，对规划区所具有的国土空间特点和国土开发问题有一个全面的了解，掌握大量支撑规划编制的第一手资料。

国土空间规划中现场踏勘的范围要对规划区内的各种典型区域实现全覆盖，并一般要求对规划区内的次级行政单元实现半数以上的覆盖。在地点选择上，国土空间规划主要选取具有代表性的城镇、产业园区、重大基础设施工程、地理类型区或生态区、旅游资源等地方进行现场踏勘。此外与城市规划不同的是，国土空间规划的现场踏勘不仅要求实地察看，更注重的是与熟悉各地发展情况的各方人士通过座谈、现场会等形式进行沟通，详细听取其有关当地的发展现状、存在问题以及未来发展方向等方面的阐述，这样的工作方式有助于更加迅速、全面地获取有效信息。

基础资料的收集则是规划编制必不可少的工作。根据国土空间规划的特点，规划所需要收集的基础资料包括下列部分：

① 基础地理资料包括地形图（含数字高程）、土地利用现状图、行政区划图等。② 基础统计资料包括统计年鉴、统计公报等。③ 社会经济资料包括国民经济和社会发展规划、政府工作报告、区域规划、工农业及其他专项统计年鉴、对外贸易和国际合作情况、经济产业相关的五年规划和专题研究报告等。④ 国土资源资料包括国土资源台账数据、土地利用调查和变更数据、耕地和基本农田数据等。⑤ 人口资料包括各地区现状和历年常住人口、迁入迁出人口、年龄结构、自然增长、城乡结构、受教育程度等方面的资料。⑥ 基础设施资料包括交通（以公路、铁路、航运、航空为主）、电力、通信等重要基础设施领域的建设和规划情况。⑦ 城市建设资料包括城镇体系规划、各城镇的城市总体规划、城建统计资料等。⑧ 自然地理和生态资料包括河流湖泊图、植被图、土壤图、水文图、气候图、生物物种数量统计、生态区划等，以及有关地震灾害、地质灾害、洪涝、热带风暴潮等各类自然灾害方面的资料。⑨ 自然资源资料包括水资源、矿产资源、农林资源、能源资源等的分布、数量、利用价值等。⑩ 环境保护资料包括主要污染物（以大气环境和水环境污染物为主）排放量、环境监测结果、自然保护区边界和情况等。

2.3.2 国土空间综合评价

国土空间综合评价是国土空间规划中最重要的分析

研究环节,是做出一切规划决策的科学依据。国土空间综合评价的目标是对各地区的区域发展条件、资源环境承载能力和未来发展潜力进行评价,得出不同地区对不同类型国土功能的适宜程度,以支撑规划编制中关于国土空间布局、功能区划分以及确定规划指标等方面的工作。国土空间综合评价主要包括确定指标体系、指标项评价和综合集成评价三个环节。

1. 确定指标体系

指标体系(index system)是定量分析的度量标尺,是若干个相互联系的统计指标所组成的有机体。国土空间评价涉及区域发展的方方面面,因此要全面分析不同地区国土开发的条件以及国土功能的适宜性,必须由一系列定量的指标予以支撑,因此确定指标体系是国土空间综合评价的基础性工作。指标的选取要注意下列原则:

1)全面性原则和代表性原则

所谓全面性,即指标体系尽量涵盖涉及国土空间开发的各个领域,不可偏废和缺失;所谓代表性,即各指标项应对影响国土空间开发的某一因素具有明显的指示作用,不要设立不必要的、重复的指标项。在国土空间规划中全面性原则和代表性原则是统一的,各指标项都需要概念清晰,彼此之间不可相互替代,使得整个指标体系结构均衡。比如在全国主体功能区规划中就确定了由可利用土地资源、可利用水资源、环境容量、生态系统脆弱性、生态重要性、自然灾害危险性、人口集聚度、经济发展水平、交通优势度和战略选择10个指标项构成的指标体系,从不同角度反映了各地国土开发的资源条件、环境条件、生态约束、发展潜力以及战略意义,自然和人文指标比例得当,对全面性和代表性原则体现十分充分(表2-1)。

2)复合性原则

由于影响国土空间开发的因素和机制十分繁多,且因素之间还存在复杂的相互作用,因此不可能把所有因素都纳入指标体系,这就要求国土空间综合评价的每个指标项都要能体现若干个因素的作用结果,复合地反映地域系统中某一个子系统的影响力,而不能仅用某一个因素就代替了一大类因素来作为指标项。比如在主体功能区规划中,几乎所有的指标项都是由若干个子指标复合而成的,这样的指标项才能使指标项的功能得到科学的呈现。

3)定量为主、定性为辅原则

指标体系要定量与定性相结合,但仍然以定量指标为主,以强调评价的客观性;同时兼顾定性指标,可以满足反映政策以及战略取向的要求。以全国主体功能区规划为例,10个指标项中有9个是定量指标,还包括1个定性指标即战略选择。

表2-1 全国主体功能区规划的指标体系

序号	指标项	功能	含义
1	可利用土地资源	评价一个地区剩余或潜在可利用土地资源对未来人口集聚、工业化和城镇化发展的承载能力	由后备适宜建设用地的数量、质量、集中规模三个要素构成。具体通过人均可利用土地资源或可利用土地资源来反映
2	可利用水资源	评价一个地区剩余或潜在可利用水资源对未来社会经济发展的支撑能力	由本地及入境水资源的数量、可开发利用率、已开发利用量三个要素构成。具体通过人均可利用水资源潜力的数量来反映
3	环境容量	评估一个地区在生态环境不受危害前提下容纳污染物的能力	由大气环境容量承载指数、水环境容量承载指数和综合环境容量承载指数三个要素构成。具体通过大气和水环境对典型污染物的容纳能力来反映
4	生态系统脆弱性	表征我国全国或区域尺度生态环境脆弱程度的集成性指标	由沙漠化、土壤侵蚀、石漠化三个要素构成。具体通过沙漠化脆弱性、土壤侵蚀脆弱性、石漠化脆弱性等级指标来反映
5	生态重要性	表征我国全国或区域尺度生态系统结构、功能重要程度的综合性指标	由水源涵养重要性、土壤保持重要性、防风固沙重要性、生物多样性维护重要性、特殊生态系统重要性五个要素构成。具体通过这五个要素重要程度指标来反映
6	自然灾害危险性	评估特定区域自然灾害发生的可能性和灾害损失的严重性而设计的指标	由洪水灾害危险性、地质灾害危险性、地震灾害危险性、热带风暴潮灾害危险性四个要素构成。具体通过这四个要素灾害危险性程度来反映
7	人口集聚度	评估一个地区现有人口集聚状态而设计的一个集成性指标项	由人口密度和人口流动强度两个要素构成。具体通过采用县域人口密度和吸纳流动人口的规模来反映
8	经济发展水平	刻画一个地区经济发展现状和增长活力的一个综合性指标	由人均地区GDP和地区GDP的增长比率两个要素构成。具体通过县域人均GDP规模和GDP增长率来反映
9	交通优势度	为评估一个地区现有通达水平而设计的一个集成性评价指标项。	由公路网密度、交通干线的拥有性或空间影响范围和与中心城市的交通距离三个指标构成
10	战略选择	评估一个地区发展的政策背景和战略选择的差异	—

资料来源:全国主体功能区规划方案及遥感地理信息支撑系统课题组.全国主体功能区规划研究技术报告——国土空间评价与主体功能区划分[R].北京,2009.

4）目标指向原则

指标体系要与国土空间规划以及国土空间综合评价的目标紧密结合，要具有明确的导向意义。也就是说，要首先明确综合评价需要解决什么问题、反映什么情况，然后根据这个目标来选取指标项、确定指标项的内涵、设计指标项的结构，使得指标项所能表达的信息恰好是规划所需要的信息。比如全国主体功能区规划的一个核心目标就是区分出不同地区在"开发"和"保护"两个方面的功能指向，从而划分出不同类型的主体功能区，因此在设立指标体系时，设计了明显指向开发导向的人口集聚度、经济发展水平和交通优势度等3个指标项和明显指向保护导向的生态系统脆弱性和生态重要性等2个指标项（表2-2）。

表2-2　不同类型主体功能区的指标项取值原则

序号	指标项	主体功能区			
		优化开发区域	重点开发区域	限制开发的农产品主产区	限制开发的重点生态功能区
1	可利用土地资源	★	★★	★★★	★★★
2	可利用水资源	★★	★★	★★★	★★★
3	环境容量	★	★★	★★★	★★★
4	生态系统脆弱性	★	★	★★★	★★★★
5	生态重要性	★	★	★★★	★★★★
6	自然灾害危险性	—	—	—	—
7	人口集聚度	★★★★	★★★	★★	★
8	经济发展水平	★★★★	★★★	★★	★
9	交通优势度	★★★★	★★★	★★	★★
10	战略选择	—	—	—	—

注：★代表一个单元的评价得分值。
资料来源：全国主体功能区规划方案及遥感地理信息支撑系统课题组.全国主体功能区规划研究技术报告——国土空间评价与主体功能区划分[R]，北京，2009.

2. 指标项评价

指标项评价即根据确定的指标体系计算出指标项的分值，得出一系列反映规划区国土开发特点、条件、潜力等内容的单项评价结果。指标项评价主要包含下列工作：

① 算法设计算法设计是一项专门性很强的工作，需要根据指标项所涉及的领域安排有专长、有经验的研究人员进行此项工作。算法设计要综合考虑指标涉及领域的

专业理论、指标项对国土开发的作用机制以及规划的需求，最终确定指标项的计算公式、参数取值、子指标权重等关键内容。② 数据准备要从事先收集到的基础资料中选取指标项计算所需的数据，如有缺少则要安排补充调研。所有数据必须达到以下要求才能用于计算：首先是口径统一，即同组数据的来源和采集方式必须一致，其计算结果才有意义；其次是精度统一，即所有数据在经过处理之后必须落实到同样尺度的空间单元内，才具备统一进行空间计算的条件，数据精度不得低于规划所要求的精度；最后是数据要经过必要的标准化处理，克服不同数据由于量纲、数量级上的差异所导致的评价可靠性降低。③ 指标计算指标计算不仅需要利用准备好的数据通过指标项算法计算出指标项的得分，还要选取适当的阈值（threshold）对指标得分进行分级，以反映不同地区在该指标评价结果上的差异。阈值的选择要有依据，可以选取具有代表性意义的取值，也可以选取恰好可以分隔出不同典型地区的取值。在分级的数量上一般以5～10个分级为宜，分级过少不能充分体现地域差异，分级过多则不能体现区域共性。

3. 综合集成评价

综合集成评价即根据单项指标评价结果，得出国土开发综合评价的结果，该结果可以是分级的，也可以是分类的。在综合集成评价之前首先需要明确评价的目标，如以反映某种地域功能的适宜性为目标，或以反映国土开发的条件为目标，根据目标确定综合集成的技术路线。

设计综合集成的技术路线时，需要平衡好综合性和主导因素两大原则。所谓综合性原则，是指评价时要全面考虑造成地域分异的全部因素，也就是说要将每一个指标项的评价结果都纳入考量，以保证评价结果的全面性；而所谓主导因素原则，是指在综合分析的基础上查明某个具体地域单元形成和分异的主导因素，再根据此主导因素来进行评价，也就是说需要实现怎样的评价目的就选取与之相关的若干指标项评价结果。综合型原则和主导因素原则是相对的，过多地注重其中的某一个原则就会牺牲另一个原则，因此需要予以适当的把握。大体上说，综合性原则适合用于单一目标，如国土开发适宜性、国土保护适宜性等；而主导因素原则适合用于复合目标，如地域功能适宜性分类等。

2.3.3　制订规划方案

规划方案是国土空间规划的核心内容，通常国土规划文本中的主要内容都由规划方案组成，因此规划方案代表了国土空间规划最核心的规划思想。与此同时，规划方案也可以看做是国土空间综合评价的结论性意见，制订规划方案是国土空间综合评价的延续，需要依据国土空间评价的结果而提出。制订国土空间规划的方案时需要注意以下几点：

1. 以科学评价为首要依据

国土空间规划提出的任何规划战略都应该以国土空间综合评价的结果为首要依据,这是由国土空间规划自身的特殊属性决定的。国土空间规划是国家或地区的最高空间规划,因此对于区域未来的国土开发具有纲领性的指导意义,一旦国土开发战略出现错误,不仅会直接影响国家或地区未来的发展成果,还会对区域可持续发展带来长远的、隐性的不良影响。正因为国土空间规划具有如此关键的意义,其对科学性的要求也更高,更需要国土空间规划工作者发挥自身的学术水平、技术优势和经验积累,为国家或地区未来的国土发展提出真知灼见。因此国土规划方案的提出,首先应该以科学为准绳,总结分析评价的结论,拿出对本地区未来区域发展最有利的规划方案。

2. 贯彻国家在区域发展领域的重大战略方针

国土空间规划作为服务于国民经济和社会发展的重要空间规划,在目标上应与国家的区域发展战略方针相一致,发达国家一些成功的国土空间规划案例也都体现了各国、各时期在国土开发方面的主要战略思想。需要指出的是,贯彻国家战略和保证规划科学性并不矛盾。一方面,国家在区域发展领域的重大战略方针是经过认真的研究、反复的思考和科学的决策而得出的,具有时代的先进性和充分的代表性,理应得到贯彻;另一方面,国家的区域发展战略基本都是比较宏观的思想,需要通过包括国土空间规划在内的各项具体工作予以落实,这更需要国土空间规划工作者发挥科学的精神,为区域发展目标的实现提出最理想的解决途径。

3. 充分听取地方政府和民众的意见

区域协调发展是国土空间规划的目标,因此国土空间规划不仅要实现上级政府的战略意图,也要满足各地方的发展需求。在制订规划方案的时候,要充分了解地方政府和民众对于本地区未来国土开发和区域发展的设想和意愿,在不违背科学、不违背国家战略方针的前提下尽量予以考虑和满足,这样的规划方案才具更广泛的代表性,才能对本地区的区域可持续发展产生更大的作用。

4. 注重方案的可操作性

可操作性是制定国土空间规划的重要原则之一。有些规划方案虽然是正确的结论,甚至代表十分先进的理念,也与国家的战略方针和地方的意图相一致,但是不符合当地的实际,或脱离当前和规划期内当地的区域发展阶段,这样的规划方案就很难取得较好的效果。因此在制订规划方案时,一方面要注重因地制宜,结合本地实际情况提出设想,另一方面要循序渐进,提出可以在一定时期内实现的目标。

2.4 典型案例

2.4.1 全国主体功能区规划

全国主体功能区规划是我国第一部全国性的国土空间规划,前后历时3年编制完成。完整的规划成果包括两部分:第一部分是支撑所有规划措施出台的一系列研究报告,第二部分是公布的正式规划文本。

研究报告部分以国土空间综合评价和功能区划为核心,包括以下几个部分:

① 认识我国国土空间的现状、趋势和问题。该研究分别从3个角度进行并通过9个指标进行评价:一是支撑区域发展的资源环境基础,包括可利用土地资源、可利用水资源和环境容量;二是国土空间的安全保障,包括生态系统脆弱性、生态重要性和自然灾害危险性;三是区域发展的潜力条件,包括人口集聚度、经济发展水平和交通优势度。② 分析国土的空间结构。该研究根据上述9个指标的评价结果,运用多种综合集成方法,并辅以聚类分析、空间相互作用分析等技术手段,分析出人口、产业、土地、生态等因素在国土空间上形成的形态特征及其变化趋势。③ 划分各类功能区。这部分研究是针对全国主体功能区规划中划分各类国家级主体功能区的目标而开展的,划分的依据包括国土空间综合评价的结果、国土空间结构及其变化趋势、战略选择因子和少量辅助决策因素,遴选出最适合划分为各类国家级主体功能区的备选区域(图2-4)。

整个研究部分围绕着上述三个命题展开,并由一个总体的技术路线串联起来,最终除了为规划提供了翔实的理论支撑和基础资料之外,还针对国土开发的空间布局和功能区的空间分布给出了科学的结论。基于这样的研究报告,全国主体功能区规划在文本中主要做出了以下几部分规划安排:

1) 未来的国土开发空间格局

全国主体功能区规划为未来的国土开发制定了3个格局:一是"两横三纵"的城市化战略格局(图2-5)。所谓"两横"是指沿江轴线和陇海—欧亚大陆桥轴线,"三纵"是指沿海轴线、京哈—京广轴线和包头—西安—重庆—昆明通道。围绕着这5条轴线未来要形成环渤海、长江三角洲、珠江三角洲三个特大城市群地区,并推进形成若干个新的大城市群和区域性城市群。其次是"两屏三带"的生态安全战略格局。所谓"两屏"是指青藏高原生态屏障和黄土高原—川滇生态屏障,"三带"是指东北森林带、北方防沙带和南方丘陵山地带,在"两屏三带"的基础上形成重点生态功能区的空间格局。最后是围绕着7大农产品主产区和23个优势农产品产业带形成"七区二十三带"的农业战略格局。

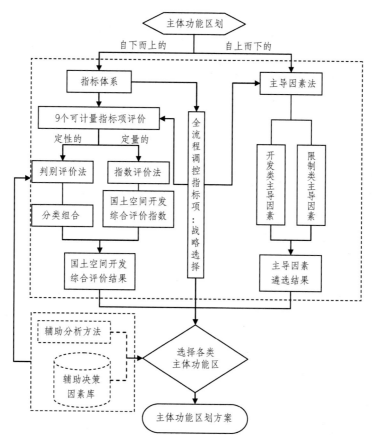

图2-4　划分各类主体功能区的技术路线

资料来源:全国主体功能区划方案及遥感地理信息支撑系统课题组.全国主体功能区规划研究技术报告——国土空间评价与主体功能区划分[R],北京,2009.

中国地图

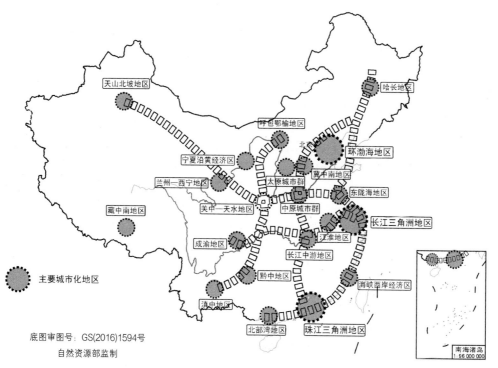

底图审图号:GS(2016)1594号

自然资源部监制

图2-5　"两横三纵"的城市化战略格局

2）国家层面的主体功能区

全国主体功能区规划共划分出 3 个国家级优化开发区域、18 个国家级重点开发区域、7 片国家级限制开发区域（农产品主产区）、25 片国家级限制开发区域（重点生态功能区）和 1 443 处国家级禁止开发区域（表 2-3），并确定了各个国家级主体功能区的功能定位、发展方向和国土空间的开发导则。

表 2-3 国家层面的主体功能区

国家级优化开发区域	国家级重点开发区域	国家级限制开发区域（农产品主产区）	国家级限制开发区域（重点生态功能区）
环渤海地区 长江三角洲地区 珠江三角洲地区	冀中南地区 太原城市群 呼包鄂榆地区 哈长地区 东陇海地区 江淮地区 海峡西岸经济区 中原城市群 长江中游地区 北部湾地区 成渝地区 黔中地区 滇中地区 藏中南地区 关中—天水地区 兰州—西宁地区 宁夏沿黄经济区 天山北坡地区	东北平原主产区 黄淮海平原主产区 长江流域主产区 汾渭平原主产区 河套灌区主产区 华南主产区 甘肃—新疆主产区	大小兴安岭森林生态功能区 长白山森林生态功能区 阿尔泰山地森林草原生态功能区 三江源草原草甸湿地生态功能区 若尔盖草原湿地生态功能区 甘南黄河重要水源补给生态功能区 祁连山冰川与水源涵养生态功能区 南岭山地森林及生物多样性生态功能区 黄土高原丘陵沟壑水土保持生态功能区 大别山水土保持生态功能区 桂黔滇喀斯特石漠化防治生态功能区 三峡库区水土保持生态功能区 塔里木河荒漠化防治生态功能区 阿尔金草原荒漠化防治生态功能区 呼伦贝尔草原草甸生态功能区 科尔沁草原生态功能区 浑善达克沙漠化防治生态功能区 阴山北麓草原生态功能区 川滇森林及生物多样性生态功能区 秦巴生物多样性生态功能区 藏东南高原边缘森林生态功能区 藏西北羌塘高原荒漠生态功能区 三江平原湿地生态功能区 武陵山区生物多样性及水土保持生态功能区 海南岛中部山区热带雨林生态功能区

3）国土空间开发指标

全国主体功能区规划从优化国土空间结构的角度，确定了一系列未来国土空间开发的约束性指标或发展目标。比如至 2020 年开发强度要控制在 3.91%，城市空间控制在 10.65 万 km^2 以内，农村居民点占地面积减少到 16 万 km^2 以内；与此同时耕地保有量不低于 120.33 万 km^2，基本农田不低于 104 万 km^2，林地保有量增加到 312 万 km^2 以上，森林覆盖率超过 23%，草地覆盖率超过 40%。

此外，全国主体功能区规划还就建立健全保障形成主体功能区布局的法律法规、体制机制、规划和政策及绩效考核评价体系做出了安排。

全国主体功能区规划首次将国家的区域发展战略与空间规划相结合，将开发与保护看做是区域发展中等同重要的两个部分，通过规划的形式明确了我国未来国土空间开发的主要目标和战略格局，并构建了我国国土空间开发格局的布局总图。因此，它的出台标志着中国国土空间开发模式发生重大转变，具有划时代的重要意义。

2.4.2 海南省主体功能区规划

海南省主体功能区规划是根据全国主体功能区规划对于编制省级主体功能区规划的要求，在国务院的统一部署下进行编制的。海南省具有独特的地理特点和特殊的省情：它是中国的一个海岛省份，是我国陆地面积最小的省，也是海洋面积最大的省；海南省是我国唯一一个热带省，唯一一个被定为国际旅游岛的省份；与此同时，海南还是我国最大的经济特区，也是唯一一个以省为单位成立的经济特区，同时还是唯一一个实行行政上省直管县体制的省份。正因为如此，在编制海南省主体功能区规划时进行了一些独特的尝试，使得海南省主体功能区规划与其他省份的主体功能区规划相比具有一些鲜明的特色。

海南省主体功能区规划包括以下一些内容：

1）确定国土空间结构，划分各级主体功能区

这部分内容是按照全国主体功能区规划的规定、在各省开展的主体功能区规划工作中必须包含的规划内容。《海南省主体功能区规划》根据海南省国土开发空间的特

征,确定了以中部山区为绿心、以北部湾地区为增长极、以环北部湾产业经济带和东南海岸旅游休闲带为支撑的空间结构。同时,在中部五县被划分为海南岛中部山区热带雨林生态功能区的基础上,确定了国家级重点开发区域——北部湾地区的范围包括海口等4县市,并拓展了省级各类主体功能区的内涵,将剩余地区划分为文昌、昌江—东方等2个省级重点开发区域,屯昌—定安、乐东等2个省级热带特色农业重点区域(对应省级限制开发的农产品主产区)和1个省级旅游休闲重点区域(对应省级限制开发的重点生态功能区)——东南沿海旅游休闲功能区,并确定了省级禁止开发区域的范围(图2-6)。

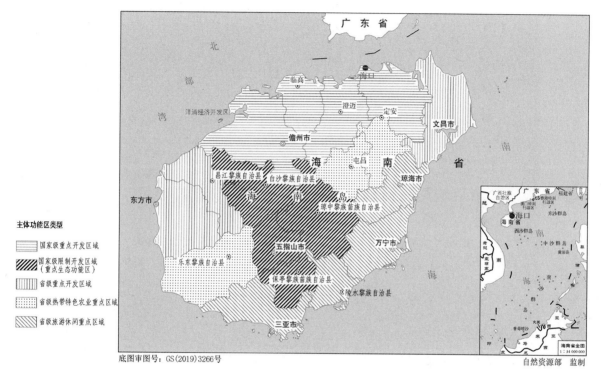

图2-6 海南省主体功能区划分

2) 功能板块划分

由于海南省面积较小,所辖县市不多,以县市为单元划分的主体功能区格局不足以区分海南省的功能空间结构。因此海南省主体功能区规划结合海南的特殊省情和国际旅游岛的定位,将旅游休闲提升为与城镇和工业化、农业发展和生态保护相同的功能层次上,按照城市化、农业、旅游、生态四大板块进行功能空间划分。功能板块体现的是各种地域功能发挥功能效应的实体空间,不一定出现在与之相对应的主体功能之内,比如城市化功能板块不仅出现于重点开发区域中,在限制开发区域中也有出现。然而功能板块也与主体功能区密切相关,一个县域内部功能各功能板块的构成比例、空间结构要与主体功能定位相符,最终通过功能板块在国土空间上的合理分布来体现全省的主体功能区空间格局(图2-7)。

3) 分区域的空间开发引导

海南省主体功能区规划还针对划分出的5个主体功能区进行了未来空间开发引导,确定每个区域的功能定位和发展方向,提出国土空间开发的导则,并以功能板块为基础对区域未来的土地利用进行空间约束,指导下位的各种空间规划。

海南省主体功能区规划是省级主体功能区规划中具有较强创新水准的一部,它不仅对本省总体的国土开发格局进行了安排,划分了各级各类主体功能区,还进一步就主体功能区之下的功能空间划分进行了尝试,通过功能板块和分区开发引导的方式在一定程度上明确了功能区内部的功能空间布局,有效地衔接了下位规划,为今后开展县市层级的空间规划和其他部门规划提供了依据。

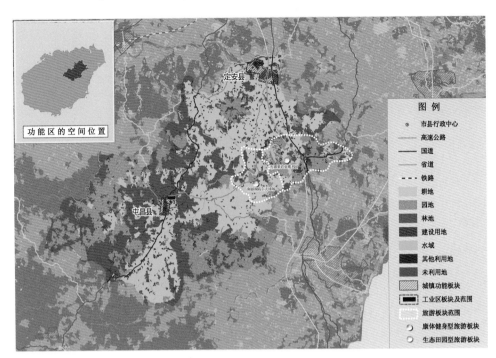

图 2-7 省级热带特色农业重点区域：屯昌—定安地区空间开发引导示意图

■ 思考题

1. 国土空间规划在目标上、手段上和内容上和城市规划有何不同？与城市规划有怎样的联系？

2. 确定一个地区未来的国土空间功能的依据是什么？

3. 在城市规划的过程中应该如何与主体功能区规划相结合？

■ 主要参考文献

[1] 樊杰. 我国主体功能区划的科学基础[J]. 地理学报，2007，62(4)：339-350.

[2] 方创琳. 区域规划与空间管治论[M]. 北京：商务印书馆，2007.

[3] 陆大道. 中国区域发展的理论与实践[M]. 北京：科学出版社，2003.

[4] 中国自然资源研究会筹备组，等. 中国国土整治战略问题探讨[M]. 北京：科学出版社，1983.

[5] FAN Jie, TAO Anjun, REN Qing. On the Historical background, scientific intensions, goal orientation, and policy framework of major Function-Oriented Zone Planning in China [J]. Journal of Resources and Ecology, 2010,1(4)：1-11.

[6] LU Dadao, FAN Jie. Regional Development Research in China：A Roadmap to 2050 [M]. Beijing：Science Press,2010.

[本章节为国家自然科学基金(41301119)资助成果]

3 区域与城乡总体规划

【导读】 本章主要阐述区域与城乡总体规划的发展脉络、理论架构、分析逻辑与内容框架、基本类型等。通过大视角对城市化、区域规划的理论回顾,进行规律的总结,并以此为基础分别指导区域规划、城镇体系规划与城镇总体规划,以及区域设计和城市设计。宏观层面规划描绘区域发展远景蓝图,涉及面广,内容复杂。随着时代的发展,该规划也扩展到多个领域,但核心分析方法并没有改变。任何地区的形成与发展都是内部要素与外部要素共同作用的结果,在时间维度与空间维度两个方面,对各要素的本身及要素之间的相互关系的把握是区域分析的核心。

3.1 城市化概论

3.1.1 城市区域化

正在来临的新的发展阶段,展现给我们一个全新的时代,我们可以概括为"城市化时代的区域化生存"。主要表现在以下几个方面:

(1) 城市的区域化发展 都市圈、都市区、城市群、都市连绵区等城市区域(urban region)在城市化进程中扮演了越来越重要的角色。城市发展的同城效应与同圈效应

日益显现。

(2) 区域一体化发展 现代交通与信息技术的网络化发展,带来明显的时空压缩效应,同时加快了城乡一体化步伐,区域一体化进程明显加快。

(3) 人居环境与大尺度生态环境的高度互动 城市化水平的提升、城市空间范围的不断扩展,导致人工环境与自然环境相互影响、相互扰动的程度不断加深,人与自然的统筹发展不可避免。

(4) 城市规划向城乡规划的发展 随着城乡规划法的颁布实施,城市规划向城乡规划发展,"真正的城市规划必须是区域规划"这句话正在成为现实(图3-1)。

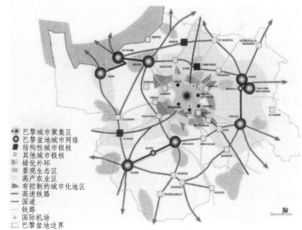

图3-1 欧洲及巴黎城市区域化

作为城市区域化的重要方式,同城化潮流逐步席卷全国。所谓同城化,一般是指一个城市与多个城市因地域相邻,在经济和社会发展等方面客观上存在着能够逐步融为一体的发展条件,通过城市间的相互融合,市民可以不断地分享城市化所带来的发展成果。故把在城市化过程中出现的这种发展趋势或发展现象称为"同城化"。我国继深圳首

次提出与香港"同城化"发展理念后,吉林省吉林与长春市、山西省榆次与太原市、河南省开封与郑州市都先后开始同城化建设。特别是郑州和开封市继电信同城和金融同城结算、郑汴城际公交车开通之后,两市政府还将共同促进广播电视同城化及市民待遇逐步同城化[①](表3-1)。

上述新的城市化阶段的来临,预示着传统城市化模式

表 3-1　当前同城化城市一览表

	开始年份	组成	行政级别	距离	区域地位
广佛	2002	广州 佛山	省会城市 地级市	接壤,市中心20 km	成为珠三角地区发展的龙头
郑汴	2005	郑州 开封	省会城市 地级市	中心距离72 km	成为中原城市群的中心
沈抚	2007	沈阳 抚顺	省会城市 地级市	30 km	推动辽宁沿海与腹地互动发展,实现辽宁老工业基地全面振兴
长株潭	1982	长沙 株洲、湘潭	省会城市 地级市	株洲和湘潭10 km,和长沙40 km	推进长株潭经济一体化,是湖南省经济发展战略的重要组成部分
西咸	2002	西安 咸阳	省会城市 地级市	中心距离20 km	关中城市群的龙头
乌昌	2004	乌鲁木齐 昌吉	省会城市 地级市	中心距离32 km	在新疆经济发展中具有重要的地位
太榆	2001	太原 榆次	省会城市 区	中心距离25 km	成为带动全省经济发展的增长极

资料来源:王德,宋煜,沈其等. 同城化发展战略的实施进展回顾[J].城市规划学刊,2009(4):74-78.

的转型。我们必须以全新的视野审视城市化进程,引导城市化科学发展和区域与城市总体规划的编制。

3.1.2　城市化的阶段

从人类文明史角度看待城市化,在人类脱离蒙昧时代以后,城市主导了文明的启蒙和传播。由于生产力水平和交通运输方式的制约,近代以前城市化还只是一个极其缓慢的过程,但城市对整个社会发展的教化和示范作用仍清晰可辨。工业革命的开始意味着真正城市化阶段的到来,城市化的进程大大加速,并首先在发达国家完成,进而将全球带入一个城市化的世界。

工业革命以来的200多年间,世界近现代意义上的城市化发展经历了四个阶段:

① 集中城市化阶段自工业革命至1950年代;② 郊区化阶段1920年开始,1950年代大发展至1960年代;③ 逆城市化阶段1970年代开始;④ 再城市化阶段1980年代后期开始。

城市化作为一种发展模式在全球不同地区出现的时段不同,按照这一角度,世界城市化的发展可以分为以下几段②:

1760—1851年,为第一大阶段。在该阶段,世界上出现了第一个城市化达到50%以上的国家——英国。这个阶段可称为世界城市化的兴起、验证和示范阶段。

1851—1950年,城市化在欧洲和北美等发达国家的

表 3-2　世界一些发达国家城市化率的历史演进(单位:%)

国家	1920	1950	1960	1965	1970	1975	1980	2000
英国	79.3	77.9	78.6	80.2	81.6	84.4	88.3	89.1
法国	46.7	55.4	62.3	66.2	70.4	73.7	78.3	82.5
美国	63.4	70.9	76.4	78.4	81.5	86.8	90.1	94.7
日本	28.0	45.8	53.2	58.0	64.5	69.6	74.3	77.9
德国	63.4	70.9	76.4	78.4	80.0	83.8	86.4	81.2*

*两德统一之后的统计值
资料来源:国研网[2003-12-10].

推广、普及和基本实现阶段。这个阶段从实际进程看,虽然欧美等发达国家走过的城市化道路与英国有某些区别,但作为基本实现城市化阶段的过程,从主要特点上看基本上是重复着英国的路子,诸如靠产业革命推动,城市人口主要是由农村移入城市,城市病日趋严重等等。

1950—1990年,这个阶段是城市化在全世界范围内推广、普及和加快发展,并进一步过渡到世界基本实现城市化阶段。在这个阶段,世界城市人口的比重由1950年的28.4%上升到1990年的50%以上,整个人类世界便开始进入基本实现城市化阶段(表3-2)。

3.1.3　国外城市化的典型模式③

城市化模式是社会、经济结构转变过程中的城市化发展状况及动力机制特征的总和。从城市化与工业化发展水平关系来看,世界城市化可分成四种模式:同步城市化、过度城市化、滞后城市化和逆城市化④。

一个国家的城市化进程从属该国的总体发展过程,受到该国的自然、经济、社会、政治和文化的具体影响,具有显著的时空特殊性⑤。按照地域和发展阶段的组合,世界城市化有以下几种模式:

1. 西方工业化国家:英国、美国的城市化

英国(欧洲)是工业革命的发源地,在城市化进程中曾经遭遇过一系列严重问题,逐渐形成和不断完善了以城乡规划为主体的公共干预政策。

美国的城市化进程过分依从市场需求和过度消耗自然资源,城市蔓延引发了一系列问题,在资源和环境上付出巨大代价,成为世界各国引以为戒的深刻教训。美国由城市化到都市区化,进而随着应对城市无序蔓延而提出新城市主义的思想。

2. 亚洲工业化国家:日本和韩国的城市化

日本政府在工业化和城市化进程中发挥了积极的干预作用,根据人多地少和资源匮乏的国情,以较小的社会和环境代价获得较高的经济发展速度。日本城市化的主要特征就是以三大都市圈(东京、京阪神、名古屋)为核心的空间集聚发展模式,实现资源配置的集聚效应和跨越式

的经济腾飞。

作为新兴的工业化国家,韩国的经济腾飞也伴随着空间高度集聚的城市化模式,政府的公共政策同样发挥了重要作用。

3. 发展中国家:拉美国家、南亚国家和非洲国家的城市化

(1)拉美国家的城市化 过于强调市场机制,奉行土地私有制,加剧了农村的土地兼并,迫使大量农民涌入城市。国际上普遍认为,拉美国家的城市化水平远远超出了经济发展水平,导致大量的城市失业群体,带来贫民区的产生和犯罪率的上升等社会问题,是"过度城市化"的典型代表。

(2)南亚国家城市化 基本特征是人口爆炸,由此导致大都市及其周边地区的城镇和村落形成连绵不断的空间集聚形态,尽管在空间上具有城市特征,但在经济、社会和制度等方面都显示出乡村性,普遍存在就业岗位不足、基础设施落后、公共设施匮乏和生活环境恶化等一系列问题。

(3)非洲国家的城市化 1950年代非洲国家相继获得政治独立,但在经济上依然依赖于欧洲宗主国。1970年代以来,经济停滞不前和人口迅猛增长,加上连年战乱,使非洲国家的城市危机更为加剧,50%以上的劳动力只能在"非正规"部门寻找就业机会,70%以上的市民居住在自发形成的大片贫民区,绝大部分市民的生活状况每况愈下,人口死亡率升高。同时,农业劳动力的过度流失也严重影响农业发展并产生饥荒。

3.1.4 中国的城市化

中国大陆地区的近现代意义的城市化开始于新中国建立之后,随着国家工业化进程的开启而起步,并随着国家宏观政策的起伏而变化,大致可以分为三个大的阶段:

(1)1949—1957年是新中国成立初城市化的正常发展时期 城市化水平从10.6%上升到15.4%。

(2)1958—1978年是城市化的大起大落时期 城市化水平从1957年的15.4%猛增到1959年的19.8%,又回落到1961年的18.0%,其后始终徘徊在17.0%左右。

总体来说,从1949年新中国成立到1978年"三中全会"以前,中国内地的城市化相当缓慢,无论是城市化水平还是城市化的发展速度,都明显低于全世界和发展中国家的平均水平(图3-2、图3-3)。

(3)改革开放以来是城市化的稳步增长时期 城市化水平从1978年的17.9%上升到1990年的24.4%,年均增长0.71个百分点;又上升到2004年的41.8%,年均上升1.08个百分点。改革开放以来,我国的城市化进程大致经历了以下三个阶段:

1978—1984年:恢复性质的城市化时期,城市人口的增加主要是以下放干部和知识青年返城为主,是原来城市

人口的"回流",加之这一阶段改革的重点在农村地区,所以城市化水平的小幅度上升主要是向"文革"前水平的恢复。

1985—1991年:受沿海发达地区乡镇企业带动小城镇发展的影响,以及国家当时"控大放小"的城市化方针的制约,这一阶段的城市化属于小城镇推动的农村城市化,城镇人口的增加主要在小城镇层面。

1992年起:进入全面的城市化时期,主要是社会主义市场经济体制的确立和不断发展,以及对外开放的全面推进,在外资企业、开发区的带动下,各级各类城市都进入快速发展时期。

按照北京大学周一星教授的总结,中国大陆城镇化的进程可以归结如图3-4所示。

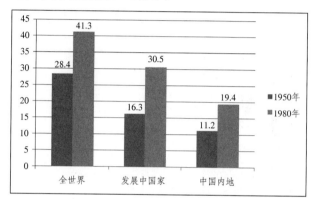

图3-2 1950年、1980年中国内地城市化水平和全世界及发展中国家比较

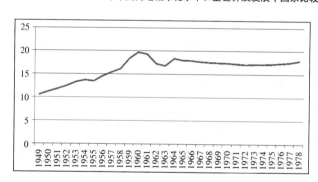

图3-3 1949—1978年中国内地城镇人口比例的变化

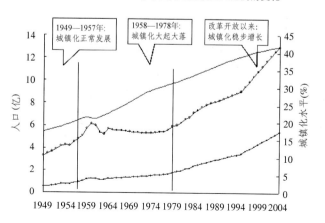

图3-4 中国城镇化发展曲线(1949—2004)

2000年左右,随着"控大放小"的传统城市化方针被突破,以及高速交通和现代通讯网络的普及等,我国沿海地区率先进入都市区化发展的新阶段⑥。"做大做强做优做美"中心城市,促进都市圈、都市区和城市群建设,成为各地推进城市化发展的重要手段,江苏省提出建设的三大都市圈、浙江省建设的三大城市群、武汉大都市圈、中原城市群、关中城市群、山东半岛城镇群建设等,都可以看做都市区化新阶段的具体表现。

2005年以后,沿海发达地区城市化水平率先突破50%,2011年全国城市化水平也越过50%,中国外延性、数量型城市化发展模式开始转型,以人为本、内涵发展的质量型城市化成为重要选择。由此,中国城市化发展进入了新型城市化阶段。依据王兴平等的研究,衡量一个地区是否具备推进新型城市化的门槛指标应该包括一个基础指标(城市化水平超过50%)和三个相关指标(人均GDP超过6 000美元、第一产业比重低于10%和城乡居民收入比低于3)⑦。

3.1.5 城市化规律⑧

1. 阶段性规律

城市化的发展速度呈现明显的阶段性规律,即初期的缓慢阶段、中期的加速发展阶段和后期的平稳发展阶段。这一阶段性规律性特点不仅出现在发达国家的城市化进程中,也出现在发展中国家的城市化过程中。如图3-5所示,S_1采用的是全部发达国家的资料,S_2采用的是全部发展中国家的资料。时空跨度是1800—2025年,可以看出,两条曲线的基本走势非常类似。

2. 相关性规律

1) 城市化水平与工业化水平高度相关

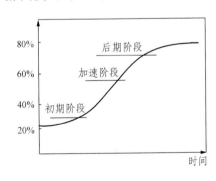

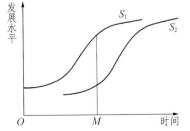

图3-5 世界城市化进程阶段性规律(上)和双S形曲线(下)

据钱纳里的世界发展模型,在工业化率、城市化率共同处于0.13左右的水平以后,城市化率开始加速,并明显超过工业化率。发达工业国家的经验也表明,在工业化后期,制造业占GDP的比重开始下降,这时工业化对经济增长的贡献开始减弱,但第三产业比重持续上升。这使城市化仍然保持了上升态势(图3-6、图3-7)。

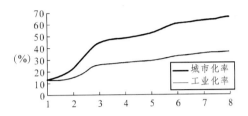

图3-6 城市化率与工业化率比较

资料来源:钱纳里. 发展的型式 1950—1970[M]. 北京:经济科学出版社,1988:22-23.

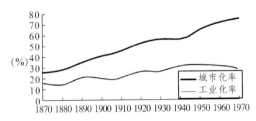

图3-7 美国城市化率与工业化率关系的变动

资料来源:沃尔特·W威尔科克斯. 美国农业[M]. 北京:农业出版社,1979.

2) 城市化水平与经济发展水平呈现高度相关性(表3-3)

表3-3 城市化与工业化中产业结构的一般模式

级次	人均GNP	GNP结构(%)		就业结构(%)		城市化率(%)
	1964年美元	工业	非农产业	工业	非农产业	
1	70	12.5	47.8	7.8	28.8	12.8
2	100	14.9	54.8	9.1	34.2	22.0
3	200	21.5	67.3	16.4	44.3	36.2
4	300	25.1	73.4	20.6	51.1	43.9
5	400	27.6	77.2	23.5	56.2	49.0
6	500	29.4	79.8	25.8	60.5	52.7
7	800	33.1	84.4	30.3	70.0	60.1
8	1 000	34.7	86.2	32.5	74.8	63.4
9	1 500	37.9	87.3	36.8	84.1	65.8

资料来源:钱纳里. 发展的型式 1950—1970[M]. 北京:经济科学出版社,1988:22-23.

周一星先生研究发现⑨

$$Y = 40.62 \lg x - 75.6$$

其中，相关系数 $R=0.9079$，标准差 $S=9.8$；

Y 代表城镇人口占总人口的比重(%)；

x 代表人均国民生产总值(元/人)。

相关的研究还有李文博、陈文杰[10]。如果以人均 GNP 作为人口城市化率的解释变量，那么回归得到的拟合方程为：

$$人口城市化率 = -65.3 + 16.3\ln(人均GNP)$$
$$R^2 = 0.79 \quad F = 122.08 \quad SIG = 0.00$$

再进一步讲，如果我们对我国各省区人口城市化率与人均第三产业产值的关系进行回归，可以得到下列趋势方程：

$$Y = \exp(5.90 + 0.048x)$$
$$R^2 = 0.82; F = 130.32; SIG = 0.0000$$

可见，人口城市化率与人均第三产业产值之间存在着较为显著的相关关系。这正好弥补了钱纳里模型中没有回答的另一个问题——当工业化率达到一定水平或稳定在一定状态(比如 30%～40%)时，为什么城市化率还在提高这一重大规律。

3. 大都市的主导规律

在世界城市化的发展进程中，大都市越来越成为承载城市化的主要载体，伴随着城市人口的增长和城市化水平的上升，大都市数量占城市数量的比例、大都市人口占城市人口的比重均呈现上升态势，并由此而把城市化推向"都市区化"的新阶段[11]。以美国为例，从 1920 年代开始，随着机动化时代的来临，大都市在城市化中的作用越来越重要，到 20 世纪末，美国已经成为一个大都市区主导的高度城市化国家(表 3-4、表 3-5)。

表 3-4 1920—2000 年美国大都市区情况比较

年份	所有大都市区			百万人口以上的大都市区		
	数量	人口数(万)	占美国总人口(%)	数量	人口数(万)	占美国总人口(%)
1920	58	3 593.6	33.9	6	1 763.9	16.6
1930	96	5 475.8	44.4	10	3 057.3	24.8
1940	140	6 296.6	47.6	11	3 369.1	25.5
1950	168	8 450.0	55.8	14	4 443.7	29.4
1960	212	11 959.5	66.7	24	6 262.7	34.9
1970	243	13 940.0	68.6	34	8 326.9	41.0
1980	318	16 940.0	74.8	38	9 286.6	41.1
1990	268	19 772.5	79.5	40	13 290.0	53.4
2000	317	22 598.1	80.3	47	16 151.8	57.5

资料来源：U. S. Census Bureau. Census 2000；1990 Census, Population and Housing Unit Counts, United States(1990 CPH 2-1, http://www.census.com).

表 3-5 不同规模的大都市区人口占全国大都市区总人口百分比比较 （单位：%）

大都市等级	1950 年	1960 年	1970 年	1980 年	1990 年	2000 年
100 万以上	52.6	54.6	57.8	54.8	60	71.6
25 万～100 万	31.9	31.0	29.9	31.1	29	21.0
25 万以下	15.5	14.4	12.3	14.1	11	8.4

4. 地区差异规律

在城市化发展过程中，由于发展条件的差异，不同该区域的城市化速度、水平和模式均具有一定的差异，呈现出明显的地区差异性规律，城市化水平与经济发展水平呈现显著的正相关关系，经济发达地区一般城市化水平要高于经济落后地区，这种地区差异规律在国家之间、国内不同地区之间、省与省之间或者省内不同区域之间均存在(表 3-6、图 3-8)。但是也有例外的情况，一些极端自然条件地区，人口基本集中在有限的据点型城市中，比如沙漠绿洲地区，虽然经济发展水平低，但是城市化水平却非常高(如内蒙古西部的阿拉普盟)。

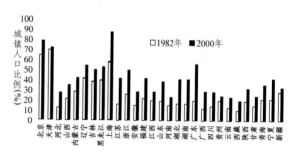

图 3-8 中国各省市城市化水平的变化

资料来源：《中国统计年鉴》相关年份。

表 3-6 苏南、苏中、苏北城市化指标比较

指标	苏南	苏中	苏北	全省
特大城市(座)	南京、无锡、苏州	—	徐州	4
大城市(座)	常州、镇江	南通、扬州	淮安、连云港	6
中等城市(座)	江阴、宜兴、常熟、张家港	泰州	盐城、宿迁、邳州、新沂	9
建制镇(个)	415	316	471	1 202
城镇密度(个/千 km²)	15.5	16.2	9.2	12.3
城镇化水平(%)	60	38	31	42

注：苏南指南京、镇江、苏州、无锡及常州 5 市；苏中指扬州、泰州、南通 3 市；苏北指徐州、宿迁、盐城、淮阴、连云港 5 市。

3.2 区域规划概论

传统的区域规划是指在一定地域范围内对国民经济建设和土地利用的总体部署，具有综合性、战略性和地域性三大特点。由于经济建设布局与土地利用紧密相关,所以在许多国家和地区,区域规划与地区性的国土规划两个概念互相通用。例如,在德国、英国、俄罗斯等国称为区域规划的工作,在日本、朝鲜等国却称为国土规划,法国则称为领土规划。

3.2.1 区域规划的历史

区域规划已有近百年的历史,它是与现代城市规划学紧密联系在一起的。区域规划的思想萌芽则可以追溯到人类文明的古代社会。工业革命以后,随着工业生产的迅速发展,引起工业和人口向少数工矿和城市畸形集聚,从而产生两个突出的问题,提出了进行近现代意义上区域规划的客观要求:第一是工业集聚和城市规模扩大提出的对城市周围地区整体规划的要求;第二是随着大量乡村人口流入城市和城市工业的高速发展,地区差异进一步扩大,产生对落后地区整治规划的要求。

1. 国外区域规划总体发展历程

1898 年英国现代城市规划创始人之一 E. 霍华德(Ebenezer Howard)提出了"田园城市"的思想,标志着区域规划思想的萌芽,至今已有一百年的历史,先后经历了萌芽—兴起—繁荣—发展—复兴五个阶段。

19 世纪末至 20 世纪初,是区域规划的萌芽期。针对工业化带来的城市自由膨胀、环境污染、工人阶级居住条件差等问题,开始了区域规划的探索。1898 年霍华德(Ebenezer Howard)《明日的田园城市》(*Garden Cities of Tomorrow*)的发表奠定了区域研究的基础,同年,克鲁泡特金(Kropotkin)发表了《地区工厂和车间》,从区域的角度看待工业问题;1915 年盖迪斯(Patrick Geddes)出版了《演变的城市》,强调城市发展要同周围地区联系起来进行规划;期间伦敦成立了"伦敦乡村委员会",并计划在伦敦周围建立第一个乡村住宅区。这个时期研究的核心是通过乡村缓解城市居住问题,它体现了最朴素的区域规划思想。

1920 年代初至 1940 年代,是区域规划实践兴起的时期。城市无序蔓延,城乡矛盾激化,要求必须将城市与区域联系起来考虑。典型的区域规划实践有:1920 年 5 月德国成立的鲁尔煤矿居民点协会,是德国区域规划开始的标志,该协会编制的鲁尔区《区域居民点总体规划》,开创了区域规划的先河;同年,前苏联制定了"全俄电气化计划";1922—1923 年,英国当卡斯特编制了煤矿区的区域规划;1929 年,美国纽约编制了城市区域规划,1933 年编制了田纳西河流域区域规划等。这些规划都是以城市为核心,融合周围地区进行整体规划,它们对缓解城市无序扩张所产生的"城市病"起到积极的作用。与区域规划实践相对应,区域规划理论也有新的发展。1930 年,美国著名学者路易斯·芒福德(Lewis Mumford)提出了区域整

体发展理论;1933 年,现代建筑国际会议(CIAM)拟定了著名的《雅典宪章》;1977 年,《马丘比丘宪章》提出城市必须和周围的区域整体发展和规划的思想。

1940 年代中期至 1960 年代末,是区域规划的大繁荣时期。第二次世界大战后的重建需要,给予区域规划实践和理论大发展、大繁荣的历史机遇和舞台。规划实践方面,先后在大城市地区(如巴黎、莫斯科、华盛顿、华沙、斯德哥尔摩等)和重要工矿地区(如苏联巴斯地区、德国鲁尔区、伊尔库茨克镍列姆霍夫工业区以及若干新建大型水电站等),开展了大量以工业和城镇布局为主体内容的区域发展规划,对国家、城市经济恢复起到了建设性作用。英国的大伦敦规划、泰晤士河流域整治规划、新城市建设规划在这一时期编制;德国区域规划体系在这一时期形成;法国对罗纳河流域、北阿尔卑斯山区以及濒临大西洋的阿基坦地区进行有计划整治;日本编制了全国性的综合开发计划;丹麦哥本哈根于 1948 年编制了指状规划;瑞典斯德哥尔摩于 1952 年编制了综合规划等。区域规划理论也空前繁荣,工业区位论、中心地理论、增长极理论、聚团原理、倒 U 字形理论、点轴开发模式、生产综合体理论等相继被提出,并在很多国家得到应用和进一步发展,区域规划的深度和应用价值大大加强。

1970 年代初至 1980 年代,是西方区域规划相对比较低谷的发展期。主要是由于当时西方国家普遍尊崇的新自由主义思想以及环保、平等、公众参与等理念与区域规划推崇开发和计划引导的思想不同。但是与自由、分权的资本主义国家形成鲜明比较的是,国土规划在荷兰、日本、韩国、朝鲜等中央集权国家开展得有声有色。

1990 年代以来,区域规划在西方短暂沉寂之后进入复兴期。主要是由于全球化与区域经济一体化的发展、自由市场主义的失败以及可持续发展思想的兴起与区域规划相吻合。这一时期的区域规划,从内容上看,许多国家由物质建设规划开始转向社会发展规划,规划中的社会因素与生态因素越来越受到重视,生态最佳化成了未来区域规划的新方向;从范围看,更加重视以整个国家为对象的区域规划,甚至开始制定跨国或以大洲为对象的区域发展规划,如拉丁美洲安第斯山周围地区(玻利维亚、哥伦比亚和秘鲁)的区域规划、欧洲空间展望计划、东欧 8 国空间规划等。城市地区规划再次成为区域规划的热点,纽约(1996 年)、伦敦(2000—2004 年)、东京(2000 年)、墨尔本(1999—2002 年)等国际性城市运用全球化的视野对其原有的城市地区规划进行调整、发展,发展中国家城市地区规划也随着当时全球化进程的加快、自身城市化的加速而开始蓬勃开展。

2. 中国区域规划的发展

近现代意义上的区域规划在中国虽然发展比较晚,但是在漫长的前工业社会时期,中国也产生过具有东方文化

特色的区域规划思想、理念与成果。

1) 中国古代朴素的区域规划思想

中国历史上诸多典籍都有区域规划的内容或者思想，典型的有：

公元前 300 年左右《禹贡》将黄河流域、长江流域中华民族的栖居地划分为九个区域（九州），并论述了各区域的水、土、物产，这体现出古代以农业生产为核心的朴素的区域性发展意图。

《周礼·考工记》的营国制度思想，以国建城，实质是建立一个以城镇为中心，包括其周围田园阡陌的城邦国家的构想。

春秋战国时期的名著《管子》，从区域经济的承载力，去分析城镇的密度，即有多少土地，能够养活多少人，宜设多少城镇，有所谓"上地方八十里""中地方百里""下地方百二十里""万室之国一""千室之都四"。

《史记·货殖列传》的作者司马迁虽然不是规划师，但他从农林水产、采矿、手工业和交通等因素出发，考察了地区经济的差别和城镇的分布，提出了许多关于城市和区域经济相互关系的颇有见地的论述。

影响中国城乡建设最为深远的古代风水思想，倡导小到建筑、大至城市都是依存的区域空间系统的一部分，其中所包含的人与自然统筹、可持续发展与生态低碳等理念，是世界区域规划思想史上具有特色的组成部分。此外，中国历史上非常发达的军事文化、典籍等，也包含了重要的区域规划思想，比如诸葛亮的《隆中对》等，值得我们去深入体会。

2) 近现代区域规划

孙中山的建国大纲和建国方略，是中国近代重要的区域规划思想和实践成果。其宏伟、前瞻和可操作性的区域蓝图，至今仍然具有重要指导意义。

我国的区域规划工作开始于 1956 年，是在联合选厂的基础上发展起来的。如果将区域规划的发展与国家整体社会经济发展进程联系起来分析，我国的区域规划可以明显地分为三个阶段，分别是计划经济时期的区域规划、改革开放初期的区域规划以及 1990 年代中后期至今的区域规划的新阶段。

(1) 计划经济时期的区域规划　1950 年代末期，按照前苏联模式，以资源开发和工业区布局为重点的区域规划在部分城市和省区开展。组织开展了广东茂名、云南个旧、昆明、甘肃兰州、酒泉、玉门地区，湖南的湘中地区，内蒙古的包头以及湖北的武汉、大冶等地的区域规划。

1958 年，配合第二个五年计划，区域规划开始由过去以工业为中心发展和扩大到以省内经济区为范围的整个经济建设的总体规划，全国包括贵州、四川、内蒙古、吉林、辽宁、江苏、江西、安徽、山东、上海等十多个地区在内开展了全省或以省内经济区为范围的区域规划。

1960 年在辽宁省朝阳市召开区域规划现场会，交流和总结了区域规划的工作经验，这是我国区域规划的第一个高潮。此后一直到"文化大革命"结束，区域规划一直处于停滞状态。

(2) 改革开放初期的区域规划　这一时期的区域规划主要以国土规划的名义出现，比如以大城市为中心编制的津京唐地区规划，以资源开发为重点的河南豫西规划、湖北宜昌地区规划，以开发边远落后地区为目标的新疆巴音格楞地区规划、阿勒泰地区规划等。也有以区域规划名义出现的，如珠江三角洲经济区规划等。此外还包括 1980 年代末服务于城市规划要求的市县域规划、区域城镇体系规划等，主要由建委系统组织。

(3) 区域规划的新阶段　自 1990 年代中期以来，我国不同类型的区域规划呈现不同的发展态势，主要表现在国土规划的衰变、城镇体系规划的提升和以都市区、都市圈规划以及城镇密集区规划为代表的城市区域规划的兴起。

3. 我国当前区域规划的新态势

以区域规划为龙头，加强对区域城乡发展与建设的调控，是解决我国区域发展面临的困境、促进区域可持续发展的重要途径。在新的国家国民经济和社会发展计划编制体系中，区域规划成为国民经济计划的新的编制形式。区域规划是实现"五个统筹"、实现城乡一体化发展和促进区域经济社会可持续发展的重要手段。因此，目前城乡一体化规划、区域空间利用总体规划、村庄布局规划等在沿海地区方兴未艾。重视区域规划也是我国现行城市规划体系发展和完善的需要，新的城乡规划法的重点所在。

3.2.2　区域规划的类型

按照区域规划对象的单元属性进行分类，区域规划可以分为：

(1) 自然区区域规划　如流域规划、沿海地带规划、山区规划、海岛规划、草原规划、湖区开发利用规划、滩涂开发利用规划等。

(2) 经济区区域规划　如珠江三角洲经济区规划、长江三角洲经济区规划、经济技术开发区规划、东北经济协作区规划、闽粤赣边境经济协作区规划等。

(3) 行政区区域规划　如市域规划、县域规划、镇域规划等。

(4) 社会区区域规划　如革命老区发展规划、血吸虫病区发展规划等。

按照区域规划内容的不同，可以分为：发展规划与空间规划两种类型。

(1) 发展规划　从部门差异分析，目前计划部门的区域规划是区域发展规划，以区域国民经济和社会发展为核心，重点考虑发展的框架、方向、速度和途径，不关心其空间定位,对相关发展规划目标和措施的空间落实只作粗浅的考虑。

(2) 空间规划 建设部门的城镇体系规划、市县域规划则更多强调与城市规划衔接,强调空间组织,侧重地域空间的发展和人口城市化、空间布局问题,因此属于比较典型的区域空间规划系统。

按照规划运行的制度环境的不同,可以分为计划经济下的区域规划和市场经济下的区域规划两类:

(1) 计划经济下的区域规划 以苏联和改革开放以前的中国为代表。在这种规划体系中,生产力布局和城乡居民点布局是规划的核心,区域规划是国民经济和社会发展计划在空间上的落实和延伸,是政府实现计划经济的重要手段。与计划经济内在的"自上而下"中央集权的政治经济体制相统一,区域规划也是"自上而下"层次化进行的,上一层次区域规划是下一层次区域规划的指导和依据所在,下一层次区域规划只有在上一层次规划编制完成后才能够开展。

(2) 市场经济下的区域规划 以欧美发达资本主义国家为代表。以美国为例,美国没有一个全国性的机构来统一管理土地的开发、利用和整治,但有跨州、市组成的区域规划委员会。它主要起规划协调、顾问、参议的作用。

按照集权与分权模式也可以分类。

此外,按照规划编制和审批主体的差异,我国区域规划还可以分为发改委系统的区域发展规划与主体功能区规划、建设系统的城镇体系规划和市县域总体规划、国土资源系统的土地利用规划等。

3.3　主要的区域规划类型与案例

按照区域规划尺度不同,分为大尺度和市县域两个层面来阐述。

3.3.1　大尺度的区域规划

大尺度区域规划按照空间层次可以分为跨国尺度的区域规划,比如包括若干主权国家整体的欧盟空间规划展望,包括若干国家毗邻地区的增长三角地区规划如图们江、澜沧江、湄公河流域等区域规划;国家尺度的区域规划如中国全国城镇体系规划纲要、省级层面的省域城镇体系规划以及省内此区域层级的地区性规划。

按照规划空间组织模式的不同,大尺度的区域规划可以分为轴带型的区域规划和圈域型的区域规划两种。轴带型的区域规划是按照重要的区域发展轴线编制的跨区域规划,这类规划比较常见的有两类,一类以流域为范围、以河流为发展轴编制,比以长江为轴线编制的江苏沿江区域规划;另一类以交通轴线为发展轴编制,比如陇海兰新地带城镇体系规划。圈域型的区域规划包括城市地区

规划,包括都市区规划、都市圈规划以及城市战略规划等。

关中城市群建设规划是以西安为核心的圈域型区域规划和以渭河、陇海铁路—高速公路为轴带的轴带型区域规划的结合。该规划由南京大学、东南大学和陕西省规划院合作编制。规划范围包括西安、宝鸡、咸阳、渭南、铜川和杨凌 5 市 1 区及其所辖 54 县(市、区土地面积 5.5 万 km²,人口 2 327 万人,2006 年关中地区城镇实际居住 1 045 万人,城镇化水平达到 44.6%)。结合该地区的特点,规划提出强化西安在西部地区中心大都市地位,强化关中城市群在西部地区的领先发展水平,强化关中地区在西部的经济核心区地位。在历史文化和创新文化的引领下,塑造西安为"中国文化之都";依托科教实力和高科技产业园区,加强科技转化为现实生产力的机制创新,构建关中地区"中国西部创新发展示范区";依托装备制造、高新技术、现代服务业和旅游产业,争创"中国新经济增长极"。

按照"圈层功能辐射"发展理念,以西安都市圈(包括咸阳、杨凌)为发展核心,带动周边城市,整合区域发展,最终形成围绕西安逐步向外辐射的核心圈→功能强化圈→功能辐射圈→功能扩散圈四个圈层结构(图 3-9)。

按照轴带布局特点,规划提出了"一横三纵一环"的空间发展体系(图 3-10)。

巴黎大区 2030 战略规划是由法国政府主导的、以空间布局和调整为核心的战略性规划,规划中的巴黎大区,指的是法国本土 22 个大区之一——法兰西岛,包含巴黎省、近郊三省和远郊四省,面积约 1.2 万 km²,人口约 1 180 万人,其中巴黎省,即巴黎中心城区,面积约 105 km²,人口约 250 万人。巴黎大区可划分成建成区和通勤区两个圈层,通勤区单位略大于法兰西岛的行政边界[12](图 3-11)。

由巴黎大区政府负责组织编制的区域战略总体规划(SDRIF)是巴黎大区内唯一的法定规划。本次 2030 年的 SDRIF 编制启动于 2004 年,先后由总统委托,共邀请了 13 个国际建筑规划团队出谋划策,于 2012 年编制完成,2013 年通过大区议会和国家行政院的审议,2014 年开始实施[13]。

1. 规划目标

规划以问题为导向,通过对巴黎大区的现状研究,提出了应对社会、经济、空间不平等,应对气候变化,应对能源及环境危机三大挑战的 3 大目标,即:促进社会平等,实现区域间不同地区更好的平衡;应对气候变化和燃油费上涨带来的变革;创造一个有活力并能维护其国际地位的巴黎大区。

2. 规划理念

规划基于应对的三大挑战,谋划了一套可持续的未来发展蓝图,其理念如下:① 思考巴黎大区吸引力的空间基

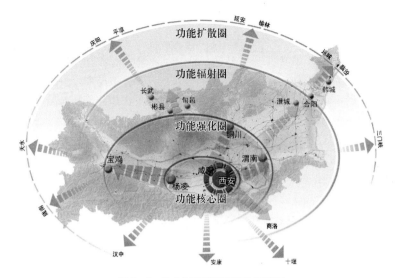

图 3-9　关中城市群圈层结构示意图

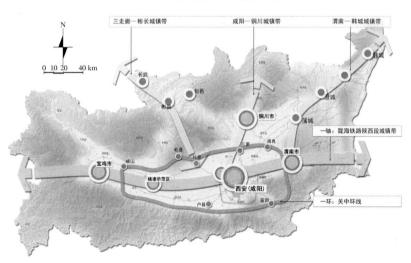

图 3-10　关中城市群空间轴带结构示意图

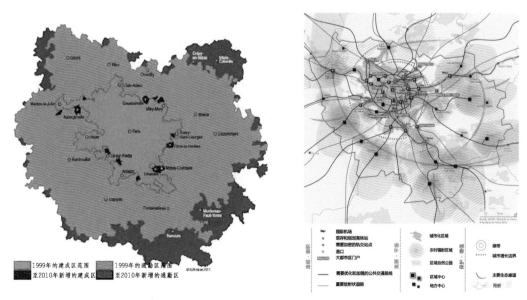

图 3-11　巴黎大区概况及巴黎大区 2030 战略规划图

左图来源:严涵,聂梦瑶,沈璐.大巴黎区域规划和空间治理研究[J].上海城市规划,2014(6):65-69.,右图来源:陈洋(供稿).巴黎大区 2030 战略规划解读(2015/7/31)[EB/OL].httP://www.wzaobao.com/p/045wLS.html.

础;② 与其预测不如提前准备;③ 加强、补充甚至再评价;④ 提升社会团结和平等;⑤ 保证所有领土的贡献性;⑥ 既鼓励也禁止;⑦ 管理交界地区;⑧ 兼具可达性和区域系统的规划;⑨ 鼓励加密:强度、紧凑度、多中心。

3. 规划策略

(1) 连结与组织 主要对应于交通规划策略,旨在构建巴黎大区更外向、更紧密连接、更可持续的交通系统。在对外交通层面,新的轨交站点以及高铁线路将使外向联系更方便,港口、铁路和内河航道将被整合进综合物流系统以减少道路交通的压力和污染。内部交通方面,公共交通系统将随着大巴黎轨道快线的实施、常规公交和有轨电车线路的外延而得到进一步提升,外围区域间、中心城和外围区域间的联系将更为便捷。同时,在地方层面,无论是中心城还是农村地区,限速和交通稳静化措施将使交通更安全、更人性化。

(2) 集聚与平衡 主要应对进一步城市化的需求以及住房紧缺问题,旨在构建一个多中心的大都市区结构以满足居民职住接近的需求,同时防止城市蔓延。所谓集聚,是指在已城市化区域,根据其距离公交站点的距离和现状密度,进一步增加用地强度,将住宅密度提高 10%～15%,提升功能混合性,从而提供更多的住房和就业岗位。

所谓平衡,是指通过加密措施来发展大都市区副中心,以改变单中心的极化空间结构。

(3) 保护与增值 主要针对自然和开发空间的保护以及城市蔓延的控制,旨在重塑城市和自然的关系。城市增长边界和绿带将作为重要的控制城市蔓延的措施。同时,自然地、农林地和绿地将得到严格保护,生态廊道的连续性将得到保证。此外,绿色空间的农业生产和绿色休闲的功能将得到进一步的开发和利用。

4. 规划创新与特色

制定空间识别和区域提升的策略。进一步加强创新和知识型产业的发展,全面提升城市的各项基础设施和公共服务,包括:① 推动大型交通基础设施建设,规划利用快车线(RER)将主要经济就业中心联系起来,并考虑环形快线改变以往的单中心结构,构建多中心的大都市区结构;② 融入城市项目和经济发展目标,通过扶持 60 多个不同产业的科技园区,以打造"竞争力集群",以集群(clusters)效应来提高城市竞争力,并发掘区域差异,形成错位发展的发展格局;③ 设立巴黎大都市区,改变巴黎大区的治理结构,在整个巴黎大区范围内,设立发展自治市镇联盟,减少地方政府数量,在大都市的理念指导下,整合原本分散的各市政地域发展纲要,实现区域内的协调发展。

图 3-12 巴黎大区科研和创新中心规划

资料来源:陈洋(供稿). 巴黎大区 2030 战略规划解读[EB/OL]. (2015-07-31). httP://www.wza-obao.com/p/045wLS.html.

3.3.2 县市域的区域规划

县市域的区域规划主要包括县市域总体规划、城乡总体规划或者城乡统筹规划、城乡一体化规划等类型。

江苏省城乡统筹规划编制要点明确城乡统筹规划是城镇总体规划的重要组成部分。根据城镇总体规划,可以分为市、县(市)域城乡统筹规划和镇(乡)域城乡统筹规划,规划范围为本级行政区域范围。规划文本是对规划各项内容提出规定性要求的文件,主要内容包括:城乡统筹的目标和基本原则;适建区、限建区和禁建区等各类空间的范围及空间管制要求;城乡空间组织和建设引导;乡村居民点的整合原则和规划布局;城乡产业的发展策略和空间布局;城乡综合交通、城乡基础设施的规模和规划布局;城乡公共服务设施的分级配置标准和规划布局;城乡生态环境保护与建设;以保障性住房为重点的城乡社会保障体系构建;规划实施的措施与政策建议等。根据需要可补充城乡历史文化资源保护和旅游规划等内容[14]。

陕西省则明确要求,设区的市、县(市)城乡一体化建设规划作为指导城乡统筹发展的纲领性文件和行动计划,是政府调控城乡空间资源、指导城乡发展与建设、维护社会公平、保障公共安全和公众利益的重要公共政策之一,是指导同级城市、镇(乡)、村规划的编制依据。城乡一体化建设规划的主要内容包括:城镇规模和空间发展布局;产业定位和发展目标;生态涵养、农田保护和村庄布点等土地利用范围;综合交通设施布局;划定禁建区、限建区和适建区;明确风景名胜、水源保护、基本农田和五线(道路红线、市政黄线、绿地绿线、水域蓝线、历史文化保护紫线)等强制性内容;规划供水、排水、供电、燃气、供热、环卫、电信等区域基础设施以及教育、文化、体育、卫生等公共服务设施[15]。

浙江省是我国较早开展市县域总体规划的省份,2004年,浙江在全国率先出台了《浙江省统筹城乡发展推进城乡一体化纲要》,明确提出了六大任务和七项战略举措。

各市和县(市)也结合本地实际,制定了相应的规划纲要或实施意见。打破传统的城乡分割、各自规划的格局,编制了统筹城乡的经济发展、基础设施、生态环境、社会保障等一系列专项规划,基本形成了城乡统筹发展的规划体系。嘉兴、绍兴、义乌等地还创造性地编制了城乡一体化发展规划。2006年浙江省在全国率先出台了《县市域总体规划编制导则(试行)》,作为推进城乡一体化的重要手段,11个市、58个县(市)的区域空间布局规划于2008年年底全部完成。浙江省的市县域总体规划突出以下重点内容:科学合理评估市县域发展条件和资源基础,科学确定发展目标;科学预测城乡发展规模;合理确定市县域空间布局结构;统筹安排城乡基础设施和公共服务设施建设;明确空间管制的目标和措施[16]。

南京市江宁区城乡统筹规划纲要是新时期国家住房和城乡建设部的区县城乡统筹规划试点项目,由南京大学、东南大学合作编制完成。江宁北邻南京主城,东与句容市接壤,东南与溧水县毗连,西南与马鞍山市相邻,西邻长江与南京市浦口区隔江相望,从西、南、东三面环抱南京主城。撤县设区以来,江宁区经济社会取得了持续快速增长,经济总量在南京区县中跃居首位;处于巩固工业化中级阶段、酝酿向高级阶段的过渡,第三产业、创新发展等是下一步的关键驱动力。规划提出构建"都市组团"+"都市绿郊"的高品质空间,构筑整体具有强大内聚力的扁平化聚落体系,以交通和公共设施引导聚落体系的发展,统筹城乡治理模式。规划的目标定位为城乡品质均优、功能互补、设施一体、整体高水平、可持续发展的大都市区近郊区

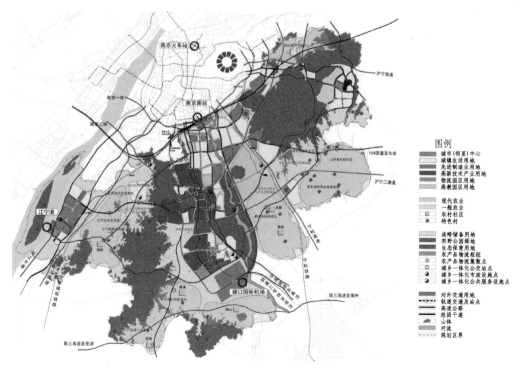

图3-13 江宁区城乡一体化空间布局规划结构示意图

和城乡关系协调的首善之区。规划提出构筑"布局集约、分工明确、品质均优、城乡一体"的城乡统筹聚落分类体系,聚落体系由"副城/新区—新城—新市镇—新村(特色村、过渡村)"组成,通过减少布点、简化层级、集中建设用地,实现布局的集约。规划对江宁特点的公共服务体系进行了探索,提出了涵盖生产和生活、分层次、分类型、城乡全覆盖的均等化公共服务体系(图3-13)。

必须指出的是,区域规划中除了城镇体系规划和纳入城镇总体规划的市县域规划具有法定地位外,其余的区域规划尚不具备法定规划的身份。

3.4 城市设计中的区域分析

区域分析与城市设计的融合,是近年来城市设计内容拓展和区域分析应用领域拓展的结果。区域分析技术手段的介入,提升了城市设计的科学性,在两者的交叉融合中,也形成了一些新的规划设计成果。依据笔者的经验总结,城市设计中的区域分析是指将区域范畴引入城市设计中空间、经济和社会等方面分析的各环节,明确被设计对象的战略定位和需要配置的功能,预测与区域定位相对应的建设规模和人口容量,对空间布局进行适宜性引导,并提出若干针对性建议或策略的城市设计分析过程。

城市设计中有区域设计、总体城市设计、地段与节点设计等类型,区域分析在不同类型城市设计中的内容表现和侧重点亦存在一定的差异性。概述如下:

(1)区域设计 区域设计主要包括区域景观格局、自然生态环境与历史文化特色引导等内容[17],其中涉及的区域分析也就以展现整体的区域形象为主要目的,是区域规划和城市设计结合,在区域层面上进行的物质空间建设的引导,包括对区域整体景观格局、区域景观廊道体系(运输、生态、文化遗产等)、城镇整体景观格局、乡村景观格局和区域景观节点及轴线的设计与导控。准确地讲,是城市设计方法在区域层面的拓展应用。定位与功能配置要凸显区域形象在景观、环境和文化等方面的特征,规模和容量的社会经济属性较弱,空间布局与策略引导的落实具体程度根据所研究区域的范围大小而确定。

(2)总体城市设计中的区域分析 总体城市设计是塑造整体城市特色和环境的必要条件[18],是城市总体规划阶段处理城市空间景观问题的重要依据[19],其中涉及的区域分析以体现研究对象本身在区域中的物质空间特色为主要目的。定位和功能配置以承接既有的法定规划为主,明确所适用的区域范围;规模和容量在对接既有规划的同时本身就具有较强的社会经济属性,空间布局与策略引导是体现区域分析最为明显的环节,也是总体城市设计的核心内容,需要着重考虑研究对象与所在区域的空间形态协

调与整合问题。

(3)地段与节点设计中的区域分析 地段与节点设计需要全面剖析地段涉及的各个空间系统,且需要明确在区域中的经济、社会角色和形象特征,其中的区域分析是在立足分析的全面性和细致性要求的基础之上,将相关的空间、经济和社会系统进行区域视角的解析。被研究对象在区域中的定位和对应的功能配置是必须要明确的内容,规模和容量基于既有定位和被研究对象的现实条件确定,空间布局与策略引导要在协调好自身内部的相关内容基础上明确地段和节点内部不同功能区域在区域中的空间组织特点和开发指导举措。相关内容包括定位分析、特色分析、容量分析、强度分析、空间联系分析、开发规模分析、开发时序分析和经营策略分析等。

3.4.1 区域设计

区域层面没有法定的途径,通过部门的策略导引政策发挥作用。区域设计和区域规划一样,只起到一种"战略指引"而非"规划"的作用。区域规划是一个区域比较长远而全面的发展构想,是描绘区域未来经济建设的蓝图。区域规划指在一定地域范围内对未来一定时期的经济社会发展和建设以及土地利用的总体部署(崔功豪,等,1999)。它以国家和地区的国民经济和社会发展长期计划为指导,以区内的自然资源、社会资源和现有的技术经济构成为依据,考虑地区发展的潜力和优势,研究确定经济的发展方向、规模和结构,以获得最佳的经济效益、社会效益和生态效益,为生产和生活创造最有利的环境。而区域设计则更多地关注区域空间的景观特质、历史文化空间、自然生态空间、重要节点与门户空间以及其他功能空间的景观内涵,加以引导提升,特别是整体协调人工景观与自然环境、城镇景观与乡村景观的关系。为下一步微观层面的物质空间设计提供科学、合理的依据。

区域设计这种大层面的设计不可能像传统意义上的节点轴线层面的城市设计一样,整个铺开来进行设计,区域设计重点从区域景观格局、联系通道、景观节点及轴线等方面对区域空间的优化进行发展策略引导,从而实现区域资源在整体空间上的合理配置,以及区域整体生态环境的优化。其核心目的在于协调人工与自然、城镇与乡村两类景观关系。其内容概括为如下几个主要方面:

1. 区域整体景观格局

在区域整体景观设计的范畴应建立区域关联度(以景观设计为出发点,结合不同区域的各自功能特点,在确保道路景观整体性的前提下统筹确定各主要区域间的景观关系)的概念。方法为以沿街功能用地为单位,每一功能用地为一个关联区域,各区域彼此间建立景观关联关系。自然地理环境是城市赖以生存的根基,是城市建设的物质承载。自然地理环境特征的差异往往是城市特色塑造的

关键。从地形、地貌来看有：山城重庆、水乡苏州、海港青岛等；从气候来看有：冰城哈尔滨、春城昆明等；从自然因素形成的地标来看有：上海的黄浦江、合肥的环城公园、济南的泉水等。所以，要研究区域景观和风貌特色资源发展优势和潜力，制定发展目标、原则和对策，提出其建设发展的环境控制导则，统筹安排和合理确定分区特色和各城镇、各聚落的景观特色。

2. 区域城镇景观风貌

区域城镇的景观风貌特色不仅仅体现在它的历史人文景观和城市建筑风貌，它最终来源于地域景观的自然过程和格局，以及人对它们的适应。适应的过程就是文化的过程，时间使这种适应过程积淀为乡土文化景观或历史文化遗产。所以，解读和重塑区域城镇风貌，必须从认识地域的自然过程和格局入手，也必须从人地关系、从当地人对土地的格局与过程的适应机制入手，并最终归于重建当地人地关系的和谐。区域城镇景观设计策略包括塑造区域环境形态。在生产力布局的基础上，妥善处理经济发展与社会文化的关系问题，协调功能与形式的关系，取得环境形态发展与功能要求的统一。区域城镇的景观设计包括区域城镇整体综合景观效果，各城镇之间的景观联系，各个城镇的城市设计任务，确定各个城镇的空间形态、社会文化与人文特征、城市形象发展战略任务等。

3. 区域景观联系通道

（1）运输通道 运输通道是指围绕线性的运输路线将城市与城镇和乡村相连接成的一个网络。典型的线性走廊地区往往沿路穿过郊区和乡村，从一个都市区延伸到另一个。这种类型的区域中心不是一个点，而是以运输通道作为区域发展的主轴。它们是人、货物、服务、信息和能量在区域中循环的通道。道路是城市社会生活和文化生活的主要发生器，是人类生活与生产活动不可缺少的最基本的公共设施。同时，伴随着道路的出现，人们可以从更多的角度审视自己所在的城市，建立起自己对城市的印象。正如雅各布斯（Jane Jacobs）在《美国大城市的死与生》中所述："当我们想到一个城市时，首先出现在脑海里的就是道路，道路有生气城市也就有生气，道路沉闷城市也就沉闷。"观看景观的人不仅仅是从外部客观地观望评价，而是将融入景观中而有所感受。道路景观是自然和人类交织而成的某种空间。

（2）生态走廊 景观生态学里的廊道是指不同于周围景观基质的线状或带状景观元素，它是生态系统结构中的重要结构要素。生态廊道主要由植被、水体等生态性结构要素构成。廊道的宽度和构成是规划和保证其有效性的关键所在，宽度与构成的设定应当从自然生态保护和景观游憩的角度出发，沿着河流走向形成的廊道，作为景观游憩廊道和游憩活动的物质与生态基础，以增加破碎化景

观的连接度，保护环境敏感区和栖息地，建立接近传统与自然的连续的游憩网络，鼓励步行与非机动车出行，保护自然与文化遗产。以大环境自然生态为背景，建设环城生态林带和穿越城区的生态廊道，沿公路、铁路、高压走廊、街道的绿化、滨河绿化、大型块状公共绿地及绿化广场、生产绿地、工业区防护林带以及遍布全城的"袖珍绿地"等，这些呈点、线、面分布的绿地相互交织成网，使整个市区生存在这一巨大的生态网络之中。

（3）遗产廊道 区域层面的历史文化保护不仅体现在对历史文化资源的挖掘和传统保护上，更重要的是通过精心设计游道把自然和历史文化资源串连起来，逐步发展形成遗产廊道。它可以是具有某种历史意义的河流峡谷、运河、道路以及铁路等，也可以指能够把单个的遗产点串连起来的具有一定历史意义的线性廊道。它对遗产的保护采用区域而非局部点的概念，强调历史文化遗产保护和自然保护并举，是一种追求遗产保护、区域振兴、居民休闲和身心再生、文化旅游及交易多赢的多目标保护方法，是一种拥有特殊文化资源集合的线性景观，是一种具体的动态文化景观，是指建立在动态的迁移和交流理念基础上，在时间和空间上都具有连续性的一个整体，其价值大于组成它并使获得文化意义的各个部分价值的总和，是多维度的，有着除其主要方面之外多种发展与附加的功能和价值，是一种混合型的通道，其形态特征的定型和形成基于它自身具体的和历史的动态发展和功能演变。

4. 乡村边缘区景观风貌

乡村边缘区是那些在蔓延中保持大体完整的开放农田和自然土地。主要的聚落（乡村集镇、村庄和村落）点缀于原本开放的景观中。过去，经济活动与土地或自然资源联系在一起。近来为都市和走廊地区的工人建造的住房与办公/研究园区也进入了这一环境，以低层住宅分散在低容积率地区。

5. 区域景观节点及轴线

区域层面的景观节点和轴线是指能够表现城市特征的景观功能片区形成的有机网络整体，并与能连续表现城市特征的"点、线、面"状要素共同构成的城市景观空间，可以主导城市的特色功能片区。

无锡市作为太湖边上最重要的城市，其境内以平原为主，星散分布着低山、残丘。南部为水网平原，北部为高沙平原，中部为低地辟成的水网圩田，西南部地势较高，为宜兴的低山和丘陵地区。宜兴地区山体均作东西向延伸，最高峰为黄塔顶。锡山、江阴和市区的山丘总体上呈北东、西东走向，其高度由西南往东北逐级下降，最高峰为惠山的三茅峰。山和湖构成了无锡特有的城市骨架，"抱山面湖"的城市空间格局基本形成，是无锡最具景观异质性的板块。区域设计策略主要从功能定位、规划

结构、景观特色和引导策略四个方面进行控制和引导 （表3-7）。

表3-7　无锡市区域设计导则

	核心城区	边缘新城区		外围新市镇	
功能定位	全市文化中心和中心商务区；以旅游、商贸、居住功能为主的综合区；环境优美、富于特色的生态型现代化城区	以居住、工业、商贸物流和外向型经济为主的现代产业新城	集科教、研发、办公、居住、文体、创意产业及旅游休闲于一体的城市综合区；以旅游配套为主的城市次中心；环境优美的滨湖山水生态新城	以安镇、羊尖、东湖塘、硕放等八镇为基础，重点发展纺织、机械、化工等产业。远期可围绕苏南国际机场配套发展物流业和临空港产业，是无锡未来产业升级的战略基地；鹅湖新市镇以甘露、荡口两镇为基础，重点发展生态农业和生态旅游业	以洛社、杨市、石塘湾、玉祁、前洲五镇为基础，重点发展机械、电子、纺织等，同时承担主城区传统制造业的转移；以胡埭、陆比、阳山三镇为基础，利用地理与资源优势，重点发展生态农业、观光农业和都市休闲农业
规划结构	"一条古运河风光带、两个中心、七个社区单元"	"一轴、二廊、三园"	"一带、两轴、两中心"	"三横一纵'丰'字形轴线、三个中心"	"三横一纵'丰'字形轴线、三个中心"
景观特色	体现无锡市最富有人文特质的"文化名城"；尺度亲切的传统历史街巷；新老运河周边的"江南水乡"城市特色景观；太湖广场现代城市景观风貌	体现无锡最适宜投资创业的"工商名城"和最适宜创新创造的"设计名城"；以现代工业为主的城市风貌	体现无锡最适宜旅游度假的"休闲名城"、最适宜创新创造的"设计名城"、最适宜生活居住的"山水名城"；山水交融的现代城市景观格局	体现最富有人文特质的"文化名城"；荡口古镇传统风貌；安镇农业示范区	体现无锡最适宜生活居住的"山水名城"；阳山水蜜桃特色种植区；历史文化遗存
引导策略	净化中心城区的繁杂功能；加快广益特色片区、古运河特色片区、凤翔特色片区的成片综合改造，提升城市功能；通过太湖广场地区的建设，强化中心城区科技、文化展览和商业服务功能；增加绿化空间，特别是古运河和梁溪河两侧的绿化退让，创造富有特色的城市绿地系统	以京杭大运河、沪宁交通绿廊以及机场生态廊道为分割，形成以高新区为中心、东、南两个配套工业园区；与太湖新城联动发展，培育产学研连结带，形成从制造业向研发和现代服务业发展的趋势；片区间形成绿色屏障	打造环太湖沿岸最具魅力的休闲带，无锡旅游产品更新换代的新标志和城市的窗口形象；把太湖新城建设成多种产业并重，水网、绿脉交错连带的未来无锡市的滨湖生态新城；注重蠡溪新城和太湖新城的建设	鹅湖新市镇生态农业、生态旅游体验功能为主，结合荡口古镇历史风貌区，着力打造旅游产业聚落与生态保护区域；保护荡口古镇，展示江南水乡古镇人民的生活方式；优化镇区产业空间的生态环境建设，注重绿色景观空间的营造	阳山特色区，打造"山水名城"；挖掘地区的历史文化遗存，打造"历史名城"；优化镇区产业空间的生态环境建设，注重绿色景观空间的营造

注：受篇幅字数的限制，以上区域设计导则列表从简。

3.4.2　中微观城市设计中的区域分析②

从区域视野审视和分析城市设计对象，将其放在更广层面的区域联系尺度和动态联系背景下统筹考虑，一方面丰富了城市设计的内容，使其不只局限于物质空间的自组织状态，将空间演变背后的经济社会关系促动作用提上了分析日程，使城市设计的体系化特征更为明确和全面；另一方面加大了城市设计分析的深度，通过区域范围内的内容比较，将城市设计针对的基地空间、经济以及社会等领域内的要素纳入区域范围内予以全方位考虑，注重分析与定位准确性的同时，提高城市设计的科学性。

依据对城市设计中区域分析的定义，将其划分为三部分内容，即战略定位与功能配置、建设规模与人口容量以及空间布局与策略引导。

1. 战略定位与功能配置

城市设计中的战略定位与功能配置通常以背景、条件和理念等内容的分析作为基础，区域视角的引入在基础环节上表现为：通过对区域发展政策、区域形象与地位以及区域内部基地角色等背景的分析，在城市设计中体现编制适时性，把握区域发展趋势，响应区域发展要求，进而谋划和明确基地未来在区域发展中的作用；通过与区域范围内相邻或相近地区的比较、合作与竞争，更加全面地把握基地发展的条件,抓住机遇和规避风险,并为借助已有优势基础提升基地在区域中的地位做好铺垫;通过依托基地在区域中的特色资源或是特色要素,并衔接区域的发展背景,明确基地的发展理念,换言之,理念是基于区域发展形势在基地特色表征上的体现而确立的,并作为战略定位的直接推演依据。

战略定位结论最直接的表现就是以区域作为定语,来界定基地功能或特色所能发挥作用的空间范围。这是对既有区域分析引入城市设计基础分析内容的肯定,且与背景、条件等分析中的区域概念有着直接的关联,也是把握基地区位角色的最终权衡结果。没有区域观的定位往往是作为发展目标出现的,更多的是一种愿景,相比而言,区域观下的发展定位更能体现基地发展方向的可实践性。

以南京"十大功能板块"之一的麒麟科技创新园为例,在对其核心区城市设计的景观系统和生态系统进行梳理(表3-8)的过程中,在立足南京城市区域,进行比较分析(图3-14),在明确自身对应的资源特征、依托资源所能发挥的功能、完善区域景观和生态系统的同时谋求自身的区域角色,进而使得对城市设计基地在景观和生态方面的定位一目了然。城市设计中这一点在南京市的"品质生活,绿色活力综合服务中心区"定位中得到了体现。

表3-8 区域景观系统与生态系统比较

名称	景观系统	生态系统
河西新城	秦淮河、长江	百里风光带及长江水体及沿岸生态楔的交接点
南部新城	秦淮河、明外郭、夹岗门、上方门	百里风光带及方山秦淮河景观带交接点
浦口新城	佛手湖、老山、长江	百里风光带及老山景观带交接点
麒麟地区	运粮河(明)、青龙山、沧波门、麒麟门	百里风光带及青龙一紫金山山林生态楔的交接点

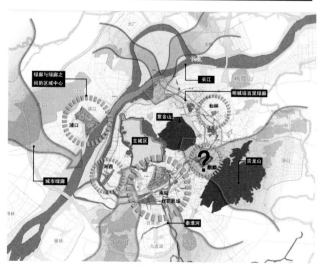

图3-14 区域景观和生态系统示意

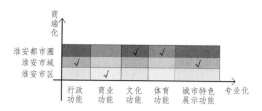

图3-15 不同区域层面对淮安新城的功能配置要求

战略定位在经济社会发展中的具体化即是功能组织,在城市设计过程中表现为功能配置这一环节。功能配置要在基地自身发展基础和发展意向之上遴选适宜的功能类型,如休闲中心对于游憩功能的配置要求,商务商业中心对于娱乐、餐饮和办公等功能的配置要求等。需要与选定功能同步进行的分析内容是将各类功能与其发挥作用的对应区域层级相匹配(图3-15),以明确基地各类功能在区域功能体系中的角色和地位,这也是对基地特征的一次印证式表述。

2. 建设规模与人口容量

建设规模和人口容量是反映在城市设计中的发展途径引导下定位的指标性表述,也是对城市设计后续管理落实情况进行考量的一个重要方面。建设规模是反映基地开发强度和空间形态的前提性要求,人口容量是反映基地集聚人气的期望,二者既要与更为广泛的区域层面进行对接,同时也要能够体现基地在不同区域层面所能发挥的作用。

城市设计中规模和容量的确定主要有三种渠道,其一是依托自身的现状条件基础进行的预测,其二是依托更广空间范围或涉及基地部分地块的已有界定(规划)进行的分配(图3-16),其三是相似条件下已有案例的借鉴与参照。这三种渠道中后两者具有区域分析倾向,但三者在城市设计的研究中通常是同时出现并相互校核的,且最终目的均是作为区域角色定位的数据佐证,所以也就肯定了区域分析在规模确定过程中的重要意义。

图3-16 淮安新城规模预测的既有规划参照

3. 空间布局与策略制定

物质空间研究的初衷是寻求合理的空间组织方式,并形成若干具有可能性的空间方案。通过探索空间组织和演变的规律,来组织城市设计中既有界定的空间要素,如点、线、面等基本的不同类型或层析的组织单元,将其按照一定的经验思路和逻辑推演途径进行链接,进而形成空间组织体系,即空间方案。物质空间的组织随着城市设计在空间领域研究的扩张和日臻完善,形成了若干的空间子系统,如景观系统、土地系统、生态系统、交通系统、建筑系统等,且根据城市设计所针对基地及其各系统适宜性评价综合结果(图3-17)的差异,得到对应的子系统选择和布局组织方案。基于若干空间子系统的物质空间设计在追求创造性的同时必然要增添理性思维,区域观的引入则是理性思维注入与系统性提高的重要依托,也是提高空间布局适宜性评价可操作性和城市设计在空间领域研究科学性的必要补充。

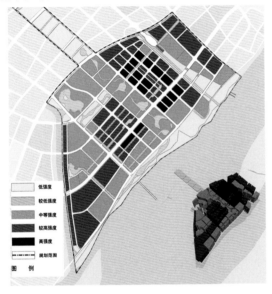

图 3-17 综合各子系统的南京浦口新城公共活动轴线及两侧区域开发强度评定

城市设计内容的完备是科学性增强的必要条件,在既有物质空间分析和新增发展途径梳理的基础上,引入城市设计实施的后续策略保障内容,也正是体现城市设计完备性的有效补充。策略制定在结合自身条件的同时要与基地的发展定位和布局引导相衔接,且需要呼应时下区域的发展形势和发展要求。策略制定旨在通过统筹区域中不同地区之间的利害关系和基地内部开发的适宜性条件,明确开发时序;针对基地在城市设计框架下需要迫切解决的问题,提出协调建议式的解决途径。这也就从根本上排除了就基地论基地的制定途径。区域观下的城市设计策略制定是对已有研究内容的强调性表述,更是指导分析结论落实的导引。

3.5 城镇体系规划

3.5.1 城镇体系规划的发展历程

我国的城镇体系规划开始于 1970 年代末至 1980 年

代初,局限于当时的计划经济体制及区域发展理论和方法,城镇体系规划的根本目的是解决城市总体规划阶段缺乏区域规划层次的宏观把握不足的问题。因此,城镇体系规划的着眼点就在于城市规划的区域分析以及确定城市的性质和规模。随着中国经济的对外开放,经济体制得到不断的改革与发展,现已进入由计划经济向市场经济的转型时期,中国城镇体系规划的编制内容和深度也在不断地发展和变化之中。具体地说,从 1970 年代末到 1980 年代初,城镇体系规划以落实国家和地方政府重点建设项目为主要目的;进入 1980 年代中期以后,城镇体系规划逐渐与城市总体规划结合,成为研究城市规模和城市性质的重要手段和依据;1990 年代以来,市场经济体制逐步确立,资本的多元化倾向促使人们开始认识城市和区域发展的客观联系和城市发展的区域要素的影响,城镇体系规划开始重视城市发展条件评价,并注重城镇发展多重机会的研究。

3.5.2 城镇体系规划的理论与方法[1][2][3]

1. 城镇体系规划的基本观

城镇是地域经济、社会空间组织的主要依托中心。城镇体系规划是依据现状地域经济结构、社会结构和自然环境的空间分布特点,合理地组织地域城镇群体的发展及其空间组合。但由于城镇体系位于一个特定的地域,具有特定的地域环境,且规划布局应具有明确的时间性和体系发展的一定阶段性,具体的规划布局指导思想往往是不一致的。目前,城镇体系规划主要包括以下八种基本观点:地理观——中心地理论;经济观——增长极理论;空间观——核心—边缘理论;区域观——生产综合体理论;环境观——可持续发展理论;生态观——生态城市理论;几何观——对称分布理论以及发展观——协调发展理论。

2. 全球化背景下的城镇体系规划理论与方法

信息技术和跨国公司的高度发展使城市在全球范围内发生直接或间接的联系成为可能,城市的发展不再局限于某一具体区域,而是自然地融入全球分工体系中。在全球化背景下,城市体系内城市间关系更加复杂,竞争更加剧烈,而且城市体系的地理界线扩展到国家界线以外,位于不同政治制度国家的城市共同组成全球城市等级体系网络。有关全球视野的城市体系研究理论主要包括:沃勒斯坦(I. Wallerstein)的世界体系理论、层域理论、新城市等级体系法则、新相互作用理论、有关全球重建与新国际劳动分工理论、创新与孵化器理论以及高技术产业和高技术区理论。

全球化背景下的城市体系规划方法包括:① 城镇等级体系划分方法,即依据城市特性寻找定义证据的特性方法和直接将城市与世界体系连接在一起研究的联系方法;

② 网络分析方法,即通过分析多种城市间交换或联系的流,揭示城市间乃至整个网络结构的复杂形式;③ 结构测度方法,即利用网络分析进行城市体系的结构测度。

3. 完全市场条件下的城镇体系规划理论与方法

在进入社会主义市场经济体制的转轨期以后,城市化速度加快,城市人口和用地规模急剧扩大,但资本、土地、劳动力和技术等要素市场尚处在发育之中,这两者的错位导致城市集聚和扩散的矛盾日益尖锐,引发一系列城市问题。完全市场条件下的城镇体系规划,正是针对目前城市在集聚、扩散双重力作用下产生的种种问题。完全市场条件下的城镇体系规划理论包括城市制度理论、城市竞争理论、城市管理理论和城市管治理论。

完全市场条件下的城镇体系规划方法包括:① 空间测度方法,虚拟空间成为一种新型空间类型,其尺度、密度、强度决定了城市的发展潜力;② 时间测度法,即从时间的角度出发,研究城市经济、社会、环境、技术、制度等要素的发展规律;③ 时空测度法,即根据时间和空间测度方法构划概念性的城市通勤圈。

3.5.3 城镇体系规划的类型㉔

按行政等级和管辖范围,可以分为全国城镇体系规划、省域(或自治区域)城镇体系规划、市域(包括直辖市以及其他市级行政单元)城镇体系规划等。其中,全国城镇体系规划和省域城镇体系规划是独立的规划,市域、县域规划可以与相应地域中心城市的总体规划一并编制,也可以独立编制。

根据实际需要,还可以由共同的上级人民政府组织编制跨行政区域的城镇体系规划。跨行政区的城镇体系规划是相应地域城镇体系规划的深化规划。

随着城镇体系规划实践的发展,在一些地区也出现了衍生型的城镇体系规划类型,例如都市圈规划、城镇群规划等。

3.5.4 城镇体系规划的主要内容

1. 全国城镇体系规划编制的主要内容

全国城镇体系规划是统筹安排全国城镇发展和城镇空间布局的宏观性、战略性的法定规划,是国家制定城镇化政策、引导城镇化健康发展的重要依据,也是编制、审批省域城镇体系规划和城市总体规划的依据,有利于加强中央政府对城镇发展的宏观调控。

全国城镇体系规划编制的主要内容包括:

(1)明确国家城镇化的总体战略与分期目标 落实以人为本、全面协调可持续的科学发展观,按照循序渐进、节约土地、集约发展、合理布局的原则,积极稳妥地推进城镇化。与国家中长期规划相协调,确保城镇化的有序和健康发展。根据不同的发展时期,制定相应的城镇化发展目标和空间发展重点。

(2)确立国家城镇化的道路与差别化战略 针对我国城镇化和城镇发展的现状,从提高国家总体竞争力的角度分析城镇发展的需要,从多种资源环境要素的适宜承载程度来分析城镇发展的可能,提出不同区域差别化的城镇化战略。

(3)规划全国城镇体系的总体空间格局 构筑全国城镇空间发展的总体格局,并考虑资源环境条件、人口迁移趋势、产业发展等因素,分省或分大区域提出差别化的空间发展指引和控制要求,对全国不同等级的城镇与乡村空间重组提出导引。

(4)构架全国重大基础设施支撑系统 根据城镇化的总目标,对交通、能源、环境等支撑城镇发展的基础条件进行规划,尤其要关注自然生态系统的保护,它们事实上也是国家空间总体健康、可持续发展的重要支撑。

(5)特定与重点地区的规划全国城镇体系 规划中确定的重点城镇群、跨省界城镇发展协调地区、重要江河流域、湖泊地区和海岸带等,在提升国家参与国际竞争的能力、协调区域发展的资源保护方面具有重要的战略意义。根据实施全国城镇体系规划的需要,国家可以组织编制上述地区的城镇协调发展规划,组织制定重要流域和湖泊的区域城镇供水排水规划等,切实发挥全国城镇体系规划指导省域城镇体系规划、城市总体规划编制的法定作用。

2. 省域城镇体系规划编制的主要内容㉕

省域城镇体系规划是各省、自治区经济社会发展目标和发展战略的重要组成部分,也是省、自治区人民政府实现经济社会发展目标,引导区域城镇化与城市合理发展,协调和处理区域中各城市发展的矛盾和问题,合理配置区域空间资源,防止重复建设的手段和行动依据,对省域内各城市总体规划的编制具有重要的指导作用。同时,省域城镇体系规划也是落实国家总体发展战略,中央政府用以调控各省区城镇化与城镇发展、合理配置空间资源的重要手段和依据。

省域城镇体系规划编制的主要内容包括:

(1)制定全省(自治区)城镇化和城镇发展战略 包括确定城镇化方针和目标,确定城镇发展与布局战略。

(2)确定区域城镇发展用地规模的控制目标 省域城镇体系规划应依据区域城镇发展战略,参照相关专业规划,对省域内城镇发展用地的总规模和空间分布的总趋势提出控制目标;并结合区域开发管制区划,根据各地区的土地资源条件和省域经济社会发展的总体部署,确定不同地区、不同类型城镇用地控制的指标和相应的引导措施。

(3)协调和部署影响省域城镇化与城市发展的全局性和整体性事项 包括确定不同地区、不同类型城市发展的原则性要求;统筹区域性基础设施和社会设施的空间布局和开发时序;确定需要重点调控的地区。

(4)确定乡村地区非农产业布局和居民点建设的原则 包括确定农村剩余劳动力转化的途径和引导措施;提出农村居民点和乡镇企业建设与发展的空间布局原则;明确各级、各类城镇与周围乡村地区基础设施统筹规划和协调建设的基本要求。

(5)确定区域开发管制区划 从引导和控制区域开发建设活动的目的出发,依据区域城镇发展战略,综合考虑空间资源保护、生态环境保护和可持续发展的要求,确定规划中应优先发展和鼓励发展的地区,需要严格保护和控制开发的地区以及有条件地许可开发的地区,并分别提出开发的标准和控制的措施,作为政府进行开发管理的依据。

(6)按照规划提出的城镇化与城镇发展战略和整体部署 充分利用产业政策、税收和金融政策、土地开发政策等政策手段,制定相应的调控政策和措施,引导人口有序流动,促进经济活动和建设活动健康、合理、有序地发展。

3. 市域城镇体系规划编制的主要内容

为了贯彻落实城乡统筹的规划要求,协调市域范围内的城镇布局和发展,在制定城市总体规划时,应制定市域城镇体系规划。市域城镇体系规划属于城市总体规划的一部分。

市域城镇体系规划编制的主要内容包括:

(1)提出市域城乡统筹的发展战略。其中位于人口、经济、建设高度聚集的城镇密集地区的中心城市,应当根据需要提出与相邻行政区域在空间发展布局、重大基础设施和公共服务设施建设、生态环境保护、城乡统筹发展等方面进行协调的建议。

(2)确定生态环境、土地和水资源、能源、自然和历史文化遗产等方面保护与利用的综合目标和要求,提出空间管制原则和措施。

(3)预测市域总人口与城镇化水平,确定各城镇人口规模、职能分工、空间布局和建设标准。

(4)提出重点城镇的发展定位、用地规模和建设用地控制范围。

(5)确定市域交通发展策略,原则确定市域交通、通信、能源、供水、排水、防洪、垃圾处理等重大基础设施和重要社会服务设施的布局。

(6)在城市行政管辖范围内,根据城市建设、发展和资源管理的需要划定城市规划区。

(7)提出实施规划的措施和有关建议。

3.5.5 典型案例

六合区位于江苏省西南部、南京市北郊,地处江淮分水岭,南滨长江水道,西与浦口区相连,南与栖霞区隔江相望,东邻仪征市,西、北与安徽来安县、天长市接壤,具有"承南接北、引南联东"的区位优势。规划范围包括整个六合区的行政区划范围,总面积 1 470.99 km²。其中,包括两个重点片区,中心城区(江北副城六合片区)面积 187.74 km²,龙袍新城片区 42.04 km²。

1. 城镇村体系结构

东南大学编制的《六合区城乡总体规划》中,规划六合区城镇村等级结构布局形成"中心城区(江北副城六合片区)—新城(1个)—新市镇(7个)—新社区(33个)"四级体系。其中一级新社区 10个,按照乡村人口基本公共服务规模 10 000 人进行设置,主要包括 2000 年后被撤并乡镇;二级新社区 23个,按照乡村人口基本公共服务规模 5 000 人设置(表 3-9、图 3-18)。

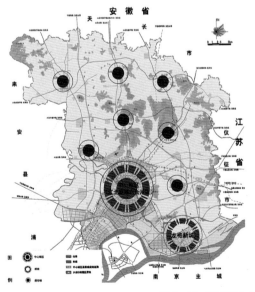

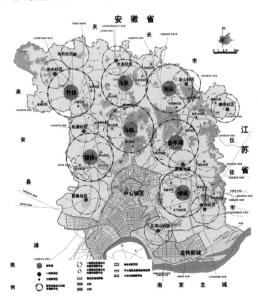

图 3-18 南京市六合区城镇体系、新社区体系规划图

表 3－9 南京市六合区城镇村体系规划

规划体系	规划构成主体
中心城区（江北副城六合片区）	中心城区（江北副城六合片区，主要包括雄州街道、龙池街道、葛塘街道、长芦街道、卸甲甸街道、西厂门街道和山潘街道等）
新城	龙袍新城（原东沟镇、龙袍镇、玉带镇、瓜埠镇）
新市镇	竹镇、马集、冶山、程桥、金牛湖、横梁、马鞍
新社区	33 个

表 3－10 规划人口、建设用地分配指标协调修正

层级	名 称	规划人口（万人）			规划建设用地（hm²）
		2015	2020	2030	2 030
中心城区	中心城区（江北副城六合片区）	60	70	80	9 600
新城	龙袍新城	13.5	16.5	21	2 625
新市镇	金牛湖	7.5	8	10	1 300
	程桥	6	8	9.5	1 235
	横梁	8	9.3	11	1 430
	冶山	4	4.7	5	650
	竹镇	6	7	9	1 040
	马集	3	3.5	4	520
	马鞍	2	3	3.5	455
	新市镇小计	36.5	43.5	51	6 630
合计		110	130	152	18 855

2. 城镇村体系人口与用地分配

规划至 2030 年,六合全区城乡建设用地规模控制在 189 km² 以内。其中,中心城区城乡建设用地规模约 96 km²(人均城乡建设用地控制在 120 m² 以内),新城片区城乡建设用地规模约 26.5 km²(人均城乡建设用地控制在 125 m² 以内),新市镇城乡建设用地规模约 66.5 km²(人均城乡建设用地控制在 130 m² 以内)(表 3－10)。

3. 城镇职能定位

规划中对南京市六合区中心城区(江北副城六合片区)、龙袍新城以及规划形成的 7 个新市镇分别进行规划定位(表 3－11)。

表 3－11 城乡聚落体系规划定位一览

名称	规划定位
中心城区	全国先进制造业基地,南京市辐射皖东、皖北和苏北的区域副中心,江北现代化新城
新城	国家重要基础产业基地,南京市沿江城镇空间拓展的战略要地,城市景观优美的滨江宜居新城

续表

名称	规划定位
金牛湖	南京市东北部地区辐射皖东、苏北的边界风景文化旅游名镇,边界商贸区,重大战略项目储备空间,远景作为新城储备开发空间
程桥	苏皖两省交界处,具有历史文化传统的商贸城镇,南京江北地区新兴现代物流产业区,滁河沿岸园林宜居城镇
横梁	南京市江北副城的居住与产业后备基地;以先进加工制造业为主,辅以特色旅游业的生态宜居新市镇
冶山	南京市东北部重要的生态文化名镇,面向江苏省和皖中东部的以生态农业和自然山水为特色的生态旅游度假区,生态名镇、经济强镇
竹镇	国家级农业高新技术园与现代农业实验区,南京市历史文化名镇和重要的乡村休闲旅游目的地,六合区西北部地区中心
马集	苏皖省际边贸型现代化门户小城镇,南京市北部的高效农业示范镇,六合区未来的生态宜居重点镇
马鞍	以电子、轻纺、机械制造为主的现代化新市镇,六合区中部旅游集散地

3.6 城镇总体规划

3.6.1 城镇总体规划概论

城镇总体规划在城镇化发展战略中占有重要作用,是我国城镇化建设最具活力的组织部分和主导力量,是建设和谐社会、统筹城乡的关键环节,是对一定时期内城镇发展的性质、目标、规模、土地利用、空间布局以及各项建设安排的综合研究和全面部署。它是城镇建设和管理的基本依据,是保证合理建设和开发的前提和基础,是城镇社会经济发展战略的深入和具体展开[①]。

传统城镇总体规划基于城市化与增长极理论,重城区规划,轻区域规划,忽视城乡融合。近些年来,城镇总体规划呈现出一定新形势:区域协同与城乡统筹规划有所强化,重视区域交流与城乡协同的发展;重视可持续发展理念在设计中的全方位渗透、非建设用地保护的强化、城市建设的生存循环评价;重视社会设施的多元个性化与人性化建设并存;重视防灾与安全保障强化、区域性防灾应急体系的完善;法律法规和技术性标准规范的完善促进了规划建设管理制度的变革;规划技术方面,地理信息系统的发展,使对话说明型手法得到重视[②]。此外,城市总体规划已经成为指导与调控城市发展建设的重要手段,具有公共政策属性[③](表 3－12)。

表 3－12　城镇总体规划新旧思路比较

项目	旧思路	新思路
规划特征	以城区规划为主	城区与区域并重
规划宗旨	构建城镇增长极	构架协调发展的城乡组织体系
规划动因	寻求镇区超速发展	寻求城乡关联发展,促进城乡公平发展
理论基点	空间集聚论	城乡统筹发展观
强调重点	城区	全域
规划结果	城区规模过度扩张,乡村不景气	城乡共融
投资趋向	城区	城区合理建设其与农村地区的联系
政策取向	促进非均衡发展	谋求城乡协调

资料来源:陈志诚,侯雷,兰贵盛."城乡统筹发展"与小城镇总体规划的应对[J].规划师,2006(2).

3.6.2　城镇总体规划的法规依据

随着城市化的进一步提升,城镇总体规划需要遵循的法律法规及政策依据也相应出现了修正和完善,按照法规类型,可以总结出以下几种:

1) 法律法规依据

《中华人民共和国城乡规划法》;

《中华人民共和国土地管理法》;

《中华人民共和国环境保护法》;

《城市规划编制办法》;

《城镇体系规划编制审批办法》;

《村庄和集镇规划建设条例》。

2) 规划技术标准

《镇规划编制标准》;

《镇规划标准》;

《镇规划卫生标准》;

《镇(乡)域规划导则》(试行);

各省(自治区)、地(市、自治州)、县(市、旗)村镇规划技术规定、建设管理规定、编制办法等文件。

3) 政策依据

国家城镇战略及社会经济发展对城镇规划建设的宏观指导和相关要求;

国家和地方对城镇建设发展制定的相关文件;

各省(自治区)、地(市、自治州)、县(市、旗)对本地区城镇的发展战略要求;

地方政府国民经济和社会发展规划。

3.6.3　城镇总体规划的编制程序

近几年来国家住房和城乡建设部加速修订了一系列技术规范标准,为城镇的编制修改程序进行了修正和规范化,一改1980年代沿袭1950年代的计划经济模式和概念的做法②。具体程序如下③:

1) 规划实施评估和收集基础资料

总结上一轮总体规划实施情况及存在的突出问题,完成原总体规划实施评估报告。系统收集区域和城市自然、经济、社会及空间利用等各方面的历史与现状资料。必须注意的是,总体规划编制所采用的勘测资料必须根据审批权限,由相应的行政主管部门认可。

2) 编制城市总体规划纲要

编制总体规划纲要可以是总体规划编制的一个阶段,目标相近但任务各有侧重④。编制总体规划纲要的目的是为了研究确定城市总体规划的重大原则性问题,初步确定城市发展的总体框架,包括文字说明和图纸两部分。文字说明部分需要:简述城市自然、历史现状特点;分析区域地位和作用,确定市域发展目标和城镇体系布局;论证城市发展的技术经济数据和发展条件,确定城市性质规划和发展战略目标;初步划定城市规划区范围,提出用地发展方向和总体布局结构,提出基础设施规划设想。

3) 编制市域城镇体系规划

市域城镇体系规划主要包括分析市域社会经济发展战略,预测人口增长及城市化水平,确定市域城镇体系等级、规模结构、空间及职能结构,提出市域基础设施、环境保护、文物保护、风景旅游规划意见或设想,对各时期重点发展的城镇提出建议,对中心城市性质、规模及发展方向提出指导性意见。

4) 编制城市总体规划

城市总体规划的任务是综合确定城市性质、规模、城市发展目标、形态,优化城市布局,综合安排各项基础设施,推进城市合理发展。

5) 城市总体规划的审批

根据《中华人民共和国城乡规划法》规定,城市总体规划实行分级审批。具体包括国务院审批的城市,省、自治区、直辖市政府审批的城市,县政府审批的城市,其他建制镇的规划报县级人民政府审批。

3.6.4　城镇总体规划的主要内容

目前,我国城镇总体规划主要以城区规划为重点。在规划内容上,总体规划侧重于城区性质与规模的确定、用地功能的组织、总体结构的布局、道路交通的组织及市政公共设施的安排等方面,涉及面比较广。全域规划的内容主要包括村镇体系的等级、职能和规模及相应的市政公共设施规划,而对镇区与周边农村地域联系的分析和研究则深度不足⑤。城镇规划不能停留在传统的形体规划的范畴内,必然要涉及城镇社会学、经济学、社会心理与行为科学、地理学、生态学、城镇行政管理学等领域,以逐步持续地完善城镇规划学⑥。

城镇总体规划是对国民经济和社会发展计划的空间

落实。对国民经济和社会发展计划中尚无法涉及、但却又会影响城镇长远发展的有关内容,城镇总体规划也必须作出长远安排,针对土地利用总体规划与城镇总体规划的相互关系,在城镇规划管理部门和土地管理部门之间目前存在着颇为严重的分歧,目前亟待以立法的形式明确这两种规划的法定形式、作用、关系和效力,也亟待学术界和实际工作部门对两种规划的工作路线、技术方法、规划范围、统计口径、规划实施管理机制等作深入的研究㉞。

城镇总体规划分为设市城市、县政府所在地镇,一般镇与乡集镇三个层面。

1) 设市城市、县政府所在地镇的城市总体规划

主要内容包括㉟:

对市的县辖行政区范围内的城镇体系、交通系统、基础设施、生态环境、风景旅游资源开发进行合理布置和综合安排。

确定规划期内城市人口及用地规模,划定城市规划区范围。

确定城市用地发展方向和布局结构,确定市、区中心区位置。

确定城市对外交通系统的结构和布局,编制城市交通运输和道路系统规划,确定城市道路等级和干道系统、主要广场、停车场及主要交叉路口形式。

确定城市供水、排水、防洪、供电、通讯、燃气、供热、消防、环保、环卫等设施的发展目标和总体布局。

确定城市河湖体系和绿化系统的治理、发展目标和总体布局。

根据城市防灾要求,做出人防建设、抗震防灾规划。

确定需要保护的自然保护地带、风景名胜、文物古迹、传统街区,划定保护和控制范围,提出保护措施。

各级历史文化名城要编制专门的保护规划。

确定旧城改造、用地调整的原则、方法、步骤,提出控制旧城人口密度的要求和措施。

对规划区内农村居民点、乡镇企业等建设用地和蔬菜、牧场、林木花果、副食品基地做出统筹安排,划定保留的绿化地带和隔离地带。

进行综合技术经济论证,提出规划实施步骤和方法的建议。

编制近期建设规划,确定近期建设目标、内容实施部署。

以上内容中,强制性内容还包括市域内必须控制开发的地域、城市建设用地、基础设施和公共服务设施、历史文化名城保护、防灾工程和近期建设规划等内容㊱。

2) 一般镇总体规划

内容包括㊲:

对镇域范围内的村镇体系、交通系统、基础设施、生态环境、风景旅游资源开发等进行合理布置和综合安排。

确定城镇性质、发展目标和远景设想。

确定规划期内城镇人口及用地发展规模,选择用地发展方向并划定用地规划范围。小城镇的人口规模应区分镇域人口与镇区人口的规模。

确定小城镇各项用地的功能布局和结构。

确定小城镇对外交通系统的结构和主要设施的布局。布置和安排小城镇道路交通系统,确定道路等级和主要广场、停车场及主要交叉口形式,控制坐标和标高。

综合协调小城镇各项基础设施的发展目标和总体布局,包括供水、排水、电力、电讯、燃气、供热、防火、环卫等。

确定和协调各专项规划,如水系、绿化、环境保护、旧城改造、历史文化和自然风景保护等。

进行综合技术经济论证,提出规划实施步骤、方法和措施等建议。

编制近期建设规划,确定近期建设目标、内容和实施部署。

3) 乡集镇总体规划

内容可以参照《镇规划标准》中一般镇的规划内容,镇(乡)域规划是《中华人民共和国城乡规划法》规定的镇规划和乡规划的一种形式,其规划区范围覆盖镇(乡)行政辖区的全部。有条件的镇和乡,应编制镇(乡)域规划㊳。镇(乡)域规划的强制性内容包括:规划区范围、镇区(乡政府驻地)建设用地范围、镇区(乡政府驻地)和村庄建设用地规模、基础设施和公共服务设施用地、水源地和水系、基本农田、环卫设施用地、历史文化和特色景观资源保护以及防灾减灾等。

3.6.5 典型案例

1. 县总体规划——平邑县城市总体规划(2004—2020)

1) 背景及现状概况

平邑县地处山东省南部,临沂市西部,沂蒙山区的西南边缘,西连孔子故乡曲阜,东接书画名城临沂,北通五岳之尊泰山,坐拥"岱宗之亚"的蒙山,儒家传统文化、道教养生文化、沂蒙革命文化交相辉映,是鲁南地区重要的中心城市。

平邑全县总面积1 823.34 km²,新(泰)枣(庄)公路、平(邑)滕(州)公路纵穿南北,岚(山头)兖(州)公路、兖(州)石(石臼所)铁路跨越东西,交通方便。最新建成通车的日东高速公路也日渐成为主要的对外交通线路。县城东南距临沂城90 km,西北距省会济南162 km,北距首都北京540 km。平邑县主要由县城——平邑镇和其他14个主要乡镇组成,全县人口98.5万人,其中农业人口87.93万人。

2) 城市定位

城市定位为:"临沂西部的工贸中心城市和蒙山旅游服务基地,中国石材之乡和金银花之乡"。围绕这一定位,

图 3-19 平邑县用地现状及规划图

城市发展要实现五大转变,即:由传统县城发展为现代化城市,由地区中心城市发展成为区域中心城市,由小城镇发展为中等规模的中等城市,由资源型产业城市发展为资源带动型复合多元性制造业中心城市,由临沂西部的门户城市转变为区域性交通枢纽城市。

3)城市规模

规划确定城市人口规模:近期 22.5 万;远期 36 万。

规划在分析平邑用地现状结构基础上,结合城市发展需要和国家相关标准,确定规划人均建设用地指标:近期 110.8 m^2/人;远期 105.6 m^2/人。

城市用地规模:近期 25 km^2;远期 38 km^2。

4)方案构思

城市在规划期内的空间扩张策略为:旧城改造与新区建设并举,积极改造旧城,合理开发新区,向北控制,向西完善,向南延伸,向东跨越,形成中等城市的空间格局。

用地发展方向为:向南拓展为主、向西完善、向北控制、向东作为远景发展的主导方向。规划以兖石铁路为界,以河道为自然分割,形成"西山东水中间城,主次双中心、双轴、四带、七片区"的开敞式城市空间布局结构,并对工业用地、居住用地、公共设施用地等进行了布局(图 3-19)。

5)规划创新与特色

(1)系统应用多层次区域分析法和城市竞争力分析法确定城市的发展定位 为了明确平邑城市的发展定位,在规划研究中从全球、全国、区域、地方等不同尺度对平邑县城的战略地位、空间联系进行了定量和定性相结合的比较研究。在地方尺度上,不仅量化分析了平邑与不同城市的空间联系,还量化计算了其竞争力,并应用营销组合矩阵分析产业结构。以此为依据,结合城市产业发展和城市特色,最终确定了城市未来的发展定位[⑧]。

(2)按照统筹发展要求,从空间管制、空间利用两个角度对县域空间进行了全覆盖式的规划安排(图 3-20)在区域空间管制方面,打破常规思路,首先划定区域发展必须保留的非建设空间,然后对可建设空间按照空间承载能力和开发需求划分管制力度,这与随后颁布的新的城市规划编制办法中关于空间适建性划分的要求不谋而合;在空间利用方面,将全部区域空间进行了空间功能区划,分为城镇建设区、农田开敞区、生态敏感区,在此基础上对城镇体系进行规划,将区域统筹、城乡统筹的要求落实在规划中。

(3)理想蓝图与发展过程相结合 进行多方案的比较分析,确定城市未来不同时段的空间布局结构。规划应用情景模拟的方法,穷尽城市未来发展的各种可能性,构思出不同的发展方案,然后进行多方案的系统动态比较,从用地条件、开发成本、城市空间与区域空间的互动、城市空间与对外交通的互动等不同方面进行分析研究,推演不同方案可能的发展效果和后果,在此基础上综合形成优选的规划布局方案。

2. 镇总体规划——六合区马集镇总体规划(2008—2020)

马集镇地处江苏南京市六合区最北部,距六合城区中心约 22 km,东与冶山镇接壤,南与马鞍镇相连,西与竹镇镇、程桥镇相接,北与安徽省天长市毗邻,有南京北大门之称。马集镇历史悠久,早在明朝以前就有建制,因其马氏家族最显贵,且居住最久,故名马集。宁连高速公路、205 国道纵贯镇域南北。镇域面积 120.4 km^2,耕地 4 333.23 hm^2,总人口 43 756 人,辖 14 个村民委员会和 1

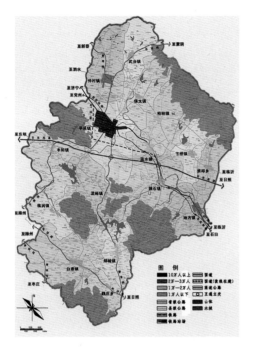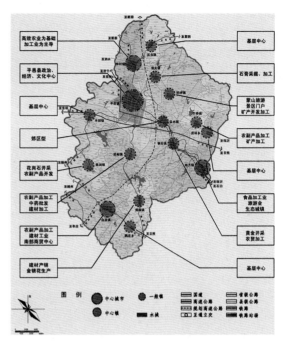

图 3-20 平邑县城镇体系现状及规划图

个居民委员会。该镇农业基础雄厚,生态优势显著,后发优势明显。但整体经济实力较弱,2007年马集镇实现地区生产总值73 967万元,其中第一、二、三产业产值分别为18 175万元、34 336万元、20 916万元,三次产业比重为28:39:33,工业占据主导地位,二、三产业水平不强,工业集中区面临周边的同质竞争——竹镇和安徽境内相邻乡镇的竞争。由于过境交通穿越镇区,境内收费站阻碍城镇节点的发展。目前人居环境设施落后,基础设施建设滞后,发展外援不足,招商引资难度较大,企业数量较少,工业带动优势不明显。在新时期,长三角区域产业转移、城乡统筹发展和社会主义新农村建设、南京市跨江发展战略的实施、上级政府援助扶持等各方面都迎来新一轮机遇,将会大力促进马集镇发展。

此次规划范围为马集镇域和马集镇镇区。镇区规划区包括马集中心镇区(规划总面积353.72 hm²)和大圣片区(规划总面积44.47 hm²)。

1)规划指导思想及发展目标

(1)规划方案编制的重点 科学发展、统筹发展、区域协调、突出民生。

(2)定位 苏皖省际边贸型现代化门户小城镇,南京市北部的高效农业示范镇,六合区未来的生态宜居重点镇。

(3)发展目标 按照科学发展观的要求,积极推进城乡统筹发展,形成资源节约、环境友好、经济高效、社会和谐的城镇发展新格局,积极优化镇村布局结构和城镇空间布局结构,吸引生产要素向城镇集中,大力提升中心镇区的服务和牵引功能(表3-13)。

表 3-13 马集镇小康社会目标体系表

指标名称	近期(2012年)目标		远期(2020年)目标	
	全镇	镇区	全镇	镇区
1. 规划总人口数(万人)	4.35	1.4	4.25	2.5
2. 地区生产总值(亿元)	17.66	—	54.02	—
3. 人均地区生产总值(元/人)	40 590		127 105	
4. 三次产业结构	23:43:34		18:50:35	
5. 城镇化率(%)	29.9%		52.9	
6. 高中阶段入学率(%)	75	85	90	95
7. 高等教育毛入学率(%)	25	40	38	45
8. 恩格尔系数(%)	45	40	<40	<30
9. 人均生活用电量(kW·h/年)	90	120	110	160
10. 人均综合生活用水量(L/日)	150	200	200	250
11. 电话普及率主线(部/百人)	25	35	50	55
12. 生活污水处理率(%)	20	30	50	70
13. 绿化覆盖率(%)	—	>20		>35
14. 农民人均纯收入(元)	14 780		31 670	

2)城市规模

(1)人口 根据预测结果的比较,本规划选定近期2012年城镇人口规模达到1.3万人,其中马集中心镇区近期人口为1.10万人,大圣片区近期规划0.2万人;预测马集中心镇区远期人口约为2.0万人,大圣片区远期规划0.25万人。

(2)用地 规划马集镇城镇建设用地246.6 hm²,人均建设用地约为109.6 m²。其中马集中心镇区远期建设用地为 219.38 hm²,人均建设用地 109.69 m²,大圣片区规划建设用地为 27.22 hm²,人均建设用地为 108.88 m²。

3)方案构思(表 3-14,图 3-21,图 3-22)

镇区规划用地总用地面积 353.72 hm²,城镇建设用地 219.38 hm²。

布局结构:"二个中心、三个片区、四条主轴"。

以六马公路改线为基本动力,着力强调城市生活部分的向北拓展,打造原 205 国道和蒋马—马旺线为核心的新镇区中心。形成北部生活组团、南部工业片区与河王坝水库西北生态旅游休闲开发区互相隔离、有机组织、交相辉映的美好图景(表 3-14,图 3-21,图 3-22)。

表 3-14 镇村体系布局

时间	现状(2008 年)	近期(2012 年)	远期(2020 年)
居民点数量	333	75	45
等级分工	1 个镇区、1 个街道、331 个村民小组	1 个镇区、74 个规划村	1 个中心镇区、1 个片区、11 个中心村(新型农村社区)、32 个基层村

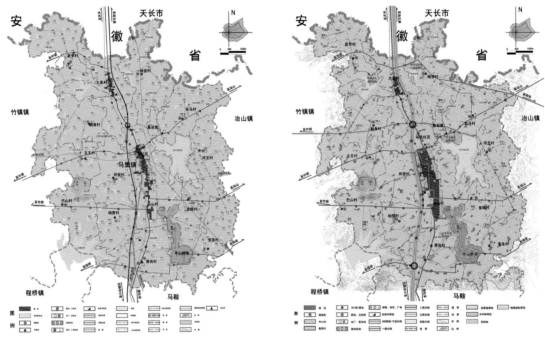

图 3-21 镇村体系现状图(左)和镇村体系规划图(右)

图 3-22 镇区分区结构图(左)和镇区用地规划图(右)

3. 乡集镇总体规划——东小店乡总体规划（2011—2030）

东小店乡地处江苏省宿迁市沭阳县东南部,东临马厂镇、塘沟镇,南临胡集镇,西北均与沭城镇接壤。地处苏北平原,境内地势平坦,季风影响明显。乡域总面积50.99 km²,其中城镇建成区95.46 hm²,现管辖9个行政村及1个居委会。2010年末总人口33 800人,其中集镇区人口5 810人,城市化水平较低。

总体定位与战略:以农林产品加工为特色,以承接制造业产业转移为方向的绿色、生态、宜居的县城近郊新兴工贸小集镇(表3-15、表3-16)。

方案构思(图3-23、图3-24、表3-17)。

规划东小店乡的城镇结构为"两轴两带,一核三心五片区"。

"两轴"为集镇发展主次轴。"两带"为以两条渠为依托的防护绿化带,"一核"为集镇综合服务核心,包括集镇大部分行政及科教文卫设施,"三心"即生产服务中心、新区商业中心和旧区商业中心,"五片区"即城东、城西工业区、生态农田保护区、传统居住区和新型居住区。

工业片区位于集镇的西部,规划用地84.56 hm²。片区内配备一个小型街边公园,为工人休闲娱乐提供去处;管理中心一个,管理片区招商引资等各项事务;另有变电站一个,为整个集镇生产生活提供电力;借助镇西水渠建立绿化步道,在改善集镇环境的同时起到防护的作用。

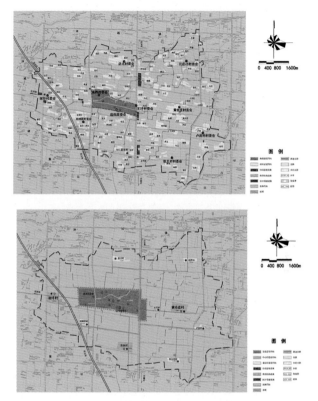

图3-23 乡域现状图(左)和乡域规划图(右)

表3-15 东小店乡发展战略

工业兴镇战略	工业兴镇是东小店乡多年来坚持实施的战略方针,工业为城镇建设提供了有力的支持。为提升生活居住环境、发展成为现代化新兴小城镇提供了坚实的经济基础。因此应实行工业兴镇战略
交通带动战略	东小店乡目前发展陷入瓶颈阶段一个很重要的原因就是对外交通体系的薄弱,因此东小店乡下一步的发展策略应该借由205国道改道之机,着重对外交通的改善
同城化战略	在现状木材初加工的基础上发展木材深加工产业,为城镇发展提供经济支持,争取实现与沭阳电子机械类制造业转移的无缝对接

表3-16 东小店乡发展目标和规模

总体目标	保障和人改善民生,促进经济长期平稳较快发展和社会稳定,全面建成小康社会
经济发展	近期各项经济指标以11.58%(远期9%)的速度递增,近期GDP实现8.1亿,远期实现29.4亿
产业结构	近期至2015年调整到13%:50%:37%,远期至2030年调整到6%:55%:39%。
人口规模	镇域:近期35 000人,远期38 000人 镇区:近期8 700人,远期21 000人
用地规模	近期建设用地面积:139 hm² 远期建设用地面积:285.52 hm²

表3-17 规划用地平衡表

类型代号	用地名称	面积(hm²)	比例(%)	人均(m²/人)
R	居住用地	106.76	37.40	50.84
C	公共建筑用地	28.57	10.00	13.60
M	生产建设用地	88.81	31.10	42.29
W	仓储用地	8.71	3.00	4.15
T	对外交通用地	0.81	0.28	0.39
S	道路广场用地	30.10	10.50	14.33
U	公用设施用地	0.92	0.30	0.44
G	绿化用地	24.11	8.40	11.48
	建设用地	285.52	100.00	135.96
E	水域和其他用地	98.21	—	—
	规划范围用地	383.73	—	—

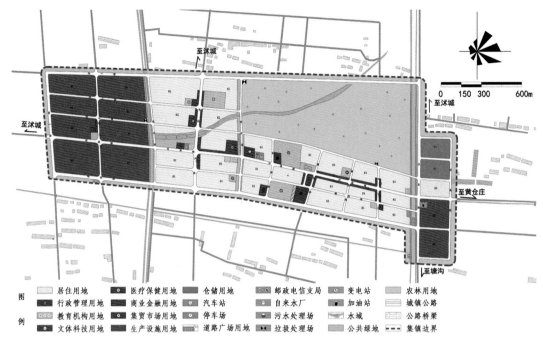

图 3-24　镇区规划图

	居住用地		医疗保健用地		仓储用地		邮政电信支局		变电站		农林用地
图	行政管理用地		商业金融用地		汽车站		自来水厂		加油站		城镇公路
	教育机构用地		集贸市场用地		停车场		污水处理场		水闸		公路桥梁
例	文体科技用地		生产设施用地		道路广场用地		垃圾处理场		公共绿地		集镇边界

新型居住片区位于集镇的中部,规划用地 92.18 hm²。片区内配备两所幼儿园及一所小学,为整个片区内教育事业服务;配备社区邻里中心一处,内有医务室、图书室以及管理处;集贸市场一处;服务范围辐射整个集镇的文化馆一处;并配备大型停车场;结合原有水系设置大型公园一处,为整个集镇居民提供休闲好去处。

传统居住片区位于集镇的中部,规划用地 64.73 hm²。片区内配备一所幼儿园及一所小学,为整个片区内教育事业服务;配备社区邻里中心一处,内有医务室、图书室以及管理处;街头公园及广场各一处,为居民提供茶余饭后的休闲地;中学、养老院、卫生防疫中心各一处,为整个集镇居民服务。

仓储物流片区位于集镇的中部,规划用地 30 hm²。片区内配备一定量的居住,为工人提供住处;仓储部分结合木材加工园区设置,为利于产品运输结合工业园区设置加油站;并设置一定宽度的防护带,结合水渠设置防护林,作为居住片区与工业园区的分割。

4. 多规融合——广东省增城市"三规合一"试点工作方案

"多规合一"是城乡规划领域在总体规划层面应对部门规划冲突、落实中央城镇化会议要求的重要举措,可以看做是近年来法定总体规划类型的延伸和拓展,也是未来总体规划面向"规划一张图"和建立统一的空间规划体系的重要尝试。习总书记在中央城镇化会议上要求"推进市、县规划体制改革,探索能够实现多规合一的方法,实现一个市县一本规划、一张蓝图。"为落实中央城镇化工作会议精神,积极推进全面深化改革任务,国家发改委、国土资源部、环保部、住建部联合下发了《关于开展市县"多规合

一"试点工作的通知》,并明确了全国 28 个开展"多规合一"试点的市县,广东省增城市便是其中之一⑩。

1) 增城市概况

增城市是广州市辖的县级市,位于广州东部,是广州市"123"战略中明确的三个副中心之一,辖区面积 1 616 km²,户籍人口约 84 万,现辖 4 个街道办事处、7 个镇、282 个行政村和 55 个社区。

2) 增城市"三规合一"的基本思路

为落实广州市"三规合一"工作,增城市在结合自身实际发展情况的基础上,于 2012 年 10 月启动了"三规合一"工作,具体的工作思路如下:从"规模及图斑调整、历史审批、城市规模边界和城市增长边界、城市功能完整性、本市重大决策落实情况"等方面,统筹考虑与功能片区土地利用规划、重点项目的统筹协调,与此同时,构建统一的信息平台,以实现"一张图"管理(图 3-25)。

3) 增城市"三规合一"的工作方法

增城市采取"五统一"的方法推进"三规合一"工作,具体内容包括:

(1) 统一目标　建立"三规"共同遵守的城市发展目标、发展定位、空间发展战略等,以国民经济和社会发展规划为引领,结合城乡规划、土地利用总体规划中的土地使用情况,研究确定"三规"建设用地空间发展方向。

(2) 统一数据　共同建立包括区域资源与环境、区域性基础设施、土地利用、城市规划、人口规模、宏观经济、政策法规等在内的全方位的基础数据信息库,并使"三规"的信息标准、信息资源保持一致。

(3) 统一规模　根据土地利用总体规划建设用地规模指标,研究确定"三规合一"2020 年建设用地规模。

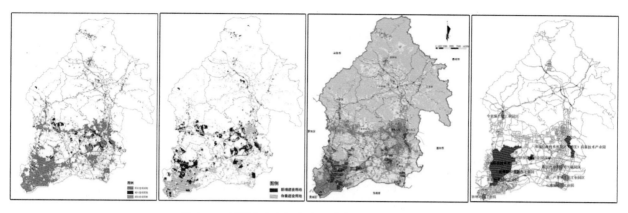

图3-25 增城市全市"三规合一"施行的空间"一张图"管理

(资料来源:增城市规划局. 增城市"三规合一"情况汇报(2014/8/19),ppt)

(4) 统一边界 城乡规划和土地利用总体规划的协调重点在于实现建设用地的指标和空间坐标的统一,通过系统梳理城乡各类用地,搭建对接各个标准的技术平台,统一基础数据、统一标准、协调土地利用、协调空间管制,形成统一的用地边界和范围,确保重点发展区域、重点产业园区和重点建设项目落地实施。

(5) 统一用途 在实现边界统一基础上,对土地使用用途进行协调,原则上当规划之间产生矛盾时,有关城市建设用地原则上以城市规划为准,有关非建设用地原则上以土地利用规划为准,并对建设用地和重要产业项目进行空间安排。

4) 增城市"三规合一"工作中的部门协调

增城市在推进"三规合一"工作时,明确了发改、国土和住建部门的具体职责和任务分工,其中发改部门的工作重点是审查确定产业园区数量、规模、面积及范围,核查重点建设项目及市政府重大决策落实情况并进行排序,确定2020年目标实际需求情况;国土部门的工作重点是深度挖潜,重新确定调出图斑,核查调出规模,核查重点建设项目及市政府重大决策落实情况,审查"四线"管控边界;规划部门的工作重点是核查重点建设项目红线,核查市政府重大决策落实情况,核查调出图斑及规模,划定城市规模边界和城市增长边界,审查城市功能的完整性。

5) 增城市"三规合一"工作开展的成效

(1) 盘活了存量土地资源,确保了城市重点项目的优先落实 增城市通过"三规合一"工作,对现象土规中建设规模进行重新梳理,全市调出了22.07 km²的建设用地,并实现了现状土地利用的布局优化。在调出的新增城乡建设用地中,优先保障了增城市重大交通基础设施、公共服务设施等城市重点项目的用地需求。

(2) 形成了全市"一张图",实现城乡建设"选址一目了然、审批一步到位" 通过"三规合一"工作开展,协调了全市共160.78 km²的差异图斑,并在"一张图"的基础上,进一步划定了城乡建设用地控制线、基本农田控制线、基本生态控制线、基本农田控制线。

(3) 明确了市域生态控制线范围,保护了市域生态格局 通过"三规合一"工作开展,首次在空间上明确了城市开发边界,控制了城市的无序增长,特别是将市域范围的水库、死地、水源保护区、自然保护区、森林公园等重要生态用地,以及其周边控制区域划定为保护性生态控制线,并确保了市域的生态安全格局。

(4) 有序引导产业集聚进园,推进工业用地集约化使用 在全市统筹布局了产业集聚区,划定了9个1 km²以上的工业园区及高技术产业园,35 km²的产业区块控制线,引导了工业用地和仓储用地景区工业园区。

■ **思考题**

1. 城市化与新型城市化的区别与联系?

2. 城市地区规划的主要类型和内容?

3. 城乡总体规划与城市总体规划的区别与联系?

■ **主要参考文献**

[1] 崔功豪,王兴平. 当代区域规划导论[M]. 南京:东南大学出版社,2006.

[2] 杨培峰,甄峰,王兴平. 区域研究与区域规划[M]. 北京:中国建筑工业出版社,2011.

[3] 宋家泰,崔功豪,张同海. 城市总体规划[M]. 北京:商务印书馆,1985.

[4] 董光器. 城市总体规划[M]. 南京:东南大学出版社,2003.

■ 注释

① 王德,宋煜,沈迟等. 同城化发展战略的实施进展回顾[J]. 城市规划学刊,2009(4):74-78.

② 高佩义. 世界城市化概览[J]. 南开经济研究,1991(2):68-73.

③ http://www.china-wannian.gov.cn/download/2.ppt.

④ 世界城市化的几种模式[J/OL].(2006-02-06).http://club.bnulife.com.

⑤ 宁越敏,李健. 让城市化进程与经济社会发展相协调——国外的经验与启示[J]. 求是,2005(6):61-63.

⑥ 王兴平. 都市区化:中国城市化的新阶段[J]. 城市规划汇刊,2002(4):56-59.

⑦ 王兴平,李迎成. 对新型城市化门槛标准的初步探讨[C]//中国地理学会城市地理专业委员会,华东师范大学中国现代城市研究中心."城市化:动态、问题与治理"国际会议,2012年6月30日—7月1日.

⑧ 张贡生. 世界城市化规律:文献综述[J]. 兰州商学院学报,2005(2):101-109.

⑨ 周一星. 城市地理学[M]. 北京:商务印书馆,1997.

⑩ 李文溥,陈文杰. 中国的城市化:水平与结构偏差[M]//陈甬军,陈爱民. 中国的城市化:实证分析与对策研究. 厦门:厦门大学出版社,2002.

⑪ 王兴平. 都市区化:中国城市化的新阶段[J]. 城市规划汇刊,2002(4):56-59.

⑫ 严涵,聂梦瑶,沈璐. 大巴黎区域规划和空间治理研究[J]. 上海城市规划,2014(6):65-69.

⑬ 陈洋(供稿).巴黎大区2030战略规划解读(2015/7/31)[EB/OL].httP://www.wzaobao.com/p/045wLS.html.

⑭ 江苏省城乡统筹规划技术要点.

⑮ 陕西省《城乡一体化建设规划编制办法》.

⑯ 浙江省建设厅,国土资源厅.关于加快推进市县域总体规划工作的若干意见[R],2006年8月26日.

⑰ 刘伟奇,孙静.区域设计:总体城市设计研究的新视角[C]//2009年中国城市规划学会年会论文集,天津,2009.

⑱ 扈万泰,郭恩章.论总体城市设计[J].哈尔滨建筑大学学报,1998(6):99-104.

⑲ 单峰,刘朝晖,朝笑.总体城市设计核心内容及核心技术方法应用——论总体城市设计中的特质空间表达[J].规划师,2010(6):914.

⑳ 王兴平,朱凯.区域分析在城市设计中的应用[C]//2010年中国城市规划学会年会论文集,南京,2010.

㉑ 顾朝林.城镇体系规划——理论、方法、实例[M].北京:中国建筑工业出版社,2005.

㉒ 刘玉宁,何深静,魏主华.论城镇体系规划理论框架的新走向[J].城市规划,2008(3):4144.

㉓ 顾朝林,张勤.新时期城镇体系规划理论与方法[J].城市规划汇刊,1997(2):426.

㉔ 全国城市规划执业制度管理委员会.城市规划原理[M].北京:中国计划出版社,2011.

㉕ 广东省城乡规划设计研究院,中国城市规划设计研究院.城市规划资料集:第二分册:城镇体系规划与城市总体规划[M].北京:中国建筑工业出版社,2004.

㉖ 田宝江.全国注册规划师执业资格考试考点讲评与实测题集 城市规划原理[M].第2版.武汉:华中科技大学出版社,2009:131-132.

㉗ 李伟国.城市规划学导论[M].杭州:浙江大学出版社,2008:169-182.

㉘ 全国城市规划执业制度管理委员会.城市规划原理[M].试用版.北京:中国计划出版社,2008:110.

㉙ 陈小韦.浅析小城镇总体规划编制过程中存在的问题[J].山西建筑,2008(8):55-57.

㉚ 马克强,马祖琦,石忆邵.城市规划原理[M].上海:上海财经大学出版社,2008:122-125.

㉛ 谭纵波.城市规划[M].北京:清华大学出版社,2005:428-437.

㉜ 齐立博,李艳萍.黄桥镇向小城市转变过程中公共服务设施规划研究[J].小城镇建设,2011(7):9-11.

㉝ 王雨村,等.小城镇总体规划[M].南京:东南大学出版社,2002:39.

㉞ 王雨村,等.小城镇总体规划[M].南京:东南大学出版社,2002:51-53.

㉟ 同济大学建筑规划学院.城市规划资料集(第一分册)[M].北京:中国建筑工业出版社,2005:19.

㊱ 谭纵波.城市规划[M].北京:清华大学出版社,2005:428-437.

㊲ 王雨村,等.小城镇总体规划[M].南京:东南大学出版社,2002:41.

㊳ 中华人民共和国住房和城乡建设部.镇(乡)域规划导则(试行),2010.

㊴ 孙乐,黄毅翔,王兴平.城市竞争力、区域联系和功能定位研究——以山东省平邑县城为例[J].规划师,2005(3):63-67.

㊵ 增城市发展改革和物价局文件.关于启动开展市县"多规合一"试点工作的请示[N].增发改报[2014]100号.

4 乡村规划与城乡统筹发展

【导读】 本章首先讨论了乡村和小城镇的概念和特征,对中国城乡关系的演变进行了梳理,分析了国家层面乡村空间发展的政策趋势,对城乡统筹发展的目标、要求、一般措施和各地的实践经验做了介绍。在基础理论部分,阐述了增长极理论、核心—边缘理论、中心地理论与区域城市化理论,并对小城镇的发展动力机制进行了分析。最后,结合案例逐一对小城镇的区域影响范围分析、人口分析、产业分析、土地管制分区规划、特色研究和规划以及村庄布点规划等内容做了介绍。

4.1 城乡统筹概述

4.1.1 乡村的内涵

"乡村"的概念是相对于城市的,包括村庄和集镇等各种规模不同的居民点的社会区域。乡村既是一种客观存在,也是一种人为界定的概念。一般意义上的乡村,可以从不同的角度来理解。从产业特征的角度,指以农业生产为主体的地域;从人口结构的角度,指从事农业生产的人群所在地;从景观形态的角度,指区别于城市的分散聚居空间。如果仅以城市建成区界线划分城市与乡村,显然过于武断。由于乡村整体发展的动态性、各组成要素的不整合性、乡村与城市的相对性,以及存在由以上特性形成的城乡连续体,造成乡村的概念既复杂又模糊。

针对传统的城乡二元结构,有学者提出城—镇—乡的三元结构。认为众多小城镇介于分散型的乡村和集聚型的城市之间,其空间密度明显别于城市和乡村,其构造系统有自身内在质的规定性和独立性。其他学者观点表明,正是小城镇的存在,使得传统城乡之间二元结构并没有弱化,其间的鸿沟也没有消失,而是重新定位在了另外两极之间,一极是大中城市,一极是小城镇和农村。上述理解中,"乡村"概念对小城镇的吸纳与否难以明确。

同时,由麦基(T. G. McGee)的"Desakota"演绎的"乡村城镇化地域"概念,强调在城乡交界地带密集性的要素流和集聚性的空间经济活动作用下,形成混杂的"城乡地域经济空间"。其特征包括:发达的农业基础、增长型的非农产业、过密型的人口空间、网络型的空间经济格局、开放型的交易环境、多元型的土地利用。这种对接现实的描述更是加大了城乡划分的难度。

本节所指"乡村",从聚落形态而言包括"镇"和"村",

表 4 - 1 2014 年末城市、县、建制镇、乡、村数量与人口

	个数	户籍人口(亿人)	暂住人口(亿人)	户籍人口占全部人口的比例(%)
城市	653	3.86	0.60	26
县	1 596	1.40	0.16	9
建制镇	20 401	1.56	—	64
乡	12 282	0.30	—	
自然村	270 万	7.63		

资料来源:住建部 2014 年城乡建设统计公报。

注:市、县、建制镇和乡的人口统计皆指其建成区内的人口,另有镇乡级特殊区域建成区 0.03 亿人。

行政管辖层次属于乡镇一级,其空间较为独立,也有别于城市的产业特征和空间形态。从人口来看,2014 年全国村镇户籍人口 9.52 亿,约占当年全国总人口的 64%(表 4 - 1)。仅户籍人口的比例就能说明研究对象的重要性。考虑到很多相关的研究、政策的制定、规划建设的实践大多都笼统称为"农村",本文也并不拟对"农村"和"乡村"概念进行严格区分。

4.1.2 乡村中的小城镇

1. 小城镇的概念

小城镇是聚落形态的一种类型,以农村地域为其腹地,具有基层的公共服务设施,是城市和乡村之间的纽带,承接着物资集散、基层管理等多重职能。在中国快速城市化的过程中,小城镇的发展与农村经济结构优化和农村社会转型息息相关。

国内关于小城镇的概念界定一直较为模糊,曾有把 20 万人以下的小城市、建制镇、集镇统称为小城镇的观点,也有仅把建制镇和集镇称为小城镇的观点。其中建制镇目前采纳的是 1980 年代的设置标准(表 4 - 2)。

表4-2 1984年民政部规定的建制镇设置标准

平行考虑角度	建制镇设置要求
行政层次	1. 县级国家机关所在地,均应设置镇的建制
总人口+ 非农业人口	2. 总人口在2万人以下的乡,乡政府驻地非农业人口超过2 000人的,可以设置镇的建制;总人口在2万人以上的乡,乡政府驻地非农业人口占全乡人口10%以上的,也可以设置镇的建制
特殊情况下	3. 少数民族地区、人口稀少的边远地区、山区和小型工矿区、小港口、风景旅游地、边境口岸等地,非农业人口虽不足2 000人,如确有必要,也可设置镇的建制

因为人口、资源环境的差异,国内外设镇的标准存在巨大差距。中国的小城镇可以对应美国的"Small city"和"Little town"。美国的小城镇往往由居民住宅区演变而来,一般200人左右的社区就可以申请"镇",如有足够的税源,几千人的社区就可申请设"市"。因此,规模相对较小。日本的行政管理分为都道府县和市町村两级,市町村的规模一般在10万人以下,相当于我国的小城镇。市、町、村在行政上是一个级别,互不隶属。所有的市、町、村又可根据人口规模分为四个等级:3万~10万人、1万~3万人、0.5万~1万人和0.5万人以下。

2. 小城镇的特征和重要性

小城镇以其数量多、类型丰富、特色不一为总体特征。就区位而言,既有邻近大中城市的,也有处于城镇密集地区的,还有因地形条件或处于相对落后地区的孤立发展的小城镇。就产业特征而言,一般来说,小城镇不仅包含了与地区农业关联的农产品加工业,还有各种其他非农产业的活动类型,其中不乏以旅游产业为亮点的城镇。小城镇的布局形态丰富,因地形、交通条件、发展历史、城镇规模等不同呈现出巨大的差异。

小城镇的人口和建设用地规模悬殊,很多乡镇镇区人口规模不足1万,建设用地少则40~50 hm²,稍多则200~300 hm²。极端的情况还有早已达到了建市标准却迟迟未能"羽化"成功的广东东莞虎门镇、浙江苍南县龙港镇等,反映了市镇设置落后的状况。

小城镇的发展,在特定的经济环境中,与国家行政权力体系的架构,以及地区自治的发展密切相关。中国实行省—市—县—乡镇的层级管理模式,乡镇属于国家权力的基层单位,上层政府通过乡镇政府官员设置和资源配置直接控制和引导乡镇的发展。

在中国城市化的快速推进期,小城镇在接纳农村剩余人口转移的过程中承担了重要的角色。同时,在中国社会主义新农村建设的大潮中,发展小城镇,提高乡村地区生活、生产质量,通过小城镇带动乡村地区发展成为具有战略意义的举措。在国内相对发达地区,包括珠三角、长三角等地,随着城市区域化和区域城市化的发展,往往以一个或几个大城市为核心,通过周边城镇功能和空间的紧密联系,构成扁平的、网络化的区域空间,为城乡高度一体化的区域,其中小城镇不可或缺。

3. 小城镇的发展

小城镇发展历史悠久,曾作为早期的军事、商贸等节点,其后规模、职能随着城镇体系的整体格局发生变化,许多大中城市也是脱胎于原来的小城镇。新中国成立以后,小城镇的发展在经历了1949—1960年的恢复调整期、1961—1965年的萎缩不前期、1966—1978年的停滞倒退期之后,才进入改革开放后的相对健康发展时期,1978年后的发展仍然可以分为1978—1983年的恢复期和1984年后的快速发展期。在1984年之后,小城镇的发展一度成为中国城市化的主力军。

1978年后的小城镇及乡村地区发展,除了因为家庭联产承包责任制带来的积极影响,很大程度上得益于乡镇企业的崛起。乡镇企业的前身是社队企业,1978年前的人民公社时期,社队企业活力受到抑制。改革开放后,国家政策鼓励乡镇企业的发展,随着农村土地家庭联产承包责任制的普及,农村剩余劳动力增加,以个体、雇工和合伙方式从事非农生产和经营活动成为提升农民收入水平、吸纳剩余劳动力的有效之举。乡镇企业的发展还得益于生活品市场供给不足、国有企业技术人才的渗透等外部环境,在运用市场机制的基础上,乡镇企业寻找到自身的合理定位,也有了广阔的发展空间。乡镇企业在经历了近20年的发展高潮后,增长势头放缓导致了小城镇产业和人口集聚发展强度减弱。相比1980年代,1990年代中国小城镇发展速度明显缓慢,并在空间分布、规模结构、功能分异等方面出现了一些显著的变化。

小城镇发展的外部环境也在持续变化。1980年代,国家明确提出"控制大城市规模,合理发展中等城市,大力发展小城镇"的城市发展方针,有效地促进了小城镇的快速发展。在全国面临着商品短缺和流通不畅的问题时,小城镇发展伴随着乡村工业化进程,成为中国渐进式和增量式改革的一部分,对于提高农民收入、改善农民居住生活环境、缓解城乡矛盾起到了重要作用。1990年代,小城镇的持续发展则更多地与乡村地区非农产业的体制变革、撤乡并镇等频繁的区划调整、乡镇管理制度变革等相关联。2000年以后,随着新农村建设的全面推进和国家对乡村地区财政转移支付力度的加大,小城镇和乡村地区面临前所未有的发展机遇。

从根本上讲,小城镇和乡村地区的发展与国家的宏观经济政策、大中城市的发展水平及其开放度、乡村地区产业结构升级与调整、人口流动的动力与机制等密切相关。

从学术发展的角度,1980年代,费孝通先生开始考察苏南小城镇,探讨了小城镇的等级体系、行政管理、不同地域类型及成因,小城镇发展与区域经济发展之间的关系,以及小城镇规划建设问题,并强调"加强小城镇建设是我国社会主义城市化的必由之路"。由此,拉开了中国小城镇发展研究的序幕,以社会学为主的学者掀起了"小城镇、大问题"的讨论。其后,地理学、规划学、经济学等多门学科竞相参与研究,小城镇发展研究日益成熟。

4.1.3　城乡关系的演变

新中国成立以来,我国长期实行城乡差别发展战略,通过诸如工农产品"剪刀差"、农产品统购统销等方式,持续着农业为工业、农村为城市提供积累的过程。重要生产要素配置向城市倾斜,导致城乡发展严重失衡,农业、农村和农民成为弱势产业、弱势区域和弱势群体,农村自我发展的能力被抑制。同时,以严格的户籍政策为基础,包括附着在其上的就业政策、住房政策、社会保障政策等一系列城乡分隔政策,与农村人民公社的超强管制相配合,日益强化了城乡二元结构,造成城乡差距持续扩大,延缓了城市化进程。

1949—1978年间,在中国宏观经济发展战略背景下的城市化政策具有以下特征:① 城市化从整体上是受抑制的和严格管制的,其与工业化的发展不同步,城市化滞后于工业化进程;② 政府是城市化动力机制的主体,城市化进程受高度集中的计划体制的调控,城市对非农劳动力的吸纳能力低;③ 城市化以大中城市发展为主,小城镇发展缓慢。

改革开放前阶段快速的工业化进程并没有将中国带入现代化国家的行列,反而对乡村地区发展至少产生了以下的不利影响:① 过度剥夺农业,造成工农业发展的失衡;② 实行城乡隔离,限制人口流动,城乡基础设施和公共设施的巨大差异造成城乡居民发展权利和机会的不平等。

改革开放以后,城乡间日益突出的矛盾和差距被逐步认识到。如前节所述,随着乡镇企业和小城镇的发展,特别在相对发达地区,乡村地区的发展异军突起,城乡矛盾得以部分程度的缓和。但这种增量式的变革,并未从根本上改变城乡的地位和待遇差异。

进入新世纪后,国家深化社会、经济结构改革,在资源、环境约束加大的背景下,把焦点进一步投入乡村。以城乡统筹发展和建设社会主义新农村为纲,国家实施了一系列诸如农村税费制度改革、进行粮食"直补"、加大对农村的转移支付等策略。地方政府也相应进行区划调整、机构改革、加大专项资金支持等。

新世纪以来的十年,虽然与地方政府改革相关的财政政策改革以减轻农民负担的任务已部分完成,与农业和农村持续调整相关的政策议程仍然可能包括:① 土地制度改革以提高经济效益和确保公平;② 劳动力市场改革以减轻劳动力转移的制约;③ 教育改革以提供给农村人口足够的技能在劳动力市场上竞争;④ 社会改革以减小农村和城市人口获得社会福利的差距等。

4.1.4　乡村发展的经济和空间特征

1. 改革开放以来经济发展模式

1978年后,乡村空间发展的动力机制发生转变。国内典型的"苏南模式""温州模式""珠三角模式"等在一定的程度上,分别代表了混合经济主导型城市化、内生经济主导型城市化和外资经济主导型城市化。三者的主要发展背景和特征如表4-3所示。

温州等地及苏南地区早期的内生型发展,存在长期的自我探索过程,但资金的瓶颈制约和产权结构的不够合理一度影响了企业的持续发展。1990年代以更加开放的、集群化、集团化为特征的"新苏南模式"以及温州模式的转型,成为必然之举。

珠三角地区的外源型经济发展基于1980年代全球产业重构和新国际劳动分工的形成。作为改革开放前沿地区的城镇成为外资的流入地,能够利用毗邻港澳的地理优势,促使劳动密集型产业的内移。新阶段的主要战略是提升产业的自主性和技术层次。

2. 乡村空间利用的主要问题

从空间发展的组织、空间利用效率、设施配套、环境质量等方面分析乡村空间利用的主要问题包括以下几方面:

表4-3　典型的地区经济发展模式

乡村经济发展模式	主要背景	初期发展	后期发展
苏南模式	邻近上海、苏州、无锡等大中城市;商品经济发达的历史积淀;人多地少;集体经济基础强	发展集体经济,农村剩余劳动力就地转移就业	1990年代后期,成功地通过资本结构转型、组建企业集团等,形成外资、民资、国有等多种所有制并存的"混合经济"状态
温州模式	特殊的创业文化;悠久的商贸传统	"小商品、大市场";"离乡"+"不离乡"	1980年代后期和1990年代前期,进行企业股份合作制转化。发展块状经济,形成产业集群。1990年代中后期,集团化和更加规范的股份制企业发展
珠三角模式	独特的边界地理区位;海外侨胞的血缘关系和投资热情	利用外资,发展"三来一补"的产业类型等	1990年代后期进入大都市发展带动期,城市化动力更多从外部因素主导向重点依靠体制和内涵因素推动

1) 乡村发展核心涣散

中国自 1988 年推行村民自治制度以来,民主进程在基层取得了进展,但村民自治还未有实质性的改变。作为农村社会基层民主管理形式的村民自治主要停留在制度条文上,村庄社会组织结构涣散。一方面受传统的全能政府管理模式以及小农分散、自利意识的惯性局限,另一方面,农民组织化程度低、环境多变造成了更多的困难。

2) 乡村设施配套不足

无论是教育、医疗等公共设施,还是给水、污水等市政设施,在乡村地区较城市地区有明显的差异。2000 年以来的新农村建设对硬件设施的改良有明显效果。

3) 环境质量较差

一是卫生条件差,二是景观特色不足,对传统文化的重视和保留不充分。

4) 生产要素利用不充分

农业的产业化、农产品的结构调整和分散的农业空间资源之间的矛盾突出,土地呈现出非集约利用状态。

以苏南地区为例,经历了自 1980 年代以来的迅速发展期、1990 年代的调整发展期和进入新世纪以来的升级发展期,小城镇及乡村发展在取得诸多成绩的同时,也逐渐暴露出一些影响深远的问题。其中包括乡村空间的分散发展带来的土地资源浪费、耕地占用过多、集约化程度低的问题,也包括产业结构层次低、环境污染重、可持续发展能力较弱等问题。

对苏南地区而言,乡镇企业过于分散,特别在村庄有广泛分布。其成因包括土地集体利益的吸引、社会网络的运用等,但这造成了下一步推进土地集约利用、提高设施共享效益的困难。

4.1.5 城乡统筹发展的内涵、目标及建设实践

1. 城乡统筹发展的内涵

城乡统筹发展是进入新世纪后,根据我国经济和社会发展的阶段性特点提出的战略决策。目的是在具备了一定的经济基础条件后,修正新中国成立以来我国的城乡差别发展战略,将农村和城市作为平等的主体,并将农村和城市作为一个整体来通盘考虑,逐步改变城乡二元结构。

城乡统筹,不是简单地将经济社会资源进行重新分配,转变其偏向性。而是着眼于在一个框架下合理引导资源的配置,在产业发展、人口和劳动力流动、城乡空间建设、社会保障、公共服务体系等多方面,缩小城乡差距。城乡统筹发展遵循的原则一般包括:城乡地位的平等原则、城乡资源的开放原则、城乡产业发展的互补原则。

城乡统筹发展过程中,强调在发挥市场机制对城乡经济社会资源有效配置的前提下,发挥好政府在公共品供给和配置以及国民收入再分配体制或转移支付中的重要作用。

2. 城乡统筹发展下的乡村发展目标

以城乡统筹的理念引导乡村地区发展,在一定意义上形成对乡村的全面重构,其目标体系中包含了经济目标和社会目标。

1) 经济目标

包括以下内容:① 实现农业生产模式的优化,推进农业产业化经营;② 农业生产结构的优化,提高产业层次;③ 促进农业生产要素流转,包括土地、劳动力和资本;④ 促进非农产业的升级发展,发挥其对农业的带动作用。

2) 社会目标

在乡村社会权利体系中,按照公正的原则,通过完善"政府主导、社会参与"的现代农村公共服务供给体制,加强乡村社会保障、社会福利、社会救助体系,切实形成农民权利和义务的对等,提升乡村居民自我发展的能力。在加强社会资源方面具体包括:基础设施、教育设施、公共卫生设施、文化科技体育资源、社会服务资源等。同时,对于乡村公共管理的质量提出更高的要求。

3. 乡村空间建设措施

目前主要采取以下措施优化空间利用,提高空间效率,并借此推动经济和社会目标的实现。

1) 鼓励小城镇的发展

在城市化推进的大背景下,随着农村人口的逐步转移,农村自身的功能在不断发生变化,农村产业结构、社会结构均经历着由传统向现代的全面转型。同时,农村的社会发展,也由历史上的封闭走向开放,逐步与现代城市融合并向一体化方向发展。大中城市吸纳农村剩余劳动力的能力受到自身承载力的限制。小城镇处于城市之尾、乡村之首,起着连接城市和乡村的桥梁作用。发展小城镇可以减少农业人口,增加城镇人口,增加居民的收入水平。通过小城镇的公共设施和基础设施建设,可以有效提高乡村地区服务质量,促进乡村地区发展。

2) 推动产业集聚

通过有效的土地政策、环保政策、投资政策及相关的配套政策的引导,促进乡村范围内企业的集中度,努力形成资本相对集中、具备规模效益、易于进行环境影响监测和污染处理的工业集中区。推进农业的适度规模经营,鼓励发展现代农业,支持和鼓励农产品加工企业、专业大户建立原料基地与加工基地。

3) 引导农民集中居住

在促进农村人口向城市转移的前提下,推进农民居住的集中。通过合理规划布局农村居民点,改变农民居住过度分散的局面,有效控制村庄人均建设用地。同时,按照节约土地、设施配套、节能环保、突出特色的原则,做好乡村居民点内部空间的重组。

4) 控制和引导土地资源集约利用

在产业集聚发展的基础上,保护耕地,提高土地利用效

率。对于非农产业,通过合理的产业部类选择、控制地均资本强度门槛、监测地均产出强度等引导土地的集约利用。

4. 乡村建设实践经验

从各地的实践经验看,浙江的"千村示范、万村整治",江苏的"镇村布局规划"和推进农村集中住区建设等具有代表性。

1) 浙江经验

浙江省于2003以来进行的"千村示范、万村整治"运动以完善农村基础设施、加快发展农村社会事业、推进社会主义新农村建设为目标,主要内容和特征包括:

(1) 组织有力 各市成立"千万工程协调小组",进行全面部署、齐抓共管、合力推进。

(2) 部门合作 通过各项任务落实到职能部门,促使各部门各司其职。

(3) 规划先导 以《浙江省农业和农村现代化建设纲要》和《浙江省村庄规划编制导则》为依据,在县域层面编制村庄布局规划,在村庄层面,结合不同的地形特点推动建设方案规划。规划方案讲究因地制宜,城市地域内的示范村采取撤村建居,农村示范村建设农村新型社区,"脏、乱、差、散"的村庄以整治为重点。

(4) 措施到位 完善工程实施办法、专项资金管理、考核验收办法、用地审批等配套政策。

2) 江苏经验

2005年,为解决零散村庄多、布局散乱、村庄人均建设用地指标普遍较高、村庄环境差、设施配套不足,部分地区村庄空心化现象、城中村现象严重等问题,江苏省进行全省统一部署,各乡镇同步开展镇村布局规划。镇村布局规划引导农民集中居住、设施集约配置、土地集约利用、村庄环境综合整治等,是建设社会主义新农村的基础性工作。

全省编制镇村布局规划的1 171个乡镇基期农村人口约4 088万,行政村16 738个,自然村24.9万个,自然村庄人口规模分布如表4-4所示。全省村庄布局呈现出规模小、密度大、布局散、人均建设用地指标高等特点。

镇村布局规划的理念包括:城乡统筹、促进农民离土又离乡、强调形成紧凑型城镇和乡村开敞空间的城乡分开原则、有利农业生产、适度集聚、以人为本、因地制宜、保护地方特色和历史文化遗存等。通过镇村布局规划,全省近25万个自然村将逐步集聚保留为4万多个农村居民点,平均规模由164人增加至近600人,村庄集聚规模增大。

早在全省镇村布局规划实施之前,各地已经在纷纷探索推进农村集中住区建设的方法。如各地普遍设立专项

奖励及补贴资金,加大基础设施和公共服务设施投入力度,完善农民的社会保障体系。在相关行政事业性收费及税收上,苏南地区普遍采取了减收、免收、先征后返等办法。同时,积极运用市场机制,广开资金渠道。如苏州昆山市、南京江宁区在城镇规划区及周边的农民集中住区建设中,拿出30%的住宅按市场价销售,通过"以3养7"的运作方式,保障资金来源。盐城东台市、南京高淳采取不同区位宅基地竞价分配、部分商业用房销售等办法,增加资金来源。另外,实行优惠政策,吸引农民集中居住。对原宅基地的补偿,以宅基地换公寓、以宅基地换保障等方法被广泛使用。此外,各地同步推进的村级集体资产产权改革、土地股份合作制、土地承包经营权流转等措施改善了农民和土地之间的传统的、僵化的权属关系,有利于居住集中的推进。

4.1.6 国家的乡村空间发展政策趋势

国家推动乡村发展的措施是多角度、全方位的,以下着重从乡村土地权利的变更趋势和《国家新型城镇化规划(2014—2020)》中体现的核心精神两方面来进行阐述。

1. 乡村土地权利

受限于城乡迥异且分隔的土地权利,长期以来,农民拥有的与身份对应的土地权利难以进入流通市场,乡村土地资产的价值未得在统一的城乡市场中得以充分体现。如果说进入新世纪后对农村土地相关税费的减免是提升农民利益的开端,其后广泛开展的土地确权、土地使用权入股、土地承包权换保障、农村宅基地换集中住房、允许集体建设用地入市等,放宽了农户和农村集体的土地权利,保障了土地增值利益的分配,鼓励了多元投资主体的积极性,将会在推动经济发展、保障农民利益、促进乡村空间集约利用和城乡一体化发展等方面均有所助益。

2.《国家新型城镇化规划(2014—2020)》中的核心观点

在农村人口转化方面,提出"有序推进农业人口市民化";在优化城镇布局方面,提出"有重点地发展小城镇";在推动城乡一体化发展方面,提出"推进城乡统一要素市场建设"和"推进城乡规划、基础设施和公共服务一体化";在建设社会主义新农村方面,提出"加强农村基础设施和服务网络建设"等。

4.2 相关的基础理论

4.2.1 区域空间发展理论

1. 增长极理论和点轴开发理论

1) 理论核心内容

从法国经济学家佩鲁(Francois Perroux)首次针对规

表4-4 江苏省2005年村庄人口调查数据

村庄人口规模	<50人	51～100人	101～300人	301～800人	800～2 000人	>2 000人
占总数的比例	25%	27%	32%	12%	3%	0.5%

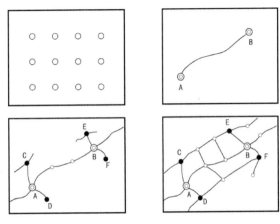

图 4-1　点轴开发理论表达的点轴增长过程

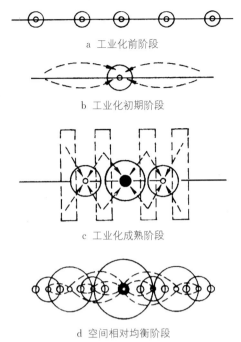

图 4-2　"核心—边缘"理论表达的经济增长空间动态过程

模大、创新能力强、增长速度快、居支配地位的主导产业部门优先发展而提出的增长极概念,到布代维尔(J. R. Bouldeville)将其推广到地理空间中,增长极概念具备双重内涵:一是经济意义上推进型的主导产业部门;二是地理意义上区位条件优越而优先发展的地区。

1970 年代沃纳·松巴特(Werner Sombart)提出轴线开发理论,指明沿交通轴线的要素集聚和开发过程是区域发展中的重要内容。在增长极理论和轴线开发理论的基础上,延伸出来的点轴开发理论表达了如下增长过程:集聚点的形成和扩大与轴线的生成与强化形成互动,推动区域从较为原始的状态,发展形成增长极核和轴线层级分明、点线构成网络化的格局(图 4-1)。

2)对实践的启示

小城镇在区域城镇群体中,虽然层级较低,但依然是区域空间网络构成中重要的组分。小城镇有自身的发展潜力和优势,能够在区域网络中寻求到自身的定位和发展空间。同时,升级区域交通、提升小城镇的网络连接性,能够进一步优化小城镇的发展条件。

2. "核心—边缘理论"

1)理论核心内容

1966 年,美国学者弗里德曼(John Friedmann)提出"核心—边缘"模式,这个理论模式主要是用于解释区域或城乡之间非均衡发展的规律,尝试演绎区域如何由互不关联、孤立发展的状态发展成为区域密切联系的平衡状态。

在"核心—边缘理论"的演绎过程中,区域首先从生产力水平低下、商品经济不活跃的初始阶段,到增长核心生成,并与边缘地区出现发展不平衡的状态。其次是增长核心进一步强化,新的增长核心生成,边缘地区处在与核心的矛盾增长,又通过次级增长核心部分地消解矛盾的过程中。最终在后工业化阶段,核心对边缘地区扩散作用增强,特别是先进技术、信息、资金等向边缘地区流动,核心层级较为成熟,核心与边缘地区的矛盾得到缓解,整个区域形成功能上相互依赖、动态平衡发展的整体性区域(图

4-2)。其中,核心—边缘理论中的增长极核与增长极理论有着类似的指向。

2)对实践的启示

"核心—边缘理论"中的"核心"一般指城市或城市集聚区,边缘则更多对应乡村地区。"核心—边缘理论"不仅深化了对增长极的理解,还可以帮助更好地理解城乡关系。从历史的角度,在资源有限、发展基础薄弱的前提下,城乡之间的不平衡发展具有必然性,而最终城乡之间有条件形成良性互动、整合发展的局面。

3. 中心地理论

1)理论核心内容

德国经济地理学家克里斯塔勒(Walter Christaller)在 1933 年提出"中心地"理论,结合地理学的空间观点和经济学的价值观点,对区域城镇的数量、规模、分布的规律性提出创见,自 1960 年代后产生了深远的影响。

首先,克里斯塔勒把城镇看做是零售中心和服务中心,由此发展出中心职能和中心地的概念。进一步推导表明,提供中心职能的企业具有经营上的距离门槛。在做出包括"均质平原"和"经济人"的系列假设后,克里斯塔勒认为,经过长时间演化,在分别以市场、交通、行政等为核心原则的基础上,一个地区会形成具有不同等级层次的中心地,且中心地的空间分布符合一定的规律性(图 4-3)。

2)对实践的启示

从提供区域服务的经济学角度,各级城镇有其存在的合理性。小城镇有自己独特的腹地范围。在没有形成稳定的、层级分明的城镇群结构之前,每个小城镇还有提升自身等级、提供更高的区域职能的可能性。与此同时,大环境中所包含的市场机制条件、交通条件、行政管理制度

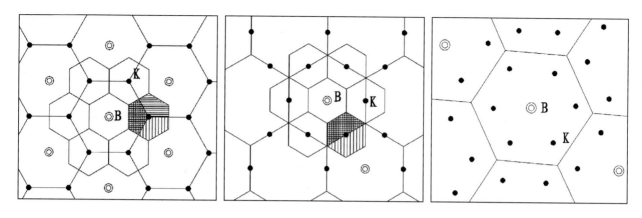

图 4-3 市场原则(左)、交通原则(中)和行政原则(右)下中心地的空间分布

等都会在不同程度上影响小城镇的发展。

4. 区域城市化理论

1) 理论核心内容

建立在对亚洲地区长期考察的基础上,1980 年代末,加拿大学者麦基研究提出"Desakota"的城市化现象,在印尼语中,"desa"指村庄,"kota"指城市,两者结合的含义指在亚洲一些农业较发达的地区,并未重复西方发达国家通过人口和经济活动向城市集中来实现城市化的过程,而是通过乡村地区逐步转向城乡混合区,人口和经济活动在此集中,由原来人口高密度的农业区逐步演变为农业与非农业活动高度混合的区域,从而实现以区域为基础的城市化。这种非农非城的"灰色区域"一般出现在大城市周围或城市连绵带中,地区整体经济发展水平较高、设施较完备、人口引力大,同时,与城市之间存在着密切的互动。国内长三角地区、珠三角地区均可以纳入此研究范畴中,研究对象普遍呈现出城乡差距缩小、均质化程度较高的特征。

2) 对实践的启示

处在城乡一体化发展、空间混合程度较高地区的小城镇,自身也具备了一定的基础,如何立足开放的环境,与城市对接及与周边地区互动并适当错位发展?如何进行农业和非农产业的定位?对此,小城镇具有更为多样的选择。

4.2.2 小城镇发展的动力机制分析

1. 动力类型

小城镇发展可以归结为两类发展动因,内生动力和外生动力。小城镇的各种发展模式,都源于这两种基本动力。内生动力是区域本身固有的各种自然和人文要素,主要有区域资源条件、地理位置、生产力水平、地方政府的管理、地方企业和个人主体等。外生动力反映在制度环境、物质流、信息流、资金流和人才流上,随着区域发展的开放度增加,外因对小城镇的发展起到越来越大的作用。但过于依赖外资发展的地区,其经济的脆弱性也是不可忽视的

因素。

2. 推拉模型

推拉模型由雷文斯坦(E. G. Ravenstein)、赫伯尔(R. Herberle)、博格(D. J. Burge)等人提出。其中雷文斯坦较早提出了这个学说,赫伯尔在 1938 年指出人口迁移是由一系列"力"引起,一部分为推力,一部分为拉力。博格将其进一步概括为人口迁移的推拉模型。他们的理论认为,人口迁移的发生是由于原住地的推力(农业人口过度增长、农业技术替代产生的农业劳动力剩余)和迁入地的拉力交互作用的结果。

3. 农业劳动力转移模型

刘易斯(W. A. Lewis)在 1954 年发表了《无限劳动供给下的经济发展》(*Economic Development with Unlimited Supplies of Labour*),创立了刘易斯二元经济体系中农业剩余劳动力转移模型。他把传统的农业部门和现代工业部门作为二元经济体系,肯定了发展中国家在农业生产中存在大量剩余劳动力。在这个阶段,资本是稀缺的,由于劳动力资源丰富而低廉,企业能取得大量资本积累,工业经济将高速发展。费景汉(J. Fei)和拉尼斯(G. Rains)于 1961 年补充完善了这一模型。他们都认为,农业剩余对工业部门的扩张和劳动力向城镇的转移具有决定性的意义。

4.3 小城镇总体规划的内容与方法

4.3.1 小城镇总体规划的内容

小城镇总体规划在《中华人民共和国城乡规划法》的指导下,主要依据的技术标准为《镇规划标准》(GB 50188—2007),在部分重点中心镇的建设过程中,适当参考城市标准。

在一定程度上,小城镇总体规划与城市总体规划结构上相似,需要综合解决包括发展目标、总体结构、用地布局、分项规划、生态环境、防灾等内容。结合 2000 年《村镇

表 4－5　乡镇总体规划的一般内容

内容属性	内　容	方　法
发展定位和规模	确定乡(镇)的性质和发展目标;预测乡(镇)行政区域内的人口规模和结构	结合县(市)城镇体系规划所提出的要求;综合评价乡(镇)发展条件;人口结构分析和发展趋势分析
镇域规划	镇域居民点调整的结构和布局;生产基地的布局调整	用地适宜性分析;根据农业现代化建设的需要;生活生产相适应
镇区规划	明确镇区规划范围用地、路网、设施规划	多方案比较
支撑系统规划	安排交通、供水、排水、供电、电讯等基础设施,确定工程管网走向和技术选型等,进行生态防灾规划	用量趋势分析;与区域网络对接;明确并调整设施配置标准
实施政策	制度保障;技术保障	

规划编制办法》的要求,乡镇总体规划的内容如表 4－5 所示。

与城市总体规划相比,小城镇总体规划的特殊性突出在以下几个方面:

① 尺度小、操作性强;② 强调特色建设,突出城镇特色往往是城镇的竞争力和活力所在;③ 对于历史性城镇而言,强调历史保护的整体性;④ 因为经济总量较小,产业发展具有更大的弹性和不确定性,受外界环境影响大;⑤ 区域交通格局往往成为小城镇发展的重要甚至决定性因素。

4.3.2　小城镇规划中的技术方法

1. 小城镇的区域影响范围分析

对于一般区域中心型小城镇,分析其区域吸引范围,可以用数学方法模拟城市间的联系,类似于牛顿的万有引力模型。代表性模型包括赖利(W. J. Reilly)模型和康弗斯(P. D. Converse)模型。

赖利模型为:$T_a/T_b=(P_a/P_b)\times(D_b/D_a)^2$

其中,T_a 和 T_b 分别为 a、b 两城镇对某一均衡点的吸引力,P_a、P_b 是以人口或者其他指标表征的两城镇的吸引力,D_a、D_b 为均衡点到两城镇的距离。

康弗斯模型为:$D_a=D_{ab}/[1+(P_b/P_a)^{\frac{1}{2}}]$

其中,D_{ab} 为两城镇间的距离,P_a、P_b 分别为以人口或经济总量为表征的 a、b 两城镇的吸引力,D_a 为断裂点(均衡点)到 a 城镇的距离。

上述方法仅适用一般分析,对于具有特殊产业或特色的城镇,其区域影响力可能远远超越上述理论值。

2. 小城镇的人口分析

因为人口统计口径不同,公安系统的数据和居民委员会、村民委员会的数据未必完全吻合。同时,非农人口数据、镇区人口数据等有交叉,却并不完全一致。加之乡镇有许多人口进入城市做工,户口与实际居住状况不吻合。所以解析人口数据的来源、了解造成差异性的原因、追踪人口流动的特征等成为人口分析的前提。

人口分析是空间规划的基础,从方法上而言,除了趋势外推法以外,农村剩余劳动力转化法也被常常应用于小城镇的人口预测过程中。典型的公式如下,但因涉及参数较多,人为控制预测结果的痕迹就非常明显。

$$P_t=P_0(1+r)^t+m\times t+l\times k\times e$$

其中,P_t 为城镇期末人口,P_0 为基期城镇人口,t 为预测期限,r 为城镇人口自然增长率,m 为年均机械增长人口,l 为农村剩余劳动力数量(结合农业资源数量和人均承担的农业资源数进行计算),k 为剩余劳动力带眷系数,e 为剩余劳动力转化率。

3. 小城镇的产业分析

考虑到小城镇经济发展的脆弱性和不确定性,在进行产业发展选择时,需要综合考虑推动农业的产业化进程和因地制宜地推动二、三产业发展。

农业产业化的内涵为:以国内外市场为导向,以提高农业比较效益为中心,按照市场牵龙头、龙头带基地、基地联农户的形式,优化组合各种生产要素,对区域性主导产业实行专业化生产、系列化加工、企业化管理、一体化经营、社会化服务,逐步形成种养加、产供销、农工商、内外贸等一体化的生产经营体系,使农业走上自我积累、自我发展、自我调节的良性发展轨道,推进农业现代化进程。农业产业化体现在农业的横、纵向发展上,纵向发展是以农产品加工链为脉络向原材料、产品市场延伸,形成产前、产中、产后的产业关联群。横向发展是以品种和区域优势为基础,形成包括市场牵头、基地联农户、主导产业带动等多种组织形式,各组织间形成"风险共担、利益均沾"的利益共同体。

二、三产业发展可以从以下几方面入手操作:① 建立与农业产业化相适应的小城镇工业体系,发展具有地方特色的农副产品加工业;② 因地制宜选择主导产业,根据各地的资源优势、经济水平和区位调整产业结构;③ 培植和开发与城市工业结构互相补充、协调发展的行业和产品。

4. 镇域土地管制分区规划

实行对小城镇行政辖区全覆盖的管制分区,主要目的是保护土地资源、提高土地利用效率、保护和改善生态环境。理论上,区划方法可能包含定性法(特尔菲法)、叠图法和聚类法等(表 4－6)。

表4-6 区划方法比较

类型	定性法 （特尔菲法）	定量法	
		叠图法	聚类法
划分依据和操作特点	依赖专家经验	将各部门规划意向图件叠加，进行综合处理	对各类分区因子指标应用数学模型进行计算和聚类分析
划区方法评价	方法简单，便于操作，但难免主观	方法简便，但叠加后矛盾处理缺乏标准	依据充分、计算科学、分区结果可靠
适宜地区	土地利用区域差异明显，主导用途突出，界线易于确定，专家对本地熟悉	基础工作扎实，各类图件齐全、规范	基础资料齐全，技术条件较好
注意问题	专家对情况的熟悉程度，关键因素的把握	叠加过程中的矛盾的妥善处理	数量计算方法的熟练运用，关键指标选取的合理性

表4-7 管制分区类型示意

大 类	小 类
适建区	城镇建设区
	独立工矿区
	村庄建设区
限建区	城镇建设备用区
	旅游开发建设区
	观光农业区
	矿产资源保护区
	水源涵养区
禁建区	生态农业区
	河流生态区
	高压走廊控制区
	林地生态区
	水源保护区

如果将小城镇土地管制分区大类分为适建区、限建区和禁建区，在其基础上可以结合地方情况进行小类的划分（表4-7）。分区管制针对各类型用地提出准入和建设强度等方面的要求。

5. 特色研究和规划

以江南水乡历史城镇为例，进行城镇特色研究。其中需要着重分析城镇河道、水网的特征，河道与城镇形态的关系，城镇的历史发展过程，进而能够对城镇的历史保护与现代发展提出建议。

1）特色的提炼

首先是水乡城镇选址、布局上的"亲水性"。在平原地带相地堪舆，一般以水主龙脉，形成"背水、面街、人家"的阳宅模式。江南一带曾以舟船为主要交通工具，纵横交错

的河道不仅具有道路的功能，还有很多衍生的功能，因水成街、因水成市、因水成路。河流在城镇中的穿越，使其成为城镇景观的组成部分。民居建筑如同画卷一般沿河岸展开。河道的交叉引起建筑群体组合的变化，使得城镇空间类型丰富，空间体验感强。各种形式的桥梁和码头，增加了沿河景观的变化。

街道是水乡历史城镇物质形态要素中最主要的要素之一。街道边缘的临街建筑，具有良好的联系性和近接性。街道是"交织着复杂意义的空间"。通过"阅读"街道这样的符号系统，城镇文化的脉络展现得最为清晰。无论是前街后河，还是水街的布局方式，街道均具有宜人的尺度感。招牌、幌子等传统符号，以及商业经营过程中街道内外模糊空间的营造，使街道具有亲切的氛围。历史城镇自然生长的特性，促发了街道包含的交通、贸易、人际交往等多功能的特征，使得城镇的街市生活充满生机。

街坊布局与河道、街道关系紧密。在城镇发展初期，街坊的模式一般为典型的带状发展，矩形街坊一般既临街又临河，面宽小、进深大，而住宅多是纵向大进深形式，宅与宅之间不设间距或间距很小，紧挨毗邻或仅留窄小巷道。当城镇发展到一定规模时，这种"高密度"的街坊布局模式被保留下来作为一种经济而有效的平面组合方法。住宅组群的布置使街坊环境极富人情味。每户有完整的独立结构，又彼此相关，以街道或河道为脉络呈带状有机的延续。

城镇中的节点是某些功能或特征的集中点，如街道交叉口、道路转折点、桥、水埠、人流集散点、广场、交通站场和标志性目标等。其中"桥"是水乡城镇中最有艺术感染力的节点之一。

2）特色的延续和强化

地域性的景观根植于地方的历史、生活和文化。水乡历史城镇的物质环境和人文环境所体现出来的传统文化是宝贵的人文资源。其保护应同时注重整体性、发展性和展示性。

（1）整体性　强调保护城镇的整体风貌，虽然水乡城镇的组成离不开个体的建筑、街道、节点等，但城镇的形象更注重于由多元性特质构成的地域特色景观，注重要素之间的关联性构成。

（2）发展性　是适应城镇的现实发展需求，避免僵化的古董式保存，毕竟城镇是承载居民生活、生产的容器。文化上的高层次和使用上的低标准，是无法促进城镇的有效保护的。传统水乡城镇需要寻求与时代共生的方式，在保护的基础上进行积极改造，促发有生命力的城镇新生活。

（3）展示性　突出城镇的外向性，发挥其历史文化和教育价值，保护与开发结合，保存与展现结合。在操作过程中，可以就城镇总体、街区和建筑等不同的空间层次进

行分层保护和规划。

4.3.3 典型案例

1. 东屏镇概况

东屏镇位于溧水城区东北部,百里秦淮源头二干河发源地。东屏镇是江苏省的重点中心镇。2008年末,全镇总人口为42 631人,辖12个行政村和1个居委会。东屏镇镇域内地形以低山丘陵为主,水库众多,有一定的历史文化遗存。

东屏工业区作为南京市乡镇工业开发区的配套协作区,工业发展有基础和潜力,沿江高速出口和宁杭城际铁路站场邻近东屏镇区,为东屏镇发展提供了良好的交通区位(图4-4)。

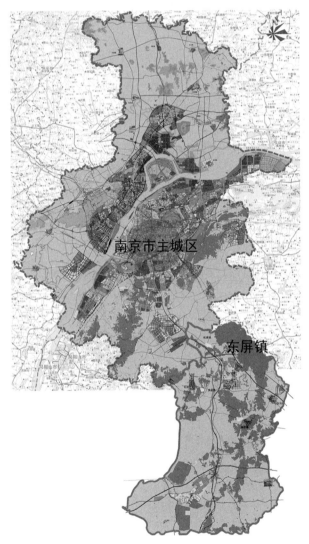

图4-4 东屏镇在南京市域的区位示意

2. 专题研究

结合东屏镇发展的现实条件,主要展开以下三个专题研究和独立的GIS技术分析。

1) 东屏镇社会经济发展战略研究

首先进行不同空间层次的区位分析。溧水在南京都市圈内属于紧密圈层,南京极核的带动效应不容忽略。溧水境内产业"一主两翼"的发展格局,为东屏发展带来契机。东屏与溧水城区邻近,未来一体化发展趋势明显。

进一步分析东屏镇的发展潜力。对东屏镇的历史经济数据进行分析,提炼出三次产业的主导特征,并和溧水范围内其他乡镇进行横向比较,可以看出,东屏镇的各项指标并不占有明显优势。未来城镇竞争力的塑造需要发挥其独特的区位优势和资源优势,也有赖于政策和设施配套环境的完善。具体的SWOT分析揭示出,虽然东屏具有区位优越、交通便利、产业基础较好、劳动力资源丰富以及自然环境优越的优势,其也必须克服地理条件对城镇建设的障碍,改变城镇带动力弱、产业关联度弱、资源利用不充分、创新能力不足的劣势。在南京都市圈发展和宁杭铁路建设的正向带动下,如果东屏镇能同时应对与周边城镇甚至溧水开发区之间的竞争压力,将有相当的发展潜力。

发展战略首先包括产业发展战略。以集约化、差异化和一体化为原则,第一产业以种植业为基础,大力发展苗木花卉和水产养殖。东屏镇的第二产业以轻工制造业为主导,大力发展建筑业。其中区别对待不同的产业部类,提出延伸产业链、推动产业集聚、以市场促生产、引进新产业部类等不同策略。三产发展以旅游业和物流为主导。发展战略中还包括空间发展战略,与社会经济发展目标相适应的镇域空间发展围绕三条主线:集中建设镇区、构建和谐的镇村结构、自然生态环境的利用和保护并重。

2) 城际铁路建设带动作用专题研究

宁杭铁路线路及其站场建设,在几个不同的层面上将对东屏镇的发展带来重大影响。首先,城际铁路交通优势的扩大,促使东屏融入了区域铁路交通网络之中,为东屏与更大经济区范围内的一体化发展创造了极佳的条件。其次,宁杭铁路站场在东屏镇区西侧建设,将带来溧水城区发展重心的转移,引起城区空间功能结构的重构,更有助于东屏镇与城区紧密联系。再次,宁杭铁路站场建设在最直接的层面上,将带来站场周边地区的土地升值,不仅带来土地收益,而且能够吸引更具增值潜力的产业前来投资,引发东屏产业结构的整体提升,有助于东屏在新的起点上发展。

对铁路站场地区发展相关理论的梳理显示出圈层理论,反滴漏理论、虹吸效应理论等均可借鉴。结合已有国内外案例,站场地区的发展模式也可以总结为:高教模式、产业园区发展模式、旅游发展模式等,或者从区域关系上,存在依托交通发展模式和依托母城发展模式等。

分析溧水在宁杭城市带上的地位和发展潜力,进一步分析溧水城际铁路站场建设对周边地区社会和经济的影响,结论如表4-8所示。

表4-8 高铁站场建设对经济和社会相关因素的效应分析

	正面效应	负面效应
住宅	促进南京都市区人口的适当分散化及均衡发展;由通勤圈的扩大带来的郊外型住宅的发展;良好环境住宅的供给	郊区化现象带来中心城区人口的相对减少
商业	旅客集散促进商业振兴	交通便利性提高,有可能造成本地区消费降低
工业	交通便利吸引企业进驻;地区雇用能力的扩大	由工厂进入等带来的环境恶化;企业间竞争的激烈;外来资本的进入带来的当地企业的衰退
旅游	休闲观光人数增加,住宿需求扩大	一日通勤圈范围扩大,住宿数减少;小范围的旅游萎缩
其他	由人的交流增加带来的信息量的集聚;车站广场等开敞设施带来的地区活力	—

结合前述研究,对于东屏镇而言,高铁站场周边的发展模式可以通过具体的条件分析进行比较。比较东屏现状和各模式发展的必要条件,可以初步确定产业园模式与旅游模式为可选发展模式(表4-9)。考虑到两种发展模式的内在矛盾,东屏发展战略提出在采取双轮驱动战略的同时,必须强调二者的协调发展,一方面控制工业的类型和污染程度,一方面也要求旅游的适度开发。

表4-9 适于东屏镇的站场地区发展模式对比

		东屏现状	高教模式	交通模式	产业园模式	母城模式	旅游模式
发展要求	优越的自然环境	●	●				●
	充足的发展用地		●		●	●	
	周边教育资源	●	●				
	现存工业量少		●	●			●
	现存工业污染少	●	●				●
	现存工业量充足	●			●		
	其他交通条件优越	●		●			
	相关产业集中区				●		
	离中心城市较近					●	
	周边中心城发展迅速					●	
	有丰富的旅游资源	●					●

3) 旅游发展专题研究

在分析区域旅游发展态势,并梳理东屏山水旅游资源的基础上,比较东屏发展旅游业的优势条件。以溧水为中心,选取了一小时和两小时交通圈覆盖范围内的6个主要城市,分析其居民消费能力,以及旅游开发状况(表4-10,图4-5)。

表4-10 景区层次划分

层次	景区名称
知名度高,发展成熟	天目湖景区
有一定知名度、发展较成熟	栖霞山风景区、汤山温泉—阳山碑材风景区、焦山景区、珍珠泉老山风景区、固城湖风景区、茅山景区、采石矶风景名胜区、查济古村落、西津古渡景区、环太湖旅游度假村
知名度低,发展不成熟	牛首祖堂风景区、无想寺风景区、金牛山风景区、小九华风景区、青山李白墓园、濮塘风景区

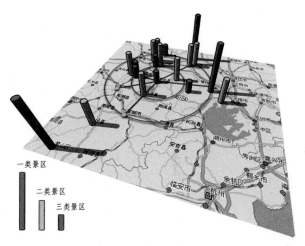

图4-5 不同等级景区分布

东屏镇旅游业发展的现状问题包括:① 旅游产业化、市场化程度低,行业规模小,开发档次较低,缺乏名牌旅游产品,未能成为地方经济的支柱产业。② 南京郊区旅游业基本沿袭传统管理体制,影响旅游资源的合理开发和有效利用。各地以自己的认知水准和行为方式开发建设景点,缺乏区域性的宏观关照,景点和设施重复建设,往往造成资源的浪费或开发不足。③ 东屏镇是平原丘陵的地形,景区的地形、地貌复杂,道路建设、村镇建设还不太理想,使旅游地的整体形象欠佳。④ 没有很好利用自身的资源优势进行市场宣传。

确立东屏镇整体旅游发展策略为:建立城乡联动的旅游经营网络体系,形成城乡一体的大旅游格局。发展农村文化旅游专线。对溧水周边各种旅游资源进行整合,采取线路组织的方式把不同的景点串联起来,克服单个景点规模较小,滞留时间短的局限,突出规模效应。东屏旅游,应以南京本地市场和区域的大众市场为主。相对于南京其他近郊景区,东屏镇两湖景区更适合重点发展大众度假性质的休闲景区。

4) 技术支持——镇域土地建设适宜性评价

为了评估土地用做建设用地的适宜程度,识别镇域内可用于进行建设的土地资源和生态敏感而必须重点保护的区域,应用生态适宜性评价方法,采用 Arcgis 空间

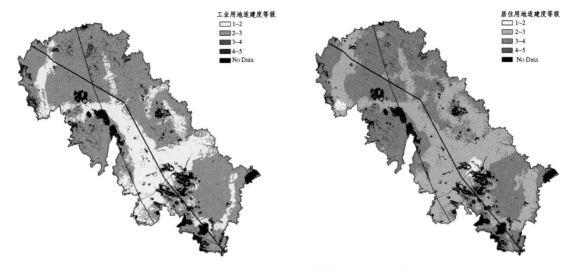

图 4-6　工业用地适建性评价(左)、居住用地适建性评价(右)

分析软件,综合考虑水域、保护区、用地现状、地形地貌等多项因子,并对不同因子进行叠加得到适宜性评价结果,为合理有效地安排土地资源的用途提供重要依据,并从保护生态环境的角度为镇域范围的土地利用提出建议。

分别对工业用地适建性和生活用地适建性进行综合评价。在评价中,通过综合考虑东屏镇镇域范围内的用地现状以及当前建设特征,从自然条件和环境条件两大类里面选取水体、景区、坡度、绿化与林地、高压廊、供水管线、主干道、高速公路出口等因素。两种用地的适建性评价考虑的影响因素种类及影响方式也有所区别,进行单因子分析、权重赋予、综合得分计算,然后进行适宜性等级划分,图 4-6 中适宜性程度随颜色由浅至深降低,可建设的程度及容纳的人口规模递减,而保护的级别递增。

3. 总体规划核心内容

1) 城镇性质

城镇定位包括:促进特色农业发展的中心城镇;南京市域重要的风景旅游城镇;溧水东部重要的轻工制造业基地。城镇性质概括为以特色农业、轻工制造和生态旅游为主导产业的重点中心镇。

2) 城镇发展规模

全镇人口近期(2015 年)为 4.8 万,远期(2030 年)为 5.2 万。镇区人口近期为 2.0 万,远期为 3.5 万。城镇建设用地近期为 4.9 km²(含镇区 3.5 km² 和工业集中区 1.4 km²),远期为 6.75 km²(含镇区 4.2 km² 和工业集中区 2.55 km²)。

3) 镇域规划

至规划期末,东屏镇镇域最终形成 1 个中心镇、40 个农村居民点的两级镇村体系结构。

根据镇域内不同区域的自然条件和发展潜力,结合镇域空间发展战略,将城镇建设区、工业集中区、村庄建设用地划定为适建区,将城镇建设备用地、旅游开发建设区、观光农业区、矿产资源保护区、水源涵养区划定为限建区,将生态农业区、河流生态、高压走廊控制带、林地生态区、水源保护区、沿公路防护带划定为禁建区。相应进行镇域道路交通、公共设施和市政公用设施规划。

4) 镇区规划

远期建设集中在沿江高速以南发展。西部与溧水城区建设,尤其是宁杭铁路站场建设形成呼应,向北跨越高速预留远景建设用地,在有足够实力的情况下,最终实现本地区的跨越式发展。

规划建设用地分为镇区片、工业集中区片和旅游片区,从具体的功能分布而言,整体构成"一心两轴七组团"的布局形态(图 4-7)。

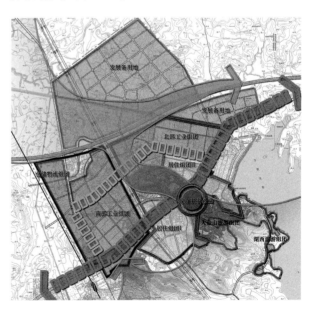

图 4-7　镇区规划功能结构

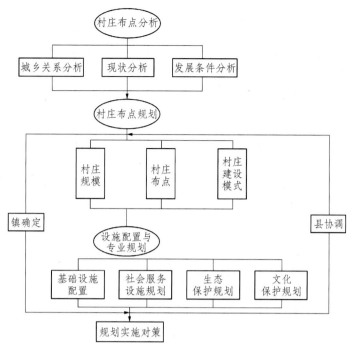

图4-8 村庄布点规划技术路线图

"一心"——指位于新老镇区交汇处的公共活动中心；

"两轴"——指城镇东西向主轴线和包括高速连接线在内的城镇次轴；

"七组团"——指由东向西依次布置两个居住组团、外围的两个工业组团、一个物流组团和两个旅游度假组团。

4.4 村庄布点规划的内容与方法

通过村庄布点规划研究村庄的适宜规模、集聚模式等，引导农民居住集中，推进配套设施建设和环境整治，促进集约发展、节约土地资源。侧重研究村庄布点、设施配套和政策支持等问题。

4.4.1 规划技术路线

村庄布点规划应从县（市）域村庄的现状分析和背景分析入手，尤其通过大量以行政村为单位的数据分析得出县（市）域村庄的规模、产业和职能、空间、设施分布的类型与特点；结合当地城市化发展途径、城镇体系规划及城镇总体布局，结合各类自然资源与人文资源的保护与开发、区域性基础设施与社会服务设施的分布与发展要求，明确村庄功能与空间。

在上述基础上，提出具体的村庄发展策略。主要按照农业发展要求，兼顾其他特定功能的需要，进行合理的村庄布局，预测农村人口容量，进行村庄规模、职能与空间结构的规划，并提出行政撤并或空间转移的方案。最后统筹安排主要的区域性基础设施和社会服务设施建设，并提出村庄建设管制要求与规划实施对策。

4.4.2 基础调查和研究内容

1. 现状调研

为切实反映乡村总体发展特征及满足城乡结合发展的需要，规划范围宜以目前全部行政村为研究对象，即村庄布点规划应包括乡村地域的村庄、城镇规划建设用地范围内的村庄，以及目前仍为行政村建制但村庄功能与农民职业已基本城市化的村庄。

在明确的规划范围内，对其自然条件、行政建制、交通格局、村庄的布局、人口、经济、设施、历史文化资源、灾害情况等进行全面调研。

2. 村庄规模研究

从两个角度对村庄人口规模进行分析：一是结合考虑农用地数量和农业耕作水平，测算未来农业劳动力的数量，以带眷系数修正后，换算为村庄人口规模。二是结合地区城市化的整体发育水平，包括城镇提供农村剩余劳动力转化的机会，预测迁出人口的规模，进一步判断农业人口的规模。两种方法结合，可作为村庄整体人口规模测算的大致依据。

一般来说，目前大部分地区城市化水平还没有达到具备比较稳定的农村居民容量的阶段，未来城市化地域还存在相当大的变数。随着城市化水平的进一步提升以及机动化带来的城镇功能地域的外延，农村人口将持续甚至大量减少。

对于单个村庄的规模,一般以合理的耕作半径来考量,适当兼顾公共设施的配置效率。如在没有特殊的地形地貌限制的条件下,以每个农业劳动力可耕作 15～20 亩耕地,同时耕作半径不超过 1.5 km 农业人口的带眷系数为 1.5 计算,则适宜的村庄人口规模是 800～1 000 人。

3. 区分村庄发展态势

村庄功能是以从事第一产业为主的农户聚居点。村庄发展类型可能包含三种:一为典型的乡村空间村落;二为现状城镇建设用地范围内或者已经进入规划建设用地范围内的村庄,将成为城镇的组成部分;三为目前在城镇规划用地范围以外,但在远景建设用地内的村庄,将逐渐向城镇区过渡。村庄布点规划主要对一、三类村庄的布点和规模予以规划,二类村属"村改居"范畴,纳入城镇总体规划中考虑。

4.4.3 主要规划内容

1. 预测人口规模和进行村庄选点

在已完成的村庄规模研究和村庄发展态势分析的基础上,因地制宜,结合单个村庄的地形条件、现状规模、发展条件,进一步判断其人口集聚的可能性,进行选点,并以合理规模的范畴进行适当修正,结果作为引导村庄人口集聚的适宜规模。

2. 配套设施规划

公共设施的配套水平应与村庄人口规模相适应,并与村庄同步规划、建设和使用,重点是医疗设施和学校的布点。其他设施重点规划内容如表 4-11 所示。

表 4-11 基础设施规划的重点内容

设施类型	重点内容
道路交通	按县(市)公路网规划,考虑村庄与城镇之间的联系,细化镇村道路
给水工程	给水规划重点明确村庄水源、增压泵房和输水管网走向。人口密集地区与区域供水管网衔接
供电工程	根据县(市)电力设施布局,控制高压走廊通道,确定村庄供电电源点的位置和至村庄的 10 kV 主干线路配电线路走向
邮政电信	规划邮政服务网点,电信设施的布点结合公共服务设施,相对集中建设。至村庄的通信线路结合镇村主要道路敷设
有线电视、广播网络	根据村庄建设的要求应尽量全面覆盖,至村庄的广播电视线路沿镇村主要道路敷设,有线广播电视原则上与村庄综合通信管道统一规划,联合建设和布置
燃气工程	明确燃气气源、种类、供气方式,鼓励使用秸秆制气,鼓励利用太阳能等清洁能源。采用管道气的要明确标注调压站位置、规模,进村干管的走向和位置
环卫工程	按照"村收集、镇转运、县(市)集中处理"等要求,合理确定生活垃圾村庄收集点和镇中转站转运设施的位置

4.4.4 示例:南京市高淳区村庄布点规划

1. 高淳区概况

高淳区位于南京市域南部,2013 年撤县设区,区内包括 1 个省级经济开发区和 8 个乡镇。2013 年底,全区包括 10 个居委会、134 个行政村和 1 012 个自然村。村庄实际居住人口约为 34.6 万,平均自然村人口为 347 人,人均村庄建设用地约 200 m²。高淳区在美丽乡村和慢城建设方面的成就非常独特,其利用"丘陵+平原+水网"的丰富地形条件,保存了良好的乡村生态环境。在南京都市区内的高交通可达性保障了高淳将生态优势扩展为产业优势的可能性。

2. 居民意愿调查

对本地村民而言,如果考察个体的意愿,可以最为贴切地反映出他们对居住调整的支持或反对。在高淳区全区各镇均匀发放的 1 300 份有效村民问卷的统计,提供了村民关于现有生活状态、未来居住意愿、面临的主要问题、对交通和公共设施的要求、对农业发展的要求等信息(表 4-12)。其后在设定村庄调整强度和方式时,结合了问卷信息,在方案生成的过程中也有村一级意愿的融入,保证了规划方案在定性的判断上不会产生大的偏差,使方案操作具备可行性。问卷信息也为进一步的设施配套提供了依据。

表 4-12 高淳区村民问卷调查统计分析结果

分析内容	问卷统计结果	结论
对乡村生活便捷度的笼统评价	很方便 18%;方便 40%;一般 33%;不方便 7%;非常不方便 2%	生活便捷度已达到较高水平
村民未进城原因	没有条件 56%;喜欢乡村环境 24%;从事农业生产便利 9%;考虑亲戚邻里关系 3%;不愿离开土地 3%;没想过 5%	多数农民有进城意愿,受条件约束
迁居理想居住地点	安置区 37%;镇区自购房 29%;高淳其他乡镇购房 8%;淳溪街道(高淳城区)23%;南京市区 3%	本镇区居住可以满足大部分农民的意愿
理想居住形式	独门独院 74%;低层联排 12%;多层 6%;小高层 8%	总体偏向更加独立和传统的居住方式
最希望增加的设施	文体活动设施 34%;敬老院 20%;日用品商店 16%;农贸市场 20%;物流快递收发点 10%	各类设施配套还有较大的完善空间
对公共交通的现状评价	很方便 17%;方便 40%;一般 29%;不方便 13%;非常不方便 1%	公交出行已经具备较好的条件,还可完善

续表

分析内容	问卷统计结果	结论
对交通改善的首要要求	增加公路联系20%；开辟和优化公交线路61%；增加停车位19%	公交线路的覆盖率可以继续优化
其他迫切需要解决的问题	养老问题38%；就业问题16%；看病难和贵19%；孩子学费负担重9%；农产品销售7%；基本生活保障4%；其他7%	养老、医疗对农民来说依然是较大的担忧
对农业持续发展的主要判断	更多农民进城，少数农民从事规模化生产36%；发展特色农业37%；提高农业的科技含量17%；农业生产没有前景7%；其他2%	认为农业将会在规模化、科技化、特色化的道路上前行

3. 方案生成过程

除了结合地方政府的发展意愿，参考其他地区的发展案例，兼顾各类设施配套的要求等，由下而上寻找高淳农村社区发展的引导性方案，主要包括以下几个步骤：一是根据全区的地形、水文、交通条件等，大致进行村庄建设的适宜性评价，构画战略性的村庄引导策略和建设模式；二是在对现状村庄的人口、用地、住房建设、设施配套、特色资源、经济基础等条件充分调查的基础上，进行村庄发展潜力评价；三是根据区级政府愿意提供的财力和意向达致的总社会福利水平（包括农地规模化经营后的耕作半径、公共设施覆盖水平等），测算村庄可能迁并的力度；四是在村庄现状基础上结合已执行的往届规划的内容，尊重并维护以往规划的效力，作出初步方案选择；五是以初步方案和各乡镇、各行政村进行反复磨合，确保现实可操作性，并修改完善方案；六是将村庄布局方案与其他配套子系统，如交通、公共设施等进行匹配调整，与特定的农业科技园、休闲农业区、万顷良田项目区等进行衔接校核，进一步调整完善方案后提交。

实质上，有这样几种力会起作用。一是农村自我发展的动力，即使没有外力，它依然存在且强劲。这种力也与村民的经济实力和对未来的意愿有密切的关系。二是政府的财力，以及与财力关联的政府意愿。政府意欲积极导控村庄的发展，必须在一定的时限内有足量的财政投入，通过各种项目的带动，才能盘活局面，并且产生实效。三是政府的管控力。政府通过在空间上设定鼓励、限制和禁止发展的地区，制定基本规则，并监督运行。四是市场力。进入到乡村地域发展的企业，对乡村土地流转、农业层次的提升、乡村旅游的推进至关重要。寻找村庄建设方案是在充分尊重民意的基础上，落实政府对本地区发展意愿的过程，主要是考虑在资源合理利用、满足社会公平的前提下，引导政府投资，合理进行管控。

4. 方案图景

规划城乡整体格局为"两廊三片区"（图4-9），其中两廊为两条生态廊道，三片区分别考虑与中心城区和山水资源条件的关系，区分为中部平原地形的"都市化地区"、

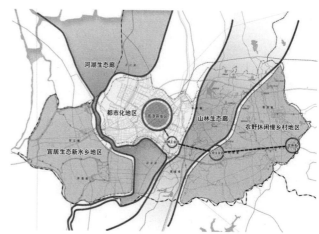

图4-9 高淳"两廊三片区"规划结构示意图

东部丘陵地形的"农野休闲慢乡村地区"和西部圩区的"宜居生态新水乡地区"。同时，对平原地区强调加大集聚力度，对丘陵地区着重空间优化，适度集聚，圩区则结合交通条件优化，推动村庄建设。

将规划新社区分为综合型、特色型和一般型，其设施配套水平和服务范围有差异。综合型社区一般规模为1 000～3 000人，以部分被撤并乡镇驻地及大型村为基础，通过功能提升，未来将具备较完善的公共服务功能，是农村一定范围内的公共服务中心。特色新社区是在具备省级以上历史文化资源、风景旅游资源、特色农村居民点的基础上，通过有计划地引导发展而成的农村新社区，人口规模较为弹性，除了满足对应人口的基本公共服务需要外，还具有旅游服务功能。一般型新社区规模为300～1 000人，是除综合型新社区与特色型新社区之外，主要为满足居民基本公共服务需要的农村新社区，以居住为主导职能。在现有基础上，每个村庄的未来有4种可能去向，一是继续保留并相对独立，二是保留并和邻近村庄联合建设，三是被城镇区扩大后直接"吃掉"，四是迁并。具体到保留的两类村庄，极少数会扩大建设用地，主要发生在综合型村庄身上。其他村庄多随着农村人口迁移，建设用地缩减。

规划提出布点综合型社区29个，特色型社区44个，一般型社区195个。较初始的一千余个自然村来说，累计数量上减少了3/4。在全部现状村庄中，属于单独保留的为139个，属于保留且联合建设的为438个（几个村庄联合建设后只在数目上计为1个），被"吃掉"的村庄为224个，包括被中心城区、镇区、开发区建设吞并的，迁并的村庄为200个。

如果能够按照较为理想的标准进行控制和引导建设，如对东部丘陵地区的综合型、一般型和特色型社区分别控制120、130和180 m²的人均建设用地标准，西部圩区控制100、110和130 m²的标准，则可以估算出村庄建设用地的节约量。以东坝镇为例，村庄建设用地在规划前后缩减了76%（表4-13）。

表 4－13　东坝镇村庄建设用地估算

	村庄/社区个数	人口（人）	建设用地（hm²）
规划前	165	38 000	1 163
规划方案合计	52	20 800	277
其中：综合型社区	6	7 570	91
特色型社区	12	2 870	52
一般型社区	34	10 360	135

5. 与农房管理政策的衔接

与空间方案同步推出了农房管理政策建议,其中包括:

① 继续保障农民为保证基本生活生产需要而获取宅基地或集中住房的权利,保障农民对其房产进行租赁的权利。② 以积极引导和消极控制两种途径同步对农村居民的住房建设进行管理(表 4－14、表 4－15)。引导其进入新社区,并对非保留村庄用地进行严格控制。③ 以创造宜居环境和集约利用土地为原则,完善新社区建设标准,以形成有效的拉力,促使农村居民进行主动选择。新社区建设以统建方式为主,农民自建为辅。④ 以农宅(包括宅基地)换安置房的方式,可以在规范的操作程序和执行标准下分地区、分阶段推进。⑤ 新社区中的住房建设应对接市场体制,一方面,市场资金可产生有效的推动力,另一方面,农村住房适度进入市场后,市场的流通性也对住房的价值提供了保障,借此可最大限度地调动居民迁居的积极性。⑥ 建立居住集中的跨行政村协调机制,最大程度地减弱村级经济实体对迁居的约束。⑦ 在集镇规划建设区外,理顺土地管理部门对集中住房安置的土地供应政策,在继续作为集体建设用地和转为国有建设用地之间寻找最有效的方式。同时,也需要理顺规划管理部门对项目建设规划许可的程序和相关制度。最终在土地管理系统和规划管理系统之间形成"两规合一",实现规划和实施的统编、统审和统管。

表 4－14　依据三个维度对现有村庄的分类

	融合		保留/合并		迁移		
	近期	远期	扩大	仅保留	近期	中期	远期
城镇或开发区规划范围内的村庄	A	B	—	—	—	—	—
其他禁止建设范围内的村庄	—	—	—	—	C	—	—
其他重点地区内的村庄	—	—	D	E	—	F	G
一般地区内的村庄	—	—	H	I	—	—	—

注:其他禁止建设范围包括文物保护单位和风景名胜区所划定的禁止建设范围、城市绿化用地、河湖保护用地、公路、铁路、车站、码头以及有关市政公用设施规划的禁止建设区。其他重点地区包括国家森林公园、风景区、慢城游览区域、农业示范区等。

表 4－15　分类村庄管理建议

村庄类型	新建农房	原地拆建	扩建	维修	其他说明
A	○	○	○	△	在鉴定为危房的情况下,对原住房的维修进行严格管理;鼓励进入安置区或采用货币补偿的方式进行安置
B	○	○	○	△	在满足一定的条件并经审查后,可对原住房进行适度的维修;鼓励提前进入安置区
C	○	○	○	△	适用拆迁安置办法对拆迁住户进行安置
D	√	√	√	√	满足特定地区统一规划,符合地区风貌建设要求,允许在划定范围内适度扩大建设,以满足特定地区的发展需要
E	○	√	√	√	满足特定地区统一规划的前提下,符合地区风貌建设的要求
F	○	○	○	△	在鉴定为危房的情况下,对原住房的维修进行严格管理;引导其进入新社区或城镇安置区
G	○	○	○	√	在满足一定的条件并经审查后,可对原住房进行适度的维修;可以现有宅基地和住房申请进入新社区或城镇安置区
H	√	√	√	√	受新社区规划指引,以安排本行政村的村民为主,跨行政村的村民也可经协调之后进入
I	△	√	√	√	允许符合村庄土地集约利用的填充式新建,严格控制外围扩展式的新建

注:√表示允许,△表示在严格限定下允许,○表示不允许。

4.4.5　配套政策措施

1. 乡村土地政策

1) 经营承包地调整

为鼓励农民居住集中,需要在严格遵守法律、法规规定的程序和内容的基础上允许跨村组之间进行土地调整,鼓励采用留地协商退包,利用集体拥有的机动地、弃包地、闲置地调换,村组之间"滚地"集中调整等方式。

2) 完善宅基地政策

为避免村庄空心化,探寻将农户的宅基地使用权进行补偿收回的方法,宅基地超标的应进行罚没,探索合理的宅基地流转制度,最终提高农村建设用地的使用效率。

3) 规范征地行为

地方政府需要缩小征地范围,明确公共事业的范围,逐步建立与市场经济接轨的土地征用补偿制度,进一步完善征地的程序和标准。

4) 鼓励整理农村建设用地

完善城镇建设用地增加与农村建设用地减少相挂钩

的制度。出台政策明确土地整理的程序和收益趋向,通过调动集体、村民和企业的积极性,通过市场机制推动用地集约的自发进行。

5) 建立农村自留地政策

对农户拥有的自留地,鼓励按照村庄建设规划进行置换调整和补偿收回,减少散乱、低效的自留地在总用地中的比例。

2. 完善农村社会保障体系

现阶段农村社会保障主要包括社会救助与扶贫开发、医疗保障和养老保障三块(表4-16)。存在问题主要是政策缺乏连贯性和稳定性、资金投入不足和未成体系。为构建与我国经济社会发展相适应的农村社会保障体系,可适当借鉴发达国家实施居民最低生活保障的方法,运用立法手段,逐步扩大保障覆盖面。同时,加大财政投入,鼓励形成政府、农户、社会多元架构,加快建立与完善农村社会救助体系,完善农村基本医疗保障制度和养老保障制度。

表4-16 我国农村现状社会保障制度的基本框架

保障类型	具体内容
农村社会救助制度与扶贫开发	农村五保制度
	农村救灾救济制度
	农村最低生活保障制度
	农村扶贫开发政策
农村医疗保障制度	新型农村医疗保障制度
农村养老保障制度	农村社会养老保险

■ **思考题**

1. 结合案例论述小城镇总体规划的内容和方法。

2. 村庄布点规划的依据和方法是什么?

■ **主要参考文献**

[1] 张小林. 乡村概念辨析[J]. 地理学报,1998(4):365-371.

[2] 曾菊新. 现代城乡网络化发展模式[M]. 北京:科学出版社,2001.

[3] 张泉,王晖,陈浩东,等. 城乡统筹下的乡村重构[M]. 北京:中国建筑工业出版社,2006.

[4] 袁中金,王勇. 小城镇发展规划[M]. 南京:东南大学出版社,2001.

[5] 汤铭潭,宋劲松,刘仁根,等. 小城镇发展与规划概论[M]. 北京:中国建筑工业出版社,2004.

[6] 陆志刚. 江南水乡历史城镇保护与发展[M]. 南京:东南大学出版社,2001.

[7] 王志强. 小城镇发展研究[M]. 南京:东南大学出版社,2007.

[8] 阳建强,王海卉,等. 最佳人居小城镇空间发展与规划设计[M]. 南京:东南大学出版社,2007.

[9] 王海卉,张倩. 苏南乡村空间集约化政策分析[M]. 南京:东南大学出版社,2015.

5 控制性详细规划

【导读】 控制性详细规划作为城乡规划主管部门做出建设项目规划许可的依据,主要表现在对城市建设项目具体的定性、定量、定界的控制和引导。本章阐述了控制性详细规划的控制体系、控制内容以及编制与实施,分析了国外与港台类似控制性详细规划的发展历程,并针对我国控制性详细规划在覆盖范围、衔接层次、刚性与弹性、动态控制、内容与深度等方面存在的问题,提出改进的方向。

5.1 控制性详细规划概述

5.1.1 控制性详细规划的地位与作用

1. 控制性详细规划的含义

城市控制性详细规划是依据已经依法批准的城市总体规划或分区规划,考虑相关专项规划的要求,对具体地块的土地利用和建设提出控制指标,作为城乡规划主管部门作出建设项目规划许可的依据。

2. 控制性详细规划的作用

1) 控制性详细规划是连接总体规划与修建性详细规划的、承上启下的关键性编制层次

控制性详细规划是详细规划编制阶段的第一层次,是城市规划编制工作中,将宏观控制转向微观控制的转折性编制层次。因而具有宏观与微观、整体与局部的双重属性,即:既有整体控制,又有局部要求;既能继承、深化、落实总体规划意图,又可对城市每片、块建设用地提出指导修建性详细规划编制的准则。因此,它是完善城市规划编制工作,使总体规划与修建性详细规划联为有机整体的、关键性的规划编制层次。

2) 控制性详细规划是规划与管理、规划与实施衔接的重要环节,更是规划管理的依据

"三分规划,七分管理"是公认的搞好城市建设的成功经验。总体规划、分区规划与传统的详细规划,均难以满足规划管理既要宏观,又要微观;既要整体,又要局部;既要对规划设计,又要对开发建设提出规划管理需求。控制性详细规划弥补了这一不足:它既能承上启下,又能将规划控制要点,用简练、明确的方式表达出来,利于规划管理条例化、规范化、法制化和规划、管理与开发建设三者的有机衔接。因此,它是规划管理的必要手段和重要依据。

3) 控制性详细规划是体现城市设计构想的关键

控制性详细规划编制阶段,可将城市总体规划、分区规划的宏观的城市设计构想,以微观、具体的控制要求进行体现,并直接引导修建性详细规划及环境景观规划等的编制。

5.1.2 控制性详细规划的产生

控制性详细规划是我国城市规划编制工作在长期的实践过程中,不断总结、不断吸取国内外有益经验和不断适应新形势,使之不断充实和完善的结果,也是城市规划适应我国经济运行机制重大变革的产物。

1. 城市建设出现的新问题

我国经济运行机制由计划经济体制向社会主义市场经济体制迅速转轨,促使城市建设机制发生深刻变化:土地使用制度改革;建设方式与投资渠道变化;城市经济、产业、社会等结构大调整。

1) 土地使用制度改革提出的新问题

改国有土地的无期无偿使用为有期有偿使用,使城市土地变无价为有价。这就提出了在城市建设中,必须运用商品经济的价值规律和市场机制来调节城市土地的供需关系。利用土地级差,合理配置土地,优化城市用地结构,充分发挥土地的使用效率。同时,提出了应如何利用城市土地资源为财政提供积累,为城市基础设施建设资金开辟新的财源和筹资途径。

2) 建设方式与投资渠道变化带来的新要求

改自行分散建设为房地产综合开发,改国家包建的单一投资渠道为多家投资的多渠道,促使房地产经营机制转换,其综合开发产品均可作为商品进入市场交换,这不但推动了房地产业的迅速振兴,也使各类开发公司蓬勃发展。同时提出在城市建设中,必须对土地开发实行控制,以引导房地产业按城市总体规划意图,有序、健康地进行开发与建设。

3）城市经济、产业、社会等结构的调整提出的新要求

商品经济发展，第三产业猛增，促使城市经济结构、产业结构和社会结构进行大调整，导致了各方面对城市用地需求的重大变化。这就提出了在城市建设中必须深化、补充、完善城市总体规划，合理调整城市用地结构与布局，并落实到每一块建设用地上进行控制的要求。

2. 规划管理工作的"冲击"

城市建设机制的变化，必然对服务于城市建设的规划管理和规划设计工作的观念、构思与方法等产生巨大的连锁"冲击"。

1）要求改变土地管理的观念与办法

① 改城市土地的无期无偿使用管理为有期有偿使用管理；② 改土地无收益管理为有收益管理；③ 改零星、分散拨地的管理为成片拨地、综合开发及对土地进行出让转让的管理；④ 改无计划批地的管理，为有计划批地及根据供求关系分期分批投放土地的管理；⑤ 改以行政手段管理土地的单一办法，为以行政、经济、法律并用的手段，即以"法制"替代"人治"的办法管理土地。

2）要求改变对房地产开发的管理方式

① 改批地、审图，支持开发的管理方式，为主要采用对土地实行招标议标、中标开发经营的管理方式和对房地产实行支持、引导、制约并用的管理方式；② 改国家对土地单一投资开发管理，为多渠道多投资的开发管理；③ 要求以城市规划为手段，对土地实行全面、系统、微观、具体的控制和管理。

3. 规划设计工作的"冲击"

1）要求适应规划管理工作的需要

① 规划要点应明确、简练、具体，利于制定或转换为规划管理实施条例；② 便于为城市每片、块土地租让提供招议标底条件与管理准则；③ 利于对修建性详细规划编制的管理。

2）要求规划具有弹性

城市无论大小，均不可能按规划蓝图一气呵成，而必须经历一个漫长的建设过程。在此过程中，城市建设的条件与要求，将随城市经济发展的不同阶段、国家相关政策的不断完善而发展变化。为此，要求指导和服务于城市建设的城市规划，必须具有适度弹性，以满足城市建设可变性、多样性的发展要求，并适应城市建设逐步实施、分期到位，不断充实、完善的滚动性推进的建设特点。

3）要求实施性规划符合总体规划意图

实施性规划实为实施性建设蓝图，也是能否将总体规划意图付诸实施的关键性的城市规划编制层次。传统的详细规划其细度与深度虽能满足建设要求，方案本身也能获得好评，但其最大不足是缺乏城市整体观念。在实践中往往发现，众多的详细规划付诸实施以后，土地使用性质、土地开发强度、城市景观等诸多方面偏离城市总体规划，

与城市整体产生矛盾。它们既难成为城市的有机组成部分，又给城市建设或城市发展带来不利影响，分析其原因，主要是先天不足。即在实施性规划之前，缺少一个既有总体观念又能为实施性规划提供具体的实施性的规划编制准则与要求，并能直接指导其编制的规划编制层次，以达到城市总体规划的蓝图能通过城市每片、块的实施性规划付诸实施的目的。

4）要求具体体现城市设计构想

城市设计构想是城市规划中不可缺少的重要方面，它贯穿于城市规划编制工作的全过程。为此，应随规划编制工作的不断深化由浅入深，从粗到细，由宏观到微观，从原则到具体，不断将城市设计构想融入城市规划编制的各阶段、各层次之中，才能达到创造各具特色的、丰富的城市景观和提高城市综合环境质量的目的。

综上所述，由于我国经济运行机制改革，对城市建设、规划管理和规划设计的观念、内容和方法等产生冲击，并主要表现为城市规划设计工作的极不适应：总体规划、分区规划太宏观，一般难以与实施性详细规划直接对话及进行具体的指导和控制；传统的详细规划各自为政，缺乏城市整体性，又难贯彻落实总体规划的宏观要求，而导致规划管理难控，城市建设失控的状况。为此，在总结实践经验和吸取国外有益经验的基础上，在总体规划、分区规划与实施性规划之间，就产生和补充了一个"既能深化、完善总体规划宏观意图，又能进行全面、微观的具体控制；既能满足规划编制要求，又能适应规划管理工作需要；既能硬控，也可变通；既有三个效益的统一，又能对土地开发进行控制"的控制性详细规划编制层次。

5.1.3 控制性详细规划法规体系的建立

我国对控制性详细规划的理论与实践探索始于1980年代。

1991年，在建设部颁布的《城市规划编制办法》中，列入了控制性详细规划的内容，明确了其编制要求。提出控制性详细规划的主要任务是：在对用地进行细分的基础上，规定用地的性质、建筑量及有关环境（交通、绿化、空间建筑形体等）的控制要求，通过立法实现对用地建设的规划控制。

1995年，建设部制定了《城市规划编制办法实施细则》，规范了控制性详细规划的具体编制内容和要求。

2005年10月，建设部颁发了新的《城市规划编制办法》，进一步修改和完善了控制性详细规划的编制内容和要求，明确了规划的强制性内容（2006年4月1日施行）。

2008年1月颁布《中华人民共和国城乡规划法》，从法律层面对控制性详细规划的编制、管理、实施和法律效力进行了规定。

2011年,住建部颁发了《城市、镇控制性详细规划编制审批办法》,根据《中华人民共和国城乡规划法》,深化了城市、镇控制性详细规划的编制、审批要求。

5.1.4　控制性详细规划面临的问题

1. 控制性详细规划实施情况

适应城市快速发展,控制性详细规划可以实现规划管理的最简化操作,大大缩短决策、规划、土地审批和项目建设的周期,提高城市建设和房地产开发的效率。

面对市场型行为的不确定性,控制性详细规划可以使政府尽快批租土地以换取资金,尽快完成"七通一平",变生地为熟地,尽快地满足开发商在土地开发的定性和规模上的各种要求。

控制性详细规划已成为城市国有土地使用权出让转让的基本依据和地价测算的重要依据,基本满足了城市政府调控房地产市场和筹集城市建设资金的需要。

面对城市规划力量的不足以及城市规划管理水平不高,控制性详细规划将抽象的规划原则和复杂的规划要素进行简化和图解化,再从中提炼出控制城市土地功能的最基本要素,最大程度实现了规划的"可操作性"。

控制性详细规划提高了规划的"弹性",初步适应了投资主体多元化带来的利益主体多元化和城市建设思路的多元化对城市规划的冲击。

2. 控制性详细规划编制存在的问题

控制性详规的执行和修改缺乏法律化程序,在实施中极易受各种非正常力量的干扰。规划内容改变,指标屡屡突破。

规划难以实施。编制完成后,成果内容具体,但科学性不足,规划管理部门不敢轻易审批,甚至存在审批后影响城市开发建设与改造现象。

把控制性详规看成一次性的静止规划,缺乏用动态管理的观念去认识控规,缺少跟踪反馈、方案的合理调整与优化难以实施。

缺少"自下而上"的编制过程,尤其是大范围的旧城改造往往调查不够,"自上而下"和"背靠背"工作过程无法把握旧城改造的复杂性,只能宏观概括规划控制要求。土地的权属与产权问题重视不够,地块划分缺失产权地块理念,缺少对土地性质的转换和资源分析的思路和做法如退二进三等。

重物质环境忽视社会经济因素,在确定土地的开发强度时,规划人员多考虑技术因素或仅抽象地考虑规划区内人口密度、建筑量等应控制的理想状态,忽视当地社会经济条件,能否为这些规划的实现提供支持。经济上的合理性和可行性考虑不足,如投入产出、拆迁补偿、城中村、旧城改造等。

5.2　控制性详细规划的理论发展

5.2.1　地块划分依据

划分地块要考虑用地现状和土地使用调整原则,考虑规划建设的控制引导原则,以规划布局结构为依据,综合考虑导则中本条所列的各项要素。

尽可能兼顾地块的土地使用权属边界。土地使用单位利益与土地的有偿使用,使土地权属边界日益重要,地块划分原则上不应跨越这一边界。界线应具有明显的可识别性,兼顾行政管辖界线,以利现状资料收集统计和规划管理。

级差地租的理论决定了不同区位环境下地块开发的适宜规模,一般来说,成片统一开发建设的地块及城市新区地块面积宜大,零星开发地块及旧城区地块宜小。

增加公益性公共设施用地分类是新增城市用地分类主要内容之一,将独立设置的公益性公共设施划分至最小用地类别(小类或小小类),便于对此类用地实施强制性的规划管理,最大限度地保障公众利益。

编制单元以区域性干道、河流为界;片区地块(地块图则编制使用)以主干道、次干道、河流为界;地块以土地利用规划为依据,用地性质尽量单纯,并以小类用地为界,便于城市规划建设的信息化管理。

5.2.2　规划容积率的确定原则

1) 兼顾经济利益与环境效益,合理利用城市土地价值

综合考虑地块的区位差异、交通条件、所处环境和设施配套水平等因素,如城市中心区土地价值高,应充分发挥它的黄金价值效应,其容积率水平相对较高,靠近城市边缘容积率应逐渐降低。

2) 体现用地性质差异

不同的用地性质,其容积率也应不同。商业、居住、工业等用地的容积率存在较大差异,一般情况下,商业用地的容积率相对较高,居住用地次之,工业用地相对较低。

3) 满足城市美学的要求

城市建筑群组合应高低错落,同时具有赏心悦目的绿化和公共空间,疏密有致,给人以良好的视觉效果。

4) 协调与其他规划控制指标之间的关系

容积率与建筑密度、建筑高度等规划控制指标密切相关。因此,容积率确定时,要考虑到与其他规划控制指标之间的协调。如历史文化保护地段附近建筑高度受到限制时,容积率就不可能定得过高;建筑高度不受严格限制的地段,容积率可以适当提高。

5) 衡量地块的自身状况

地块的自身状况包括地块形状、大小、地基承载力、现

状容积率以及与相邻地块之间的关系等。

5.2.3 经济分析的一般方法

估算总投资,对建设项目分为不同的单项进行建设工程投资估算后累积,估算有关指标。

采用收益还原法估算,根据城市建设的有关政策,进行土地价值增量的测算,可采用房地产方法中的成本法和收益还原法,分别计算可转让土地的价格。

采用成本法估算,用可能成交地价与土地开发成本作比较,分析估算土地开发的效益,用房地产开发的法定利润率为依据,测算房地产开发的经济效益评估,两者之和为项目建设的直接效益。

估算城市建设给规划范围经济带来的综合效益,根据规划方案,依据商业和服务业平均利润及综合税率,测算规划方案实施后带来的直接经济效益。

间接效益估算:城市建设具有很强的产业带动力,本区经济繁荣对邻近地区所带来的间接效益应作评估。

5.2.4 城市设计控制

落实总体城市设计要求,把握城市整体空间结构、开敞空间、城市轮廓、视线走廊等各类空间环境特征,研究各控制单元的空间形态和景观特色,对控制性详细规划单元的整体空间格局和重点街区提出空间尺度要求,对开敞空间、景观节点、标志性建筑的位置和建筑高度提出控制要求。

城市重点风貌区应首先编制城市设计,运用城市设计理念,对控制单元整体空间格局、景观特色、建筑高度与体量、风格、形式、色彩等进行综合分析研究,提出规划控制要求,作为确定重点风貌区开发强度和空间环境指标的基本依据。

明确江、河、湖、库、渠和湿地等城市地表水体保护和控制的地界线,提出蓝线的保护和控制要求。

5.2.5 控制性详细规划的立法构建

控制性详细规划作为城市总体规划与修建性详细规划之间的中间环节,是城市规划管理的主要依据和土地有偿使用的前提条件。随着市场经济大潮的冲击,其控制力度受到严峻的挑战,在实践过程中往往得不到严格的贯彻落实,其主要原因在于规划编制和审批程序简单,透明度低,缺乏明确、肯定、有国家作保障的法律特征。但规划工作本身特点要求规划设计具有弹性,这与法律的严格性、确定性有一定矛盾,法制化需要一定立法程序保障,而我国现大多城市不具有立法权。从国外及港台地区城市规划和土地使用控制技术发展的历史来看,现代西方城市规划的起源是与立法联系在一起的,城市规划纳入法律的框架,与我国控制性详细规划比较相近的概念如区划法、土

地使用管理法等,是在对城市用地类型进行详细划分的基础上规定用地的性质、建筑量及有关环境的要求,通过立法成为对用地建设进行控制的依据。构建我国控制性详细规划阶段立法的基本框架,使之成为城市规划实施管理的核心环节,完善控制性详细规划立法的法律支撑、体制支撑、技术支撑、程序支撑。

5.3 控制性详细规划的内容与方法

5.3.1 控制性详细规划的内容

确定规划范围内不同性质用地的界线,确定各类用地内适建、不适建或者有条件地允许建设的建筑类型。

确定各地块建筑高度、建筑密度、容积率、绿地率等控制指标;确定公共设施配套要求、交通出入口方位、停车泊位、建筑后退红线距离等要求。

提出各地块的建筑体量、体型、色彩等城市设计指导原则。

根据交通需求分析,确定地块出入口位置、停车泊位、公共交通场站用地范围和站点位置、步行交通以及其他交通设施。规定各级道路的红线、断面、交叉口形式及渠化措施、控制点坐标和标高。

根据规划建设容量,确定市政工程管线位置、管径和工程设施的用地界线,进行管线综合。确定地下空间开发利用具体要求。

制定相应的土地使用与建筑管理规定。

5.3.2 控制性详细规划的编制过程

1) 项目准备阶段

项目准备阶段需要明确规划设计内容形式和要求,规划项目编制时间安排等情况。了解进行项目所具备的基础资料情况,如地形图、上一次规划完成的年份等。根据项目的规模、难易程度等制订工作计划和技术工作方案,安排项目需要的专业技术人员,如建筑、道路交通、园林绿化、给排水、电力、通讯、燃气、环卫等。

2) 现场调研与资料收集阶段

现场调研应当实地考察规划地区的自然条件、现状土地使用情况、土地权属占有情况、基础设施状况、建筑状况、文物保护单位或拟保留的重点地段与建筑物等,绘制现状图,全面了解规划地区发展现状。走访有关部门,了解规划地区经济社会发展状况,收集编制控制性详细规划需要的基础资料。

以落实上位规划的要求为基础,以实现城市健康发展为目标,对现场调研与收集资料进行整理与分析,从用地结构、道路交通、基础设施、建筑质量、建筑管理和景观等方面进行整理和分析,找出现状存在的主要问题,提出相

应的解决对策,确定规划目标。

3）方案设计阶段

在对规划地区的发展现状和发展目标有了全面了解之后,开始规划方案的设计。方案设计应该注意以下几点:首先,方案编制初期应该有多个方案进行比较和技术经济论证,寻求空间上和社会经济上的最优方案。其次,方案提出后,应与委托方进行交流,将规划构思向委托方和有关专业技术人员、建设单位和规划管理部门汇报,听取意见。再次,根据专家和规划管理部门的意见,对方案进行修改,进行补充调研。最后,将修改后的方案再次提交委托方,听取意见,进行修改,直至双方达成共识,进入成果编制阶段。

4）成果编制阶段

编制控制性详细规划的目的在于具体化总体规划的意图,以用地控制管理为重点,因此,成果编制的重点在于规划控制指标的制定,成果包括文本、图件(图纸和图则)、附件(规划说明、基础资料、研究报告)。

5）规划审批阶段

《中华人民共和国城乡规划法》规定,城市或县人民政府所在地镇的控制性详细规划,由城市或县人民政府的城乡规划主管部门组织编制,经本级人民政府批准后,报本级人民代表大会常务委员会和上一级人民政府备案。其他镇的控制性详细规划由镇人民政府组织编制,报上一级人民政府审批。控制性详细规划报送审批前,组织编制机关应当依法将规划草案予以公告;并采取论证会、听证会或者其他方式征求专家和公众的意见,并在报送审批的材料中附具意见采纳情况及理由。控制性详细规划是城市规划、镇规划实施管理的最直接法律依据,是国有土地使用权出让、开发和建设管理的法定前置条件。依法制定和实施控制性详细规划,是城市、镇政府的职责,是城乡规划主管部门一项重要的日常法定工作,任何地方不得以任何理由拖延或拒绝编制控制性详细规划。控制性详细规划一经批准,就对社会具有广泛约束力,城乡规划部门必须严格按规划实施管理,建设单位必须严格按规划实施建设,各相关利益群体必须服从规划管理。任何单位和个人不经法定程序,不得随意修改经批准的控制性详细规划。

5.3.3 控制性详细规划的编制成果

1. 文本

(1) 总则　以条文的方式阐明规划依据、适用范围、生效日期和解释权所属部门。

(2) 土地利用性质　以"地块控制指标一览表"的方式阐明对各类不同性质的地块的土地利用性质的具体控制要求。

(3) 土地开发强度　各地块土地开发强度均以容积率、建筑密度作为基本控制指标在"地块控制指标一览表"中表达。

(4) 配套设施　以"配套设施规划一览表"的方式阐明对本地区各类配套设施(包括公共设施和市政设施两大类)的规划情况,并同时在"地块控制指标一览表"的"配套设施项目"栏中注明其名称和规模。

(5) 道路交通　以条文的形式阐明本地区道路系统的功能分级和交叉口形式(主要说明是否采用立交),并提出对社会公共停车场(库)、公交站场以及商业步行街系统的控制原则和措施。

(6) 城市设计　针对重点地段提出维护公共空间环境质量和视觉景观控制的原则要求。如设施小品的配置、夜景灯光的控制、户外广告的控制、空间尺度的控制、景观视廊的控制等。

(7) 其他特殊设施　针对其他特殊设施(如城市地下空间、军事设施等)提出相应的控制要求。

2. 图纸

(1) 区域位置图　标明拟定编制控制性详细规划地区的地理位置、与周边地区的关系及交通联系。

(2) 控制单元划分图　在分区划分的基础上,选定规划区所在的分区,标明该分区的控制性详细规划编制单元的划分与编号。

(3) 地块划分编号图　标明街坊和地块划分的界线及编号(与"地块控制指标一览表"相对应)。

(4) 土地利用现状图　按照中、小类画出各类用地范围,标绘建筑物现状、道路网络及断面现状、公共配套设施现状、市政设施及管网现状(必要时可分别绘制)。

(5) 土地利用规划图　区别现状与规划用地性质,按中类或小类画出规划各类使用性质的用地范围及代码。图面必须包括现状地形。

(6) 城市设计引导图　标明轴线、节点、地标、开放空间、视觉走廊等空间结构元素的位置及建议的建筑高度分区,环境设施要求、广告、夜景等的控制要求。

(7) 线性控制图　标明"六线"的位置与范围。"红线"指道路红线及道路用地的边界控制线;"绿线"指城市各类绿地的边界控制线;"蓝线"指城市内河湖水系的边界控制线;"紫线"指各级文物保护单位、历史文化街区的保护控制线;"黄线"指文化、体育、医疗卫生、社会福利、教育等大型公共设施和广场、停车场、公共交通、供水、供电、供燃气、供热、邮电等大型基础设施用地的控制线;"黑线"指高压供电走廊、微波通道、电磁辐射控制区和机场净空控制区的控制线。

(8) 公共设施规划图　标明各类公共设施的位置与用地范围。重点标绘公益性公共服务设施的位置和用地范围。

(9) 道路交通规划图　标明各级道路的平面、断面、主要道路交叉点坐标和标高;禁止开口路段、主要交叉口形式以及道路交通设施的位置与用地范围。图面须包含现状地形。

(10) 给水工程规划图 标明供水来源、地块用水量;确定水厂、调节泵站的规模、高位水池的容量,以及它们的平面位置;供水干管走向和管径;以及简要文字说明。

(11) 雨水工程规划图 标明汇水总面积,划分汇水分区面积、排水标准、暴雨强度公式、分区汇水流量等;确定雨水泵站的规模、平面位置和用地;雨水管渠干线的平面位置、走向、管径、控制标高、坡度和出水口位置;以及简要文字说明。

(12) 污水工程规划图 标明服务人口、汇水面积、排污标准和总污水量等;确定污水处理厂、污水泵站的规模、平面位置和用地;污水管走向、平面位置、管径、控制标高、坡度和出水口位置;以及简要文字说明。

(13) 电力工程规划图 标明电源来由、地块电力负荷;确定 110 kV 及以上变电站位置、用地大小和容量规模;标明高压走廊平面位置和控制高度;标明电缆沟断面、形式;标明 10 kV 供电线路;以及简要的文字说明。

(14) 电信工程规划图 标明电信来由、分地块电信规模;确定电话局、模块局、邮政支局(所)平面位置、用地大小和容量规模;确定电信管孔平面位置;确定微波通道来去目的地,走向宽度及起始点限制建设建筑高度要求;以及简要的文字说明。

(15) 燃气工程规划图 标明气源来由等;确定贮存站调压站或气化站等平面位置、用地大小、容量规模和安全距离;确定管网平面位置、管径及控制宽度;以及简要的文字说明。

3. 图则

要求在 1:1000 的最新实测地形图上表达用地性质、布局、地块编号及其他控制内容,并以插图方式表达本图则所在区域位置以及主要规划控制指标。主要包括以下内容:

(1) 用地性质 按《城市用地分类与规划建设用地标准》的土地标准分类,将各地块的性质不同的用地性质代码表达,并采用统一标准底色。

(2) 区域位置 在图面右上角表达本图则所在区域位置,区域表达的范围以本图则所在控制性详细规划单元的范围为准,图中须突出城市交通网络的衔接关系。

(3) 地块划分 地块划分的大小应根据项目的具体情况确定,并对各地块进行编码。对于必须严格控制的重点地区、已建成区或旧城改造区域,地块划分原则上应达到《城市用地分类与规划建设用地标准》规定的城市用地分类中的"小类";对于新开发区或开发条件尚不成熟的地区,地块则宜按照《城市用地分类与规划建设用地标准》规定的"中类"进行划分,特殊情况下也可按照"大类"划分。

(4) 地块边界 图上必须以粗实线表明地块边界。

重点地块可注明边界各点的坐标,保留小数位至 2 位。

(5) 配套设施 配套设施必须用统一的标准图例标注在地块的相对位置上。

(6) 交通控制 图上必须注明地块周围道路(包括交叉口)的边界控制范围。如有禁止机动车行驶的商业步行街,应注明其起始控制点位置。

(7) 市政控制 图上必须注明市政设施站点用地或位置和大型市政通道地下及地上空间控制宽度或高度。

(8) 公益性公共服务设施 文体设施、卫生防疫、社会福利设施等的用地规模、使用规模、建筑面积等提出明确要求。

4. 规划说明

(1) 前言 阐明编制规划的背景及其主要过程,包括本图则的委托、编制、公开展示、修改和审批过程。

(2) 现状概况与分析 调查了解上层次规划对本地区的规划要求及其现状基础资料,分析研究现状存在的主要问题及影响未来发展的主要因素并做出评价。提出规划的基本思路。

(3) 规划依据、原则与目标 阐明规划编制的主要依据,必须遵循的指导原则,明确规划中所要解决的问题,对本地区发展前景做出预测和分析,提出发展目标。

(4) 规划区功能与规模 通过全方位的论证明确本地区在区域环境中的功能与发展方向,确定规划期内控制的人口规模与建设用地环境。

(5) 城市设计要求 落实、深化上层次规划城市设计的要求,研究本地区的环境特征,景观特色及空间关系。并提出控制原则和措施。

(6) 用地布局 确定本规划区用地结构与功能布局,明确各类用地的分布、规模。

(7) 地块控制 地块划分可考虑规划用地的具体情况及面积大小等因素,根据用地的天然界线(山、河、湖、海等)、人工界线(主要道路、用地红线及其他设施)、行政管理组织状况(行政区划)以及用地功能布局和开发规模与能力等来进行划分;基本地块的划分应以保持用地性质的完整性和唯一性并有利于详细蓝图的编制和土地出让为原则。

各地块指标的确定:根据规划控制的需要和项目的具体情况确定地块的各项控制指标。控制指标一般包括:用地性质、用地面积、容积率、绿地率、配套设施(包括公共设施和市政设施两大类)、建筑密度、建筑限高、建筑退线、禁止开口路段、配建停车位、居住人口、建筑形式、体量、风格要求、其他环境要求。

(8) 公共设施规划 根据《城市用地分类与规划建设用地标准》确定各类公共设施的项目种类、数量、分布与规模。

(9) 道路交通规划 现状及存在问题分析;规划依

71

据;规划道路的等级、功能、红线位置、断面、控制点坐标与标高、禁止开口路段、重要交叉口形式以及其他交通设施的位置与用地规模。

（10）给水、消防工程规划　现状及存在问题的分析;规划依据;用水标准取定、用水量预测、给水系统平面布置及主要控制坐标和管径、调节泵站、水厂设施和构筑物用地规模和定位;确定消防设施的设置要求,合理布局消防设施。

（11）雨水工程规划　现状及存在问题的分析;规划依据;排水制度、暴雨强度公式;防洪标准,汇水面积;管渠布置、管径、坡度和主要控制标高;雨水泵站的规模及用地。

（12）污水工程规划　现状及存在问题的分析;规划依据;排水制度、排污标准;排水系统布置、管径、坡度和主要控制标高;污水泵站或污水处理厂的规模及用地。

（13）电力工程规划　现状及存在问题的分析;规划依据;用电标准、地块负荷计算、电源、110 kV及以上变电站用地规模、高压走廊几个电压等级断面、电缆沟布置原则及空间要求;10 kV供地块用电范围及线路;道路照明要求,规划照明专用10 kV线路走向及箱式变电站布点和供电范围等。

（14）电信工程规划　现状及存在问题的分析;规划依据;预测标准、电信规模、邮政服务,确定电话局、模块局、邮政支局(所)和其他通讯设施容量和用地规模、电信管孔数、断面、布置原则及地下空间要求,微波通道走向宽度及对构筑物的高度限制要求。

（15）燃气工程规划　现状及存在问题分析;规划依据;用气标准及参数、总量、供气方式、压力等级;管网布置、走向、管径和压力计算;贮存站、调压站或气化站、瓶装供应站等站点容量和用地规模、供气区域以及安全范围。

（16）实施措施　针对规划的实施与管理提出具体的应对措施与策略。

（17）附表　包括"现状用地汇总表"、"规划用地汇总表"、"配套设施规划一览表"等。

5.3.4　控制性详细规划的实施与管理

1. 控制性详细规划的实施

编制控制性详细规划的目的是通过实施规划,控制和引导城市经济、文化、社会、生态环境的发展,实现城市的健康有序可持续发展。控制性详细规划实施的根本目的是对城市空间资源进行整合、配置,使城市各项活动更加高效的进行。控制性详细规划是城市总体规划与修建性详细规划的中间环节,具有较强的可操作性,是城市国有土地使用权转让和地价测算的重要依据。

政府在控制性详细规划的实施中占据主导地位。政府根据经济社会发展计划和总体规划,组织编制城市控制

性详细规划,使城市规划具体化,从而具有可操作性。政府通过财政拨款等手段,直接投资于如交通设施和市政基础设施等社会公益设施的建设,为地区发展提供保障和基础。同时,通过制定各项城市发展政策,促进城市发展,实现规划所确定的各项目标。

目前,我国的控制性详细规划的实施情况较好,初步适应了投资主体多元化带来的利益主体多元化和城市建设思路多元化的城市发展环境,适应城市发展,大大缩短了决策、规划、土地批租和项目建设的周期,提高了城市建设效率。同时,控制性详细规划已经成为我国国有土地使用权出让转让和地价测算的重要依据,提高了规划管理部门的工作效率。

2. 控制性详细规划的管理

规划管理是针对具体的项目开发过程中的问题和条件,具体实施的建设管理。

控制性详细规划自1980年代起在我国开始试行至1990年初建设部正式决定编制,至今已经上升到了极为重要的地位。2008年1月1日颁布实施的《中华人民共和国城乡规划法》进一步强化了控制性详细规划的法定地位,要求控制性详细规划应覆盖城市总体规划期限内确定的所有的建设用地。其"先规划、后建设"的基本原则,逐渐引申为"编控规才能建设"的原则。同时,对控制性详细规划的执行更加严格,规定控制性详细规划一经批准就对社会具有广泛约束力,任何单位和个人不经法定程序,不得随意修改。如此严格细密的条款,将控制性详细规划提升到法律或"准法律"的位置,极具"刚性"。但城市是一个复杂的巨系统,各子系统之间相互作用、相互制约,使得未来的结果、具体的形式具有不确定性。对城市发展规律的认识是不断深化的过程,控制性详细规划需要在规划实施过程中动态地进行深化和完善,亟须"弹性"。规划管理即是在动态发展过程中维护规划的过程,使之更加符合现实建设的需要。

控制性详细规划编制的组织是控制性详细规划的管理的重要工作。控制性详细规划的管理的另一个重要方面是对其实施的监督与评价,包括实施过程中土地使用权的出让和转让,建设过程中各项控制指标的遵守情况等。规划修改也是控制性详细规划规划的管理的一个重要方面。在特定情况下,已经编制的控制性详细规划可能存在一定的问题,这些问题可能会对这一地区的发展产生不利的限制和影响,因此规划管理部门会根据实际情况对已经审批的控制性详细规划进行修改,一般是对控制指标的修改。

5.4　国外与中国港台地区类似控制性详细规划的发展

在国外与我国控制性详细规划比较相近的概念称为

区划法、土地使用管理法等。区划法即土地分区管理法。它起源于19世纪末期的德国,是在对城市用地类型进行详细划分的基础上规定用地的性质、建筑量及有关环境的要求,通过立法成为对用地建设进行控制的依据。目前这一方法在很多西方工业化国家和我国的台湾地区得到应用。

5.4.1 德国建设规划图则

德国采用的是一套比用地区划更为严格,弹性更小的城市规划与建筑管理立法体系。它通过城市规划以及《联邦建筑法》《建筑使用限制条例》等一系列规划法规对城市土地使用进行控制。

19世纪中晚期的德国(普鲁士)城市结构仍保持中世纪的形式,由于工业革命带来了大量的城市问题。当时城市房屋建筑密度极高,人口急剧增加,地价上涨,居住环境日趋恶化。为了解决这一矛盾,政府于19世纪中叶制定《公共建设法》,规定了城市建设的管理制度。1868年和1875年,巴登和普鲁士分别颁布了《建筑红线法》,标志着德国规划法的诞生。

1891年,法兰克福首先使用了土地分区的方法来管理城市土地。它将城市区分为6个区,主要是确定土地使用性质、控制建筑密度和建筑体积(容积率)。在住宅区和混合区内,为控制高密度住宅的发展,均规定每户占地面积。

从19世纪末至今的长时期内,德国遵循1774年制定的《普鲁士邦法》的规定:"一般情况下,每个所有者都允许拥有自己的地产和建筑,允许改建其建筑;但是不允许任何建设和改建损害和危及公共利益,损害城市和公共广场的外貌形式。"为此,德国制定了关于防火、交通和日照的城市建设法规,确定了城市建设必须遵循的技术规范,制定了有关建筑高度、间距和院落大小的规定。20世纪以后,德国城市规划法认为,除了道路之外,城市的开敞绿地以及为公共活动服务的建设用地也属于城市的公共利益,道路的宽度与其两侧建筑的功能和规模有直接的关系,为了维护公共利益,规划法要求对这些建筑的功能和体量做出详细的规定。

5.4.2 美国区划法

1. 区划法产生背景

20世纪初的美国,随着城市人口聚集,土地利用强度加大。为了在自己拥有的一片土地上获取最大的个人利益,无节制地滥用土地造成了城市区域的卫生条件下降、阳光和空气丧失、火灾危险增加以及城市面貌被破坏等恶果。为了城市整体利益,政府需要有管理城市土地的权力,美国规划先驱者马尔舒(Marsh)、奥尔姆斯特(Olmsted)和弗莱奥特(Freund)等将德国的分区管理方法引入美国,在小范围的不断使用中逐渐积累经验。

1916年7月25日,纽约市议会根据联邦宪法为保护公众的"健康、安全、福利和道德",通过了《纽约市区划法决议》,第一次以法律形式将私有土地纳入了由城市规划控制的有序发展的轨道,被认为是"第一个全面分区控制法规(comprehensive zoning)"。

1924年,美国商务部发布第一个《标准土地分区管理授权法》,协助并统一各州政府授权地方政府建立土地分区管理法案。

1925年,300多座城镇制定区划法管理法案。

1926年,美国最高法庭裁定,在不超越国家宪法的情况下,允许地方政府确定"管治权力"的范围,确定了土地分区管理法案的法律地位。

1930年末,1 000多个地方政府制定了上述法案。

1960年,区划法开始对促进宜人空间的创造和保护特色区域进行关注。城市规划师越来越强烈地意识到对社区特有意象和性格的保护与创造的重要性。

1961年,纽约对区划法进行了全面的修改,增设了城市设计导引原则和设计标准等的新的内容,增加了设计评审过程,使区划成为实施城市规划和设计的有力工具。

这些标准包括:

1) 容积率(floor area ratio)

这是对建筑体积的控制,规定建筑物的基地面积与高度关系,改变以往单纯控制建筑高度的作法。

2) 日照范围(天空曝光面)(sky exposure plane)

曝光面是一个斜面,是在街道范围上空的某一特定高度以上按特定斜率所形成的控制面,这里的高度和斜率由一定时间内的日照条件来确定。

3) 空地率(open space ratio)

鼓励在一定的容积率下多留空地,制定比较合适的容量。此外,为了克服单一的地块控制,还衍生了一系列的奖励政策。

4) 规划单元开发(planned unit development)

在包含两个或两个以上分区的较大规模土地开发中,开发商在满足一定的人口密度、空地率及交通或公共设施的需求下,则可自由安排其他的项目。

5) 奖励区划(incentive zoning)

规定开发者如果在高密度的商业区和住宅区内兴建一个合乎规定的广场,则可获得增加20%的基地面积的奖励,奖励的容积率也可通过其他的公益事业来实现。

6) 开发权转让(development right transfer)

主要用于城市中需要保护的主要地段,如标志性建筑、历史建筑、独特的自然形态等,将这些资源上空未被开发的空间权转让到其他基地中(容积率转移),得到开发权的开发商将被批准在容积率控制之外增加一定的建筑面积,这种补偿符合开发商追求最大面积的要求。

由于美国以前没有城市土地规划的传统,早期的建筑条例也很不规范。因此,土地分区管理概念一经传入,便很快得以推行,被用于处理各种各样的问题。

2. 区划原理

区划法是美国城市中进行开发控制的重要依据,只有将城市规划的内容全面而具体地转译为区划法规的内容,城市规划才可能得到较好的实施。

区划的原理是将其所辖的地区在地图上划分成不同的地块,对每个地块制定管理的规划。确定具体的使用性质或允许某种程度的土地使用的混合等。它们也确定了新开发的物质形态方面的标准或控制。这些控制还扩展到:建筑的最大高度,建筑物四周的最小后退距离,地块的尺寸和覆盖面积(通常以容积率来界定)或建筑的体量,最小的汽车停车标准等。

3. 区划的主要内容和方法

区划法规须经地方立法机构的审查批准,并作为地方法规而对土地的使用管理起作用。一部典型的区划法规包括两方面的内容,即对规划进行界定的条例文本和确定地块边界并运用条例条款的区划地图(zoning map)。条例文本包括:内容和目的、定义、地块边界轮廓、各项规则的清单、规划委员会、上诉委员会、立法机构、具有相应司法权的法庭和职责、区划地图的编制和审批程序、区划地图与综合规划的一致性要求、不同手续的成本以及有关申请、上诉等程序的规定。区划条例和区划地图通过适当的程序可以随时修正,并且这种修正一旦通过即具有法定的效力。

区划是地方政府影响土地开发的最主要手段。地方政府制定和执行区划规则的权力主要源自于政府的行政权力,区划法规确定了地方政府辖区内所有地块的土地使用和建筑类型,因此可以用来保证所有的开发与已经确定的规划目标相符合,对于与区划法规相符的开发案例的审批,无须举行公共听证会(除非区划条例中有特别的规定)。规划人员在审理开发申请个案时不享有自由量裁权。只要开发活动符合这些规定,就肯定能够获得规划许可。

在区划法规批准之后,所有的建设都必须按照其所规定的内容实施。在实施的过程中,由于种种原因而需要对区划法规进行调整,就需要按照一定的程序进行。这些程序按照所需调整的内容而有所不同,并且在州的授权法和区划法规中都有详细的规定。

区划法的编制形式因城市而异,但基本内容则大同小异。一般包括三方面内容:

1) 确定土地利用的性质

按使用性质将城市土地划分为块是区划法的核心。早期的土地区划更多考虑保护土地使用的现状,一般将城市用地分成居住、商业、工业三类,由于分类较少,相容性差,在一定程度上妨碍了城市的发展。在区划法中增加了许多新的土地利用类型,如:

(1) 混合利用区　通常为商业与住宅混合建造区。

(2) 特殊用途区　为保护具有突出传统特征或为城市发展而限定的特殊保护地段。

(3) 有限开发区　仅在满足区划法规定的某些条件下才允许开发的地区。

(4) 集合建设区　多为在住宅区内为争取好环境而集中建设的地区。

(5) 鼓励建设区　允许给予一定的优惠条件换取某些公众利益需要的地区。

2) 确定土地容量

土地容量是土地利用的定量控制指标,表明土地的开发强度。包括:用地大小、建筑密度、院落大小、建筑物后退、建筑物的高度和体量。

3) 确定环境容量

将城市设计的相关内容纳入其中,对居住用地、商业用地和工业用地以不同的标准、不同的内容要求进行指标控制。

4. 区划法编制形式

区划法一般通过文字和图表来表达。文字部分包括条款规定和名词定义。

1) 条款规定是区划法的实质部分

包括以下四方面内容:

(1) 规划土地用途　规定各种"用地类"里可容许的用途。一般分为三大类:住宅用地、商业用地和工业用地。此外还有农村、休憩、环境保护用地及混合用地。规定形式为:指定哪些是允许的用途,没有指定的是不被允许的;指定哪些是不允许的用途,没有说明的就当做是允许的。

(2) 人口指标　通常为两种标准,规定单位面积上的住户数,单位用地面积上的人口数和单位面积用地上的职工数。

规定最大地段面积,以保持高密度发展;或规定最小地段面积,以保持低密度发展。

(3) 建筑指标　规定前后左右距离、建筑高度、建筑密度、容积率。

(4) 交通指标　主要规定停车用地,一般以户数、人口或建筑面积来确定。

(2) 图表

图表中主要以用地分区图为主,将文字条款中阐述的分区界线、使用性质在地图上标示出来。城市依据土地的功能和发展密度进行分区。分区的多少和每个区面积的大小,则根据城市的具体情况确定。分区图包括全市的用地,以保持其公平性和先决性。对未来发展形势不清的地区设立"待发展区"和"特别例外区"。

5. 执行手续和程序

土地分区管理法案一旦按立法程序通过并成为法律规定,政府和业主双方都要遵守。如果条例过严或过宽,与实际情况不符时,也只能通过法定的程序进行修改。较大规模的修改(如立法构架、咨询范围、公众参与、审核注册等)要依据"程序法"的规定进行。如果政府不愿修改或发展商、参与咨询的机关和受影响者不同意或不满意修改的新条例,或者有任何人认为修改的程序不合法,都可以向法庭提出诉讼。

法庭考虑原则为:

① 有无抵触国家或州宪法;② 有无超越地方"管治权力"范围;③ 官员"擅自处理权"是否过大;④ 附加条件是否合法;⑤ 是否因某种用途限制导致某行业绝路;⑥ 地方政府是否仅考虑对地方财政影响,而忽略了发展的合理性及公众利益。

6. 区划法具有参照意义的变化

1)"整体计划发展"条例

即放宽传统密度限制条例的硬性规定,以鼓励整体的、有条件的大规模发展,只规定整个用地密度的总指标,一般用于住宅及整体计划的商业发展。

2)"表性分区"条例

用于大规模的工商业计划上,放宽传统用途、密度和设计的直接限制,而控制由发展带来的各种物质、社会、经济、环境之间的影响。

3)"发展权转让"条例

用于保护在市中心高密度、高地价的地区内有价值的建筑群和古建筑。在这些区域,建筑容积率受到一定的影响,为使业主的经济利益不受损失,允许业主将其"发展容积"(以建筑面积计算)转卖给其他的开发者(容积率转移)。

4)特殊地区条例

用于大学和医院之类地区,减少这些地区和邻里的摩擦,并增加区内各种用途的相容性。

5)"奖励"条例

在法案的一般限制内给予某些发展形式(包括用途和密度)较大的方便,以促进公众利益。

5.4.3 日本城市土地使用规划

1. 城市规划法和建筑基本法概述

日本城市规划法产生于1919年,它与同时发布的《市街地建筑物法》(现更名为《建筑基本法》)构成日本城市规划建设的基本法律。这些法律经过多次修改,尤其在1950年对《市街地建筑物法》、1968年对《城市规划法》进行了较大的修改后,成为日本现行城市规划管理的基础。

《城市规划法》和《建筑基本法》的主要内容就是对城市建设的规定和控制,或者说是用对土地使用性质和使用强度的具体化,来进行对建筑使用性质的形态的规制。《城市规划法》主要规定了土地使用性质和土地分区,《建筑基本法》主要侧重于规定土地的使用强度和形态。

日本城市土地使用规划体系的核心部分是土地使用区划。日本把城市化促进地域划分为12类土地使用分区,包括7类居住地区、2类商业地区和3类工业地区。在不同的土地使用分区,依据《城市规划法》和《建筑基本法》,对于建筑物的用途、容量、高度和形态等方面进行相应的管制。土地使用分区是为了避免用地混杂所造成的相互干扰,维护地区形态特征和确保城市环境质量。除了土地使用分区作为基本区划以外,还有各种特别区划。这些补充性的特别区划是以有关的专项法而不是城市规划法为依据的。特别区划并不覆盖整个城市化促进地域,只是根据特定目的而选择其中的部分地区,包括高度控制区、火灾设防区和历史保护区等。日本《城市规划法》和《建筑基本法》中将有关用地、建筑形体及周围环境关系的规划控制,称为"集团规划控制",其中包括多种最基本的具体规制。

2. 与道路有关的规制

宽度在4m以上的道路才被认为是法律上的道路,宽度在4m以下的现状道路,"以现状道路的中心线为中心,向两侧各后退2m处划定道路红线",在以后的改造时形成4m道路。

建筑用地必须与可供消防、避难用的道路有效地相接,即用地与道路相接处的有效宽度必须大于2m。大规模的建筑必须有两个以上的有效通道。

任何妨碍交通(含道路及道路上空)的建筑项目都是不允许的,包括建筑物及其所属的门、墙、护土墙等。

为了在建筑前面形成广场、庭院,或在公共建筑前面形成集散空间,划定建筑后退的建筑红线。高度超过2m的墙、柱、围墙或门都禁止超过建筑红线,但地下空间可以利用。

3. 土地使用性质规制

建筑基本法对城市规划法指定的不同使用性质的土地上的建筑的使用性质作了详细的规定。对某些特殊用途的建筑,如火葬场、污水处理厂、垃圾处理场等放在城市任何地方都不受欢迎的建筑,由城市规划审查委员会决定用地的位置和规模。对与指定性质不符的现状建筑,增、改建都只能在下面规定的范围内:

① 必须在同一用地内,且增、改建后的建筑面积、占地面积,在法定的容积率和建筑密度之内;② 增、改建后的建筑面积,小于现状面积的1.2倍;③ 工作用建筑面积,也必须小于现状面积的1.2倍;④ 动力机的台数也必须小于现状台数的1.2倍。

建筑物的使用性质不允许改变,但对现状建筑的性质与指定性质不符的,允许其变更为与其使用性质相关、类似的使用性质。

表 5-1 容积率规制

	允许最大容积率 (从下面两个中选较小的一个)由城市规划决定的	
	由城市规划决定的容积率	由相邻道路决定的容积率 路宽＜12 m 时
第一种居住专用地区	0.5,0.6,0.8,1.0,1.5,2.0	道路宽度最大的相邻 道路的宽度×40%
第二种居住专用地区	1.0,1.5,2.0,3.0	
居住地区	2.0,3.0,4.0	
地区性商业中心地区 准工业地区 工业地区 工业专用地区	2.0,3.0,4.0	道路宽度最大的相邻 道路的宽度×60%
商业地区	4.0,5.0,6.0,7.0 8.0,9.0,10.0	
没有指定的地区	4.0	

4. 与建筑面积、高度和用地规模有关的规制

对建筑物的详细规制,主要采用以下几项指标,其中有关容积率和高度的规制用来规定城市和建筑的空间和体型。

1) 容积率

根据不同的土地使用性质,确定不同的容积率(表 5-1)。

同一用地跨两种指定容积率地区时,采用加权平均的办法;同一用地内建两栋以上的建筑时,容积率以两者的和计算;不超过建筑面积的 20% 的停车场、自行车场的面积,可以不计入容积率。

2) 建筑占地率(建筑密度)

根据形成良好的城市环境和防火的要求,建筑基本法规定了最大的建筑密度(表 5-2)。

同一用地跨两个不同建筑密度地区时,以加权平均方式计算。公园、绿地、河川、道路等用地内对安全、卫生无害的公共设施,如警察岗亭、公用廊、亭等不计入。

3) 第一种居住专用地区的建筑高度和建筑红线规制

第一种居住专用地区是为保证良好的居住环境而指定的地区,因此高度规制很严格,由城市规划法定为 10～15 m 两种,且规定的计算从地面算起。但允许高度不超过 5 m 的楼梯间、烟囱部分突出。同时,在第一种居住专用地区内的建筑,必须从相邻用地的界线向后退 1 或 1.5m。

表 5-2 建筑密度规制

	第一、二种居住专用地区、工业专用地区	居住地区 准工业地区 工业地区	地区性商业中心地区、商业地区	无指定地区
一般用地内的建筑	0.3,0.4,0.5,0.6 (由城市规划决定)	0.6	0.8	0.7
防火地区内的建筑	比一般用地内的指定值增加 10%	0.7	无指定	0.8

4) 与道路有关的高度规制

为保证道路自身的日照和通风,以及道路两侧的建筑的采光和通风,对道路两侧的建筑采用了一定高度以后逐步后退的规制办法,即"道路斜线"的规定(表 5-3)。

表 5-3 道路斜线规制

	用地指定容积率	L(m)	α
第一、二种居住专用地区、居住地区	≤2.0	20	1.25
	2.0～3.0	25	
	≥3.0	30	
地区性商业中心地区、商业地区	≤4.0	20	1.5
	4.0～6.0	25	
	6.0～8.0	30	
	≥8.0	35	
准工业地区、工业地区、工业专用地区	≤2.0	20	1.5
	2.0～3.0	25	
	≥3.0	30	
无指定地区	≤2.0	20	1.5
	2.0～3.0	25	
	≥3.0	30	

当建筑物从道路红线向后退了一定距离后,道路斜线的规制可以作相应的放松(将道路斜线向道路对面方向平移相同距离)。

当建筑用地与两条道路相邻时,或相邻的道路面对广场、公园、水面等开放空间时,或用地与相邻道路有高差时,都可以按规定的方法,放松规制的限制。

5) 与相邻用地有关的高度规制

同道路斜线规制一样,为了保证相邻用地上的建筑能有最低限度的采光、通风和日照条件,对相邻用地的建筑高度作了相应的规制,即"邻地斜线"规制。按照规制,相邻建筑达

表 5-4 邻地斜线规制

第二种居住用地居住地区	$H = 20\ m$
其他地区	$\alpha = 1.25$

到一定高度以后,就必须按规定的倾斜角度后退(表 5-4)。

同道路斜线一样,如果建筑从邻地斜线界线后退一定距离,则邻地斜线也可作相应的放松;如果邻地是公园、河川、广场等地时,或两地有高差时,也可以按规定放松规制。

第一种居住专用地区因为有绝对高度规制(10 m 或 12 m),所以无邻地斜线规制;

当同一建筑跨两个地区时,各自按所在的地区规制处理。

6) 用地北侧部分的高度规制

为保证第一、二种居住专用地区的良好居住环境,在用地北侧建立了相应的高度控制标准,即"北侧斜线"。如果北侧邻地为河川、公园等开放空间时,北侧斜线也可以作相应的放松。

7) 由日照决定的中、高层建筑的高度规制

在第一、二种居住专用地区、居住地区,地区性商业中心地区,准工业地区内,由于中、高层建筑的增加而影响其他建筑的日照,为保证各自的最低日照要求,建立了最短日照时间的基准,由这个基准确立的建筑高度规制即是"日照规制"。

日照规制类型是指地方日照条例指定的不同日照要求的地区类型(表 5-5)。

同一用地内有两个建筑时,按一个考虑。当用地与道路、广场、河川、公园等相邻时,可申请规制放松。当用地跨不同日照规制地区时,其建筑按投影所影响的地区的规制处理。

表 5-5 日照规制

建筑高度	规制类型	无日照时间规制(h) 冬至日上午 8:00—下午 4:00 (北海道内上午 9:00—下午 3:00)			
		水平面(A)		水平面(B)	
			北海道		北海道
第一种居住专用地区内高度超过 7 m 或 3 层	一	<3	<2	<2	<1.5
	二	<4	<3	<2.5	<2
	三	<5	<4	<3	<2.5
第二种居住专用地区内高度超过 10 m	一	<3	<2	<2	<1.5
	二	<4	<3	<2.5	<2
	三	<5	<4	<3	<2.5
居住用地、地区性商业中心地区、准工业地区内高度超过 10 m	一	<4	<3	<2.5	<2
	二	<5	<4	<3	<2.5

注:1. 水平面 A 是指用地界线以外 5~10 m 范围内的水平面。
2. 水平面 B 是指用地界线以外 10 m 范围内的水平面。

8) 高度地区规制和高度利用地区规制

为了维护城市环境,把城市某一地区根据城市规划的要求指定建筑的最大高度或最低高度,称之为"高度地区规制"。为了促进土地的高度合理利用,促进城市更新,将某一地区指定为高度利用地区,同时规定其最大、最小容积率,最大、最小建筑密度及建筑红线,称之为"高度利用地区规制"。城市根据具体地区的实际情况,指定具体的规制指标。

5. 防火规制

防火规制的基本思想是把城市建设密集的中心地区指定为"防火地区",促使建设耐火性较好的建筑;把中心地区与城市边缘地区之间的地区指定为"准防火地区",尽量采用非燃性材料建设,木建筑也必须采用防火结构。

其规制的主要内容是:防火地区内,三层以上或 100 m^2 以上的建筑,必须是耐火建筑;准防火地区内,四层以上或 1 500 m^2 以上的建筑,必须是耐火建筑。对防火地区和准防火地区的现状建筑,其增、改建的时候也有详细的规制。

防了以上最基本的规制外,还有一些为了创造更好的城市环境而设置的"诱导制度",其主要内容包括:

1) 综合设计制度的规制

综合设计制度是以开放空间的形成和整理为中心,以改善市区环境、提高建筑设计的自由度为目的的诱导制度。其主要内容是:用地和开放空间的规模达到指定要求并且满足一定条件的设计方案,可以申请到相应的容积率、道路斜线、邻地斜线和高度规制等的放松。

2) 用地合并制度的规制

将原来两块用地合在一起建较大规模的建筑,或在一块用地建用途上可分或无关的两个以上的建筑,在满足一定条件,得到规划、建筑管理部门的允许之后,可以将上述用地作为一块用地对待,将合并前的各用地内的容积移动使用,并可得到一部分斜线规制的放松。

3) 建筑协议制度的规制

建筑协议制度是某一地区的土地和建筑所有者联合起来,对地区内建筑用地位置、结构、使用性质、形态、设备以及风格、色彩等要素,通过讨论的办法,建立一个共同遵守的建筑管理制度。常用的指标有:

居住关系用地内:住宅用途、最小建筑用地、建筑密度、层数上限、高度、外墙后退距离、北侧后退距离及二层后退距离、屋顶材料、形式等。

商业关系用地内:防火结构、构造、层数的上下限,从道路红线后退的距离,正立面的材料、色彩、窗等,广告牌的位置、大小、建筑的拱廊等等。

虽然,《建筑基本法》对建筑协议的形成和法律的认可手续都有详细的规定,但协议对同一街区的不参加协议者、协议成立后的新迁入者、所有权变更的后继者,没有约束力,所以实际效果并不理想。

4）其他规制

如环境评价规制、大规模商店规制等。

5.4.4 香港地区图则

1. 地区图则

地区图则分为法定图则和政府内部图则两类。法定图则由城市规划委员会根据《城市规划条例》制定，包括分区计划大纲图（outline zoning plan）和发展审批地区图（development permission area plan）。分区计划大纲图具有法定效力，任何发展，包括房屋工程或用途更改，应与图则的规定相符。图则中的土地用途分区分为住宅、商业、工业、休憩、政府、社区、绿化、自然保护、综合发展、乡村式发展、露天贮物或其他指定用途，图的比例一般为1∶5 000，每份图则均附有一份"注释"，为该图则的一部分，并按区列出经常准许的用途（第一栏）和须取得城市规划委员会许可的用途（第二栏）。发展审批地区图只是中期性的法定图则，有效期3年。政府内部图则有发展大纲（outline development plan）和详细蓝图（layout plan），更详尽地标明区内土地用途及道路骨架等，一经批准，便称为"获采纳图则"，虽没有法定效力，但政府部门也都要依据其内容加以贯彻。

2. 规划申请过程

香港的规划申请过程设定了多个主体，有城市规划委员会（负责审议规划申请）、开发机构（提出申请、要求复核、提起上诉）、城市规划上诉委员会（负责审议不满规划委员会决定的上诉个案）和公众（查阅规划申请，发表意见），从而将整个规划申请过程进行了"角色分工"。组织机构和公众在这一过程中都占一定位置，并且具有法定的权力和权利。因此，从本质上说，香港规划申请程序中的"角色分工"就是"分权"的过程。其次，各规划主体在分权的基础上，以"交涉性"为行为特征进行程序过程。如规委会有权核准或否决规划申请，但申请方若不满规委会的决定，有权提请规委会复核，若再不满其复核决定，还有权向

规划上诉委员会提出上诉，直至上诉到一般司法程序中的上诉法院和高等法院。再如可能受到规划申请影响的公众或其他一般市民，都有权到相关机构查阅有关规划申请的资料，并阐述自己的意见，规委会在审议规划申请时必须考虑这些意见。多个规划主体之间"交涉性"的行为特征在香港规划过程的各环节中都有充分体现。分析香港规划条例草案不难发现，其法规条文中对公众基本权利予以设置，包括政府信息发布、获取政府的规划资料、发表意见和提起规划上诉等。而严密的法定程序则保证了公众参与规划、实现权利的合法地位和有效途径。如条例规定，在各层次规划编制阶段，公众都有了解政府规划意向和表达意见的权利和制度化渠道。为了让公众尽早参与规划的制定工作，规定在拟订新的规划图则或对现有图则做出重要修订前，必须将政府规划研究书公布，供公众查阅和发表意见，为期3个月，从而弥补制图最初阶段公众参与的不足。而在规划实施阶段，由于可能对公众的利益造成直接或间接的影响，所以要求政府公布相关的规划图则和规划申请，供市民或任何可能受到影响的第三方查阅及发表意见。

5.4.5 国外与中国港台地区城市土地使用控制的基本类型分析

在不同的国家、不同的城市，政体的构成、各级政府的权力分配、城市规划的形式、立法程序等各异，各自的城市规划和区划立法实践也不尽相同，形成了不同的规划、区划匹配方式。可以归纳为规划主导型、区划主导型和综合控制型3种模式（表5-6）。

1. 规划主导型

英、法、德等国都属这一模式。英国是现代城市规划的发源地，在城市规划及立法管理的实践中，规划一直处于先导地位，因而英国是这一模式的典型。该模式以集权制政体为政治形式，其特点是立足于规划，在立法中确立规划的法律地位。通常是在一部城乡规划法中规定编制、

表5-6 城市土地使用控制基本类型

类型	国别或地区	控制技术	主要控制依据	特点
规划主导型	英国	规划立法	城乡规划法、开发许可	以规划为主导，通过行政干预和规划法控制，政府对土地具有支配权
	德国	规划立法	联邦建筑法、建筑使用限制条例	
	法国	规划立法	城市规划法、"协议整备地段"制度	
	前苏联	规划制定与实施	总体规划、分区规划、详细规划	
区划主导型	美国	城市立法	区划法、土地细分、建筑法典、地价法则	以城市立法为主要控制手段，通过法律程序控制建设，土地私有制程度较高
	日本	区划法规	土地使用区划法、建筑基本法	
	台湾地区	区划立法	都市计划法、土地使用分区管制法	
综合控制型	加拿大	规划、区划法规	区划法、开发协议、基地规划控制	规划与区划相接合，采用多种控制实施手段，如行政、法律、经济手段等
	香港地区	规划、区划法规	分区计划大纲图、建筑（设计）法规	

执行程序,明确地确定各种规划的法律效力,规定一切发展必须在规划的指导下进行。各种规划的法律效力不容轻视,有些规划甚至在方案展览时已经具有法律效力。规划方案的个性方式灵活,程序简单而严密,这样规划无需全部经过区划的立法化"转译",即可实施城市的土地使用控制。该控制技术有以下特征:

具有完善而系统的城市规划体系,并且有切实可行的规划实施和规划管理机制;国家对城市土地的使用具有较大的支配权;规划管理多借助行政干预和规划立法来实行。

2. 区划主导型

北美国家的城市多数采用这种模式。这种模式的政治基础是分权制政体。该模式以区划法规为核心,其特点是把规划转变为法律,转译成区划法规。理论上区划法规依据城市规划制定,把土地规划的基本内容订入法规,并随着规划的修订而修订,用区划法规来实现对城市土地使用开发管理与控制。特别是在美国,它以区划法为首,加上土地细分管理(subdivision)、建筑法典(building code)、地价法则(land value)等一系列城市法规构成了美国城市土地使用控制的法规体系。该控制技术的特征是:
① 采用严密而完善的城市立法对土地进行控制,使城市规划管理完全纳入法制管理的轨道;② 具有完善的法治体系;③ 土地基本上属于私人所有。

区划控制由于过分强调法规的严肃性,造成了区划法的刻板和僵化,束缚了建筑师和规划师的手脚。此外,美国的区划法常常不能反映综合规划的目标,甚至相互矛盾,从而带来美国城市规划和城市管理的相互不协调。

3. 综合控制型

这是一种近年来较为明显的一种城市土地使用管理的发展趋势,原先采用前二种模式的一些国家和城市开始相互融合、趋同。规划、区划并举是为了适应土地使用日益增加的复杂性,加强规划的法律效力,追求规划的严格性和弹性,使城市当局对土地使用的开发控制管理更加灵活、有效。以香港地区较为明显,该形式将规划控制和法规控制结合在一起,对城市土地的使用进行综合控制和调节。其主要特点是:规划与城市立法相互结合,相互促进,协同运作;采用多种形式管理手段,提高了管理效率。

香港是以城市规划和城市立法共同对土地使用进行控制,即"规划+区划"。综合型控制技术在一定程度上弥补了上述两种类型的不足,但由于它对城市规划和法制体系要求较高,编制时需要不断补充、完善和提高。

5.5 控制性详细规划的展望

控制性详细规划是具有中国特色的规划类型,是我国的规划编制体系中具实际操作意义的法定规划。但是控规在覆盖范围、衔接层次、科学性、公平性、刚性与弹性、动态

控制、内容与深度等方面存在着许多问题,普遍存在着控制依据不足、针对性与实际操作性不足等弊病。为了解决这些问题,国内学者、规划编制单位和规划管理单位都进行了很多探索与尝试,随着实践创新和技术手段的发展,控制性详细规划将会越来越完善,更加具有针对性与可操作性。

5.5.1 引入分层概念,完善规划管理体系

在我国规划编制和管理中,目前已形成总体规划—控制性详细规划—修建性详细规划三级体系。在控制性详细规划编制和管理中,适当引入分层概念,将加强控制性详细规划的适应性和可操作性,加强总体规划与修建性详细规划间的联系,完善规划体系。目前国内一些大城市已经开始这方面的实践,北京的控制性详细规划主要由街区和地块两个层级构成,南京的控制性详细规划则包括编制单元和次单元两个层级,济南的控制性详细规划包括片区、街坊、地块三个层次,层层深入。

控制性详细规划的分层控制强调将总体指标层层分解,逐层控制,随控制层次的由高向低变化,控制重点由概括到具体,由总量与布局的合理均衡向控制指标的细化与深入转变,实现规划体系的总体协调。主要体现在三个层次:第一个层次是总体性应用,即从总体上对城市总体状态的测算和调控,总体把握规划地区的发展定位、目标等,目的是实现与总体规划的有效对接;第二个层次是对规划地区的总体控制,即控制规划地区的用地总量及分布,控制规划地区居住人口、就业岗位的总量和分布及其均衡性,控制整体公共服务设施、市政基础设施布局的均衡性,校核交通承载力,控制规划地区的城市总体空间形态等;三是对规划地区的深入细化控制与引导,包括对服务设施的便利性与可达性进行优化等,目的是实现与修建性详细规划的有效对接。

5.5.2 明确政府职能,调整用地分类标准

控制性详细规划主要是通过具体、详细的土地使用分配和安排来实现对城市开发的引导和控制,为土地有偿使用和开发管理提供依据,由于编制区域存在的性质差异,其编制过程应遵循因地制宜的原则。

1) 规划编制标准应因城而异

每个城市都有自身的特点和发展情况,城市性质、发展阶段、经济水平等方面都会因城市而异。因而控制性详细规划的指标体系的确定方法应根据城市的自身特点和实际需求有所区别,针对城市规模大小、不同的发展阶段等特征,在城市用地分类与规划建设用地国家标准基础上,提出具有针对性的控制要求。对于快速发展和扩张的城市,控制性详细规划编制更要注意适应性,在基本原则确定的基础上加大弹性控制,以应对未来发展的不确定性。而对于发展相对成熟的城市,则其控制性详细规划的内容要趋于具体详尽,并突出强制性的控制要求。发展相

对滞后的城市,其控制内容应当倾向于拉动与刺激发展。

2）内容和深度因开发类型而异

对于不同类型开发地区,如新城区、中心区、工业区、旧城改造区、历史文化保护区等,应当依据用地特点和管理要求,在建设强度、高度、停车设施、风貌特色等方面进行控制分区,采取相应的规划控制策略和指标体系,采用不同的控制内容和深度,选择相应的刚性和弹性控制方式。如对于工业区的控制性详细规划,若具体的投资项目尚未确定,对未来的开发情况只能是大致预测,所以规划也主要是在整体的用地布局结构,主要的道路网体系等方面做出安排;对于现状复杂的旧城改造区和历史文化保护区,首先要通过调研准确掌握现状特征,特别是产权情况,同时应更加重视公众参与的过程,以访谈或问卷调查等形式深入了解居民的切身需求,从而为更加有效地解决生活与发展、保护与更新等方面的问题奠定基础;对新城区的控制性详细规划,应以总体规划为依据,从全局角度对其未来发展进行合理预测和科学定位,以利于分期、分片实施。

3）在规划管理方面,明确政府职能,加强控制性详细规划的管理性应用

可将规划区域划分为规划编制和管理单元,界定管理单元范围,便于将问题准确定位,进行定量、定性分析,做出准确的判断,并解决地区发展问题。强化对规划问题的分析,使控制性详细规划的判断依据更加准确有效。同时,基层行政界线的适当调整也是必要的,尤其是在新城区,行政界线多是以原先的村级单位界线为基础划分,对规划管理产生极大不便,如南京南站地区分属雨花台、江宁两区,依据控制性详细规划确定的道路等人工因素及河流等自然条件适当调整基层行政界线可大幅度提高规划管理的效率,避免互相扯皮等行为对规划实施与监督造成的消极影响。

5.5.3 控制城市形态,调整高度控制体系

根据规划地区所处不同区位及其对城市整体空间环境的影响程度,规划部门对其提出不能超越的限制高度,此即高度控制。高度控制从宏观上影响城市的环境质量和面貌,并赋予城市独特的个性。当代城市规划的重点已经从偏重经济效益指标扩展到满足人的基本生理和心理需要,尤其是历史文化资源丰富的名城,出于对某种特色空间或整体风貌的保护或强化,高度控制是很有必要的。

根据城市风貌、城市环境和区位制定城市高度分区规划,宏观把握城市形态,对控制性详细规划的编制具有很重要的指导作用。控制性详细规划在高度分区规划的基础上,对规划地区各地块的高度依据其功能需求进行限定,制定具有可操作性的高度控制级别,指导城市建设。高度控制级别可以简化为以下三类:

1）严格控制区

在重要历史文化资源丰富,自然景观特别优美的地区,如北京中轴线、南京总统府周边等,在其影响范围内应当严格控制新建筑物的数量和高度。新建筑的层数、体量、密度都应当严格控制在较低水平,对现有建筑也应当进行适当的改造,保持历史、自然风貌。

2）重点控制区

文物保护区、文物保护单位、自然景观附近地区,如杭州西湖周边、南京颐和路地区、上海外滩附近,这些地区的新建筑层数、体量、密度都应当进行较严格的控制,使之与文物保护区、文物保护单位和自然景观协调共存。

3）一般控制区

对已经建成的地区,应当承认现实,如已是高楼林立,应控制高楼向重点控制区和严格控制区蔓延,则应当根据地块使用性质的需求对建筑高度、体量和密度进行一定的控制,避免建筑高度一致,轮廓无变化,以形成错落有致的城市天际线。

5.5.4 强调总量控制,优化容积率控制

控制性详细规划应当强调建设总量的控制,在街区平台上制定强度分区规划,并在系统校核基础上实行街区建设总量控制。

总量控制的重点在于容积率的控制。对容积率应该要有一个正确的认识,容积率只是手段不是目的,控制容积率的目的只是为了实现规划的设想,而不是一定要按照容积率去做控制。控制性详细规划中容积率控制不可缺少,从管理角度来讲,缺少容积率的控制,对整个城市的建设量就缺少适度的控制。但是,对于容积率的控制要改变以往单向指标控制的惯性思维,确定规划控制地块的容积率,可以通过软硬两项指标反映出来,分别是合理容积率和标准容积率,设定合理容积率的上限和下限,即极限容积率,凭借合理容积率来控制容积率的上下浮动范围,而通过体现城市的意图来做标准容积率的引导,实现规划管理对容积率的弹性和刚性的控制。

容积率浮动的前提是容积率奖励和转移机制的建立,适应市场要求,体现规划弹性的同时附加公共利益目标。对于在建设中主动进行社会公益设施建设的开发商可以进行容积率的奖励,容积率奖励应当在保持地区空间整体协调的前提下,在控制性详细规划所控制的合理容积率范围内进行。容积率转移则是在某些情况下,将某一地块的容积率降低,而在另一地块对降低的部分进行补偿。美国和台湾都在容积率转移上有很多实践经验。如台湾规定,对于应予以保存或经地方政府认定有保存价值的建筑所限定的土地,提供作为公共开放空间使用的土地,私有城市规划保留地这三种情况,可在同一城市规划区内同街区内地块间进行容积率转移,某些特殊情况下可在跨街区的地块间进行容积率转移。这些提升规划弹性与可操作性的经验值得我们在以后的规划编制和管理中借鉴与学习。

5.5.5 突出以人为本,提出建设环境宜居度控制

我国的城市建设正从原来注重量的积累,注重满足基本生活需求,转向注重城市建设的品质,注重城市的文化保护、景观营造、生态环境和舒适方便。许多城市把落实以人为本、坚持科学发展观、建设宜居城市作为新时期城市建设的纲领性目标。城市规划的重点也应当从偏重经济效益指标扩展到满足人的基本生理和心理需要,控制性详细规划更应当突出以人为本,提出建设环境宜居度控制,让人们在城市环境中生活的更加舒适。

虽然在所有的控制性详细规划文件中对各个地块的建筑密度指标都有明确的规定,但是在规划的编制审批和实施过程中,这一指标通常控制力度较差。建筑密度控制的本意是在地块内实现一定数量的开敞空间,但其表达方式上却是控制建筑覆盖面积的比例,这样很容易将该指标与建筑布局形态的控制混为一谈。建筑布局形态属于城市设计范畴,缺乏统一的衡量标准,难以把握具体的尺度,技术人员无法准确把握该指标的尺度,建筑密度指标就成了控制性详细规划指标体系中处境最为尴尬的规定性指标。引入空地率概念,替代建筑密度指标,严格控制城市的开敞空间规模,易于把握,对于保障开敞空间,保障地区生活环境更具有可操作性。

但是,即便采用空地率指标,严格控制城市的开敞空间规模,如果不与建设强度结合进行管理,城市环境质量和安全问题同样难以有效保障。因此,需要在引入空地率的同时,综合评价建设强度与绿地率、空地率之间的关系,引入空容比、绿容比概念,建立指标联动机制,形成容积率调整的附加条款,保障城市环境质量。

同时,在规划管理层面,应当建立建设环境宜居度分级体系和环境宜居度管理办法,建立建设环境宜居度控制规则。首先,基本标准是城市规划管理中的政策底限,任何项目不得低于这一标准;其次,任何相关容积率的调整必须满足本指标的相关技术要求;第三,无条件允许对本指标进行正向调整,即由低级标准调整为高级标准;第四,对本指标进行逆向调整,即调低宜居度级别,必须编制规划设计方案报规划主管部门审批,且不得跳级调整。应在规划编制、执行、监督过程中都能保证城市环境的宜居,实现以人为本的规划目的。

5.6 典型案例

5.6.1 苏州市古城控制性详细规划

苏州市古城 14.2 km²,是古代江南的大城市之一,建城史 2500 多年,基本保持"水陆平行,河街相邻"的双棋盘格局。苏州市古城控制性详细规划由苏州市城市规划设计研究院、江苏省城市规划设计研究院、东南大学城市规划设计研究院、苏州城建环保学院城市规划设计研究院、同济大学城市规划设计研究院合作完成,获国家优秀设计银奖、建设部优秀设计一等奖、江苏省优秀设计一等奖(图 5-1、图 5-2)。

1. 规划特点

1) 划分为 54 个街坊,分街坊编制控制性详细规划

古城控制性详细规划突出了古城保护的基本原则,对总体规划中已划定为历史街区和传统风貌地区的街坊按历史街区和传统风貌地区要求编制规划,其他街坊则依据具体情况,确定需要保护的历史地段(图 5-3)。

图 5-1 苏州古城控制性详细规划——土地使用现状图

图 5-2 苏州古城控制性详细规划——土地使用规划图

图 5-3 苏州古城控制性详细规划——保护规划图

古城控制性详细规划贯彻了保护与有机更新相结合的原则,完善古城的职能,发挥古城的活力。街坊中现有工业企业原则上根据"三个三分之一"和"退二进三"的方针进行调整。

居住街坊遵循"重点保护、合理保留、普遍改善、局部改造"的方针,保持街坊原有的格局、空间形态。

2) 注重保护、更新的现状调查与分析

对每栋建筑的调查、评判,按以下四方面进行(图 5-4~图 5-8):

建筑质量:分Ⅰ、Ⅱ、Ⅲ、Ⅳ四类;

建筑风貌:分Ⅰ、Ⅱ、Ⅲ、Ⅳ四类;

建筑年代:分古代、近代、1950—1970 年代、1970 年代后四类;

建筑高度:分 1~2 层、3 层、4~5 层、6 层以上四类。

编制了"建筑保护与更新方式评析表",以建筑风貌、质量、层数三个因子综合研究每栋建筑的保护、保留、改善、整饰和更新的类别。

图 5-4 苏州古城 41 号街坊控制性详细规划——用地现状图

图 5-5　苏州古城 41 号街坊控制性详细规划——建筑产权现状图

图 5-6　苏州古城 41 号街坊控制性详细规划——建筑年代现状图

图 5-7　苏州古城 41 号街坊控制性详细规划——建筑质量现状图

图 5-8　苏州古城 41 号街坊控制性详细规划——建筑风貌现状图

3）建筑保护与更新方式的综合评定

建筑保护与更新方式综合评定是根据建筑的质量、风貌和层数等因子综合确定建筑的保护、保留、改善、更新和整饰的类别（图 5-9）。

图 5-9 苏州古城 41 号街坊控制性详细规划——建筑保护与更新方式评价图

（1）保护 指文保、控保建筑和古建民居。规定它们的外观除了修缮复原外，根据文物保护等的要求，一般不做改动。内部除了修缮和为适应新用途作极少必要的改造外，应将其他改造限制到最低。

（2）保留 指对现状质量较好的旧建筑或近几年新建的但风貌能与街坊相协调建筑。

（3）改善 指对有一定保存价值，传统风貌较好，但建筑质量稍差，平面使用不适宜的旧建筑，可允许其内部进行修缮更新以提高居住条件，外部基本复原，只作极少改造。

（4）更新 指无保留价值的危旧住宅，予以拆除重新规划设计，使之适应新的用途，但建筑的形式、比例应与周围环境相融合。

（5）整饰 对一些建筑质量尚好，但与古城风貌不相协调的，因现实原因又难以马上拆除的建筑，可对其外观加以整饰暂时保留。

4）用地的保护与更新模式

根据建筑的保护与更新的综合评定，确定街坊用地的保护更新模式，按"重点保护、合理保留、普遍改善、局部改造"十六字方针，将用地分为四类，属整饰建筑的用地划在保留用地一类（图 5-10）。

图 5-10 苏州古城 41 号街坊控制性详细规划——土地使用规划图

5) 历史文化地区保护

经过调查分析,根据城市总体规划和古城保护规划要求,划定了历史街区、历史地段、传统风貌地区的范围(图5-11)。

历史街区有平江历史街区、拙政园历史街区、怡园历史街区;传统风貌地区有盘门地区、观前地区、十全街地区;历史地段共有45个。

在建筑高度上,古城内分四个档次控制,即6 m以下地段、6～9 m地段、9～12 m地段、12～24 m地段(图5-12)。

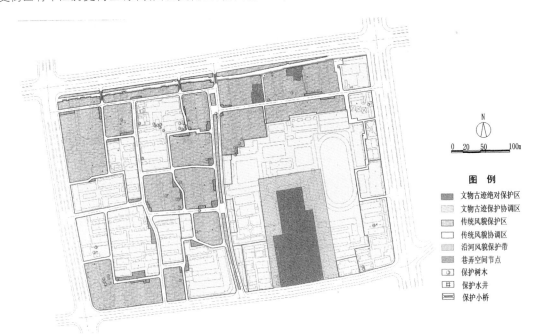

图5-11 苏州古城41号街坊控制性详细规划——传统风貌保护规划图

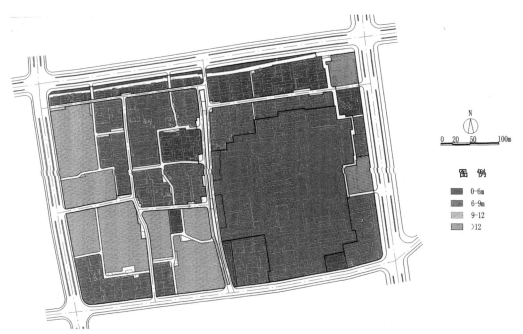

图5-12 苏州古城41号街坊控制性详细规划——建筑高度控制图

6) 在内容上突出体现古城保护与更新的双重要求,延续历史的脉络

各个街坊规划的主要内容,可以归纳为"保护风貌、改善居住、调整结构、完善功能、增加设施、优化环境"(图5-13、图5-14)。

保护风貌就是保持街坊的格局与形态,保存文物古迹、古建筑(列为文保单位),保护市建委、市文管会发布的控制保护建筑,并通过调查、调整、补充控保建筑对象;保留、改善成片风貌完整、尚可继续使用的传统民居,保护河道、街巷景观;根据古城保护规划要求划定街坊内历史地段;保留

古树、古井、标志物;明确古城保护规划中的要求,如保护范围、建筑控制地带的范围与要求。在古城保护更新建设中,

力求能够挖掘丰富的苏州历史文化内涵,延续历史的脉络。

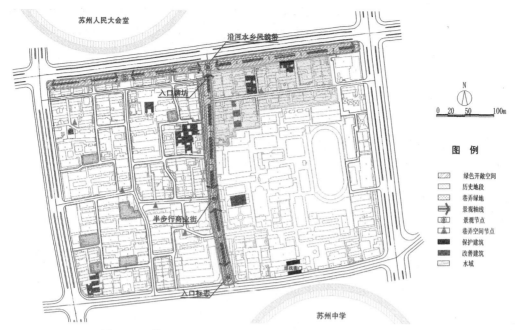

图 5-13　苏州古城 41 号街坊控制性详细规划——城市设计引导示意图

图 5-14　苏州古城 41 号街坊控制性详细规划——总平面布局示意图

7)制定分地块图则,将规划控制指标与城市设计引导落实到各个地块中

图则是控制性详细规划最主要的内容之一。每个地块通过图则由图纸、指标控制表及土地使用与建筑规划管理导则等九部分组成,它是进行规划管理和各项设计的主要依据。图纸主要反映标注了地块编号、用地性质、地块界线、主要出入口方位、建筑退线以及配套公共、市政服务设施位置和界线,同时明确了每幢建筑保护、保留、改善、改

造、整饰的类别,标明了文物保护单位保护范围及控制范围界线,以及划定的历史地段的范围界线,对古树、古井给予标注;控制指标表主要包括用地性质、用地面积、容积率、建筑密度、建筑限高、绿地率、居住人数、机动车位等指标,现状与规划指标相对应,确定地块保护更新模式,土地使用与建筑规划管理导则,规定了土地使用和城市设计原则要求(图 5-15、图 5-16)。

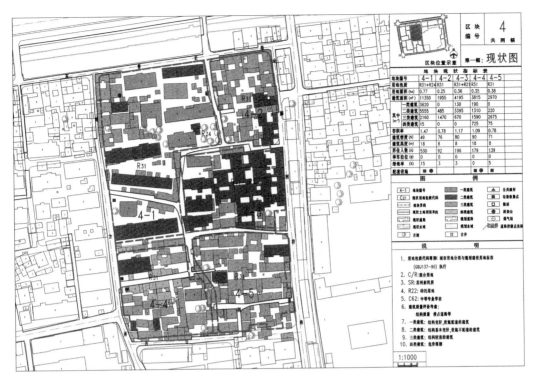

图 5-15　苏州古城 41 号街坊控制性详细规划——区块现状图

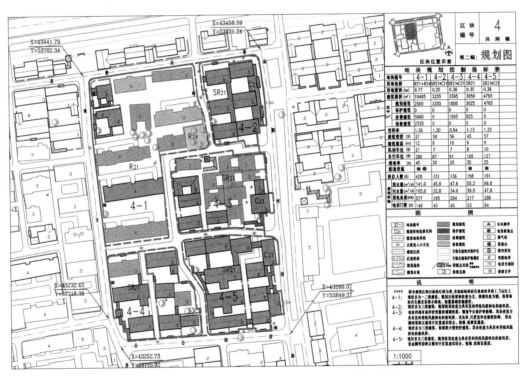

图 5-16　苏州古城 41 号街坊控制性详细规划——区块规划图

8) 制定"苏州古城土地使用及建筑规划管理通则"

整个古城制定了"苏州古城土地使用及建筑规划管理通则"。对整个古城的街坊保护与更新作出原则性的控制与引导规定,内容包括土地性质(包括土地使用适建范围规定表)、环境容量、建筑建造、城市设计、交通设施、公用设施、绿化、保护与更新模式和奖励与处罚等方面,属行政性的技术规定。在奖励与处罚一章中规定了在风貌保护区容积率补偿的规定。

2. 规划成果

古城控制性详细规划成果包括全古城控制性详细规划汇总成果及各街坊控制性详细规划成果,汇总成果包括四部分:① 苏州古城土地使用及建筑规划管理通则;② 苏州古城街坊控制性详细规划汇总说明;③ 附表;④ 苏州古城街坊控制性详细规划图纸。

各街坊控规成果包括三部分:① 文本,包括街坊控制性详细规划文本和地块控制规划文本;② 附件,包括规划说明和现状基础资料;③ 图则,包括街坊规划图纸和分地块图则。

5.6.2 石家庄市中心城区控制性详细规划

石家庄市中心城区控制性详细规划由通则、总图纸、总说明为统领,各控规单元由针对自身特点的文本、说明以及图纸和分图图则组成。范围覆盖石家庄市城市总体规划确定的中心城区,西至西外环路,东至规划京珠高速公路,北至北外环路,南至南外环路,总用地约 400 km²,其中城市建设用地 287 km²,由石家庄市规划局组织,以石家庄市城乡规划设计院为主完成。

1. 规划特点

1) 控制性详细规划全覆盖

控制性详细规划的全覆盖主要在于控制性详细规划单元的层面,对于各类城市用地和建设容量进行控制,重点保证总体规划的强制性内容以及公益性公共服务设施的落实,规划范围的用地划分为 24 个分区,24 个分区划

分控规编制单元 230 个。

2) 控制最小用地规模

为逐步补充完善城市基础设施和公益性公共服务设施,避免零星穿插建设,提出最小用地规模的控制。二环路以内用地规模未达到下列最小用地规模的,不得单独建设,多层公共建筑用地为 3 500 m²,高层公共建筑用地为 4 000 m²。

3) 高度控制分区

按照《石家庄市总体城市设计》提出的核心高层控制区、重点高层控制区、高层控制区、中高层控制区、低和多层控制区六类进行高度控制。

4) 建设环境宜居度实施管理

体现以人文本、环境优先的城市管理理念,落实石家庄市建设宜居城市的发展目标。

实行建设环境指标与建设强度指标关联管理的方式,保障城市建设环境的质量和城市公共安全。

控制性详细规划中建设环境宜居度实施管理的基本指标为空地率和绿地率,主要相关控制指标为空地率与容积率的比值(空容比)和绿地率与容积率的比值(绿容比)。

2. 规划成果

石家庄市中心城区控制性详细规划成果内容由通则、总图纸、总说明及控制性详细规划单元组成,划分为 24 个分区,以数字 01～24 表示,控制性详细规划编制单元的命名形式采用两级表示:分区号码——控制性详细规划编制单元号码,面积约 287 km²(图 5-17～图 5-22)。

图 5-17 石家庄市中心城区分区划分图

图 5-18　石家庄市中心城区单元划分图

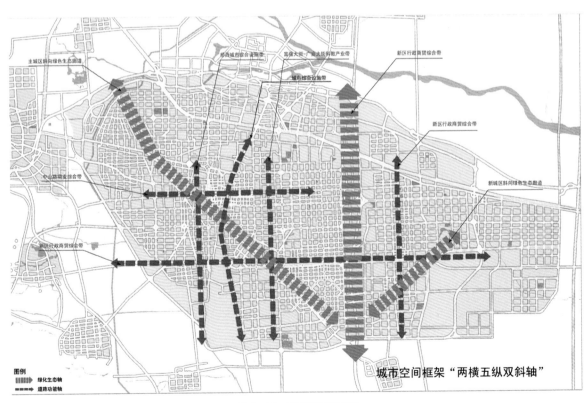

图 5-19　城市空间框架图

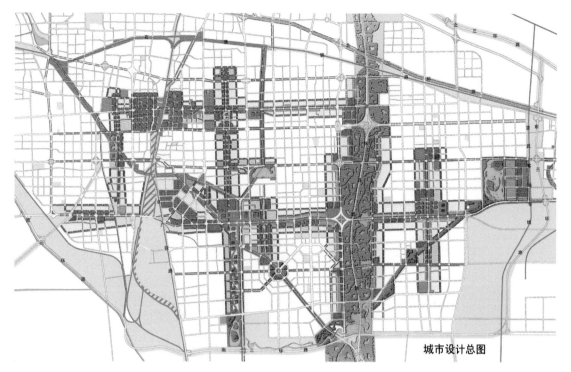

图 5-20　城市设计总图图

图 5-21　特色片区规划图

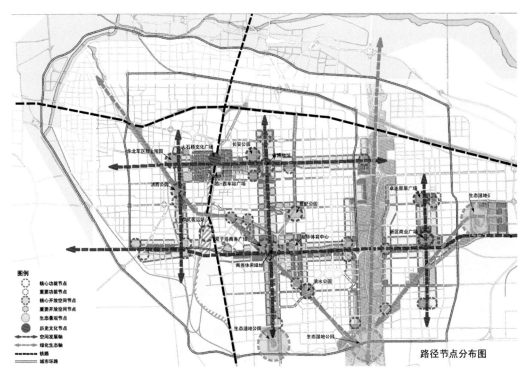

图 5-22　路径节点分布图

■ **思考题**

1. 规划容积率的确定原则是什么？

2. 对于控制性详细规划的立法如何认识？

3. 地块划分依据是什么？

4. 控制性详细规划阶段城市设计方法包括哪些？

■ **主要参考文献**

[1] 江苏省城市规划设计研究院.城市规划资料集:控制性详细规划[M].北京:中国建筑工业出版社,2002.

[2] 北京市城市规划设计研究院.北京中心城区控制性详细规划[S].北京:北京市城市规划设计研究院,2007.

[3] 建设部.城市规划编制办法[S].北京:建设部,2006.

[4] 中华人民共和国城乡规划法[S].北京:中国法制出版社,2008.

[5] 江苏省建设厅.江苏省控制性详细规划编制导则[S].南京:江苏省建设厅,2006.

[6] 河北省住房与建设厅.河北省城市控制性详细规划编制导则[S].石家庄:河北省住房与建设厅,2009.

[7] 全国人大常委会法制工作委员会.中华人民共和国城乡规划法解说[M].北京:知识产权出版社,2008.

[8] 王玮华.控制性详细规划之十七[J].城市规划通讯,1997(1).

[9] 沈德熙,熊国平.苏州古城41号街坊控规的做法与思考[J].城市规划汇刊,1998(9).

6 城市设计原理与方法

【导读】 城市设计是一门正在不断发展和完善中的学科,其致力于通过创造性的城市空间组织和设计,为公众营造宜人健康高效、人文内涵丰厚、艺术特色鲜明的城市空间,提高人居环境的品质。本章意图构筑起一个关于城市设计的概述性框架,具体为从概念、理论、运作(分类、成果)、原则到案例实践的六个环节。由于篇幅所限,城市设计的理论与分类以类型学的方式作重点呈现;城市设计的运作也更多应对我国目前的城市设计实践活动与规划管理体制;实践部分则为针对前述分类、成果、原则讲述的典型案例。

6.1 城市设计概述

6.1.1 城市设计概念

城市设计几乎与城市文明的历史同样悠久。伴随城市的不断发展,其研究对象日益复杂庞大,并兼具工程科学和人文社会学科的特征。迄今为止,中外许多专家学者都试图从不同的视角与方法揭示城市设计概念的内涵和外延(表6-1),并显示出一定的研究共识。例如城市设计与人的活动、体验息息相关,多以三维物质空间形态为研究对象,其技术特征在于整合城市空间环境建设中各种相关的要素系统,好的城市设计应有助于城市特色与空间场所感的塑造等等。

综合以上研究成果,《中国大百科全书》(第2版)城市设计词条中将城市设计概念总结为:以城镇发展和建设中空间组织和优化为目的,运用跨学科的途径,对包括人、自然和社会因素在内的城市形体环境对象所进行的研究和设计[①]。

既然城市设计以包括人、自然和社会因素在内的城市形体环境为对象,其任务目标自然要综合社会的价值理想和利益要求,彼此间相互交叠,相互补充,具体包括[②]:

(1)空间品质　创造高品质的三维城市物质空间;

(2)历史文化　保护城市的历史遗存,使城市历史文脉得以继承、延续和发展;

(3)自然环境　创造与自然环境完美结合的人工环境,保护自然生态;

(4)公众参与　满足广大使用者的愿望与需求,减少争执与冲突;

(5)综合效益　有利经济、交通、文化等社会综合效益上的最优;

(6)运作管理　与城市规划、建筑设计相关内容有效衔接,做到合理安排、协调发展。

表6-1　城市设计主要概念列表

概念表述	提出人员
城市设计涉及空间的环境个性、场所感和可识别性	小组10(Team 10)
城市设计的关键在于如何从空间安排上保证城市各种活动的交织,进而从城市空间结构上实现人类形形色色的价值观之共存	凯文·林奇(Kevin Lynch)
城市设计是作为空间、时间、含义和交往的组织。城市形态塑造应该依据心理的、行为的、社会文化的及其他类似的准则,应强调有形的、经验的城市设计,而不是二度的理性规划	阿莫斯·拉波波特(Amos Rapoport)
城市是由街道、交通和公共工程等设施以及劳动、居住、游憩和集会等活动系统所组成。把这些内容按功能和美学原则组织在一起,就是城市设计的本质	弗雷德里克·吉伯德(F. Gibberd)
城市设计是在建成环境中关于人们对于私人或是公共领域中环境体验的一门学科	欧内斯特·斯特伯格(Ernest Sternberg)
城市设计是一种现实生活的问题……我们不可能像勒·柯布西埃设想的那样将城市全部推翻尔后重建,城市形体必须通过一个"连续决策过程"来塑造,所以应该将城市设计作为"公共政策"	乔纳森·巴奈特(Jonathen Barnett)
城市设计不仅仅与所谓的城市美容设计相联系,而且是城市规划的主要任务之一。现行的城市设计领域发展可以视为一种用新途径在广泛的城市政策文脉中,灌输传统的形体或土地使用规划的尝试	哈米得·雪瓦尼(H. Shirvani)
美好的城市应是市民共有的城市,城市的形象是经由市民无数的决定所形成的,而不是偶然的。城市设计的目的就是满足市民感官可以感知的"城市体验"	埃德蒙·N.培根(Edmund N. Bacon)
城市设计是一种思维方式,是一种意图通过图形付诸实施的手段……作为城市设计,它的范围比单项设计(绿化、某一项工程设施)广泛而综合,要整体得多。城市设计不是某一元素设计的优劣,而是经过分析比较之后优化的设计	齐康院士

6.1.2 城市设计与其相关概念分野

1. 城市设计与建筑设计

城市设计和建筑设计都关注城市环境中的物质空间，两者在设计过程中呈整体连续性的关系。但是由于设计内容的差异，建筑设计往往只对红线以内的事物负责，红线以外的建筑、环境一般不在考虑之列。所以单栋建筑简单地排放在一起，彼此之间往往难以协调。除非预先实施某种整合工作，从整体环境角度出发为建筑设计提供共同遵循的构架，确保结果的协调与统一，这种工作往往就是城市设计的任务所在。

所以城市设计与建筑设计的关系可以概括为：前者为后者提供基于环境地位、开发容量、形态风格等内容的指导与框架，后者在框架引导下进一步完善与实现城市设计。对此，美国学者乔治(R. V. George)从更接近于现代城市设计师工作方法与过程的角度，提出"二次订单设计"(second-order design)的概念(图6-1)。具体即城市设计师与设计对象——城市物质环境之间没有直接的创构关系，对设计对象的控制是通过向直接设计物质环境的一次订单设计者，即建筑师施加影响而间接实现的；即由城市设计师先行立足于地域整体发展的构架，对城市物质环境开发作出合理的预期，为片断性实施的单体项目建设提供设计决策环境，其后再由物质环境的直接创构人员，以确立的设计决策环境作为再次创作的初始条件对城市进行直接塑造。

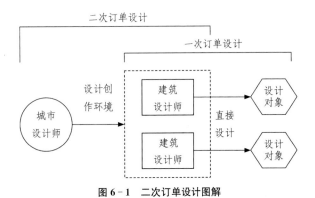

图6-1 二次订单设计图解

资料来源：参照 George R V. A procedural explanation for contemporary urban design. 当代城市设计诠释[J]. 金广君，译. 规划师，2000 (6)：98－103.

2. 城市设计与城市规划

工业革命以前的城市发展大体处在一个缓慢渐进的状态，城市规划和城市设计多以物质空间规划和布置为主，内容上没有太大差异。第二次世界大战以后，城市规划的重点渐渐偏向工程技术与经济、社会发展。1970年代以来，西方城市发展进入相对稳定的时期，规划工作重点向两个方向转移③：一是以区划(zoning)为代表的法规文本体系的制定和执行，以使城市规划更具操作性和进入社会运行体系之中；另一是城市设计，以使城市规划内容

更为具体和形象化。

由此可见，真正意义上的城市设计是在近现代城市发展背景下，从城市规划领域积极拓展出的内容，设计偏重空间形态，规划偏重控制管理，前者成果为后者的编制提供支持。因此城市设计与城市规划在研究内容上虽有分工，但衔接紧密，共同成为城市开发建设与管理的重要依据。

6.2 城市设计基本理论

6.2.1 空间体验理论

空间体验理论的客观对象是城市物质空间，但不单纯强调泛义的物象本身，而将人作为空间设计研究的主体，关注人与空间的微妙关系，主张将人的尺度和感知与空间设计关联起来，通过人在空间中停留、运行的体验，尤其是视觉体验，形成设计的理论、原则与技艺。

卡米洛·西特(Camillo Sitte)，19世纪著名的建筑师和城市设计师，他认为只规定功能、交通以及建筑类型的两维向度规划设计是不足够的，一个形态良好的城市必须将空间体量研究纳入设计范畴。因此，西特在其著述《城市建设艺术》(The Art of Building Cities)一书中，对欧洲中世纪一系列城市的空间关系进行了深入的探讨，在此基础上批判了当时流行的"现代体系(矩形体系、放射体系、三角形体系)"的呆板与无趣，提出城市规划应该与视觉美学效果紧密联系，城市设计应该以使用者对城市空间的体验感知为前提，并倡导中世纪城市空间显示出的，以自然性、有机性与不规则性为代表的设计艺术原则。

凯文·林奇(Kevin Lynch)，20世纪城市设计领域最杰出的人物之一，他关注人们对城市环境空间的解读，认为这种解读主要是对城市物质形态的一种知觉认识。1959年，林奇发表城市设计的经典著作——《城市的意象》(The Image of the City)一书，书中将环境心理学引入城市设计，通过认知地图的方式对美国波士顿、洛杉矶和泽西城3座城市展开广泛调查，总结能够为市民感知并反映城市特征的五种要素——道路(path)、边缘(edge)、地域(district)、节点(node)、标志(landmark)；并指出空间设计就是合理安排与组织这五种要素，组织结构越清晰，城市的可认知性就越强，越能够为大多数人所接受。

芦原义信，日本当代著名建筑师，他认为空间是实体与感知它的人之间产生的相互关系。1960年起，芦原义信开始研究外部空间问题，在《外部空间设计》一书中，提出了积极空间、消极空间、加法空间、减法空间等一系列富于启发性的概念。他将外部空间定义为由人创作的、有目的的空间，其设计应尽可能考虑人的感受，关注空间规模、尺寸、质感、高差、围合程度等内容。此外，他还提出了基

于外部空间尺度的两个重要理论，一为"十分之一理论（One-tenth Theory）"，即要获得与室内相似意义的空间，外部空间可以采用内部空间8～10倍的尺度；另一为"外部模数理论"，即外部空间设计可采用20～25 m为模数。

6.2.2 场所文脉理论

较之空间体验理论，场所文脉理论关注的不仅仅是使用者以美学为判定标准的感觉层面的内容，而更强调人如何去使用空间的综合行为。这种行为的发生，受到空间、时间双重层面以及历史、社会、政治等多种内容的影响，显示出强烈的人文属性。

1980年，挪威著名建筑理论家诺伯格-舒尔茨（Norberg-Schulz），在《场所精神——迈向建筑现象学》（Genius Loci：Towards a Phenomenology of Architecture）一书中指出，场所不是抽象的地点，而是由自然环境和人造环境结合而成的整体，反映出特定时空状态下人们的生活方式与状态。所以，场所一方面具有空间的物质形式，人们借由这种物质形式呈现出的方位属性确定自己与环境的关联，获得安全感；另一方面场所又具有文化层面的精神意义，这是一种人们在活动参与过程中逐步建立的、埋藏于记忆与情感中的归属感，设计师的任务就是创造有归属感的场所，帮助人们栖居。

阿莫斯·拉波波特（Amos Rapoport），美国著名文化人类学家，致力于环境行为学研究。他在著述《建成环境的意义》（The Meaning of the Building Environment）、《城市形态的人文方面》（Human Aspects of Urban Form）中指出，环境对行为有着引导与濡染的作用，但环境的意义并非与生俱有，而是通过人的共识将意义逐渐赋予环境，并对其他人产生影响。因此，城市设计就是通过不断去解读已有环境的意义，寻找人与环境之间的内在关系与规律，展开"空间、时间、含义和交往"合理组织，即编码；进而在城市的空间架构中反映这些规律与需要，最后再由使用者对设计好的建成环境进行解读，即解码；如果编码与解码的过程通过空间环境载体的作用达成一致，则意味着较为成功的设计。

罗杰·特兰西克（Roger Trancik）在《寻找失落的空间：城市设计的理论》（Find Lost Space：Theories of Urban Design）中也表达了相似的观点。书中提出了城市设计的三个重要基础理论——图底理论、连接理论和场所理论，并指出这三种理论的整合运用将有益于良好的城市空间设计。其中，场所理论的本质在于领悟实体空间的文化含义及人性特征，从这一点上说，空间只有获得文脉的意义，即城市文化由历史衍生、流变、积淀而成的传统观念，才能成为场所，才能真正为使用者所认同。所以，设计应该强化与现存条件之间的匹配，并将社会文化价值、生态价值和人们驾驭城市环境的体验与艺术原则等量齐观。

6.2.3 绿色生态理论

伴随城市的急速发展，资源、环境等问题日益尖锐和全球化。罗马俱乐部《增长的极限》（The Limit to Growth）、联合国人类环境会议《人类环境宣言》（Declaration of Human Environment）等一系列报告与文献逐步廓清了"可持续发展"的人类发展共识。在此背景下，绿色生态理论运用自然生态的特点和规律，结合城市生态学和景观建筑学等多学科的专业技术，致力于创造一个人工环境与自然环境和谐共存、面向可持续发展的未来理想城镇环境。

伊恩·麦克哈格（Ian Lennox McHarg），英国著名的园林设计师、规划师和教育家，其著述《设计结合自然》（Design with Nature）一书从生态环境的视角，为城市设计建立了一个新的基准。他认为城市和自然互相依赖，人类活动会影响生态环境，生态环境也可以在阈值范围内承受活动带来的压力，两者间的契合能提高人类生存的条件和意义。因此人为建造的目的不是强加于自然，而是融合其中，花最少的力气通过改变自己和环境去增加适合的程度，达到尽可能的适合状态。在具体操作上，他提出因子分层分析和地图叠加技术，具体即建立用地的生态资料库，通过气候、地质、水文、土壤等每一类因子按土地利用影响程度的单张分析与多张叠合成果，综合确定土地的适宜性分区。

约翰·O. 西蒙兹（John Ormsbee Simonds），20世纪美国最具影响力的景观设计师与思想家，以改善人居环境为根本职业宗旨，强调设计必须与自然因素相和谐。一方面，他发展了麦克哈格的生态学思想，在其著述《大地景观——环境规划指南》（Earthscape：A Manual of Environmental Planning）一书中，综合生态学、工程学，乃至环境立法管理、质量监督、公众参与等学科知识，系统论述了建设开发与土地、大气、水、景观、噪声等环境因素的关系和协调方法。另一方面，他受东方天人合一的自然观启发，强调充分利用基地原有的自然条件，将设计的科学性与艺术性结合起来，通过改良环境达到改良生活方法，直至人与自然统一的高度[①]。

6.2.4 设计过程理论

城市设计过程理论的代表人物当推美国著名的城市设计教育家与实践大师乔纳森·巴奈特，他通过自己多年纽约总城市设计师的工作实践指出，城市设计并不只是提供一张张图纸，这些图纸如果不能与日常的政治、城市经营与房地产开发等活动相结合，其结果就是一些无法实现的废纸。

所以真正的城市设计是一个连续的决策过程，它不以描绘一种城市未来的终极状态为目的，而致力于制定一个可以随着需求和时间的改变不断应对的政策框架。基于此，巴奈特在《城市设计概论》（An Introduction to Urban Design）一书中提出，城市设计的本质在于"设计城市而不是设计建筑物",城市设计控制的不是建筑个体,而是建筑个体如何才能作为更高层次的城市整体的秩序与原则,所以纽约第五街特定管制区案例中,短短两百字的控制成为引导这一片区开发的核心设计成果。

对于决策的主体,巴奈特认为应该让设计师、开发商、群众等所有的利益团体都能够通过参与平台进行意见的展示、交换与折冲,最终获得一个为大家都认可的决策意见。参与虽然"不能够消弭所有痛苦的选择……但一个计划只要透过协调及参与,不管计划自身有多少缺陷,都比由利益冲突的任何一方提供的替选方案来得更好"[⑤]。

此外,在实际操作的角度,为了克服美国传统区划制度的缺陷,巴奈特还提出了新单元开发(planned unit development)、城市更新(urban renewal)和奖励性区划(incentive zoning)三种修正方法,引导项目开发在政府既定的框架下努力向社会公共利益的方向偏移,实现城市设计的目的。

6.3 城市设计分类

6.3.1 设计目的视角

以设计目的的视角,城市设计可以分为概念型与实施型。

概念型城市设计,主要应对于城市中相对重要的项目用地与片区。在其初始发展阶段,由于外部环境复杂而不确定,希望可以通过城市设计工作寻找适合的发展目标、策略、方式与路径。为尽可能挖掘城市发展的多种可能,概念型城市设计多采用竞赛征集的方式,要求参赛单位就用地发展设计的空间构想作出回应,集思广益,拓展思路,进而由组织方整合各参赛方案的概念成果,形成后续方案的基础。著名的案例包括2010年北京奥林匹克公园概念性城市设计、2010年上海世界博览会规划设计等。

实施型城市设计,也称实务型城市设计,通常具有明确的规划实施意图,直接用于指导下一阶段的规划设计与管理。因此与概念型城市设计相比,该类城市设计往往时间紧、范围小,设计内容也更关注各种现实问题的制约与解决方案的操作可行性。实施型城市设计常常与不同层级的法定规划同步编制,便于将其成果纳入后者成为引导城市建设的法律文件。

6.3.2 设计内容视角

在设计内容的视角,城市设计可以分为专项型与用地型。

专项型城市设计的研究范围通常比较大,一般针对城市总体规划与设计中少量涉及或未曾涉及、但目前对城市发展又相对重要的薄弱环节,以要素、系统、层面等形式作出精深化的研究与探索。具体如城市夜景观专项设计、城

市天际线规划、城市片区商招设计、城市绿道系统规划设计、城市重要道路交叉口立体空间设计等等。

用地型城市设计与专项型城市设计相对,是针对一定面积的用地,对所有相关的要素、系统、层面进行的综合设计。一般的城市设计多隶属于用地型,通常情况下"用地型"三个字会被省去,因此没有特别注明"专项型"或类似字眼的城市设计往往都是用地型城市设计。

6.3.3 用地规模视角[⑥]

在设计用地规模的视角,城市设计可以分为区域级、分区级与地段级。

区域级城市设计的工作对象范围广,主要针对市域范畴的城市建成区,明确未来城市空间形态的总体框架与发展思路,研究在城市总体规划前提下的城市结构、体系与人文活动组织。

分区级城市设计是最典型的城市设计类型,针对城市中功能相对独立、具有一定环境整体性的街区,分析该地区对于城市整体的价值,强化与挖掘该区已有的自然环境和人造环境的特点与开发潜能,建立适宜的操作技术和设计程序。

地段级城市设计主要指一些特定建设项目的开发,如城市广场、交通枢纽、大型建筑物及其周边外部环境的设计。这一尺度的城市设计多以工程和产品取向为主,虽然规模比较微观具体,但对城市面貌有很大影响。可以认为,地段级城市设计的人员主要是建筑师,在他们进行这一类型的设计时需要依靠自身对城市设计观念的理解和自觉,处理好设计地段与更大范围城市环境的关系。

6.3.4 规划应对视角

在与城市规划应对的视角,城市设计可以分为总体规划阶段城市设计与详细规划阶段城市设计。

总体规划阶段的城市设计是与城市总体规划的编制直接配合或与其层级范围相匹配的城市设计,与上一分类中的区域级城市设计具有较高的耦合度,通常在城市总体规划确定的框架下工作,针对整个城市范畴展开设计,成果具有政策和导则取向为主、空间形体考虑为辅的特点。

以南京总体城市设计为例,其隶属于南京市城市总体规划修编(2007—2030)工作的专题之一,具体依据规划提供的土地、交通、开放空间等结构框架制定未来城市空间形态的发展方向与优化措施,并对用地性质、高度分区等总体规划的内容提供基于专题角度的意见与建议(详见案例6.5.1)。

详细规划阶段的城市设计是与城市详细规划的编制直接配合或与其层级范围相匹配的城市设计,与上文提及的分区级和地段级城市设计具有较高的耦合度。通常以城市局部地区为设计范围,在上位规划的指导下建立设计地区的城市意向与设计结构,优化城市物质空间形态,成

果对于提高法定规划编制的科学性,尤其是控制性详细规划指标体系的确定发挥支撑作用。

以南京总统府、煦园历史地段及其周边地区建筑高度和空间形态城市设计为例,该设计针对一定范围的城市历史地段,运用感性判断、视线分析、模型研拟的技术手段,制定四条主要景观视线的未来空间保护策略,据此提出相应用地的高度开发指标,为地段控规指标体系的建立提供依据(图6-2)。

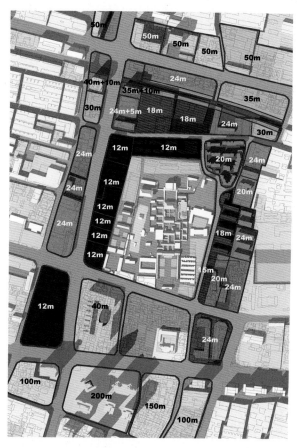

图6-2　总统府、煦园历史地段及其周边地区建筑高度控制

资料来源:东南大学建筑学院.总统府、煦园历史地段及其周边地区建筑高度和空间形态城市设计文本[R].2002.

综合以上,城市设计的分类因实际情况需要呈现多种多样的情况,上文只是就其中一些常见类别做出陈述。由于不同类别的城市设计各有特点,内容与成果的要求也差异较大。

考虑到目前我国城市建设与管理的环境背景,新版《城乡规划法》没有提出关于城市设计的明确内容,因此尽管城市设计"在体现城市特色、优化城市空间形态、加强公众参与改善人居环境等方面仍然具有不可替代的地位和作用"[②],但成果只能作为城市开发与管理的参考性文件。因此在城市设计的众多分类中,基于规划应对视角的分类显得尤为重要。在这一分类中,城市设计与同级别的法定规划具有直接的联系,操作中可以直接作为相应法定规划编制的依据或是通过各种方式的转化纳入法定规划成果,实现城市设计意图。

下文对于城市设计研究内容与成果的阐述主要依据这一分类展开。

6.4　设计原则

6.4.1　宜人原则

现代城市设计的服务对象是广大市民,为公众营造舒适宜人的城市空间是设计的首要原则。历史上舒适宜人的设计手法多种多样,总体上可以划分为雄伟壮丽与亲切优雅两种截然不同的风格。

雄伟壮丽的风格通常存在于大规模、大手笔的设计之中,中国的北京城、法国巴黎中轴线建设均是这一类型的典范——它们常常借助轴线手法作为营造空间秩序的重要元素,或强调中轴对称,居中为尊,通过院墙体系形成一系列纵深发展的闭合空间,或偏好几何轴线与理性网络,围绕地标发散几何轴线形成视线通廊,构筑景观大道。

以巴黎城为例,强烈的城市轴线、几何发散的平面布局与大尺度的规整绿化遍布城市;宽阔笔直的大道串接若干重要城市节点,节点中央设置象征帝王荣誉的公共建筑与构筑物;大道两侧的建筑,无论是府邸、医院还是商场、宿舍,皆毫无例外地采用统一的立面标准与退缩尺寸。当驱车飞驶在城市轴线与大道上,两侧整齐划一、高度无差的建筑擦身而过,地标式的庞大纪念物扑面而来,雄浑博大、心旷神怡的城市体验油然而生(图6-3)。

图6-3　法国巴黎中轴线鸟瞰

资料来源:王建国.城市设计[M].第2版.南京:东南大学出版社,2004:159.

亲切优雅的风格多存在于小规模的或受自然条件影响的设计之中,如意大利威尼斯、江苏常熟、云南大理等等。较之雄浑风格将人淹没在空间中以领略其壮美的体验,这些设计更强调亲切优雅的尺度,努力创造适宜人行走坐立的生活氛围。所以对于当代广场、街道等以城市生活为特征的开放空间,亲切的尺度与优雅的气质成为设计关注的核心要素。

美国纽约佩雷(Paley)广场是因亲切优雅风格而深受市民喜爱的典型代表[⑧],该广场面积约 30.5 m×12.8 m;一面临街,三面由相邻建筑墙面包围;左右两侧墙面以绿色攀援植物装点。作为广场主要视景的端墙,成功地设计成水墙,沥沥的水瀑,顺墙而下,并发出潺潺流水声,淹没了大街上的交通噪声。广场主空间种植了 12 棵乔木,夏秋季节,树冠交织,形成了室外空间的绿色天棚,人们虽身居闹市却享受到大自然的景色(图 6-4)。对此,专业界给出了这样的评价:"城市中心地区每个街区都应有一个与佩雷小广场相仿的活动空间。"

图 6-4 纽约佩雷广场景观

资料来源:王建国. 城市设计[M]. 第 2 版. 南京:东南大学出版社,2004:137.

目前"节约用地、集约发展"已成为城市建设的共识,在这样的大背景下,以大量人力、物力、财力为代价进行的雄伟城市风格的塑造,可谓机会不多,亲切优雅的设计手法更加契合时代的需求。

但现实生活中,许多政府官员、甚至设计人员对于雄伟之风情有独钟。于是城市中出现了一批无视客观功能与需求,一味追求宏伟威严的空间与场地,建筑界面恢宏冷漠,城市广场寂寞空旷(图 6-5)。著名城市设计学者邹德慈先生因此感叹,"任何城市,只要具备权力和财富这两个基本条件,执政者头脑中浮现的城市形式,首选的可能就是带有巴洛克味道的形态,直至 20 世纪,巴洛克的'幽灵'始终在地球上空徘徊"。

面对这一问题,21 世纪全国范围内确立的"全面、协调、可持续发展"思想提供了良好的方向指导,其要求设计必须树立"以人为本"的科学观念,以满足人的多种尺度与生理心理需要为核心,通过切实的专题研究,从实际出发,综合地方财力、人力与需要,客观求实地确定设计的规模、容量与风格,创造舒适宜人的城市空间,建设资源节约型、环境友好型的社会。

图 6-5 中国某城市大尺度的城市广场鸟瞰

资料来源:邹德慈. 城市设计概论[M]. 北京:中国建筑工业出版社,2003:49.

6.4.2 自然原则

自然是大气、水体、土地与生物的综合体,是维系人类生存的基础、载体与伴侣。人与自然相互依存、相互联系,城市设计在致力人工环境的创造时,需要尊重自然、结合自然。

城市设计对于自然的尊重首先表现为不破坏自然,避免砍伐树木、铲平山丘等可能会造成表土侵蚀、土壤冲刷、道路塌方的行为。以日本琦玉武藏丘公园地区高速公路选线为例,设计放弃了经济适用的"两点间直线修路"的方式,改为沿公园用地向外蜿蜒扩展定线,目的就在于保护公园用地现状良好的湿地资源。

然而在各种客观条件,尤其是经济利益的驱使下,仍有一些设计无视自然的存在,如东京多摩新城毁灭山丘建立社区,南京五台花园削山为址等(图 6-6)。这些做法,随着社会整体生态保护意识的增强,愈发受到业界与民众的指责。因而,许多专家学者提出"无为而治"的倡导,即要求设计人员在面对一些自然敏感资源时,如果缺乏有把

图 6-6 削山为址建设而成的南京五台花园

图6-7　美国旧金山城市景观

资料来源:孙成仁.城市景观设计[M].哈尔滨:黑龙江科学技术出版社,1999:12.

握的改造手段,尽可能不要对其采取行为措施,借助"无为"的方式维持资源的原生性。

在"无为"的前提下,如能巧妙利用自然资源提高城市空间品质,可以起到锦上添花的效果。面对"山水"这一设计常用的资源类型,"显山露水"成为设计追寻的目标共识。以美国山城旧金山为例,为充分利用城市山体,总体城市设计要求将建筑高度与城市格局的重要象征联系起来——挺拔的塔式高层建筑展现在城市各个山顶以加强山的形态,小尺度的低层建筑则出现在山脚和山间谷地——从而形成建筑高层位于山顶,低层位于山谷,并向海湾层层跌落,建筑布局井然有序的城市特色(图6-7)。

另一方面,近年来国内外许多城市滨水地区,如巴尔的摩内港、伦敦道克兰码头区、悉尼达令港、横滨MM21地区的开发与设计都体现出对城市水体的结合与利用,其间显示出一些共性的设计特征。其一,尽可能多地安排公共性强的混合功能,减少私营性项目对公共滨水岸线的侵占;其二,加强城市中心区域与人口密集地带到滨水地区的交通可达性,同时减少城市快速路对滨水区交通的干扰;其三,加强自然环境与人工环境开发之间的平衡,确保滨水廊道生态功能的正常发挥,并促使其与城市开放空间连为一体,形成更大规模的生态网络。

合理改造、通过各种人为方式促使自然环境体系更趋优化与完善,可谓"尊重自然"的高级模式,具体又可分为新建与改进两种。"新建"可以理解为人为增加有益的自然资源,其中最主要的对象为城市绿色空间。如美国纽约

早在1851年就通过立法在城市中保留了一片面积达3km²的绿色开放空间并持续至今,从而为纽约这一高楼密集地创造出一方可以自由呼吸的城市绿肺。特别指出的是,在目前各城市普遍开展的街道、广场等公共空间的"增绿"活动中,应注意避免一味追求视觉效果纯粹使用草坪的做法,而宜通过乔木、灌木、草本相结合的复层结构提高三维绿量,我国相关专家曾建议1:6:20的乔木—灌木—草地的配置比例。

较之"新建"的工作,对业已衰败的自然资源进行改造、促使生态属性的回归则相对困难,恢复性工作不仅需要一定的技术手段支持,还需要相当长的修养时间。以德国威斯法伦埃姆舍河(Emscher River)的改造恢复为例,19世纪以来该河一直被用来疏导工业废水与污水,河水常常泛滥甚至导致伤寒流行,1990年代决定对其彻底整治,设雨污分流制排水系统,工业污水通过排水管道进入处理厂,地表水则利用原有管道汇集至储水池。在污染物得到处理的前提下,原先沿河兴建的水坝逐渐拆除,各种水边植物重新生长起来,当然彻底改造完毕预期耗时20~30年(图6-8)。

图6-8　埃姆舍河整治恢复情况

资料来源:董卫,王建国.可持续发展的城市与建筑设计[M].南京:东南大学出版社,1999:212.

6.4.3　历史原则

城市是一本"凝固的历史书"——历史上重大的活动、事件及与之相关的人物,都随着时间的进程在城市舞台上粉墨登场,构成城市特有的人文历史积淀,这种积淀的丧失将带来当代城镇建设环境中日趋严峻的特色危机与文化多元性的消亡。

历史文化积淀通常汇集在城市的各历史街区与地段，近年来又逐渐扩大为更广义的大遗址保护（如中国京杭大运河）范畴。对这些保护性地区进行的城市设计，必须在科学的现状调查和综合价值评价的基础上，采取合理的保护措施，既保护古迹本身，也保护价值观念、生活方式、人际关系、风俗习惯等无形的环境氛围与场所精神。

需要指出的是，保护不能简单理解为"保留"。保留只是将客观对象原封不动地实现在时间纬度上的转换，而事实上历史积淀应该是生生不息、具有活力的城市生活，其不仅记载有过去城市的文化信息，更将记录今天城市发展的文化历程。所以，保护应该在物质形态保留的基础上，通过各种形式的功能置换融入今天的城镇生活。

以上海太平桥新天地改造为例（图6-9），它以中西融合、新旧结合为基调，将上海传统的石库门里弄文化与充满现代感的新上海生活融为一体——建筑保留了当年的砖墙、屋瓦、石库门，人人仿佛置身久远的1920年代，建筑内部则按照当代都市生活方式和节奏改造为国际画廊、时装店、主题餐馆和咖啡酒吧，改造结果正如作家凌志军《变化》一书中所言，"中老年人感到很怀旧，青年人感到很时尚，外国人感到很中国，中国人感到很洋气"。

不可否认的是，伴随城市的发展演进，再优秀的城市物质空间也会在不同程度上出现建筑、街道、基础设施的老化问题。因此，历史文化的延续并非一味地全盘继承，

而是有选择地扬弃过程，对于一些确实衰败的地区予以改造与更新。

历史证明，更新工作应该避免19世纪巴黎豪斯曼（George E. Haussman）改建时大拆大建的错误做法，社会学家雅各布斯（Jane Jacobs）等指出，毁灭性的清除与重建彻头彻尾地建立在"住户的生活需要远远不及清理并重建这块地方重要"⑨的错误想法之上，结果不仅破坏了现存的社区，还导致市民产生大量的心理疾病。西方城市用事实指出了历史更新中的"渐进主义"思想，主张在保持历史文脉的基础上，有计划有步骤地改善物质条件与环境质量，同时辅以公众参与、拆迁安置等计划安排与政策支持，避免社会动荡。

以2000年以来延续至今的南京老城南历史地段保护案为例，为保护地段历史价值，关注民生需求，以南京本地为主的多名学者2006、2009年两次联名上书呼吁，工程多次告停。2010年，《南京老城南历史城区保护规划与城市设计》通过专家论证，提出"小规模"、"院落式"、"全谱式"措施手段。同年，《南京历史文化名城保护条例》正式实施，要求推动公众参与，保护兼顾民生。后期，地方规划管理部门撰文就其中"以民意作为历史地段政府决策依据"问题做出建议，"尝试在项目立项前通过街道，以户为单位广泛征询所涉居民改造意愿，当居民赞同改造的人数达到60%以上时，将征询结果向社会公布并同时立项，变'基层政府直接立项'为'居民参与式立项'"⑩。

此外值得一提的是，2000年左右世界范围内涌现出以产业类建筑遗产为代表的保护浪潮。20世纪下半叶，人类从工业社会逐步步入后工业社会，城市产业结构的调整导致许多曾经强盛无比的传统工业中心出现老化与衰退。然而这些地段见证了人类社会工业文明发展的历史进程，对它们的保护与更新引起了业界的广泛关注与研究——既要考虑工业遗产的历史文化价值，也要关注更新开发的经济效益。

德国鲁尔工业区改造是资源型城市改造转型的经典案例，北杜伊斯堡公园（Duisburg-North Landscape Park）隶属其中，由一个废弃的钢铁厂改造而成。设计没有对钢铁厂进行彻底改造，而是合理保护利用工业建筑遗存，并从艺术审美角度将其进行重新组织，使之成为具有游憩功能的景观艺术品。

例如在铁路道床上铺种草坪，将其改造为地形艺术品，参观者可以在此漫步，环顾四周景色。钢铁厂的炼钢炉、鼓风机等高大的建筑物被保留下来改造为一种安全的攀援设施，供游人和登山俱乐部会员攀爬。厂区中原有的材料也得到了合理的利用，铸件车间的铁砖被用来铺设"金属"广场，废弃的小型铸铁被用来与植物一起构成了精美的花园，甚至焦炭、矿渣和矿物被加工成为植物栽培的介质。

图6-9 上海新天地环境景观

资料来源：上海新天地［EB/OL］．（2009-07-04）. http://hi. baidu. com/moxianglou/album/item/42aa9600b16a1ea6e850cd2a. html. jpg.

公园内遍布多种多样的休闲娱乐设施,各种车道、步道对步行者和骑车者来说十分诱人,攀登者可以自由攀爬古老的建筑,农耕中心对孩子十分适合,炼钢厂炉渣堆则成为音乐团体举办演出的布景与舞台。在这里,昔日庞大的钢铁厂正在向充满生机的公园逐步演化[①](图6-10、图6-11)。

图6-10　北杜伊斯堡公园保留的工业建筑

资料来源:贝思出版有限公司.城市景观设计[M].南昌:江西科学技术出版社,2002:137.

图6-11　北杜伊斯堡公园攀岩区

资料来源:贝思出版有限公司.城市景观设计[M].南昌:江西科学技术出版社,2002:137.

6.4.4　活力原则

活力是城市综合素质的集中体现。城市缺乏活力,便如同一潭死水,纵使装扮有美丽的物质外表,也无法捕获内在的城市灵魂。

为了避免城市空空荡荡、了无人气的情况,许多城市采用人为"亮化"的策略,即在晚间时分强制要求一批建筑打开灯光,营造灯火通明的繁华景象。这样的做法虽然在一定程度上体现了城市活力,但却是以大量城市电力资源代价换得的虚假人气。

如何获得真正意义的城市活力,适度功能混杂的想法相对有效。有专家指出,纯净的功能划分,无论是在水平方向还是垂直方向,都逊色于混杂的布局。早在20世纪中期,西方国家就曾通过建筑在垂直方向功能混杂(下部为上商场,中部为办公楼,上部为住宅)的方式诊治由于单纯办公功能而导致的中心区下午5点过后人气骤减的问题。

目前,功能混杂的概念已经扩展到多种城市设计类型,"特色来自于丰富的混合使用,多样化开发才能更好地满足各种人群的需求"成为大家的共识。如在世界知名的波士顿罗尔码头建设中,设计导则明确规定强调罗尔码头项目功能的混合使用,有意识地将商业办公、餐饮娱乐、酒店居住等功能组织在一起,成功保障了24小时的城市滨水区活力(图6-12)。

在合理布置功能的基础上,设计理应关注"人"的要素,因为"人"是城市活力的来源,尤其是步行的人群,他们的行进速度相对较慢,易于停留和聚集。因此,增强城市活力的另一个重要方面就在于坚持贯彻行人优先的思想,为行人的活动与聚集提供场所,即步行区域(图6-13)。

影响步行区域设计的要素很多,首要之一是正确的选址,强调以步行休闲活动为依托,设置在大型居住区附近,或利用购物、景观等资源优势吸引步行人流。

图6-12　波士顿罗尔码头景观

资料来源:张庭伟,等.城市滨水区设计与开发[M].上海:同济大学出版社,2002:51.

图 6-13 意大利威尼斯步行街区景观

资料来源:[丹麦]扬·盖尔,拉尔斯·吉姆松.新城市空间[M].第2版.何人可,张卫,丘灿红,译.北京:中国建筑工业出版社,2003:12.

图 6-14 南京 1912 街区指示牌

在交通上,要求具备良好的出行条件。步行街区两端往往设有系列的公交点与换乘站,或是直接允许公交车驶入步行街;主要出入口处需设置足够的自行车与机动车停车场地;如果步行街两侧设有商铺,宜在商铺背侧增设与步行街平行的支路,形成商铺货运辅道,避免流线干扰。

在尺度上,步行街长度一般控制在 300~1 000 m,宽度设定在 12~20 m,保证人流的正常移动,同时留出充足的休闲娱乐空间。步行街沿街建筑高度以 2~4 层居多,高层建筑以后退为宜。

在空间上,由于步行街多为线性布局,设计中应避免形成单调冗长的空间,宜通过沿街建筑的退缩、围合以及道路线性的变化形成别致曲折的空间感受。常见的做法为每隔 150~200 m 在线形道路中加入一个扩大的"场"空间,形成较大规模的驻足场地,如广场、庭园等,如此通过多个"场"空间的串接,形成高潮起伏的步行街空间序列,保持对市民的持续吸引力。

需要重点指出的是,在进行人性化公共活动空间塑造时,环境设施尽管尺度不大,但直接关系到人气聚集的效果。相关调查显示,70%以上的市民步行游历的目的并非出于明确的购物、餐饮等功能需要,而是希望从中获取一种自由惬意的休闲感受。因此设计过程中需要通过对各种环境设施的处理营造宜人的生活氛围。

例如行道树的栽植注意适宜的地方气候;花坛设置强调良好的季相变化并与休息设施配合;休息座椅采用围台、直式、弧线、多角等多种形式;路面铺装光洁防滑、图案精美;较大规模的驻足节点空间与有地面高差的地区设置导游图、电话亭、公共厕所、残疾人坡道等等。当然,过多的环境要素变化常常是导致景观"杂乱"的根源,为此有必要在指定的区域范围内建立一些基本的秩序与风格,如主要的栽植树种、铺装用材、小品色调等等,在此基础上施以处理与变化(图 6-14)。

6.5 城市设计内容与成果[12]

6.5.1 总体规划阶段城市设计

1. 主要设计内容

1)空间结构

自然人文环境发展:注重人工环境与自然环境的关系,通过保护、发展与创新塑造不同区域的环境特征,提出人、自然、社会相协调的发展策略与体系。

公共活动场所与路径:依据人群活动分布与特征,组织以广场、绿地、街道等公共开放空间为代表的活动场所体系,并结合城市交通组织设置高效便捷的活动路径。

特色空间:结合功能配置、环境特点与人群行为特征,划定若干城市特色空间(特色意图区),提出空间控制的原则与保护要求。

2)景观风貌

景观要素与风貌分区:保护城市风貌特色,确定节点、路径、边界、地标等城市景观要素,划分景观风貌分区,提出分区控制原则与要求。

景观视线:确定城市重要的景观视线、景观视廊与天际线分布,提出视线、视廊、天际线保护与塑造的原则与要求。

高度控制:依据城市空间结构与景观要素控制要求,兼顾城市综合发展与整体景观协调,划定城市高度分区,提出分区控制原则与要求。

2. 主要设计成果

1)城市设计文本

城市设计文本是对空间结构、景观风貌等主要城市设计内容做出的成果表述。现状调查、数据整理、成果推导等阶段成果与详细阐述,亦可采用附件或说明方式附于其后。文本核心成果部分可直接置于总体规划文本中单独成章。

2）城市设计图纸

城市设计图纸主要包括城市空间结构规划图、城市景观视线规划图、城市特色意图区规划图、城市高度分区规划图等。图纸比例一般与城市总体规划图纸比例一致，多为 1:5 000～1:20 000。

6.5.2 详细规划阶段城市设计

1. 主要设计内容

依据城市总体规划与城市设计要求，详细规划阶段城市设计主要从物质形体空间的视角，落实与细化城市局部地区中涉及的空间结构、景观风貌设计及其要求，内容一般可分解(但不局限于)为如下几点。

1）用地功能

依据总体定位，综合人群活动的内容与需求，展开功能分区的深化与细分，明确公共活动中心、节点与轴线，为相应法定规划土地利用的编制提供依据或修正。

2）交通组织

依据宏观交通规划，综合人群活动的方式、速度与特征，提出城市公共机动车交通、步行交通的组织形式与公共活动的线路，关注交通换乘的合理性与高效性，并对各种活动通道的断面构成与两侧的用地布局提出空间设计与要求。

3）开敞空间

依据人群活动规律与需求，确立广场、水体、绿地、公园等在内的公共开放空间体系，提出位置、规模、绿化等空间设计与要求，展开活动策划与设施安排，合理组织与道路交通、步行体系间的联系。

4）景观控制

依据上位规划确定的景观特征，延续或建立用地内部的景观风貌，确定轴线、边界、地标、视线、视廊、天际线等重要的景观要素，结合用地提出位置、高度、形式、风貌、退让等空间设计与要求。

5）环境控制

综合用地内部环境特征，提出绿化配置、整体铺装的要求，确定公共服务实施、市政设施、艺术小品、招牌标志、无障碍设计的设置原则与要求，提出整体地区或其中重要地段夜景照明的总体设想与要求。

6）建筑控制

依据用地景观风貌特征，形成用地高度、强度分区，并对建筑体量、后退、高度、色彩、风格、屋顶等内容提出空间设计与要求。

7）重要地段(节点)设计

确定用地内的重点地段与节点，提出设计构想与控制要求。

8）实施开发

展开用地内土地使用和开发强度的经济测算，保证投资可行性；分析开发模式与主体利益，确定开发时序；拟定城市设计实施的相关政策与保障机制。

其中设计用地规模越大，越接近中观尺度的城市片区，成果的系统性控制特征越明显，通常涵盖用地功能、交通组织、开敞空间、景观控制、重要地段设计、实施开发等内容；反之，用地规模越小，越接近微观的城市地段，成果的状态性控制特征越明显，精细程度加强，多在前者基础上增加环境控制与建筑控制的内容。

2. 主要设计成果

1）城市设计文本

城市设计文本是对用地功能、交通组织、开敞空间、景观控制、环境控制、建筑控制等内容做出的成果表述。现状调查、数据整理、成果推导等阶段过程与详细阐述，亦可采用附件或说明方式附于其后。文本核心成果部分可直接融入对应的法定规划，尤其是控制性详细规划的相关内容中。

2）城市设计图纸

城市设计图纸主要包括功能分区规划图、交通组织规划图、开敞空间系统图、景观系统规划图、重要地段节点设计图等。图纸比例一般与相应城市详细规划图纸比例一致。

3）城市设计导则

以条文、图表的形式表达城市设计的目标与原则，清楚体现城市设计的空间控制与相关要求。与控制性详细规划一同编制的城市设计，建议将导则纳入控规分图则内容，形成涵盖城市设计要求的控规图则。

6.6 案例

6.6.1 南京总体城市设计①

南京总体城市设计意图从构筑优美的城市空间环境形象和加强城市土地利用调控角度出发，通过对南京自然山水特征和历史文化特色的把握，以及对南京现有相关城市设计成果的整合与优化，明确南京未来城市空间形态的总体框架与发展思路，为南京总体规划相关内容的修编提供依据，并为下一步城市设计工作的开展提供指南。规划设计范围为南京市域范畴，总面积约 6 500 km²。

设计思路遵循"基础研究—专题规划—设计成果"的思路展开。

1. 基础研究：特色定位与现状问题

通过文献资料查阅整合与重点地段实地调查，提出"山、水、城、林"长期以来一直是南京城市空间的鲜明特色，但是随着时代变迁产生了进一步的内涵扩展。

其中，"山水"形态逐步从以钟山、秦淮河、玄武湖为代表的小型山水格局向以老山、牛首山、长江为代表的大型山水格局转化;"城"要素从原先南京城内重要的历史文化遗存明城墙扩展为不断扩大与兴起的城市物质空间建设开发,其在快速化的城市进程中对城市形态的影响力度愈发凸现;"林"要素则从林荫道扩展为城内丰富的道路绿化、生态资源和历史文化资源。

这一格局背景下,归纳南京城市特色发展趋势为"在城市规模不断扩张的同时,努力寻找城镇建设发展与虎踞龙盘、襟江带湖的自然格局,以及沧桑久远、精品荟萃的历史人文生态资源的再度协调与交融"。

基于此,总结南京城市空间形态优化主要面临的"如何串联、如何保护、如何展现、如何塑造"的四方面问题,并由此确定"总体格局、特色意图区、空间景观、高度分区"四个主要的规划设计方向。

2. 专题规划:设计系统全面建构

1)总体格局

综合历史空间格局、开敞空间格局、建设开发格局与空间景观格局的特点,提出以"三环圈层"为特征的南京城空间结构。具体即外围以东平山、老山、牛首祖堂、青龙山等大型郊野山水为主体,由绕越公路串连而成的外围山水环;中部以长江、紫金山、雨花台、菊花台、幕府山、秦淮河等传统南京地域范畴内的中型山水为主体,由绕城公路串连而成的环主城山水环;内部以玄武湖、白鹭洲、莫愁湖、前湖、琵琶湖等小型山水为主体,由明城墙与护城河串连而成的明城墙山水环。

三环圈层及其间分布的多条联系绿楔,奠定了南京"主城—副城—新城"的建设开发格局,串接诸多具有历史、空间、景观特征的认知节点、轴线、路径与区域,并对各格局认知要素提出导则指引。

2)特色意图区

遵循保护空间特色的思路,从"空间特色区"与"景观敏感区"两个角度划定若干重要的南京城市特色意图区,并对每个特定意图区的未来空间发展提出相关控制引导。

其中空间特色区主要指特征鲜明、要素相对集中,应在未来城市发展中予以充分展现的区域。依据不同的特征类型进一步划分为自然山水、历史文化、现代风貌三种。其中自然山水型主要指能够体现城市山水格局的自然地带,如紫金山、秦淮河;历史文化型指资源集中的历史文化街区、风貌、街巷等;现代风貌型主要指彰显现代城市特色且具有一定影响范围的城区中心。

较之空间特色区,城市景观敏感区内部并无丰富的、能够体现独特城市意象的要素,但却是意向感知的重要场所,应在未来城市建设中保持感知途径的清晰通畅,诸如城市中的道路景观敏感区、节点敏感区、视线敏感区等。

3)空间景观

依据景观视线评价,明确南京城重要的景观视线37根,其中一级城市景观视线18根,要求严格控制视线范围

内的建筑高度,确保视线景观不被遮挡和破坏;二级城市景观视线19根,要求在主体景观不受影响的情况下,控制范围内建筑高度可以适当突破,但须经过严格的技术论证。

同时依据城市视觉体验中"景观视线"与"景观界面(天际线)"的概念与联系,提出南京城市沿玄武湖、紫金山、新街口、滨江南北岸共4组(5条)重要的城市景观界面,赋予其滨湖、临山、现代都市与滨江临山的界面特征。进而对该4组城市景观界面与37根景观视线提出具体的导则指引。

4)高度分区

以历史人文、开敞空间、城市景观与用地功能该四重结构性要素的综合评判为技术路线,提出城市建设开发高度分区"三环圈层网络控制、片区多点优先"的构想,并对城市各功能区域提出高度控制导则。

其中"三环圈层网络控制"指遵照"空间结构"分项设计确立的三环圈层两侧山水本体、道路生态防护绿地、历史保护地带及圈层间彼此联系的绿楔空间,形成网络化的高层建筑严格控制区;"片区多点优先"指除江心洲、八卦洲区域由于历史与生态保护原因外,其他城市建设开发意向区域内结合地段区位、用地功能及相关城市设计成果设立1个到多个高层建筑优先发展区;剩余城市用地划归为高层建筑普通控制区。

3. 设计成果

① 129处城市空间优化要素:综合四方面专题规划,归纳南京城市空间优化调整意向为129处优化要素,具体包括3个圈层、20个区域、12条路径、43个节点、42条视线与9个历史要素,以文字导则的形式提出相应城市设计要求。② 14条优化策略:针对南京城市空间优化与控制,从实施与管理两个层面提出14条优化策略,融入总体城市规划修编成果(表6-2)。

表6-2　城市设计策略列表

实施策略01:保护城市自然格局,划定城市增长边界	实施策略08:整治不良景观视线
实施策略02:建构多中心组团格局,指引主导功能区划	实施策略09:保护城市山体景观
实施策略03:规划整改并举,凸现城市空间特色	实施策略10:保护城市水体景观
实施策略04:关注敏感区域,增强景观体验和感知	管理策略01:提高成果法定地位
实施策略05:遵守高度格局,加强技术论证	管理策略02:完善技术规定
实施策略06:突出空间特点,加强区域感知	管理策略03:指导后续工作
实施策略07:严格保护景观视线	管理策略04:普及设计手册

（3）3组规划建议：针对南京总体规划空间形态格局的"多中心组团轴向发展、山水城格局圈层辐射"建议；针对当时南京总体规划用地总平面图的12处调整建议；针对当时南京控规高度控制整合图的18处调整建议（图6-15～图6-20）。

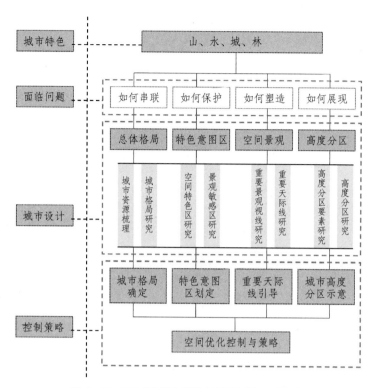

图 6-15　南京总体城市设计专题研究提纲内容图解

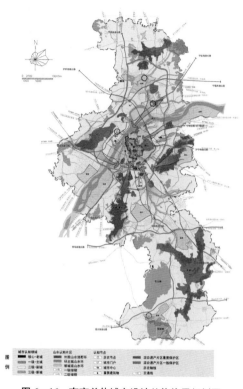

图 6-16　南京总体城市设计总体格局规划图

图 6-17　南京总体城市设计特定意图区规划图

图 6-18　南京总体城市设计景观视线规划图

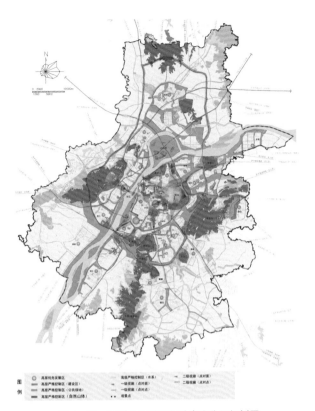

图 6-19　南京总体城市设计高度分区规划图

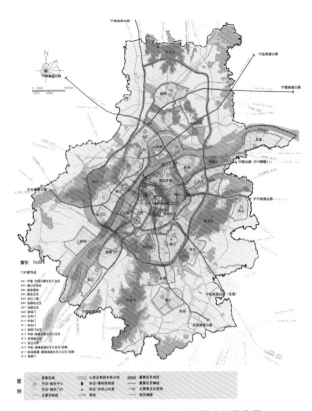

图 6-20　南京总体城市设计总体空间优化图

图 6-15～19 资料来源：东南大学建筑学院.南京总体城市设计文本[R].2009.

6.6.2　常州市万福路—常澄路城市设计[14]

常州万福路—常澄南起西新桥、北至外环路,全长约 2.6 km,位于常州市新区与中心城区交接位置,是联系常州市新区与中心城区的重要的交通性城市主干道。

现状路段用地性质混杂：常澄路路段主要以工业用地和常工院用地为主,临路为自发商铺和市场,万福路路段以办公、商业、工业、居住为主。依据当地相关部门作出的发展要求,除少量保留外其他全部拆除重建——设计用地在功能上万福路路段以居住为主,满足回迁需要,常澄路段则以办公为主。

根据用地现状特征以及常州总体规划中万福路—常澄路的性质定位——联系常州市新区与中心城区的重要的交通性城市主干道与贯穿南北的城市景观道路,确立设计理念如下：

1) 连贯南北、襟带东西

即界定良好的交通模式,满足万福路—常澄路快速交通要求,确保北向新区与南向中心城区之间联系的交通顺畅；同时维持车辆和行人对街道使用的平衡,联系为交通干道隔断的东西两侧用地,创造品质良好的步行环境。

2) 培育新的城市意象

即在地块内部建立清晰的基本构架,形成不同地段的环境特征。采用现代风格和手法,表达新世纪常州城市建设的新起点和新形象。

3) 环境景观与开发操作双赢

即创造高品质的环境景观,以之促进临近用地和后续建设用地的经济增值；同时在满足交通、景观、空间舒适感的前提下,提高土地使用强度,增强商业开发。

交通设计中,将干道两侧临街地块的车行交通模式引至干道背侧,以原规划拟定的道路为基础,完善并形成平行于主干道的南北向辅道系统,减少两侧地块交通对城市干道的压力,确保干道交通的流量、效率与安全。鉴于道路景观延续性要求,取消万福路—常澄路沿线原设停车用地,两侧地块交通基本经由辅道引入地块内部,除少量集中停车场外,其余分地块以地面停车、地下停车和建筑内部停车方式各自解决,所有地面停车场地均要求以绿化方式进行视觉美化。

土地使用中,万福路—常澄路路段两侧建筑群房基本为商业性质,易于造成大量东西向穿越人流的存在。而这种穿越型人流无疑会对其"快速交通"的道路性质带来不便。为此,设计在万福路—常澄路路段上,每隔一定距离、于道路主要节点处架设立体步道系统(天桥、隧道),既增加道路景观的层次感,同时确保市民可以在各活动聚集的主要场所之间穿行自如、不受阻碍。

景观设计则主要根据路段的区域定位,设定南、中、北三组各具特色的建筑韵律段,分别为万福路西侧由金融建筑与商业建筑形成的建筑群、干道东侧、高速铁路南北用地的居住建筑群,常澄路西侧、建材路与外环路路段北侧的商业办公建筑群,以相对统一的街廊形式给人以稳定的视觉感受。同时结合用地性质与现状条件塑造4处空间节点,设立标志性建筑(100 m以上),形成景观视觉中心,通过建筑景观水平延展与纵向拔升的有机结合,营造节奏变化,形成视觉景观高潮。

依据城市设计研究成果,万福路—常澄路地段控制性详细规划同步编制,两者相互协调,城市设计成果以图则形式反映于控规成果之中,成为具备法律效力的规划文件。目前万福路—常澄路地段两侧建设开发严格按照设计成果执行,空间效果良好深受市民喜爱(表6-3、图6-21~图6-24)。

表6-3 万福路—常澄路地段城市设计导则(建筑开发部分节选)

1	建筑景观总体遵循设计中节点性建筑(西新桥入口门户;万福路东侧通济河、沪宁铁路之间的高层居住组团;飞龙路城市广场节点;常澄路北入口门户)高耸突出,其余建筑延续平缓的原则。其中,节点建筑顶部需重点刻画,其他建筑顶部以简洁为宜,禁止采用奇特的造型或色彩
2	三组临街建筑韵律组团(万福路西侧、西新桥至大红旗路路段之间金融商业建筑群;常澄路—万福路东侧、沪宁铁路南北用地居住建筑;常澄路西侧、建材路至北外环路段之间商业办公建筑群)应注意保持建筑组团内部在高度、体量、造型、色彩上的一致以及不同韵律组团之间的风格变化,创造有序而不失变化的道路景观
3	两侧沿街建筑高度不得超过75 m(标志性建筑除外)。建筑裙房高度(从地面标高至可见高度的裙房最高点)严格控制在18 m。且为避免建筑塔楼部分对行人视线产生压迫,高层建筑裙房部分与塔楼部分应有明显的分界
4	沿街建筑底层宜布置为连续商业用地,并通过材料、纹理、细部等手段形成适宜的人体尺度。其中常澄路、万福路主要道路两侧沿街新建筑底层必须设置净宽度不小于3 m的骑楼,骑楼总长与所属建筑沿街立面总长之间比值不得少于0.6,公共建筑鼓励于二楼位置亦设置骑楼及直接通往一层的楼梯。保留性地段(北郊中学、良辰美景)沿街位置应结合现存建筑做好立面改造与界面设计工作,沿街围墙除特殊需要外不得采用封闭样式 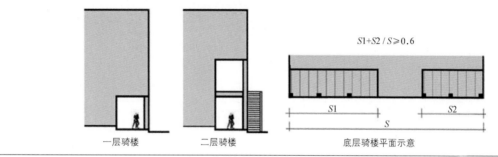
5	地段内建筑风格以现代科技建筑风格为主,禁止出现仿古样式
6	地段内建筑色彩选择以自身协调为原则,整个路段建筑色彩不宜超过三种色系。其中,居住建筑可采用暖色系,通济河沿岸地区可采用蓝色等明快色系,其他用地以浅色、灰色色系为主,不鼓励大面积使用饱和度过高和色相沉重的颜色。玻璃和金属的颜色,宜选用柔和中性色调,如透明色、古铜色、灰色、绿色和蓝色等

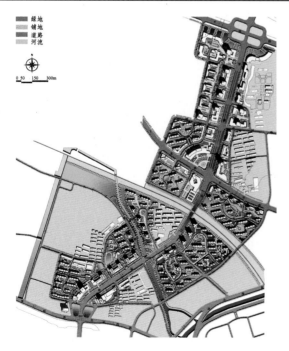

图6-21 常州市万福路—常澄路城市设计总平面图

图6-22 常州市万福路—常澄路城市设计鸟瞰图

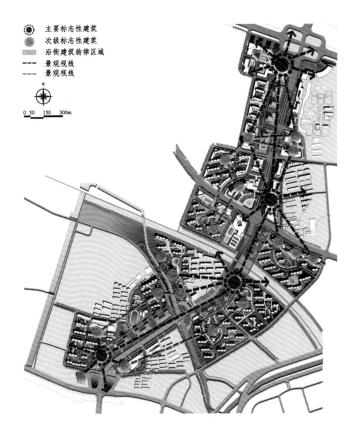

图 6-23　常州市万福路—常澄路城市设计景观分析图

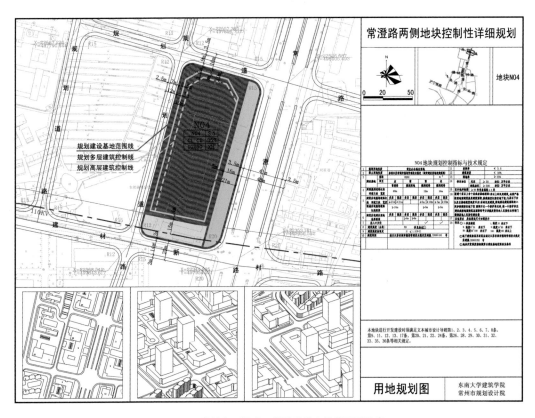

图 6-24　常州市万福路—常澄路城市设计图则示意

资料来源：东南大学建筑学院，常州市规划院．常州市万福路—常澄路城市设计[R]．2004．

■ **思考题**

1. 城市设计的概念是什么?

2. 城市设计与建筑设计、城市规划的差异是什么?

3. 城市设计的主要理论包括哪些,各自的代表人物与思想是什么?

4. 城市设计的分类包括哪些?

5. 基于与城市规划相应对的视角,城市设计的分类成果内容与要求是什么?

6. 结合具体案例,阐述城市设计的相关原则。

■ **主要参考文献**

[1] 邹德慈.城市设计概论[M].北京:中国建筑工业出版社,2003.

[2] 王建国.城市设计[M].第2版.南京:东南大学出版社,2004.

[3] [奥地利]卡米诺·西特.城市建设艺术[M].仲德崑,译.南京:东南大学出版社,1990.

[4] [美]凯文·林奇.城市意向[M].方益萍,何晓军,译.北京:华夏出版社,2002.

[5] [挪威]诺伯格·舒兹茨.场所精神——迈向建筑现象学[M].施植明,译.武汉:华中科技大学出版社,2010.

[6] [日本]芦原义信.外部空间设计[M].尹培桐,译.北京:中国建筑工业出版社,1988.

[7] [美]罗杰·特兰西克.找寻失落的空间[M],谢庆达译.台北:创兴出版社,1989.

[8] [英]麦克哈格.设计结合自然[M].芮经纬,译.北京:中国建筑工业出版社,1992.

[9] [美]约翰·西蒙兹.大地景观——环境规划指南[M].程里尧,译.北京:中国建筑工业出版社,1990.

[10] [美]乔纳森·巴奈特.都市设计概论[M].谢庆达,庄建德,译.台北:创兴出版社,1993.

[11] [丹麦]扬·盖尔,拉尔斯·吉姆松.新城市空间[M].第2版.何人可,张卫,丘灿红,译.北京:中国建筑工业出版社,2003.

■ **注释**

① 《中国大百科全书》总编委会.中国大百科全书[M].第2版.北京:中国大百科全书出版社,2009:城市设计词条.

② 参考朱自煊.中外城市设计理论与实践[J].国外城市规划,1990(3);邹德慈.城市设计概论[M].北京:中国建筑工业出版社,2003:11.

③ 孙施文.城市规划哲学[D].上海:同济大学建筑城规学院,1994.

④ 王欣.美国当代风景园林大师——J O 西蒙兹[J].中国园林,2001(4):75-77.

⑤ Barnett J. An Introduction to Urban Design[M]. New York: Harper&Row Publishers,1982:34-35.

⑥ 参考王建国.城市设计[M].第2版.南京:东南大学出版社,2004:52-78.

⑦ 中国城市规划学会城市设计专业学术委员会.参考关于城市设计在我国城市规划体系中地位和作用问题的报告[R],2008.

⑧ 参考王珂,夏健,杨新海.城市广场设计[M].南京:东南大学版社,2000:43.

⑨ Boorstin D J.美国人:民主历程[M].中国对外翻译出版公司,译.北京:生活·读书·新知三联书店,1993:329.

⑩ 刘青昊,李建波.关于衰败历史城区当代复兴的规划讨论——从南京老城南保护社会讨论事件说起[J].城市规划.2011(4):69-73.

⑪ 贝思出版有限公司.城市景观设计[M].南昌:江西科学技术出版社,2002:130-137;封云,林磊.公园绿地规划设计[M].北京:中国林业出版社,2004:56.

⑫ 参考江苏省住建厅.江苏省城市设计导则(试行)[S],2011;王建国,阳建强,刘博敏,等.城市设计[M].南京:东南大学出版社,2011:102-126;段汉明.城市设计概论[M].北京:科学出版社,2002:189-198.

⑬ 东南大学建筑学院.南京总体城市设计文本[R],2004。设计获2012年度江苏省第十五届优秀工程设计二等奖,2013年度全国优秀城乡规划设计二等奖.

⑭ 东南大学建筑学院.常州市万福路—常澄路城市设计文本[R],2004。设计获2007年度江苏省城乡建设系统优秀勘查设计二等奖.

7 城市居住空间规划设计

【导读】 居住空间是与居住相关的社会经济活动在城市地理空间上的投影,兼具物质属性和社会属性,并且是静态活动空间与动态活动空间的综合体。本章从多层次、多维度阐述城市居住空间规划与设计的理念和方法,将帮助读者建构起居住空间和城市整体关系、居住空间形态、居住空间社会结构、住区空间环境的基本认识,理解不同层次居住空间规划要点。

7.1 城市居住空间概述

城市居住空间是与城市中每个人都密切相关的一种空间类型。所谓居住空间,不仅仅指住宅建筑这种微观层面的城市要素,还包括与宏观的城市功能发生关系的整体居住功能。

可以设想,如果一个住区仅仅是内部设计比较精巧,而其他方面诸如公共设施配套不完善、通勤交通不便捷、社区社会环境不和谐,就难以获得良好的居住适宜度。

7.1.1 居住空间的概念

第一,居住空间是与居住相关的社会经济活动在城市地理空间上的投影。

每个城市都有一个居住用地的地理范围,可以看做是居住空间分布的范围。

第二,居住空间具备两种属性,即物质属性和社会属性。

(1)居住空间的物质属性 居住空间首先是以物质空间的形式存在的,其物质属性包括住宅等建筑群体集合形成的住区,以及一些内部的绿化环境、道路系统、公共建筑、市政设施等。

(2)居住空间的社会属性 居住空间作为人居住的一种空间类型,由于任何人都是社会人,因此居住空间必然体现社会属性。居住空间的社会属性可从居民的职业类型、收入和财富等级、教育和知识等级、权力和权威等级、家庭规模与类型等社会经济指标加以度量。

第三,居住空间是静态活动空间与动态活动空间的综合体。

一方面,居住空间会在特定的时间段内体现出一种静态的形式特征,即在每一历史时期,一个城市的居住空间相对而言是比较固定的,它和城市中其他功能空间的关系也较为固定;

另一方面,居住空间又呈现出一种过程发展的动态性,因为不同历史时期的居住空间是不同的,这些都会影响到居住空间在当下的具体表现。

同时,这种动态性还体现在居住空间和城市其他空间的关系上,因为居住空间并不是孤立的,它与其他城市空间之间会发生人流、物流、车流、信息流等互动关系。

7.1.2 居住空间的层次

涉及居住空间的规划包括三个层次:居住空间格局、居住区环境和住宅建筑设计。居住空间格局侧重于宏观的城市规划、城市建设,是居住空间在城市中的总体布局和结构,涉及城市功能、城市形态和社会空间结构等方面。而居住空间环境侧重于地段级住区规划建设,涉及住宅建筑布局、社区公共设施、住区交通组织、住区绿化系统、空间环境以及市政设施。住宅建筑设计则关注户型面积、物理性能、住宅功能、建筑材料和能源使用等。

7.1.3 居住空间格局

在城市规划专业本科阶段,同学们都接触过住区修建性详细规划和住宅建筑设计,分别对应于上述地段级住区和微观建筑的层面。这两个层次的规划设计对具体地段住区的空间环境起到重要影响,却不能涉及更高层级的城市要素,诸如和居住质量密切相关的公共设施体系、交通体系、城市特色和居住社会空间结构等。具体地,居住空间格局包括三个方面的内容:居住空间与城市整体关系、居住空间形态、居住空间社会结构。

7.2 基本知识和相关理论

7.2.1 居住空间与城市整体的关系

1. 早期城市的混合型关系

早期城市的居住空间具有以下几个特点:城市规模小;政治功能、商品交换功能是城市的主要功能;城市的空间结构具有明显的封闭性;总体发展趋势是从简洁走向复杂,从清晰走向混合,居住空间与商品交换空间之间功能混合型特征逐渐增强。

2. 近代城市功能分区结构

工业化时期的城市表现出以下特点:第一,由于生产力的极大提高,城市化进程开始加速,城市的规模也在迅速地扩展;第二,城市人口迅速增长,移民城市不断增多;第三,城市化中的经济以工业为主导,工厂成为城市中非常重要的景观,工人在城市中的比例也越来越大;第四,城市建设以追求利润为唯一目标,城市出现阶层分异,不关心下层阶级的城市需求;第五,政治经济体制突破专制时代的强权限制,走向推崇自由竞争的另一个极端。

对城市发展没有控制,误认为自由竞争可以带来最终和谐的结果,许多大城市因而出现了严重的"城市病",如环境污染、交通阻塞、居住拥挤等,使得城市越来越不堪重负,城市的居住环境也越来越恶劣。在此背景条件下,城市规划学科日益发展,规划作用日益凸现。注重严格功能分区的城市结构成为规划主流模式,这一模式由1933年的《雅典宪章》得以强化。然而,在解决问题的同时,又伴生了新问题的出现。城市形态虽然非常整洁美观,但缺乏人性化,这是完全的功能主义和形式主义的弊病。

3. 1960年代以后对于人文和混合的关注

1960年代以后,人们开始对完全的功能主义的城市建设思路进行反思,最典型的是1977年国际现代建筑学会在秘鲁修订的城市规划新宪章——《马丘比丘宪章》。同《雅典宪章》相比,《马丘比丘宪章》更注重城市的人文内涵。《马丘比丘宪章》主要包括以下几方面内容:① 城市生活具有复杂性和多样性;② 城市是生活的容器,应该容纳各种各样的生活需求;③ 强调人本主义价值取向;④ 强调综合的多功能的环境;⑤ 强调"交往、过程和参与"。

实践《马丘比丘宪章》最典型的例子就是英国的第三代城市密尔顿·凯恩斯,它采用了一种混合布局的模式。一些污染较重的企业分布在独立的地段,而一些污染较轻的工业区域则跟居住区域混合在一起。此外,公共汽车站呈网络状分布,以便居民搭乘。其他一些公共设施,如商店、学校等,都分布在合理的步行范围之内。这些设计既降低了城市交通系统的负荷,也为居民的生活提供了便利。

4. 当代对于居住、产业、交通等空间互动关系的关注

在全球化、信息化以及城市产业结构调整等推动机制作用下,20世纪后半叶城市持续扩展。这一过程中居住空间和产业空间的联动关系(是否脱离、前后关系、对应关系、相互作用等)成为研究热点,其研究成果主要体现在有关郊区化的研究中。

郊区化是城市郊区化或郊区城镇化的简称,它是指人口、就业岗位和服务业从城市中心向郊区迁移的一种离心分散过程。西方发达国家主要经历四次从城市中心推向郊外的浪潮,即人口的郊区化、工业的郊区化、商业的郊区化、办公业的郊区化。理论研究对于西方郊区化的反思除了"蔓延、过度依赖汽车造成对环境的破坏、生活质量的下降以及文化生活的贫瘠"以及"郊区的发展加剧了旧城的衰败和社会隔离的状况"以外,居住与工作的不平衡问题也是一大焦点问题。这一问题包括"通勤距离的增加,人口素质与就业岗位的不平衡"。

目前"居住圈"概念已得到广泛应用。居住圈包括两方面的含义,一是把城乡作为一个统一整体组织住宅建设,统筹居住与生产;二是在大居住圈内进一步按照居住联系的内在要求进行细分。城市居住圈的划分方法有:交通枢纽分析法、就业中心分析法、社会联系法以及主要因子叠加和地域分异结合分析法"。根据各居住圈的综合条件和特点,确定发展重点,制定相应的发展策略。城市新区居住空间作为城市居住圈的组成部分,在城市居住圈结构统筹之下,应合理安排居住密度分布体系,并运用多种手段引导人口合理流动和分布。

7.2.2 居住空间形态

1. 传统居住空间形态的遗产

中国传统居住空间形态表现为:街、巷、院落的层次递进的空间形态;西方传统居住空间形态则表现为:街道+广场、街坊的空间形态。虽然每个城市具体形态千变万化,东西方住宅形式有较大差异,但都具有以下几点共性:① 整体空间形态有序、层次清晰;② 空间富于变化、丰富多彩;③ 街道系统、住宅布局与自然良好契合,如苏州、威尼斯与水的关系;④ 体现出良好的领域性、认知度和社区性,居民的归属感强。

2. 邻里单位模式

1920年代出现的邻里单位规划理论逐渐成为居住空间组织的主流理论,全面综合考虑居住环境有关城市要素的组织与安排,注重综合系统的建立,具有极其重要的进步意义。自1930年代以来,邻里单位模式在各国广泛被应用,其规划目标和规划模式也随时代发展有所演进(表7-1)。

表 7-1 邻里单位模式在规划应用中的演变

时间	1930s—1940s	1950s—1960s	1990s—
代表项目	英美第一代新城	西方综合新城	美国新城市主义 英国都市村庄 澳大利亚适居邻里
应对主要问题	工业时代混乱的城市环境和城市匿名性 汽车时代的居住需求与安全	大城市病 战后住宅供应	郊区化蔓延 社会空间失衡 城市中心衰退
规划目标	健康、安全、卫生、方便、自给自足、一定的社区性	健康、安全、卫生、方便、区域整体协调发展	集约利用土地、增强地区活力、提供就业机会、可持续发展、区域整体协调发展
规划模式	超级街区邻里单位	承继邻里概念的基本模式，但放弃自给自足的全能功能，强化城镇中心，弱化邻里中心，公共空间的设置更为多样化	承继邻里概念的基本模式，适当提高密度，混合用途开发，强调公交优先，借鉴传统城镇空间布局，强调城市性与社区归属感
评价	空间环境井然有序，邻里中心效益欠佳，由于规模及产业功能等问题自给自足不能实现	着眼于已有的物质、社会、经济环境，确定适宜的规划模式，规划目标也更现实	空间环境既有秩序又有变化，其与物质环境相关的目标基本都能实现，然而其社会目标的实现却有赖于项目的整体组织和控制

然而，对邻里单位也并不全是赞美之声，学术界对其的批判表现为两个阶段。

第一阶段以 1960 年代简·雅各布斯(Jane Jacobs)针对超级街区的规划模式的批判为代表。评论家简·雅各布斯、赫伯特·甘斯(Herbert Gans)、城市社会学家凯瑟琳·鲍尔(Catherine Bauer)对压倒一切的、流行的邻里规划模式的盲目应用提出了批评，认为超级街区的空间与功能组织并不能提供真正的城市性。功能主义等级化的城市组织结构也造成了城市活力的丧失。

第二阶段以 21 世纪初阿里·迈达尼普尔(Ali Madanipour)针对 1990 年代以来西方国家流行的片面夸大邻里基本模式与环境、经济与社会可持续发展的显性联系的批判为代表(表 7-2)。

表 7-2 阿里·迈达尼普尔对邻里模式的批判

可持续的城市形式 (A sustainable urban form)	正	使用公共设施的便捷性，通过发展公共交通减少小汽车利用率
	反	邻里的公共设施并不能满足人们生活各层面的需要，注重设施布局的紧凑城市同样可以达到上述目的
城市管理的方法 (A means of urban management)	正	有特点的、有秩序的邻里发展模式便于城市管理
	反	信息时代的城市管理可通过多种方式实现，邻里之间的竞争和差异性有时是消极的，分离的邻里可能破坏城市的整体发展

续表

市场操作的媒介 (A vehicle of market operation)	正	邻里的规模符合已成为英美地产开发主流的大型公司进行规模开发的需要
	反	社会空间的马赛克(mosaic)分布对于整体经济的推进起到消极作用
社会整合的框架 (A framework for social integration)	正	通过形式上的凝聚性促进社会整合
	反	传统社区赖以存在的社会经济基础已消失，邻里作为形式上的社区其物质和精神的支撑作用极为可疑，而向传统的复归也并不适合所有人的要求(较强的个人不愿被束缚)，邻里内部关系的加强可能导致邻里之间关系的减弱
建立特质和识别性的方法 (A means of differentiation)	正	通过相近的社会身份促成邻里内部的相似性从而建构其新的社会联系，形成对立于城市化匿名性(anonymity)的本地特质
	反	这种本地特质的建立并不能改变人们现代生活方式的本质，加剧城市社会隔离状态

资料来源：Ali Madanipour. How relevant is "planning by neighbourhoods" today? [J]. TPR, 2001, 72(2)：171-191.

3. 对场所和特色的关注

舒尔茨的"场所精神"和空间结构的对应关系、凯文·林奇的城市认知地图、奥斯卡·纽曼的可防卫空间与领域、亚历山大的模式语言以及半网络结构的提出、罗西借鉴历史的类型学理论，这些基于空间行为学、环境心理学以及重新审视历史的研究，大大丰富了邻里单位理论。如何通过空间的建构产生场所意义、如何通过空间形态的组织促发特色生成，增强新住区的内涵和家园感成为研究热点。倡导"传统邻里模式"(Traditional Neighborhood Development)的新城市主义实践在这方面的工作尤为优秀，通过借鉴历史上充满活力的传统居住空间的研究，使得新城市主义的创新工作由于以历史的空间实践为基础从而具有更强的可靠性。国内研究中，周俭等提出的"生活次街结构"也是相关的研究成果。万科地产则通过"都市核心路""开放商业街""回家的路线"等空间建构试图使住区获得活力盎然的城市气氛。

另外，城市设计手法和运作在推动居住空间建设中也起到较好的作用。恰当的城市设计组织和运作，包括两个方面：① 重视片区总体规划质量和设计导则的制定，以保证对片区特色整体的控制；② 通过协调机制组织多家设计力量参与，以避免新区快速建设过程中容易产生的单调性设计。日本的新城建设、美国的新城市主义指导下的新居住区建设、英国的都市村庄实践、瑞典的新住区建设中都有成功的可资借鉴的案例。

4. 与交通协调的居住空间形态

住区道路布局与空间形态之间具有密切的关联，道路布局模式演变与住区的发展息息相关，可归结为如下三个阶段(表 7-3)。

表7-3 道路布局模式演变的三个阶段

第一阶段：应对工业化初期城市无序建设和恶劣环境的郊区化意式道路模式	19世纪末、20世纪初，线性设计优美，注重道路断面设计的景观型道路布局。追求舒适、明朗、彰显自然风情的郊区道路景观
第二阶段：应对汽车时代的道路分级模式	基于邻里及邻里单位的规划思想，20上半叶美国的郊区普遍采取道路分级模式，地区之间联系道路与内部道路根据其功能各司其职，并在宽度、交叉方式、线型设计等方面有着很大不同，避免车行交通对住区内部环境的干扰，强调住区的私密性的保护，这一时期大量采用了深入社区内部的尽端路形式。20世纪中期基于交通安全的实证研究进一步鼓励不连通的规划布局模式
第三阶段：应对城市蔓延的鼓励公交与完善步行系统的道路模式	基于交通导向发展(TOD，Transit-Oriented Development)的土地利用模式，对以往交通模式加以扬弃，并从传统社区中吸取营养。典型的突破是摒弃树枝状的不连通的尽端路，提倡采取格网式路网结构，以增加步行线路的可选择性，并通过工程技术手段限制格网布局可能带来的车行交通过于快速(格网变形，增加T形口或适当偏转等)。在格网式道路布局中，步行、车行、住宅临街面、公共设施、开发空间不再是简单分区，而是和谐共处，增加社区的自我监视、安全感，并通过功能混合带来社区活力

从环境可持续发展的角度，鼓励公交、非机动车和步行等交通方式，通过停车数量限制抑制易发生交通堵塞区的机动车流量。在土地利用方面，日益倡导有利于公交发展的用地模式和城市结构布局，并根据交通系统合理确定土地的开发强度，即建构与交通协调的土地利用密度分区，达到土地集约利用、充分利用公交系统、促发选择非私人机动交通方式等的多重发展目标。

以西雅图1994—2014总体规划为例，建构了四个层次的密度分区，把用地、交通、住房、市政设施、公用设施和经济发展紧密联系在一起，依次导入未来新增的就业和住房发展需求(表7-4)。

表7-4 西雅图1994—2014总体规划的密度分区

都市中心集合(Urban center village)	高密度的商业和居住中心，平均半径约1.6 km，每公顷约37～124户居民和124个就业岗位；与区域密集型交通干线相连，有完善良好的公交和步行设施
核心型都市集合(Hub urban village)	为密度较高的商住混合，周边以居住用地为主。平均半径约0.8 km，每公顷约37～49户和62～124个就业岗位，周边每公顷约20～30户居民。与交通干线相连，有大的公交中转站
居住型都市集合(Residential urban village)	以居住用地和连排式住宅为主，有完备的商业服务。平均半径为约0.4 km，每公顷约25～37户。有公交干线将该地区与上两类地区直接联系，鼓励步行和自行车交通
社区中心点(Neighborhood anchor)	以独立式住宅为主。平均半径为约0.4 km，每公顷约15～20户，允许2～3个街廓为商业或多层居住用地。有公交设施，有良好的步行和自行车交通联系

资料来源：梁江，孙晖. 可持续发展规划的范例——西雅图市总体规划述评[J]. 国外城市规划，2000(4).

7.2.3 居住社会空间结构

1. 对居住社会空间结构的早期研究

社会学领域将城市社会结构与空间布局进行关联研究始于20世纪初著名的芝加哥学派，借鉴生态学的基本原理，总结出了社会空间结构的布局特征，伯吉斯于1925年提出同心圆模式，霍伊特于1936年提出扇形模式，1945年哈里斯和乌尔曼结合北美城市郊区化提出了多核心模式。这些模式图不仅反映出社会居住空间结构的分布特征，还反映出这些不同社会属性的居住空间与城市其他功能空间的关系，多核心模式更是反映出城市扩展过程中社会空间结构的布局规律。虽然这些模式是基于北美城市研究得出的，但是与经济地位、家庭类型、种族背景等因子相联系的社会空间结构分析方法成为研究社会空间的奠基性理论。在不同的国家不同的社会经济背景下，不过存在因子的差异、因子与空间关联的不同罢了。

2. 对居住社会空间结构的阐释性研究

社会结构在居住空间层面有所体现的规律被发现之后，引发了一系列的阐释性研究。

在居民择居方面，认为居民在选择居住空间时，会受到自身经济条件、家庭类型、身份地位的限制。1940年代提出的社会网络理论，认为社会是一个由相互联系的制度构成的可辨别的网络，人们在选择工作岗位和居住地时，总是试图建构利于自身发展的社会支持网络，以便个人可以从中获得帮助以满足需要和达到目标。艾伦·W.伊文思则总结了导致同类型居民住宅区位相聚集的因素，即"社会聚集经济"因素：人们具有一种想同他们所期望的并且容易结交为朋友的人住得近一些的倾向；由于服务供应方面的规模经济，需要相同服务的人群相聚集可以提供足够的市场，而市场一旦形成，更加剧了同质人群的聚集。

在制度影响方面，新马克思主义者提出的社会—空间统一体理论(social-special dialectic)对社会结构与居住空间的关联性研究提供了崭新的视角，认为人(个体与群体)与周围环境(自然与社会环境)之间存在双向互动连续过程。城市的社会结构体系将会影响人创造和调整居住空间的活动，而居住空间作为人的物质社会基础影响人的价值观、态度和行为，进而影响城市社会结构。制度对居住空间结构起到重要作用。居民虽然有权利选择自己的居住空间，但其选择范围却受到制度的限制，包括土地制度、住房制度以及相关政策，诸如财税政策、房地产政策、城市发展政策和城市规划政策等。

3. 居住空间分异研究

20世纪中期以来伴随城市居住空间的扩展，社会结构呈现出越来越明显的居住空间分异，成为学界的研究热点。如美国北方城市郊区化进程中严重的内城（低收入者聚居）与郊区（中产阶级化）空间分异现象，欧洲国家新城建设过程中移民与本地居民的空间分异现象，东亚国家城市化进程中进城农民与城市居民的空间分异等，均引起了学界的充分重视。而全球化经济体系下普遍出现的阶层极化使得这一问题日益严峻。

通过将空间分异与社会流动、隔离、排斥等社会学研究内容相结合，研究社会属性与特定空间的结合是否疏离阶层之间的关系，是否阻碍社会流动尤其是中低阶层的向上流动，进而评析其对于社会发展的正面或负面作用。

社会流动——指"个体或群体在不同的社会经济地位之间的运动"。对社会流动的研究包括两个维度，一为向上、向下流动（upwardly mobility，downwardly mobility），一为代际、代内流动（intergenerational mobility，intragenerational mobility）。在理想的社会经济制度下，应该能够使社会流动做到公平、合理、开放，并且相对于"先赋性因素"，"后致性因素"占据主导地位。相反，不理想的状况是阶层封闭性强、边界清晰化。

隔离——强调"隔、离"的行为和相互关系。隔离，首先表现为物质空间的隔离，进而延伸至社会经济的其他领域。隔离分两种情况，被动隔离和自主隔离。被动隔离指某类群体被某些政策限制、被经济能力限制或被其他群体以相对直接的方式拒绝（如歧视）。主动隔离指某类群体基于从事某类特定工作或构建互帮互助网络的生存需要而主动聚居某地。物质空间隔离并不必然造成阶层关系的冷漠和恶化，但是物质空间差异伴随的空间资源差异，是造成阶层关系紧张、向上流动渠道阻塞的主要原因。

排斥——指的是个体有可能中断全面参与社会的方式，包括经济排斥（economic exclusion）——就业和消费方面的排斥，政治排斥（political exclusion）——持续普遍的政治参与排斥，社会排斥（social exclusion）——使用社区设施、社区生活、构建社会网络方面的排斥。排斥一般指某一群体"被"排斥的情况，同时也可以指某一群体自主地从主流社会自我排除。居住空间分异与排斥相关的部分在于：① 居住空间与就业空间之间的关系是否联系便捷、交通成本是否可以接收；② 公共设施的规划建设是否全面及其质量是否良好；③ 能否延续支撑性的社会网络，等等。

7.3 居住空间规划理念

7.3.1 与城市互动的居住空间总体规划

对"居住、工作、配套和环境"良性互动的追求成为当代城市居住空间规划的理想。经过长期的实践和研究，这一互动逐渐拓展至区域层面城市体系的共同发展、区域交通的支撑、集约的土地利用、系统的生态策略以及设施配套的规划与建设运作。居住空间与城市整体的关系体现为复合型关系，包括：

1）和就业、交通的复合

居住空间与就业空间、交通体系的不协调，不仅将加大环境保护的压力，也会造成难以解决的社会问题。因此，居住空间的发展与就业空间、交通空间之间应构成相互协同、相互支撑的结构。随着交通技术的进步，以及城市经济实力的持续提高，当前轨道交通等大容量公交系统的建设开始纳入部分大城市的发展计划中。大容量公交系统的建设将使更大范围内的居住、就业功能相整合，居住空间体系应对此有所应对。

2）和配套设施体系的复合

公共设施作为提供公共服务的重要空间，其在吸引人口和产业入驻方面的作用毋庸置疑。公共设施的配置是多层面的，具体要根据新区承担的城市职能而定。区域级、城市级的公共设施配置具有投资大、相对集中的特点，可以在短期内形成空间节点，因而应充分发挥其导向性作用促进新城城市职能和形象品质的全面提升。采用项目启动式公共服务设施导向开发，成为带动城市建设的引擎。而住宅级的公共设施配置，则与住宅关系更为密切、是定居者日常生活的重要空间。投资相对分散，所需资金差异也较大，项目类型繁多，周期较长。住区公共服务设施（也称配套公建）包括"教育、医疗卫生、文化体育、商业服务、金融邮电、社区服务、市政公用和行政管理及其他"等设施。这些公共设施的足量配置以及良好运营是保障生活便捷性和质量的重要保证。

3）与环境承载力的协同

在保证粮食安全、人口承载力安全和生态安全的基础上控制居住用地总量和开发强度。应根据土地资源、人口发展趋势确定可占用的居住用地资源，并考量有效消费需求、居民收入水平制定相应的居住建筑面积水平的发展计划。从一些国家或地区的相关数据来看，居住建筑面积水平与国家的经济发展状况有着较明显的正相关关系，却不存在绝对的正相关关系，如经济水平较高的香港、日本，其人均居住面积水平并不高。根据我国人地资源情况、经济发展水平以及当前的居住面积总体水平，应推进多中心组团式的城市结构，走紧凑式的集约发展之路。

4）与生态策略的整合

要维持良好的环境生态，必须立足于系统性的生态策略，包括能源、水资源、废物处理、环境友好的交通方式以及材料应用等多方面。以能源生态策略为例，就包括如何减少能源使用、如何利用清洁能源以及提高石油等能源的利用效率等多种途径。以水资源生态策略为例，就包括雨水的回渗、收集和利用，中水利用，减少水耗策略等。同时，生态策略也应对应于城市、街区、建筑、景观等不同层次。

7.3.2　基于城市设计的居住空间形态设计

应以邻里情结为规划伦理基础,将邻里概念作为参考,跳出邻里基本模式的套路限制,规划的具体模式应该是多元的。在当前城市发展背景之下,兼顾交通效率、居住宜居性和城市特色的居住空间形态成为研究方向。规划体系方面,可与地区控制性详细规划同时进行,也可以在控规之前增加一个中间层次——地区城市设计,结合各地区的特定区位、自然与人文资源禀赋,进行更深入细致的土地利用规划,相对于控制性详规而言,提供更为具体的框架性指导。尤其关注公共活动空间的系统和住区特色营造,制定相应的设计导则对后期具体的规划与建筑设计加以引导。规划理念包括以下几个方面:

1) 功能合理——系统综合

秉承现代主义规划理论对于功能性和合理性的关注,承继邻里单位的基本原则,建构能够完善应对居住功能的综合系统,包括:

基于服务半径均衡性的公共设施分级布局;

妥善应对车行交通和重视步行交通安全性的道路系统;

以及便于人们使用的绿地系统。

2) 持续发展——目标多向

这是社会、经济、环境可持续发展观下应秉持的规划理念。在居住功能自身合理性的基础上,体现环境、效率和社会效益的协调发展,包括:

环境层面——公交导向下的土地利用,倡导土地集约利用并兼顾交通方式多元化;

效率层面——交通效率适宜的路网模式,兼顾交通疏解与居住舒适性;

社会层面——持续激发活力的生长模式,兼顾整体的完善性与动态发展过程中的局部整体性。

3) 因地制宜——地域特征

这是既能与城市协同发展、又旨在打造特色家园应秉持的理念。包括:

公共设施配套——整体出发,考虑与城市整体关系,合理分级;

空间特色打造——挖掘资源,彰显自然或人文特色,传承或创新。

街区与路网模式的可能性见表7-5。

居住空间特色塑造的四种来源见表7-6。

表7-5　三种街区与路网模式

两种常见模式	优点	问题	案例
传统小区规划模式下的大街区等级化疏路网模式	避免交通对住区环境的干扰,营造具有归属感和安全感、安静舒适的生活空间	不适应当前机动车大量增长的交通压力,与周边道路系统衔接不足,易对交通组织形成阻碍。	快速路 主干路 次干路
适应机动化交通和开发规模的小街区密路网模式	采用小街廊、密路网、窄断面的高密路网,便于组织交通,且地块规模与房地产开发的市场需求小型化趋势相吻合	直接临交通性道路的住宅增多,易受交通噪音、污染等影响,居住舒适性受到影响	城市主干道 城市次干道 城市支路 单向通行支路
公交导向下兼顾交通效率和步行环境的适宜路网模式	机动车道路网主要承担的是非大量私人通勤性交通,整合环境效益和交通效率,步行环境优良	成熟的"大容量公交主线+公交次级网络"的支撑	地铁站 居住组团 工业组团 公共中心 地铁线路 公共汽车线路 公共汽车站

表7-6　居住空间特色塑造的四种来源

四种来源	空间落实	案例
与自然的契合	基于生态评价,确定建设用地适宜性等级;利用山、水、绿地等既有自然资源,与地形地貌相结合,组织适宜的路网、绿地系统	日本多摩新城
历史人文特色的延续	保存有价值的历史文化资源,有机组织到居住空间中,以丰富历史人文内涵;如果该地域存在有价值的传统居住风貌,宜有适当体现	上海青浦水乡新城

续表

四种来源	空间落实	案例
适应发展定位的特色创新	与该居住空间所在城市地区的总体功能发展定位相契合，结合未来居住人口结构及其生活模式，进行空间特色创新	新加坡榜鹅新城 —— 轻轨　■ 绿地
基于生长模式的空间特色	新区居住空间建设需要时间支撑，在生长过程中，协同其与新区整体功能、城市交通和配套建设关系的空间组织亦会促发空间特色	日本菱野新城

7.3.3 以和谐发展为目标的居住空间社会结构引导

住房分配取消福利制、走向商品化提供了政策机制，由政府推动的房地产市场为各阶层提供了择居的市场机制，加速推进城市化、城市结构演变为居住社会空间结构提供了多样性空间。对应于当前的社会分层，居住空间分异已成必然现象，而随着市场因素主导作用的增强以及政府企业化运作城市土地资源方式的普及，社会空间结构的丰富性和混合度呈现降低之势。

在我国目前的改革转型期，在社会分层日益明显、贫富差距日益扩大的今天，低收入者占有相当的比例，因此对于易受排斥的低收入居住空间的研究最为迫切。城市目前的低收入者概可分为几类：低收入城市居民（包括低收入城市动迁居民）、失地农民、外来低收入流动人口。他们主要的居住空间类型有：经济适用房、失地农民拆迁安置房、城中村、旧住区。这些居住空间布局所提供的城市资源与居民生存状态之间的关系值得认真研究。

关于转型期住房政策的研究表明，对非保障商品住房，政府有限干预，出发点是促进宏观经济健康发展、推动资源集约型的城市发展；对保障性住房，政府主导，但充分利用市场机制，主旨是使社会各阶层共享改革成果、共同持续发展、建设和谐社会。中国已经迈入大规模建设保障性住房的时代。"十一五"期间，我国以廉租住房、经济适用住房等为主要形式的住房保障制度初步形成，通过各类保障性住房建设，全国 1 140 万户城镇低收入家庭和 360 万户中等偏下收入家庭住房困难问题得到解决。"十二五"期间，我国计划新建保障性住房 3 600 万套，大约是过去 10 年建设规模的两倍。到"十二五"末，全国城镇保障性住房覆盖率将从目前的 7%～8%提高到 20%以上，基本解决城镇低收入家庭住房困难问题。

目前已实施的保障性住房主要包括以下几种类型：① 应对最低收入住房困难户的廉租房；② 应对低收入住

房困难户以及城市拆迁、集体土地拆迁中符合一定条件（如补偿费用较低、收入较低）拆迁户的经济适用房；③ 城市结构持续调整（如功能置换、环境整治、危旧房改造等）导致的城市拆迁安置房；④ 因城市用地扩展而征用集体土地导致的失地农民安置房。除此，保障性住房的范畴在某些城市已出现了新的拓展，如某些以工业园带动的城市新区，已出现了一些应对外来务工人员的政府引导、市场运作的租赁型住房；2010 年以来，随着保障性住房政策逐渐放宽，租赁型公共住房的适应范围已突破目前廉租房的限制向新就业人群、中低收入夹心层和外来流动人口等扩大。

从目前的保障性住房建设来看，普遍存在以下问题：需求方面，除了低收入住房困难户的数量相对稳定之外，伴随城市化进程的快速推进，大量市政建设、项目开发将带来大量保障性住房需求，而政府对这部分建设量不够明了，就会导致疲于应付、供应滞后的局面，既不利于城市建设的推进，也不利于社会稳定。选址方面，对于保障性住房选址存在两种误区，一种认为为了体现对保障性住房的重视，应选择城市中心等优质区位；一种则认为保障性住房不应阻碍房地产的市场运作，应选择土地价值不高的地段。保障性住房选址在"中心优质地段还是城市偏僻地段"的悖论似乎无法化解，在不得要领的争论中，最后通常由行政指令解决。布局方面，保障性住房居民中的低收入户、教育水平较低的失地农民等均属社会弱势群体，而现有不少保障性住房建设成片规模较大，与外界社区成隔离之势，公共设施也自成一体，但提供的公共服务质量堪忧。由于不能享受和普通市民等同的城市生活条件，导致社区氛围涣散，治安问题严重，不利于和谐社区的培育。目标取向方面，多数保障性住房建设仍以工程建设、完成任务为主旨，虽然解决了其基本居住需求的问题，但对于其未来的持续发展缺乏推动，一些保障性住房长期存在交通不便、就业困难、配套不完善等问题，不利于这些社区的长远健康发展。

在转型期建构"和谐社会"的时代背景下，保障性住房建设的金融运作、申购与推出机制、存量管理等相关政策将会日臻完善，但如果保障性住房的空间决策仍然滞后的话，可能会产生与初衷相悖的社会效果。实际上美国 1930—1960 年代的公共住房建设，瑞典在 1960—1970 年代的百万工程项目都已经提供了前车之鉴。

总体来说，保障性住房在保障基本居住需求方面无疑起到了积极作用，但是其社会成效却存在极大的偶然性，其建设普遍缺乏科学规划、合理指导。关于保障性住房的功能及社会成效方面的批评声此起彼伏。保障性住房规划亟须通过对空间资源的配置作用，促进被保障群体能够持续地发展，融入社会整体前进的时代大潮中去。这就对保障性住房的城市规划效用提出了更高的要求。

保障性住房建设亟须空间视野下的综合规划应对之

策。除了满足被保障人群基本居住需求以外，保障性住房规划理念应体现"长远的持续发展"、"综合的社会效益"和"细致的人文关怀"。

1）长远的持续发展——促进发展，避免排斥；与宏观层次规划研究密切相关

使被保障人群具备通过后致性因素进行向上流动和代际流动的可能性。这主要通过城市环境的支撑来达到，需要通过选址研究，遴选出近期具备适宜交通、就业、生活和教育条件的区位。

2）综合的社会效益——促进融合，避免隔离；与中观层次规划研究密切相关

既能够保证被保障人群较好的生存环境，又能够与周边社区融合，避免外部负效应的产生，不妨碍地区的整体发展，甚至对地区发展起到积极的推动作用。这主要通过确定合理的社区结构来达到，需要通过布局研究，避免大规模封闭式孤岛的产生，在社区范围内规模适当，能与周边住区融合。

3）细致的人文关怀——促进稳定，增强自尊；与微观层次规划设计密切相关

通过提高住宅质量和环境品质，可以增强被保障人群的自尊心，有助于培养对于社区的自豪感、认同感，可以有效缓解抵触情绪，促进稳定。这主要通过提高微观层面的住宅和住区的规划建设质量来达成。需要认真研究被保障人群居住需求，在土地集约利用原则下，使有限的住宅面积发挥出较大的效用，提高居住质量；另一方面，通过细致的建筑设计和环境处理，在造价有限的前提下，创造出优美宜人的居住环境，提高居住品质。

7.4 住区规划设计原则和内容

居住用地是城市中比重较大的用地，住宅是居民所获得的终端产品，对于商品住宅来说，居民花费巨资拥有其财产权，对于住宅产品有较高的期望。对于国家补贴的保障性住房来说，既要强调集约节约，也要有较好的适居性。住区是居民日常生活时间最长的居住空间，需要精心设计，满足居住的空间需求、健康需求、交往需求和心理归属需求。

7.4.1 住区规划设计原则

1）精心策划，综合考虑城市住房制度、住房市场和潜在住房人群居住需求

如果是商品住房住区，应搜集相关市场信息，对潜在购房人群进行分析，基于对基地本身资源条件、周边城市功能、开发盈利需求以及居住功能综合考虑基础上，研究确定未来销售对象及相应的居住人群。如果是保障性住房住区，应根据相关住房制度和政策，了解政府保障房供

应对象，研究其居住需求。继而研究居住人群的社会经济状况、生活方式和居住需求，合理策划确定该住区的设计产品定位，包括住宅户型设计重点、配套设施及布局意向、景观特色等。

2）有机整合，符合城市总体规划和其他上位规划的要求

居住区是城市的重要组成部分，必须根据城市总体规划和上位控制性详细规划要求，从全局出发考虑居住区具体的规划设计，统一规划，合理布局，因地制宜，综合开发，配套建设。住区定位与城市整体功能契合，住区交通与城市交通系统衔接，公共设施配套与周边城市配套关系合理。开发强度、空间形态与控制性详细规划确定的指标和城市设计导则充分衔接，也可在合理范围内进行调整。

3）因地制宜，契合城市社会经济条件及基地自然人文条件

住区规划是在一定的规划用地范围内进行，对其各种规划要素的考虑和确定，如日照标准、房屋间距、密度、建筑布局、道路、绿化和空间环境设计及其组成有机整体等，均与所在城市的特点、所处建筑气候分区、规划用地范围内的现状条件及社会经济发展水平密切相关。在规划设计中应充分考虑、利用和强化已有特点和条件。人文因素方面，综合考虑所在城市的性质、社会经济、气候、民族、习俗和传统风貌等地方特点，保留利用有价值的建筑物、构筑物及既有的街巷格局等；自然因素方面，充分利用用地内有保留价值的河湖水域、地形地貌、植被等。

4）舒适宜居，创造安全、卫生、方便、舒适和优美的居住生活环境

研究居民的行为轨迹与活动要求，综合考虑居民对物质与文化、生理和心理的需求及确保居民安全的防灾、避灾措施等，以便为居民创造良好的居住生活环境。适应居民的活动规律，综合考虑日照、采光、通风、防灾、配建设施及管理要求，创造安全、卫生、方便、舒适和优美的居住生活环境。为老年人、残疾人的生活和社会活动提供适宜的居住、全面连续的养老服务、残疾人康复护理、交往游憩等空间场所和无障碍环境。

5）低碳生态，实现与自然环境和谐发展的绿色人居环境

住区规划中应充分尊重自然环境，倡导资源保护，最大限度延续原有自然生态系统，合理地对"土地资源"、"水资源"、"生物资源"进行最佳利用，住区在建设和使用过程中尽量减少能耗、减少排放，利用清洁能源，将保护环境与建设人工居住环境相整合。采用碳足迹少的地方建材，实现步行友好、公交导向的土地利用，倡导从细节做起的低碳生活方式，减少温室气体排放，实现人与自然真正和谐的人居环境。

6）集约高效，便于建设生产、运营管理且体现可持续

发展要求

我国土地资源紧张,住区作为面广量大的空间类型,应该秉持可持续发展理念,经济、合理、高效地利用土地和空间,节约利用资源和能源,运用低影响的绿色设计策略,达到社会、经济、环境三方面最优的综合效益。此外,还应以务实的态度保证住区未来建设生产与运营管理的可操作性。一方面,结合住宅产业化发展趋势,为工业化生产、机械化施工和建筑群体、空间环境多样化创造条件;另一方面,为商品化经营、社会化管理及分期实施创造条件。

7.4.2 住区规划设计的内容

1) 功能结构

住区是一个多要素、多层次的城市空间载体,其功能以居住功能为主,同时还兼容各类公共设施、交通和休憩等功能。这些不同功能之间既相对独立,又相互联系,共同形成一个统一有机的整体。

城市要素众多,如果没有功能结构的引导,就可能顾此失彼、混乱无序。因此,进行合理规划的第一个步骤就是研究确定功能结构,功能结构是相对抽象的功能组织架构,一个好的功能结构,决定了规划设计方案的大局,但又不影响其后深入设计的众多可能性。基于某种规划设计目标的功能结构,对于住区整体起到平衡、支持的作用,而结构的各个子成分、子系统在功能结构的引导下,可以进一步调整、深化,其对于整体功能结构也可能产生调整的需求,整体功能结构在进一步调整时也是基于维持整体的动态平衡的考虑。可以说,功能结构是一种互动关系模式,以整合、秩序、协调、均衡为诉求。功能结构既有制约性又有能动性,结构中相对稳定的部分是不变的,具制约作用,不确定的部分可以积极变动,找寻最佳平衡状态,因此又具有能动性。

对于住区规划来说,功能结构是最先考虑的,在确定一个功能结构前,需要多方案尝试,以确定一个综合效益最佳的结构方案,指导以后的方案具体设计。最终的功能结构,则是局部设计和整体规划不断协调、平衡和最优化的结果。特别需要注意的是,功能结构并不拘泥于几种模式,其可能性是无穷的,关键要因地制宜研究确定最适宜的功能结构(图7-1)。

2) 公共设施

住区公建用地的比例相对住宅用地小很多,但是没有公共设施服务的住区生活质量是难以想象的,住区公共服务设施以较小的用地比例承担着必不可少的公共服务,包括公益性服务和经营性服务,同时也是住区非常重要的公共活动空间,具有重要的景观作用,因此必须对其进行精心合理的安排。

(1) 分类分级 《城市居住区规划设计规范》(GB 50180—1993)(2002年版)里将居住区公共服务设施(也称配套公建),分为"教育、医疗卫生、文化体育、商业服务、金

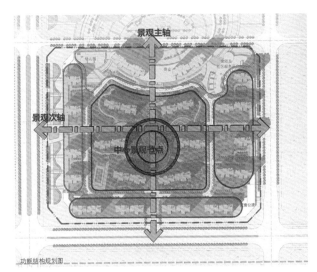

图7-1 功能结构分析图

资料来源:刘晓东,聂心颖. 住区规划[M]. 天津:天津大学出版社,2012:228.

融邮电、社区服务、市政公用和行政管理及其他八类设施"。并指出居住区配套公建的配建水平,必须与居住人口规模相对应,且应与住宅同步规划、同步建设和同时投入使用。因此,住区公共设施也按居住区(30 000~50 000人)、居住小区(10 000~15 000人)、居住组团(1 000~3 000人)三级配建。

然而,伴随市场经济的发展以及行政管理区划规模的调整,居住区公共设施的配建标准在各地已经出现了新的更具适应性的改进。在做具体的规划设计时,要查阅该基地所属城市的相应标准或规范,以符合地方的配建要求。以南京为例,《南京市公共设施配套规划标准(2015)》中确定居住区公共服务设施按照两级配套,"居住社区级(3万~5万人)"和"基层社区级(0.5万~1万人)"。该标准所指的公共设施按照使用功能分为七种:① 教育设施;② 医疗卫生设施;③ 公共文化设施;④ 体育设施;⑤ 社会福利与保障设施;⑥ 行政管理与社区服务设施;⑦ 商业服务设施。考虑到空间布局关联性等因素,标准还将邮政普遍服务、停车场、公厕、公用移动通信基站、公园绿地、公交首末站、公共自行车服务点、环卫作息场、环卫车辆停放场、垃圾收集站等一并纳入考虑。

(2) 配建规模 居住区公共服务设施的配建规模,主要反映在配建的项目及其面积指标两个方面。而这两个方面的确定依据,主要是考虑居民在物质与文化生活方面的多层次需要,以及公共服务设施项目对自身经营管理的要求,即配建项目和面积与其服务的人口:规模相对应时,才能方便居民使用和发挥项目最大的经济效益,如一个街道办事处为3万~5万居民服务,一所小学为1万~1.5万居民服务。按照《城市居住区规划设计规范》(GB 50180—1993)(2002年版),配建规模的确定一般按照以下三个步骤,一是根据"公共服务设施控制指标(m³/千人)"中的千人

指标进行分级的总体指标的测算;二是根据"公共服务设施分级配建表"确定配建项目;三是根据"公共服务设施各项目的设置规定"中的项目配建指标确定面积规模。

配建规模的确定除了依据《城市居住区规划设计规范》(GB 50180—1993)(2002 年版)外,也还要参考地方标准和规范,如南京就直接给出两级配套的项目及面积规模,查阅更方便,也更适合地方需求。

(3)布局总体要求 根据不同项目的使用性质和居住区的规划布局形式,应采用相对集中与适当分散相结合的方式合理布局,符合不同层级公共设施的服务半径要求,满足交通方便和安全等要求。

居住区内公共服务设施是为区内不同年龄和不同职业的居民使用或服务的,因此公建的布局要适应儿童、老人、残疾人、学生、职工等居民的不同要求,并应利于发挥设施效益,方便经营管理、使用和减少干扰(图 7-2)。

商业服务与金融邮电、文体等有关项目宜集中布置,形成居住区各级公共活动中心。这些设施的集聚可以形成一定的规模效益,吸引众多人流,以利于其持续经营,提供良好服务。因此,中心布局应位于交通和公交便捷地段,邻近地铁站、公交站点,并处理好停车问题(图 7-3)。

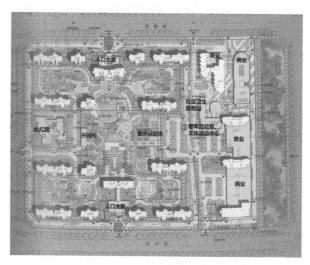

图 7-2 社区商业设施布局实例

资料来源:东南大学城市规划设计研究院有限公司。

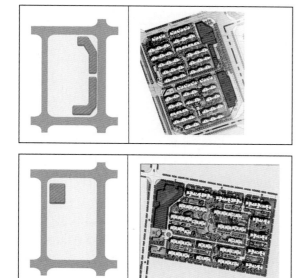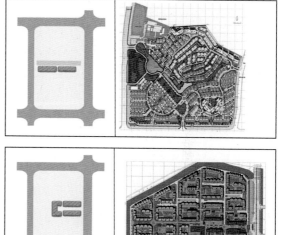

图 7-3 社区中心布局模式示意

资料参考:楚先锋,康康. 住区配套商业规划布局模式评价[J]. 住区,2013(4):131-135.

公共服务设施的布局是与规划布局结构、组团划分、道路和绿化系统反复调整、相互协调后的结果。为此,其布局因规划用地所处的周围物质条件、自身的规模、用地的特征等因素而各具特色。

配套公建的规划布局和设计应考虑发展需要,便于分期建设,且最好留有一定发展备用地,满足未来可能的公共设施增长的需要。

3)交通系统

住区交通系统担负起将住区与城市联系、住区内部之间联系的重要功能,需要满足居民日常各类出行要求,以及紧急情况下的防灾要求。

道路交通结构包括三个方面的内容。一是道路等级结构,根据具体情况确定"居住区级道路、小区级道路、组团级道路、宅间小路"道路等级体系,是四级、三级还是二级体系;二是步行、车行、自行车行关系结构,是分流、混行还是部分混行结构;三是形式结构,道路划分了地块,形成组团,建筑布局和道路也有密切关系,是形成小街区开放组团还是大街区封闭组团,是规则式道路还是自由线形道路,这些不同结构对住区空间形态有重要影响;四是场所结构,道路除了组织各类交通的功能,还具有组织活动、串

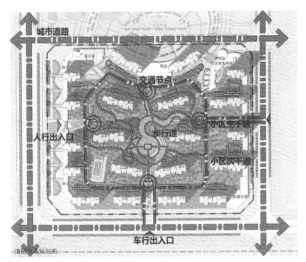

图7-4　道路系统分析图

资料来源:刘晓东,聂心颖. 住区规划[M]. 天津:天津大学出版社,2012:135.

联景观的重要作用,道路系统中的街道结构、广场结构对于构筑住区好的场所性非常重要(图7-4)。

步行道和人行道关系有人车分行、人车混行以及局部混行等模式。在人车分行的交通组织体系中,车行交通和人行交通基本上互不干扰,各自相对独立。在人车混行的交通组织体系中,通过道路断面的组织解决好人与车的关系。人车分行的交通系统拥有安全的优点,但是也具有道路面积过大,车行道路过于迂回的问题。人车混行的交通系统,需要采取适当减速措施,在保证行人安全的基础上,人车混行的道路更有效率,也更容易形成活力街道。

交通体系已突破早期单一的道路分级的传统树形模式,呈现出多样化的交通系统(表7-7)。

4)绿地系统

住区绿地是城市绿地系统的重要构成,是衡量居住环

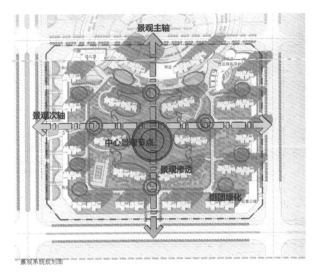

图7-5　绿地系统分析图

资料来源:刘晓东,聂心颖. 住区规划[M]. 天津:天津大学出版社,2012:228.

境品质的重要因子。具有改善地区小气候、生态环境的作用,也是构筑优美居住环境的重要因素,还为居民提供了良好的户外游憩空间。

绿地系统结构包括两方面的内容。一是层次性结构,即居住区公园、小区游园、专用绿地、宅旁和庭院绿地、街道绿地等,形成适应不同规模住区的合理的层次性绿地结构;二是整体性结构,住区要考虑与城市绿地系统关系,充分考虑自然地形地貌和要素,形成与城市绿地系统互补互融、串联通达的绿地网络结构。从形式上,可以有"集中+分散、带状串联、楔形渗透、绿带网络"等等多种多样的具体形式(图7-5)。

居住区内绿地,应包括公共绿地、宅旁绿地、配套公建所属绿地和道路绿地,其中包括了满足当地植树绿化覆土要求,方便居民出入的地上或半地下建筑的屋顶绿地。绿地系统总体规划要求应与城市整体绿地系统衔接,形成与城市绿地系统互补互融、串联通达的整体绿地结构。

5)空间景观

由于居民在住区的活动是多样的,对于外部空间也就有多层次需求,包括公共空间、半公共空间、半私密空间和私密空间。空间层次结构与绿地系统结构有部分重合,还包括各类广场、街道、庭院以及由住宅等建筑形成的活动空间(图7-6)。

首先,要保证各层次生活空间领域的相对完整性。在进行住区规划时,不仅要重视公共性强的公共空间和半公共空间设计,还要重视对于促进邻里交往非常重要的半私密性空间的营造和设计,后者经常被忽视。其次,组织好各层次空间的衔接和过渡。考虑不同层次空间的尺度、围合程度和通达性,使不同层次空间的布局和道路系统、绿地系统、建筑性质、建筑高度、地块界面、街道组织等结合起来。最终形成丰富有序、各得其所的层次性空间。

表7-7　交通体系的三种模式

传统树形道路分级模式	步行与车行分流模式	混合模式
延续传统的住区主路—次路—入户路的道路分级,人车混行,妥善处理机动车停车场库的出入口。道路利用效率较高,方向性好,但人行与车行互相有干扰	多用于后退红线距离较大的住区,如小高层及高层住区或因其他原因后退距离较大的住区,利用后退距离设置内部机动车外环路,沿外环设置停车场库出入口,达到人车分流	根据住区用地条件、建筑布局、住宅层数、环境因素等具体条件,因地制宜,采取混行与分流相结合的模式。步行环境虽部分与车行道有交叉,但整体上受干扰较少

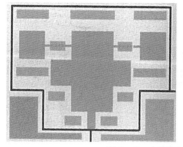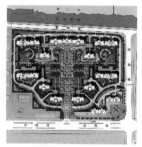

图7-6　空间层次分析图

资料来源:欧阳康,等.住区规划思想与手法[M].北京:中国建筑工业出版社,2009:63.

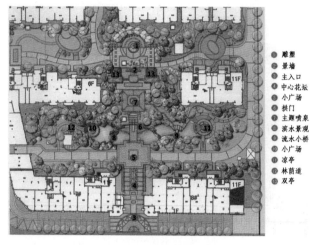

图7-7　住宅景观轴线实例

资料来源:汪辉,吕康芝.居住区景观规划设计[M].南京:江苏科学技术出版,2014:118.

① 雕塑
② 景墙
③ 主入口
④ 中心花坛
⑤ 小广场
⑥ 拱门
⑦ 主题喷泉
⑧ 滨水景观
⑨ 流水小桥
⑩ 小广场
⑪ 凉亭
⑫ 林荫道
⑬ 双亭

景观组织方面,要合理组织景观要素体系,包括宏观景观要素、自然景观要素和人文景观要素。综合考虑住区周边及对其有影响的城市格局、自然山水格局和人文脉络,结合住区规模、开发定位、建筑高度、开发强度以及功能结构,基于特色建构的目标,确定景观分区。为了增强住区景观的可体验性,需要组织合理的景观序列。景观序列的组织,应基于一定的景观体验需求。如沿住区主要车行道路展开的景观序列,沿住区慢行系统展开的景观序列等。景观序列的组织有多种手法,如空间轴线、视线走廊、景观节点、景观地标等(图7-7)。

7.5　典型案例

7.5.1　居住新城总体规划案例:新加坡榜鹅新城

新加坡自治后大力推进现代化进程,综合国力大为增强;同时政府极为重视居者有其屋问题。原有城市中心地区已不能加入居住功能,且还承担商业等功能的发展,因此对于新住宅的迫切需求只能在原有城市地区之外满足。其时英国等国家的新城建设成效已获公认,成为新加坡居

住空间扩展的经验借鉴来源。而受限于紧缺的土地资源条件,高密度发展的需求又催生了独特的新加坡新城,其初始模式明显受到20世纪中叶CIAM和Team 10的现代主义建筑规划理念的影响。

1950年代以来,新加坡新城经历了"早期零散建设阶段"、"初期实验阶段"、"大规模邻里模式新城建设阶段"、"强调社区性和场所特色的新城模式改进阶段"和"整合公交系统、土地利用以及生态理念的21世纪新城阶段"。新加坡榜鹅新城(Punggol)即是最新的新城发展模式的代表。榜鹅新城位于新加坡的东北部,占地957 hm²。北部临海,东西两侧各有一条河流,南临Tampines高速路。每年将有3 000套住宅开工,最终将提供96 000套住宅(图7-8)。

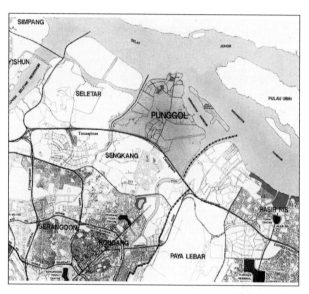

图7-8　新加坡榜鹅新城区位图

资料来源:http://www.propertyguru.com.sg/singapore-property-resources/hdb-estates/punggol.

1. 规划目标

榜鹅新城总体目标是建设一个独具滨水特色的、整合交通与土地利用的生态新城,成为21世纪新城建设的典范。关键战略包括:提高可达性和连接性,建构宜人的丰富的亲水环境,创造独具特色的城市中心,提供多样化的住宅选择,运用具备经济可行性的生态策略。

2. 交通系统

榜鹅新城中采用了多样化的交通模式。轨道交通系统有两种,一种是和城市连接的大容量快速轨道交通MRT(mass rapid transit),一种是解决新城内部交通的轻轨交通系统LRT(light rail transit)。以交通节点服务半径300~350 m来组织具备住宅、教育、购物、娱乐混合功能的、复合的行人友好的发展模式。除此,常规巴士公交也予以配合,包括日间线路、夜间线路(图7-9)。

道路系统向更有效的网格系统回归,每个地块都被设计成行人友好的环境,注重适宜的街道尺度。

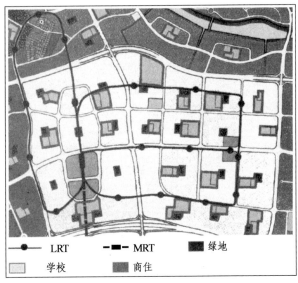

图 7 - 9　榜鹅新城交通系统示意图

图例：LRT　　MRT　　绿地　　学校　　商住

资料来源：胡昊. 从榜鹅镇看新加坡二十一世纪新镇建设[J]. 小城镇建设，2002(2)．

3. 公共设施配套

榜鹅新城提供了适应当代生活必需的各类公共设施。包括：从小学、中学一直到大学的教育设施，包括购物中心、社区中心、饭店、俱乐部、图书馆等的商业服务设施、医疗设施。1 200～2 800 户居民分享一处公共绿地（0.4～0.7 hm²）。这些设施布局形成了从地区中心、邻里中心的等级结构，每个层级的设施都相对集中，以使其更好地为社区服务。

新城中心位于纵向轨道交通和横向林荫主干道的节点，提供具备商业、文化、娱乐、休闲以及居住的混合功能型中心区。中心区边缘则分布着公园、体育运动场，一条水系和一条历史文化游线也从中心区穿过。因而，该中心成为具有多种活动类型以及场所性的地区中心。

4. 生态策略

为了达到滨水生态新城的发展目标，在两个组群里进行了多种生态策略的试验，试验的目的不仅是寻找潜在的生态技术，还要验证这些技术是否具有经济运营的可行性。

经过试验，发现五个方面的生态技术是可行的，并将在新城更大范围内应用。

1）能源策略

不仅仅是提高能源效率，而且要尽可能使用环境友好的清洁能源，包括：太阳能光伏系统，电梯的能源再生系统，高效的照明系统，智能电网和智能电表。计划五年内减少能耗 20%。

2）交通策略

创造更多地利用环境友好交通方式的机会。除了鼓励居民之间分享汽车出行，还计划提高汽车共享计划中电动车的使用，并设置电动车充电站点方便居民充电。

3）水策略

提高水的利用率以及水质是另一体现生态的关键方面。榜鹅新城计划了三种具体策略，一是通过雨水回收系统促进水循环，二是设置智能水表减少水的使用，三是通过水质监测确保水质。计划五年内减少水耗 10%。

4）废物处理策略

HDB 在住区的各个层次设置相应的废物回收点和回收站，既方便居民处理垃圾，又便于高效收集废物。希望借此提高三倍的废物回收利用率。

5）维护策略

日益增长的维护费用是令住房发展署（The Hoing & Development Board，简称 HDB）头疼的问题，HDB 一直在寻找降低维护费用的办法。燃料电池应急电源以及自清洁涂料将在榜鹅新城予以应用。

5. 滨水特色

HDB 专门针对滨水空间进行了技术研究，致力于达到生态友好型水岸地区，以及安全而有活力的滨水活动带的目标。全长超过 4 km²。包括滨河线形绿带、滨海绿化带、地区公园，其中容纳了丰富的步行活动、湿地公园、娱乐设施和休闲场地（图 7 - 10）。

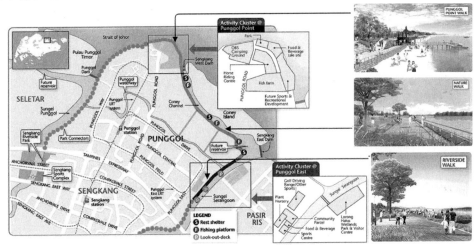

图 7 - 10　榜鹅新城滨水地区设计

资料来源：http://www.hdb.gov.sg/fi10/fi10333p.nsf/w/EcoTownUrbanSolution?.

HDB还专门组织了滨水商业住宅和公共住宅的设计竞赛,以发现新的滨水住宅模式。

6. 住宅多样性

新城建设采取集中集约式开发策略,同时也很注重住宅的多样性和可选择性。85%的住宅是高密度住宅,13%是中等密度住宅,2%是低密度住宅。

在住房形式上,公共住宅比重下调到60%,私人开发住宅30%,10%为执行共管公寓(由政府津贴的半私有化住宅,5～10年后完全私有化)。公共住宅的2/3将由私营机构或建屋发展局的建筑师根据居住对象的不同进行特别设计,使得住宅群体组合、单体以及单元住宅都各具特色。公共住宅沿交通线的容积率约为3～3.4,人口密度约为630人/hm²(图7-11)。

高密度街区
中密度街区
低密度街区

图7-11 榜鹅新城住宅街区开发强度分区

资料来源:http://www.propertyguru.com.sg/singapore-property-resources/hdb-estates/punggol.

7.5.2 居住片区城市设计案例:日本幕张滨城住区

日本幕张滨城住区是体现幕张新都心职住一体化的重要空间构成。幕张新都心的开发是千叶县为迈向21世纪推出的"千叶新产业三角构想"的骨干项目之一,也是日本国土厅为解决东京商务功能过度集中而推行的首都圈商务中心城市开发战略的重要举措之一。幕张新都心拥有以幕张国际会展中心为核心的展示功能、会议功能、中枢商务功能、研究开发功能、文化教育功能、余暇功能以及以滨城住区为主的居住功能,是国际化的城市中心功能与舒适的居住环境,"职"与"住"高度融和的21世纪多功能型城市。滨城住区占地84 hm²,占新都心总开发面积16%,规划人口26 000人,8 100户。

该住区的规划组织有以下三个主要特点:一是借鉴多摩新城南大泽住区的总建筑师制度,结合自身情况(面积较大,开发单位较多)采取了协调建筑师制度(共有7位协调建筑师),在力促环境多样化个性化的同时,保证整体特色建构和片区协调;二是制定了完善而系统的城市设计导则,并得到了较好的贯彻和实施;三是突破郊区大型团地的常规做法,采取了街区式住宅的建设思路,营建都市型的住区环境。

1. 规划目标

把都市住区作为都市街区来设计,构筑具有人气的都市街区以及统一而多样的城市景观(图7-12)。力图体现三大特色:

① 组织居住、活动和娱乐多功能混合型的复合性都市空间;② 营造活跃的、富有都市气息的开放性街道空间;③ 创造多样化的、各具特色的、符合多样化需求的多元场所性空间。

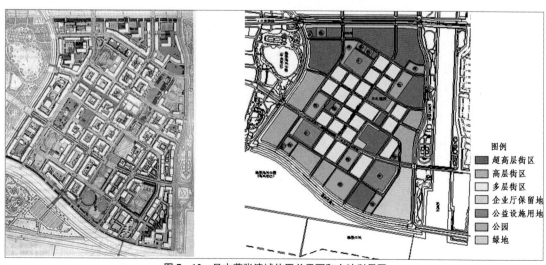

图例
超高层街区
高层街区
多层街区
企业厅保留地
公益设施用地
公园
绿地

图7-12 日本幕张滨城住区总平面和土地利用图

资料来源:清华大学建筑设计研究院,等.住区4:日本住宅[M].北京:中国建筑工业出版社,2002;李锦霞.日本幕张滨城住区的研究与启示[D].杭州:浙江大学,2005.

2. 空间结构

1) 方正的街区空间模式与流动的开敞空间模式的耦合

正方形的都市型复合功能住宅街区:街区式的住宅集中布置在中心部位,每个街区占地约 70 m×80 m 见方,和周边明确区分。整体赋予良好的识别性和方向性。形成明确的都市形态,创造出"留下印象的街坊"。

不规则的连续型交流带:和地区周边的城市开敞空间相衔接(海、城市公园、城市绿带等),连续性布置滨城住区的公园、绿地、中小学等交流设施,形成联系街坊以及街坊与周边城市开放空间的交流骨架(图 7-13)。

2) 功能分区与景观系统的整合

立足基地条件以及设定的规划目标,在整体空间结构的基础上,设定了七个各具特色的空间分区,这七个分区均体现一定的混合功能,但是依据不同的区位,其高度控制、公共设施配套面积又各个不同。而且,这七个功能分区又有各自不同的景观设计导向,共同形成丰富多变而又连贯的滨城住区景观系统(图 7-14)。

3) 富有活力的住区公共设施系统营建

正方形的都市型复合功能住宅街区内集中了主要的商业服务类、具有都市氛围的公共设施,形成地区的中心。

该中心由沿街型商业服务类设施构成,由核心地区向外围

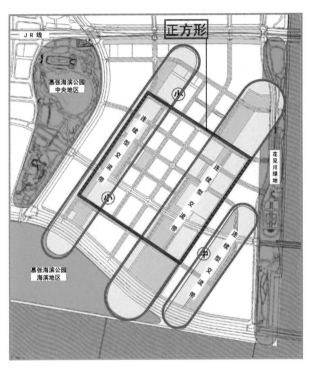

图 7-13 幕张滨城住区空间结构

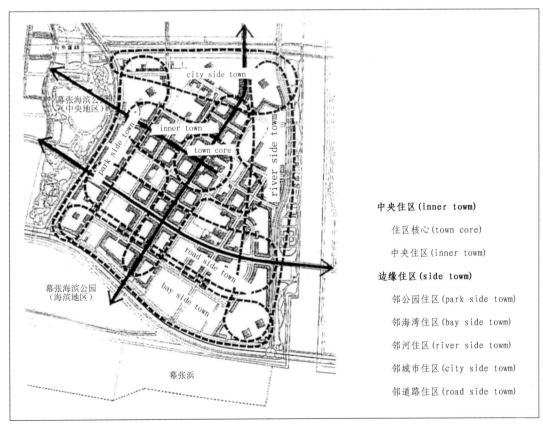

中央住区 (inner towm)
住区核心 (town core)
中央住区 (inner towm)
边缘住区 (side towm)
邻公园住区 (park side towm)
邻海湾住区 (bay side towm)
邻河住区 (river side towm)
邻城市住区 (city side towm)
邻道路住区 (road side towm)

图 7-14 滨城住区空间特色分区

资料来源:清华大学建筑设计研究院,等. 住区 4:日本住宅[M]. 北京:中国建筑工业出版社,2002;李锦霞. 日本幕张滨城住区的研究与启示 [D]. 杭州:浙江大学,2005.

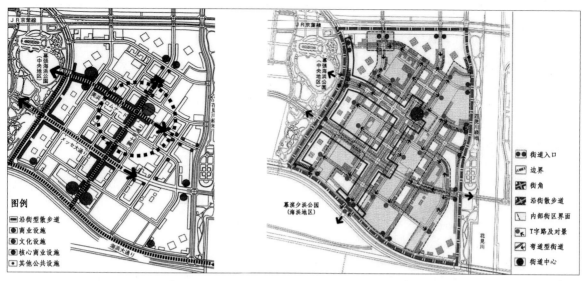

图 7-15　幕张滨城住区城市中心系统与街道营建示意图

发散,配套面积逐渐减少。中心功能和街道尺度、断面相契合,在街区建筑底层部布置商业办公设施,通过设置联拱廊,形成热闹的、舒适的步行环境,构筑富有活力的街道空间(图 7-15)。

3. 设计引导

设计导则的作用主要是在总规的基础上提出较具体的控制框架,创造出丰富的、具有鲜明特色的空间。包括划定特色区,确定特色空间,制定保证特色空间生成的指导原则,而指导原则的制定强调宽严有度,保证整体性和多样性的达成。幕张滨城住区城市设计导则的主要内容包括:① 总体规划层面的内容,涉及土地利用规划、道路的布置、公共公益设施的布置、住栋的布置、街区的整体景象;② 城市设计运作,涉及住区建设的目标和理念、空间构成方式、规划设计体制;③ 空间分区,涉及各个地区的地区特性,依据特性确定重点建设方针、边界的划分与过渡、地区内建筑基本形态和功能性质、交通组织;④ 街区和住栋,涉及街区交通组织、空地设置、建筑形体、商业设施布局、居民活动控制等;⑤ 室外空间的设计和街道的建设,涉及铺装、植栽、照明、街道家具等、步道桥。

7.5.3　保障性住区详细规划案例:南京丁家庄保障性住区

丁家庄保障性住区(汇杰新城)属 2010 年南京市集中统筹开工建设的四大保障性住房项目之一,85 hm²,共8 个住宅地块、67 栋住宅。由市级国资平台组织开发,规划控制强有力,建设整体性很强。专门成立南京汇杰建设发展有限公司,负责协调和组织拆迁、报批,沟通设计方案,开展公开的工程招投标,并最终选择了中建八局、南通三通、中铁建工、南京大地等优质的施工企业进行合作。

丁家庄大型保障性住区位于主城区的东北部边缘,栖霞区迈皋桥街道辖区内。根据《南京栖霞区总体规划(2010—2030)》,丁家庄属于规划栖霞5大功能区“迈燕地区”三组团之一。迈燕地区中心作为产业“三核”之一,规划为南京带动主城北部地区发展的地区级中心。《丁家庄单元(MCb50)控制性详细规划》(2012)形成“一心、一带、大组团”的空间结构。结合规划轨道交通7号线丁家庄站点集中布局商业、办公、医疗卫生、文化娱乐和体育休闲等中大型公共服务设施,成为丁家庄地区公共服务中心。

图 7-16　区位图

资料来源:丁家庄单元(MCb50)控制性详细规划(2012).南京市规划局.

图 7 - 17　规划鸟瞰图

资料来源:南京长江都市建筑设计股份有限公司. 大型保障房住区规划设计,2011.

1. 规划设计思路

该保障性住区内保障性住房类型众多,包括双困户经济适用房、廉租房、公共租赁住房、国有土地产权调换房和集体土地拆迁安置房。总用地面积 85 hm²,建筑面积 185.87 万 m²,居住用地面积 39.2 hm²,设计总套数19 744套,规划人口 49 360 人(按户均 2.5 人计算)。开发强度高,住宅用地地块容积率最高达到 4.2。因此,采取小规模紧凑型高层高强度街区组织方式,适应多样化的住宅类型,且便于组织后续的物业管理,也便于组织公共设施和商业街道,有利于形成有活力的空间氛围。

2. 规划功能结构

采用小尺度街区和分级规划理念,居住组团组织分为三个层级包括居住区、居住组团和街区。每个街区规模 3 hm²左右,每两个街区形成一个居住组团。每个街区由 4~8 栋不同层数的高层住宅楼围合中部庭院。打造南北向生活主轴,形成活力主干;社区中心和中小学独立用地结合形成较大的功能组团布局;其他小型商业、幼儿园、社区广场、管理服务的各类用地沿南北主街布置;总体形成围绕南北主街的鱼骨状商业空间模式。

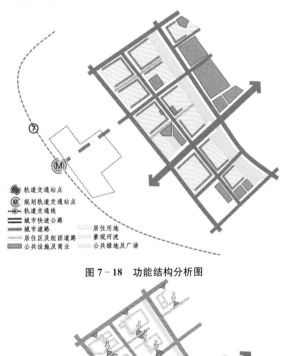

图 7 - 18　功能结构分析图

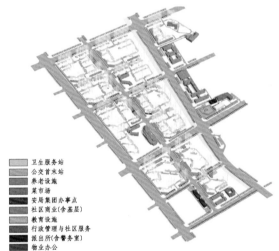

图 7 - 19　公共设施规划布局图

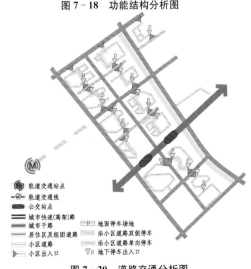

图 7 - 20　道路交通分析图

图 7 - 18~图 7 - 21 资料来源:汤楚荻,王承慧. 南京高强度大型保障性住区适居性评价研究[C]. 第十一届中国城市住宅研讨会. 2015.

图 7 - 21　空间景观分析图

3. 道路交通组织

道路层级自上而下形成多个层次：城市主干路—周边（规划）城市次干路—城市支路—居住组团道路—居住地块内部道路，整体城市型路网形成小尺度网络式，居住区型内部道路依托南北支路形成枝状串联模式，每两个居住地块共享尽端式的组团道路，居住地块内部道路形成内环式车行加贯穿式人行的人车分行模式。丁家庄统一采用南北小区机动车出入口下地停车结合道路单、双侧地面停车的方式，在小区内部环线车行路及组团道路两侧布置停车位。此外，住宅底层架空供非机动车停放。

4. 空间景观组织

丁家庄形成整体弹性开放空间，具体体现在景观绿地、街头广场和小区活动场地三个方面。丁家庄街头广场结合主街两侧人行道的放宽设计，形成与主街商业空间结合的街角公共广场。建筑组群采取"围合型核心绿地＋活动场地"的基本空间模式，形成弹性多变的组团围合空间。

■ 思考题

1. 以南京某控规编制单元为对象，分析其居住用地和城市整体空间的关系，总结其居住空间组织形态结构并进行评价，如公共设施布局、交通结构、街区模式、空间特色等方面。

2. 以南京某行政区为研究范围，分析其保障性住房空间布局，调查居民构成和人口特征，访谈当地社区，了解居民对于保障性住房及住区的满意度，研判是否存在问题并提出改进建议。

■ 主要参考文献

[1] 王承慧.转型背景下城市新区居住空间研究[M].南京：东南大学出版社，2011.

[2] 聂兰生，邹颖，舒平.21世纪中国大城市居住形态解析[M].天津：天津大学出版社，2004.

[3] 吕俊华，彼得·罗，张杰.1840—2000中国现代城市住宅[M].北京：清华大学出版社，2003.

[4] 朱家瑾.居住区规划设计[M].第2版.北京：中国建筑工业出版社，2007.

[5] 欧阳康，等.住区规划思想与手法[M].北京：中国建筑工业出版社，2009.

8　城市中心区规划设计

【导读】　城市中心区是城市功能的高度集聚区,也是城市空间的核心地区。在新型城镇化的背景下,我国城市空间发展从以新区建设为主的扩展模式转向以城市更新为主导的综合模式,中心区的功能更新和空间再生成为我国城市空间内生增长的主要方式。本章阐述了城市中心区的概念和发展历程,对城市中心区的形态、功能、土地利用、空间组织、道路交通等各要素的特征和规划要点做了分析与介绍。

8.1　城市中心区规划设计概述

8.1.1　城市中心区的概念

城市中心区是城市的核心,是反映城市经济、社会、文化发展最为敏感的地区。从城市空间结构的演变过程看,城市中心区是涉及城市地域结构的概念,它是城市结构的核心地区和城市功能的重要组成部分,是城市公共建筑和第三产业的集中地域,为城市及城市所在区域集中提供经济、政治、文化、社会等活动设施和综合服务空间,并在空间特征上有别于城市其他地区。其特征表现为:

①　作为物质实体,它满足人们各种日常生活和消费需求;②　作为经济实体,它是城市生产—消费链条中关键的一环;③　作为社会文化实体,它是人们社会交往和展示城市文化的主要场所。

城市中心区作为服务于城市和区域的功能聚集区,不但有商业商务公共服务职能,还应该有居住、交通、管理等功能,用以支撑商务功能的正常运行,保持中心区活力。城市中心区的职能主要有:

（1）生产性服务职能　即商务职能,主要包括金融保险、贸易、总部与管理、房地产、文化产业、科技服务等类型。生产性服务职能的强弱能够反映城市的现代化水平和全球化程度,是体现城市在区域中经济地位的重要参照职能。

（2）生活服务职能　商业、服务等面向普通消费者的个人消费性服务职能,包括个人服务业、商业零售业等类型。

（3）社会服务职能　主要由政府提供的具有福利性质的社会服务,如卫生、教育、养老等设施。

（4）行政管理职能　政府行政管理部门办公职能。

（5）居住职能　居住功能可以保持中心区活力,减少

中心区通勤交通,并为中小公司提供办公场所。

8.1.2　城市中心区的历史发展

1. 古代

城市中心的发展和当时的政治经济文化背景相关。

中国古代社会是以王权或者皇权为中心,而商人是被歧视的阶层。这种社会状况反映在城市布局中,就是皇宫和官衙居于中心地位,作为商品交换场所的市场在城市中则偏于一隅。

到了封建社会中后期,商品交换日益发展,各地的贸易日渐频繁,城市的布局形态也趋于多元化,市场往往形成于交通运输便利的滨河码头等地区。例如六朝以后南京秦淮河两岸发展成商品聚集、交换地区,直至民国时期夫子庙地区一直是南京的商业活动中心。

西方社会到了希腊化时期以后,早期民主制度的发展使城市广场取代卫城和庙宇成为城市的中心。广场的周围有商店、议事厅和杂耍场等。中世纪欧洲有统一而强大的教权,教权常凌驾于政权之上,教堂常占据城市的中心位置。教堂广场是城市的主要中心,是市民集会、狂欢和从事各种文娱活动的中心场所。另外,由于社会活动和商品贸易的需要,有的城市还有市政厅广场和市场广场（marketplace）。广场上有市政厅和塔楼,作为城市中心和城市的标志。

2. 近代

西方在完成工业革命后,城市化进程加快,城市中心布局形态突破传统的围绕广场或街道的模式,而转向跨街区、多轴向发展;城市中心内容丰富多样,城市中心职能高度聚集,城市中心规模发展巨大。城市中心区已经成为城市地域结构中最重要的组成部分,城市中心区高楼林立。

鸦片战争后,帝国主义势力不断侵入,中国沦为半封建半殖民地社会,在中国的土地上出现了殖民地和半殖民地城市,其他一些封建城市也随着这种社会经济的改变,

而发生不同程度的变化。

殖民城市中有些是受某个帝国主义国家的控制,其城市中心的规划建设与西方国家城市有类似的地方,如青岛(德国和日本)、哈尔滨(帝俄)、长春和沈阳(日本)等。在城市中心建设上,表现为破败的传统商业中心和租界内兴起的西式城市中心。各个国家的租界各自为政,造成中心分散。例如上海在1845年划出英租界后,先后有美、法、日等国在上海占有租界区。随着租界区的建设,南京东路、外滩等地区逐渐繁荣,形成上海除老城区外新的城市中心。

3. 现代

近代西方城市的快速发展带来一系列问题,如人口迅速膨胀、城市环境日益恶化、土地和资源的不合理使用等。随着汽车逐渐成为西方国家私人主要交通工具,越来越多的中产阶级家庭远离拥挤不堪的城市中心,搬迁到城市的郊区,这就是第二次世界大战以后西方城市发展中的郊区化现象。郊区化的趋势使郊区购物中心悄然兴起,新城的建立也分散了城市中心的客流,城市中心遇到了强有力的竞争。

为了解决城市中心区的衰落问题,西方城市在第二次世界大战以后就开始着手城市中心区的更新工作。首先是"城市综合体"的大量兴建,这种综合体底部裙房是商业零售,塔楼部分是宾馆和办公用房,这种功能混合形式恰好满足了市中心职员和游客的购物餐饮及住宿的需求,大大提升了城市中心的活力。

其次是交通方式的改进,如建立和恢复城市中心区的步行系统,建立公共交通系统,兴建快速轨道交通系统等,以改善城市中心交通的拥堵,提高可达性。

第三,对历史地段进行更新再利用,开发综合文化场所,塑造城市文化空间,也是复兴城市中心区的重要措施。

第四,改善城市中心区的环境,提升公共空间的品质,满足人们公共交往的场所需求。

在更新改造的同时,城市中心区的职能构成也在发生着变化,其中一个重要特点是商务办公职能的加强。这一特征在国际性大城市中表现得尤其明显。

国际性大城市的产生是世界经济全球化趋势的必然结果,它的一个主要特征就是CBD(中央商务区)的出现和发展。在国际性大城市中,CBD已经成为城市中心区的主要组成部分。CBD不仅集中了大量的跨国公司的总部,还有高层次、专业化的商务服务,包括金融、法律、会计、管理及广告业等。这类公司聚集于国际性大城市的CBD中,对跨国公司在全球运转自如起了决定性作用。

改革开放30多年来我国城市化进程快速推进,城市空间结构从单一的单中心结构向多元的多中心结构转变,城市产业结构随之升级,促进了城市中心在职能和规模方面的巨大发展,同时也对城市中心原有的结构造成很大的冲击。中国城市普遍面临着在城市快速发展条件下,城市中心区如何可持续健康发展的问题。

中国现代城市中心区的发展中,一个显著的变化是商务办公设施的增加,特别是在东南沿海大城市中,多已经形成CBD。商务办公设施的发展大多是建立在传统商业中心的基础上,如武汉、重庆、沈阳等;也有离开原中心择址另建或扩建,形成新兴的商务中心,如作为外滩商务中心延伸的上海浦东陆家嘴商务中心、北京的建外商务中心、深圳的福田商务中心等。

4. 当代

进入21世纪后,中国大城市的空间扩展从产业空间、居住空间扩展向城市综合职能扩展转变,中心区功能大规模向外转移,城市结构从单中心向多中心转变。同时,中心区的地域范围也随着城市规模的拓展而扩大,中心区内部的专业中心呈现分化分层集聚的趋势,形成专业化程度较高的集聚区或集聚带。新城的建设也使得城市外围的新中心规划建设成为近年的热点,其动力主要来自原有城市中心空间紧张的压力、城市空间扩张的拉动力和城市功能发展的推动力。

8.2　规划与设计

8.2.1　发展形态

从城市中心在城市整体空间结构中的构成来看,城市可以分为单核和多核两种形态。

1. 单核结构形态

集中型中小城市的结构一般都是单中心模式。城市的主要商业活动、商务活动、公共活动都相对集中在城市中心。就商业活动来说,全市性的商业中心在整个城市商务活动中居于绝对优势。这种中小城市单核结构的布局通常有两种形式:一种是围绕城市的主要道路交叉口发展,形成中心职能聚核体,这种中心布局形式常常出现在小城镇中,其结构形态都非常单纯;另一种则是集中于一段或几段街道的两侧,形成带形或块状的商业街区,这是中等城市单核中心常见的布局形式。

除集中型中小城市外,一些综合性大城市的城市中心区也属于单核结构形态类型。这类城市的城市中心一般是多功能性的,既有发达的商业服务业设施,也有相对发达的商务办公设施。另外,这类城市的一个主要特点是拥有相对完善的城市中心体系,除主中心外,还有若干次一级中心,但主中心的首位度很高,因此从总体上来说仍然属于单核结构形态类型。例如南京城市中心区自1980年代以来发展很快,除了商业零售设施的大规模建设外,最引人注目的变化是大量商务办公空间的出现,城市主中心新街口地区已经成为综合性的商务中心。除新街口主中心外,还有二级中心9个,三级中心若干,形成城市中心体系。

还有一些职能比较独特的城市,如政治型城市华盛顿、巴西利亚等,城市形态特征明显,中心区主要为行政、文化等功能。

2. 多核结构形态

城市发展到一定阶段,当原有的城市中心不能容纳快速发展的城市中心职能时,也就是说城市中心规模达到其承载极限时,就会在另一个地方发展新的中心,形成城市的另一个核心或副中心,这是双核或多核城市发展的一般过程。这种情况通常出现在国际性大都市、历史性城市以及结构比较分散的城市中。

1) 国际性大都市:国际性大都市由于规模大,功能复杂,单个中心不足以支撑,所以采用多核结构

国际性大城市由于城市规模的巨大、城市在世界经济占有重要地位,其城市中心职能趋向多样化和高级化。在发展过程中,由于原有中心地域结构的限制,不可能满足日益增加的城市中心用地的需求,特别是国际性大城市中心职能主要是对外服务为主,这种规模的增加与区域的发展有很大的关系。在中心职能构成中,中心商务职能是增加最快、同时也是最能代表城市地位的要素,这就要求开辟新的商务中心,来配合城市结构和地位的变化。

东京在这方面具有一定的代表性。由于日本经济的迅速崛起,东京成为继纽约、伦敦之后的世界性城市。东京城市中心地区近20年来一直面临商务办公面积需求的巨大压力。东京千代田区的丸之内中心是东京传统的商务中心,1960年代以来,特别是1980年代这一地区金融办公设施激增,成为东京中心区中的核心。为减轻都心办公需求的持续高压,1970年代规划建设新宿副都心,1980年代规划并正在建设临海副都心。今天新宿建设已日趋成熟,临海副都心的发展是作为商务信息港,故东京商务中心分别由丸之内金融区、新宿办公区及临海信息港三个中心构成,形成东京的商务中心网络。

2) 历史性城市:一些历史文化城市为了保护古城区,也在老城外面建立新城,从而形成了多核结构

巴黎的城市发展过程中历来强调历史文化风貌的保护,因此,当原有的历史中心区达到饱和时,其扩展自然是选择原中心之外的特定地点,新建中央商务中心,形成老的中心与新的商务中心并存的结构。这些新中心包括西北郊的德方斯、北郊的圣德尼、东北郊的鲁瓦西和博比根、东郊的罗斯尼、东南郊的克雷泰和龙吉,还有西南郊的维利兹和凡尔赛。特别是德方斯,已发展成为法国面向21世纪的、欧洲大陆最大的新兴国际性商务办公区。

在一些历史文化名城中,为了整体保护旧城的特色和历史文脉,限制旧城的发展,在旧城一侧另择址新建现代化新城,形成新旧城并存的结构。旧城重点发展特色商业和旅游业,原有中心的魅力并未消失,新城中心作为新兴的商业商务中心,体现了城市的现在和未来。这种双核结构对于完整保护历史名城具有重大的实践意义。

一些古老城市如欧洲的佛罗伦萨、罗马等以及中国的

苏州为保护老城而开辟了新区,将城市大部分新兴功能从老城剥离出来,形成两个并列的市区中心。

3) 结构分散性城市:城市结构的分散导致多个城市中心并存

由于地形或职能而分散发展的城市,一般会在各组团形成多个中心,如以煤炭生产为特色的淄博。

由于地形、交通等条件制约形成带状发展的城市,为满足城市中心服务半径的需要,也会形成多个中心,如兰州、武汉等。武汉三镇职能特色不同,各自的城市中心的功能也有所差异。

8.2.2 功能发展

中心区功能发展与城市的性质、规模以及城市在区域中的地位和分工密切相关。大多数中小城市和大城市的卫星城的服务范围主要是周边的农村和城镇地区,提供商业和社会服务职能和少量的生产服务职能,其中心区以商业服务职能为主。地区性中心城市除了商业职能以外,商务办公、经济管理职能也在发展,形态上表现为与原有的商业职能混合发展,形成活力十足的城市中心,如南京的新街口中心,商业空间的聚集度非常高,近年来商务办公空间也在快速发展,此类城市的中心区功能以商业和商务混合发展为主。一般来说,只有少数国际性大都市才能以商务职能为主,里面有大量的跨国公司总部、生产性服务业和金融业。虽然这类城市的中心区也有很大规模的商业设施,但其主导职能是商务职能,在全球和区域发挥的主导作用也是商务职能。如美国纽约曼哈顿,它是一个世界性中央商务区,里面集中了大量的商务职能。

功能配置的确定是中心区规划首先要解决的问题,需要从各个角度进行分析。从城市规划角度来说,功能定位应该符合上位规划的要求;从城市整体角度来说,功能配套应该与城市环境相协调;从建设角度来说,功能的具体设置需要与用地现状的物质空间状况相结合。

1) 基于上位规划的功能定位

通过对上位规划的解读,总结规划对基地的功能定位、设施配置、建设控制条件等要求。一般来说,从总体规划可以解读出基地所在城市分区或组团的主要功能定位,进而分析对基地的影响和要求。控制性详细规划一般会对基地的土地利用做出详细规定。通过综合分析,城市设计在尊重总体规模、基本功能构成和市政设施等强制性规定的基础上,可以对用地功能进行适当调整和优化。其他非法定规划的相关要求可以作为城市设计的参考而灵活考虑。

2) 基于整体协调的功能配置

功能配置的影响因素很多,其中较重要的有以下几点。一是基地的区位条件,包括基地所在城市地区的主要功能、周边交通条件、自然和文化资源分布等。二是与周边地区的功能协调,特别是公共服务功能需要从较大的城

市区域研究其分布、服务对象和范围,进而确定合理的公共服务设施类型和规模。三是对于一些特殊地区的城市设计,比如城市风景区、开发区等,需要从城市乃至更大的区域范围研究其等级、特色、优劣势条件,从而更准确地确定其功能配置。

3) 基于用地现状的功能细化

通过对用地现状物质空间要素的调研分析,将功能配置落实细化到每一个地块上。对现状要素的考虑分为两个方面:一是对经过评价的保留建筑的功能优化与更新,确定可以保持原功能的建筑和需要功能调整的建筑,对调整的功能细化到具体项目策划;二是对于可以重新开发或者未开发用地,在与已有功能协调的基础上,安排新的功能或开发项目。在这一阶段,项目策划是重点,也是空间形态设计的基础。

8.2.3 土地利用

土地利用规划是对土地利用性质、开发强度、建造控制等做出控制性规定或引导性安排。首先,根据上一阶段的功能策划和土地利用规划,土地利用性质深化主要是在用地上安排具体的功能和业态,一般要细化至土地利用分类中的小类。其次,中心区规划应该对用地的具体利用指标做出规定,包括用地的容积率、建筑密度、绿化率、居住人口等控制指标。第三,对建造行为的控制主要包括建筑后退道路红线距离、机动车出入口位置、用地交通组织等涉及与周边用地空间关系的要素,以保证用地利用的合理性。

城市中心区是城市功能、特别是公共服务功能的集中地,一般位于城市地域结构的中心位置,区位优越、土地价值高、交通可达性强,在土地开发市场化的今天,是城市各类开发主体争相开发的核心地区。城市中心区土地利用具有功能多样性、开发高强度、利用混合性、空间立体化的特征。

多样性:中心区不但聚集了公共服务和商务功能,而且还有文化娱乐、居住,甚至有的还包括一些都市工业职能。

高强度:中心区土地资源量少价值高,开发强度普遍较高。以南京中心区新街口核心为例,四个街区中容积率最高的街区达 5.5,平均为 3.3,如果以单个开发地块计算,商务办公、商业建筑,综合体的容积率有些地块可以达到 7~8。

混合性:中心区土地利用的混合性表现在一个地块集中了多个功能,如商住混合、商办混合等。还是以南京新街口中心为例,混合用地占总用地的 23%,如果去除道路广场、特殊用地等用地,这一比例高达 50%,而且这一趋势会进一步发展。

立体化:中心区土地空间利用立体化表现为两个方面。一方面是向空中立体发展,高层建筑中包含多种功能,通过对南京新街口高层商务建筑的研究,发现不同功能在高层建筑中垂直分布具有一定的特征和规律。另一方面是向地下发展,结合轨道交通、地下通道等交通设施,开发地下商业服务空间,增强中心区土地利用的效率。

1991 年《东京宣言》指出:21 世纪是人类地下空间开发和利用的世纪。城市中心区作为高强度开发地区,地下空间的开发利用具有强烈的紧迫性。目前我国城市中心区的地下空间开发普遍存在着被动开发、浅层开发以及各自开发等问题,地下空间的开发成为一种被动行为,类别和功能单一,单体建筑地下空间之间缺乏相互联系的通道,不能形成整体性的网络,使用不便,缺乏效率。随着城市中心区的逐步更新,特别是大城市地下轨道交通的大量建设,城市中心区地下空间的规划建设逐渐成为中心区更新和开发的热点,呈现出网络化、立体化、与地下交通紧密结合的趋势。

8.2.4 空间组织

城市空间形态的塑造是城市中心区规划的重要内容之一,一方面要求与城市整体空间结构结合,融入到城市的整体空间环境中;另一方面需要结合基地本身的特点,组织与基地功能相适应的中微观环境,突出基地的空间环境特色。

每个城市设计基地在城市整体空间环境中都具有独特性,承担着城市环境中某些特色要素的直接或间接的塑造角色。一般来说,城市整体空间环境的要素包括城市山水格局、城市轴线、功能片区或廊道、开敞空间系统等,城市设计需要分析基地与这些空间要素的关系,并对此做出回应。比如城市重要的生态片区中的城市设计需要重点考虑生态廊道的保护和衔接,保证城市生态空间的完整性;城市中心区的城市设计需要从城市天际线塑造的角度合理设置建筑高度。

基地内部空间组织包括开敞空间系统组织、建筑形态组织和交通空间组织等。常见的组织方式有轴线组织、层次组织、组团组织等。

轴线组织是通过空间轴线组织开敞空间和建筑形体,形成有秩序的空间系列。轴线组织一般应用于城市中心、重要公共设施地段(如火车站地区、行政中心地段、文体中心地段等),轴线的设置需要一系列功能作为支撑,以及重要的建筑物、构筑物或自然地形作为对景或背景。

层次组织一般应用于公园、广场等开敞空间以及不同高度的建筑形态分区,形成不同等级的空间体系。对于开敞空间来说,根据服务范围的大小可以组织城市级、社区级和邻里级等不同等级的公园广场空间,形成开敞空间体系。对于建筑形态来说,通过用地潜力评价和天际线塑造的研究,确定不同高度控制的建筑分区,形成多层次的建筑形态景观。

组团组织主要针对基地内不同的功能设置,将相同或相似的功能集中设置成单一功能组团,或者形成各种功能搭配的综合组团,通过道路、水系、绿带等开敞空间要素分隔形成若干功能组团。根据组团的功能要求,分别建构空间场所,突出每一组团的空间特色。

1. 总体形态布局

总体形态形成的影响因素包括土地利用性质、城市空间形态的演进、现状建筑空间构成以及与城市整体空间结构的关系等。在城市设计中,需要考虑建筑群的空间组织关系和组织方法,一般有以下几种方式。

1) 向心集中布局

通常是一组建筑围绕一个核心集中布置,这个核心一般承载重要的公共活动功能,可以是城市广场、一个重要的交通节点,或者是重要的公共建筑。集中布局的建筑群向心性强,容易形成强烈的组团感,通常用于城市中心或者相关功能聚集区等对某种公共活动需求较为强烈的地段。

2) 带状序列布局

带状布局通常是建筑沿着主要道路、河道或者空间轴线等线性城市空间布置,形成一系列建筑群。在带状布局中,建筑群和串联其中的广场、绿地等城市空间形成富于变化和节奏的空间序列。在这种布局中,建筑群布置所依托的道路、轴线、河道等公共空间与建筑形态本身的关系需要特别关注,通过建筑群与这些公共空间的拓扑关系界定,创造出富有整体性、丰富性和韵律感的总体空间景观。带状序列布局可以是城市的空间轴线,也可以是重要的发展轴带。中国和西方国家都有利用轴线组织城市空间的传统。如巴黎,它的轴线主要在塞纳河边上,通过卢浮宫、香榭丽舍大街和明星广场,形成了一个空间轴线。北京的中轴线串连成前门大街、天安门广场、故宫、钟鼓楼、奥林匹克公园等城市重要公共空间或地标,是北京城市空间发展的主轴。

3) 网格规整布局

网格式格局是城市历史发展过程中形成的比较成熟、也比较常见的城市布局模式。在城市设计中,这种布局模式常见于城市中心区、城市新区,根据所处区位不同,道路网格的密度也有所差异。一般来说,相比其他地区,城市功能集聚的城市中心和老城区的道路网络较密,街区的规模较小,地块四周都有界面。这样的格局,能够让街区四周的经济效益最大化发挥出来,如美国纽约曼哈顿,它是典型的网络结构。网格布局的建筑形态设计需要注意均衡性,强调在多个相似的街区中植入适当的公共开敞空间,形成城市整体和谐的建筑形象。

4) 自由有机布局

自由布局一般是因地制宜,结合地形地势、河湖水系,因势布局,形成生动自然、有机错落的建筑群形态。这种布局方式强调建筑与自然环境的结合,建筑融入环境,并提升环境品质。这种布局方式常常应用于山地城市、滨水城市以及风景区的城市设计。

由于城市空间的复杂性,在实际城市设计过程中,常常采用多种布局复合的方式,体现城市空间的复合特征。

2. 建筑形态控制

建筑空间是城市空间形态的重要构成要素,从城市设计的角度看,建筑的外部形态是城市空间景观塑造的核心之一,建筑内部空间是城市功能的主要承载者。因此,在城

市设计中,需要从城市总体空间形态的角度控制和引导建筑的外部形态(如高度、体量、风格、色彩以及与其他城市空间的关系等),同时对于一些重要或者中心地段,特别是老建筑更新改造,还需要对建筑的内部空间进行详细设计。

在城市设计中,建筑形态控制分为两个方面:一个是建筑本身形态的控制,包括建筑高度、体量、风格和色彩等要素;另一个是建筑与相邻空间之间关系的控制,包括建筑密度、界面、建筑后退等要素。

建筑高度的控制涉及很多因素,诸如土地利用性质、土地价值(价格)、交通可达性、城市高度强制性规定(如历史保护要求、机场净空要求等)、城市景观等。一般来说,土地利用中公共设施、商务服务等用地利用强度相对较高,特别是城市中心商务功能聚集的地段,高层建筑集中,有利于形成中心区建筑景观。在市场经济条件下,土地价格高往往意味着较高的开发强度、较高的建筑高度。用地的交通可达性也是同样的道理。历史地段周边地区出于历史保护的需要,机场净空控制区出于飞行安全的需要,对建筑高度有强制性规定,城市设计必须遵守。另外,建筑高度控制还需要重点考虑城市天际轮廓线的塑造,特别是城市中心区、滨水沿山地区、城市出入口地区和重要道路沿线地区。

对以上要素的分析评价可以运用 GIS 技术建构评价体系,综合各要素在高度控制中的作用,得出高度控制分区,然后再结合模型推敲、虚拟空间分析技术等手段,最终确定建筑高度。

建筑体量形态与建筑功能和业态相关,比如商业建筑应该有大体量的营业空间,而居住建筑对建筑间距、进深、通风、采光都有具体的要求。建筑风格与色彩要考虑两个因素:一个是纵向的,即关注历史环境的延续,体现历史文化的文脉传承;另一个是横向的,即应该与周边环境相协调,能够融入城市环境中去。

建筑与相邻城市空间的关系一般通过建筑密度、后退道路红线、沿街建筑界面等方面控制。影响建筑密度的要素有建筑功能、对环境和公共开敞空间的需求、停车空间需求等,公共建筑要求配套一定面积的室外公共活动空间,居住建筑对环境质量的要求则比较高。临街建筑应该后退道路红线,留出交通、绿化空间,后退的距离与道路等级、临街建筑功能和高度有关。同一道路上建筑后退的距离应该相对统一,以形成完整连续的临街建筑界面。从行人的尺度来说,裙楼界面的塑造对道路空间的整体认知更为重要。

3. 重要节点与地段设计

对于那些能够体现城市设计主要意图、重要的功能地段和节点,需要进行更加深入的设计,一般是主要的公共活动地段和建筑组团,包括重要的开敞空间、核心建筑群等。

重要开敞空间的深入设计首先要根据其在地段中所承担的功能确定开敞空间的主题,如交通集散、休闲、健身

等功能主题。然后分析使用者的活动规律和特征,进行功能分区,确定开敞空间的空间格局,在此基础上,根据每个功能分区的功能要求,分别就景观组织、设施小品配置、交通组织等进行详细设计。

重要建筑群的详细设计包括建筑的定位、高度、形态意向、建筑风格、场地交通组织和出入口、停车空间等。设计中应该重点关注外部空间、建筑群内部空间和建筑空间本身三者之间的关系,即城市空间与建筑空间之间的联系,通过院落空间、线形空间、交通节点空间等多种空间形式组合形成多层次、流畅而富于变化的空间序列。

在中心区历史地段、老工业区等地区的城市设计中,常常会有一些具有一定历史文化价值和再利用价值的保留建筑,城市设计需要对这些建筑的保护或再利用方式提出建议和设计意向。不同类型的建筑会采用不同的再利用方式,有些建筑可以保持原有功能,而原有功能衰退或者与地段功能定位不协调的建筑需要植入新的功能,以恢复地段活力。再利用方式的选择需要对建筑的内部空间格局、结构形式、建筑风格、建筑质量进行全面的调查和评估,对于建筑风格具有一定历史文化价值的建筑,可以保持外观风格,对内部空间进行改造以适应新的功能。在老工业区的更新设计中,一些工业建筑代表了一个时代的产业发展印迹,在更新中可以适量保留下来,并赋予新功能,以保持地区文脉的连续性。

8.2.5 开敞空间

开敞活动空间是指人们出于某种目的(如交流、游憩、购物、娱乐、生态等)而使用的、由城市提供的公共场所。城市中心区的公共活动的高强度决定了开敞活动空间的重要性。城市中心区规划设计需要根据基地的功能和人们的需求设计一系列公共活动空间,包括城市广场、公园绿地、滨水空间、公共建筑空间等。公共活动场所的设置应该考虑人们到达和使用的便利性,以及与其他活动的关系,比如一些类似的活动可以相对集中设置,而另一些活动则需要隔离设置以避免干扰。另外在城市设计中还应该考虑活动的时间性和周期性,以适应不同时段活动的特殊需求。

开敞空间设计一般要遵循人性化、生态化、主题化的原则,强调公共开敞空间的功能特色和便利使用。

1. 城市广场

广场是城市中具有一定规模的户外公共活动空间,用以满足人们进行交流、休憩等社会活动的空间需求,是非常重要的城市开敞空间。城市广场根据功能不同可以分为市政广场、交通广场、商业广场、纪念广场、休闲广场等类型,根据服务范围不同可以分为城市级、片区级和社区级等不同等级。

一般来说,广场设计要注意以下几点:

① 合理确定广场的主要功能,进而对广场设施进行配置;② 合理确定广场的规模,以建构与功能匹配的空间场所;③ 确定广场空间的围合方式和围合界面的类型(如建筑、树木、地形等),形成宜人的空间尺度;④ 丰富广场的空间层次,以满足市民多样的公共活动需求,可以通过广场形状的变化增加广场空间的层次,或者通过与地下空间的连接形成下沉式的立体化广场空间;⑤ 深化广场的环境设计,市民对广场场所的认知感受很大程度上来自与人们密切接触的绿化、水体、地面铺装和小品设施等环境构成要素,广场设计可以根据广场的类型合理配置这些环境要素。

2. 城市绿地

城市中心区规划设计中绿地空间的设计往往会被忽视。其实绿地作为城市重要的休闲、生态、景观空间,对于城市空间的质量提升、活动丰富、生态环境都有不可替代的作用。绿地设计首先要确定绿地的使用功能,根据使用者的使用特征确定其服务功能和设施类型。其次要划分尺度合理、不同作用的绿地空间,以适应不同人群活动的要求。第三应配置层次丰富的绿化景观,乔、灌、草合理搭配,充分发挥城市绿地的生态景观作用。

3. 滨水开敞空间

滨水地区在城市发展的某些阶段起着重要作用,由于滨水地区拥有水源、交通等便利条件,许多城镇起源于滨水地区。随着工业化的发展,许多城市中心区滨水地区原有功能逐渐衰败,滨水地区的更新和复兴成为城市中心空间发展的重要推动因素之一。复合了多种城市功能的滨水开敞空间是塑造城市特色的重点地区。

城市中心区规划设计首先要根据滨水空间的定位,确定主要功能,大部分滨水空间是复合了开敞空间和其他功能空间(如商业服务、文化娱乐、创意产业、旅游服务等)的综合空间。其次是注重滨水岸线资源利用的公共性和公平性,尽可能让更多的人分享滨水空间和景观。三是注意滨水特色景观的塑造,增强滨水区与城市其他地区在空间和交通上的联系,控制滨水景观的视线通廊,同时,对于原有建构筑物,可以通过价值评估的方式适当保留部分有一定历史文化特色的建筑,进行再利用,增加滨水地区的历史文化内涵。另外,河流水体是城市重要的生态廊道,滨水地区设计应该避免过度的人工化,必须保留一定宽度的防护绿带,保持河道的生态功能。

8.2.6 道路交通

1. 交通系统规划

交通流线是城市规划中的"动线",是支撑城市活动的动脉。交通流线可以分为机动车系统和慢行系统(步行和自行车系统)。机动车交通流线组织首先要满足基地交通的通达性,即保证与城市其他地区的流畅连接,以及基地内部的交通可达性;其次要避免对慢行系统的干扰,能够尽可能做到两者的分离,比如立体分离、分区分离等;第三要满足机动车的停车需求,根据不同用地功能的要求设置足够的停车空间。

城市中心区交通规划应该遵循以下原则:

1) 密度路网

中心区路网密度应该比城市其他地区大,以适应高强度的城市活动。

2) 通达结合

规模比较大的中心区可以考虑使用快速交通输配环的方式。在新城中心区配备交通输配环,围绕中心区建立快速交通系统,内部形成以公共交通和步行交通为主的系统,从而解决中心区交通问题。

3) 公交优先

结合公共交通枢纽建设城市综合体。

4) 慢行环境

慢行系统应该将重要的公共活动场所串联起来,形成相对独立的流线体系,并注意与机动车交通的衔接(通过停车场、公共交通站点等)。在很多情况下,步行流线空间往往与一些功能性公共活动空间复合在一起,比如步行商业街不仅是步行空间,同时也是购物休闲的公共活动空间。

2. 道路空间设计

城市道路交通空间与城市形态的关系包括两个方面:一方面,道路交通空间是城市形态的骨架空间,为城市其他空间提供交通服务支撑;另一方面,道路交通空间也是城市空间的重要组成部分,是城市空间形态特色的重要载体。在城市设计中,道路交通空间的设计包括道路空间、停车空间、换乘空间等几个方面。

城市道路空间具有连续性、渗透性的特征,在城市中承担着交通、景观、社会生活等多重功能。因此,道路空间的设计不仅要满足交通的需求,还应该关注不同等级道路的景观功能和社会生活功能,在城市规划中,尤其需要重视后两者。

1) 道路交通空间组织

现代城市交通方式和交通组织比较复杂,交通空间组织依据道路等级、性质、断面等因素确定道路各交通方式在空间上的安排。交通性干道主要承担城市机动车的快速通过和到达功能,在空间分配上应该保证机动车的通行。生活性或服务性道路(一些次干道和支路)需要满足机动车的到达(可达性),以及步行交通的安全舒适,在空间设计上应该以步行人群为重点,通过加宽人行道、限制机动车通行、设置人车分离设施、在必要的时候在公共活动集中的区域设置步行街(区)、与地下空间结合形成立体的综合交通空间,保证良好的步行交通环境。

2) 道路空间景观设计

道路交通环境是城市景观的重要组成部分,作为城市各类交通活动的载体,道路空间设计应该遵循空间完整性、连续性、特色化的原则。道路空间是线性的开敞空间,其设计除了考虑交通活动的要求外,还要考虑交通主体在运动过程中对道路空间景观的感知变化。

首先是道路线型的变化,直线形的道路具有明确的方向感,视线通畅,可以在起终点或者重要节点设置标志性建筑(或自然地形)作为对景;而曲线形道路景观多变,在道路转折或弯曲的关键部位可以设置多个标志性建筑作为道路对景,在行进过程中给人的感知较为丰富。曲线形道路一般用于交通功能不强或者有地形限制的地段。

其次,道路的空间尺度是人们感知道路空间是否舒适的重要因素,一般来说,与人们日常生活关系密切的生活性道路(如生活性次干道、支路、步行街等)空间应该适合步行者的尺度,街道空间围合性较强,道路宽度与沿街建筑高度(D/H)的比例在 $1\sim2$ 之间比较合适;而交通性道路(如主干道、快速路等)由于宽度较大、车辆运动速度快,D/H 可以大于 2,当道路过宽时,可以在道路分隔带上种植行道树,减小道路空间的空旷感。

第三,根据不同道路空间的活动要求,道路沿街建筑界面对人们的空间感受也有重要影响。生活性道路以慢行交通为主,沿街建筑界面应该保持一定的连续性,特别在一些商业服务功能比较集中的路段,建筑裙楼的高度和建筑后退不宜有太多变化,以方便人们的购物休闲行为,同时形成良好的生活气氛。交通性道路的沿街界面则强调节奏性和韵律感,以适应在车辆快速的运动中对道路界面的感知特征。

3. 停车空间设计

城市停车空间是城市中心区规划设计中必须考虑的方面。一般来说,不同功能的用地对停车空间有不同的要求。在城市公共活动较为集中的地区,还应该单独设置社会停车场。从停车方式上说,停车空间可以分为路外停车和路内停车两种类型。其中,路外停车又包括独立停车空间和附属停车空间两种形式。

路内停车是指停车空间占有部分道路空间,主要采用沿街停放的方式。这种方式一般应用于空间较为紧张的旧城区和居住区,由于停车空间供应不足,利用城市低等级道路一侧或两侧的道路空间作为停车空间。适用路内停车的道路一般等级较低,车流量不大,车速较低,直接服务于用地。在道路密度较大的城市中心地区,可以采用路边停车和单行交通相结合的方法,以便理顺交通、提高道路空间利用效率。

独立停车空间是指面向社会专门设置的集中式停车空间,一般是大中型地面停车场或者多层停车库。在土地较为紧张的城市中心地区,提倡采用多层立体停车方式,提高土地利用效率。

附属停车空间是指利用主体建筑的地下空间作为停车场地,一般为主体建筑服务,也可以向社会开放,成为公共停车场。

路外停车空间的设计应该注意以下两点。一是停车空间位置选择,应该能够方便车辆的进出,尽可能缩短停车空间与其服务的城市空间之间的步行距离。二是与道路空间的衔接,停车空间应该能够比较方便地连接道路空间,同时停车空间出入口要具有易识性,不能对道路交通形成干扰。

4. 公共交通枢纽空间设计

为解决日趋严重的交通问题,我国的一些大城市大力发展公共交通(特别是轨道交通),公共交通的发展对城市形态和城市结构产生深远的影响。其中,公共交通站场与换乘枢纽与城市空间形态的关系最为密切,往往与城市地段开发复合,形成基于公共交通的城市开发模式(TOD),也因此成为城市开发的热点地区。

公共交通枢纽一般汇集了多条公共交通线路,包括常规公交和轨道交通的站点,有时还包括火车站、汽车站等对外交通站场。因此,首先要解决不同线路之间的换乘问题,一般采用平面换乘和立体换乘两种方式。对于常规公交来说可以通过设置大型换乘枢纽站解决多条线路的换乘;对于地铁等轨道交通,可以通过同站台平面换乘,或者通过不同层面的立体交通连接不同标高的站点进行换乘。其次是公共交通换乘空间与其他城市建筑空间的连接。公共交通换乘空间是人流密集的交通集散空间,人流量大,非常适合商业服务功能的开发,因此公共交通枢纽地区往往会成为公共活动比较集中的地区。常见的空间利用模式是与交通枢纽空间联合开发,形成地上地下一体化的,包含交通、购物、服务等功能的大型城市综合体。在设计需要注意以下几点:① 注意进出站人流的组织,保证流线通畅,避免其他城市活动的过多干扰;② 注意与停车设施的连接,方便不同交通方式之间的换乘;③ 通过设置地上地下广场集散人流,避免人流的拥堵;④ 通过下沉广场、天桥等方式组织垂直交通,与城市其他交通方式分离,同时有助于形成丰富的城市空间景观。

8.3 典型案例

8.3.1 南京浦口中心区规划设计

1. 概述

南京江北副城是南京"一主三副"城市结构中的三个副城之一,位于长江北岸,浦口中心区就是江北副城的核心区,也是南京的副中心之一。本次规划的重点是功能定位和构成以及空间特色的塑造,以构建一个卓越的现代化的综合性城市中心区为目标。总规划设计范围约 13 km²(图 8-1,表 8-1)。

2. 定位与功能

中心区既是一个空间概念,更是一个概念概念,本规划以优良的区位、良好的生态基础和后发优势,不仅是服

图 8-1 浦口中心区区位

资料来源:东南大学城市规划系,南京市规划设计研究院有限公司. 南京浦口中心地区概念规划[R],2005.

务与南京都市区和江北副城的城市中心地区,而且是独具特色的滨江城市中心区。

在功能上,规划致力于把浦口中心区建设成为带动南京都市区跨江发展的副中心,服务江北副城、辐射皖东和苏北地区的城市新中心,具备生态休闲功能的城市特色中心区。

在目标上,规划致力于把浦口中心区建设成为辐射带动的中心服务之城,山水交融的绿色生态之城,时尚现代的文化娱乐之城,弹性开放的有机生长之城。

浦口中心区的核心区是以服务区域生活和生产的商业、商务办公和金融业功能组成。核心区规模约 1.5 km²。核心外围地区主要是以支撑核心区的混合功能组成,浦口核心外围混合区是以信息、科技服务业、行政办公、文化娱乐为主要功能,以旅游度假、观光休闲为重要特色功能,以一般性对内服务功能包括居住、体育等为基本组成功能。

3. 土地利用规划

在区域层面上合理确定中心区用地的功能配置和开发强度,实现土地开发的可持续性和弹性,增强土地利用的综合效率,实现土地开发与生态环境保护的有机结合。基于上述思路,浦口中心区土地利用规划的格局可以总结为:双核、四带、五区(图 8-2)。

双核:由"实核"和"虚核"组成。实核是高强度开发的核心商务区,虚核是在原有水体基础上梳理形成的水面和滨水空间。双核相互呼应,创造出形态独特、景观宜人的中心区空间环境。

表 8-1 浦口中心区功能设施配置建议表

功能类别		主 要 构 成	用地规模 (hm²)	建筑面积 (万 m²)	备 注
中心核心功能	商务金融	各种企业公司的办公写字楼;银行、证券、保险	40~50	150	为区域生产服务
	商业服务	商业零售、大中型综合商场、专业商场、宾馆酒店、特色餐饮等	30	40	为区域生活服务
中心辅助功能	行政办公	区级政府机构、部分区级局委办、市政广场及其配套附属设施	10~15	10	政府部门带动地区的发展
	文化娱乐	市级会展中心;科技信息中心——科技馆;文化中心——图书馆、博物馆(含美术馆)、影视中心(含音乐厅),小型的文化休闲场所如酒吧、咖啡馆、茶社等;文化广场	30	20	满足人们的生活向高质量的休闲娱乐生活发展
	科教信息	新型创意产业研发、创新人才培训区,科研创新、信息服务、新产品展示	35	—	主要针对高新技术产业和高校人群
地区特色功能	旅游休闲	娱乐、休闲、疗养	40~45	—	为旅游业、观光、休闲提供良好的服务功能
基本服务功能	居住	高档公寓,中、高档住宅,特色住区	200~300	—	沿自然生态良好的老山建造低密度的特色旅游度假区;满足中产阶级的时尚住宅;地区居住人口 10 万人
	体育健身	体育场馆、游泳馆、各类室外运动场	15	—	满足居民体育健身

资料来源:东南大学城市规划系,南京市规划设计研究院有限公司.南京浦口中心地区概念规划[R],2005.

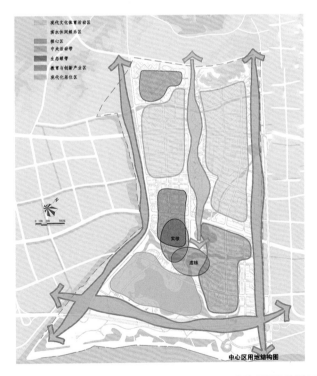

图 8-2 土地利用结构图(左)和土地利用规划图(右)

资料来源:东南大学城市规划系,南京市规划设计研究院有限公司.南京浦口中心地区概念规划[R],2005.

四带:包括一条位于基地中央的连接山—城—江的中央活动带,两条滨河的生态绿带以及一条滨江的绿化休闲带。

五区:包括商务商业核心区、教育与创新产业区、现代宜居居住区、现代文化体育活动区和环湖滨水休闲娱乐区。

4. 空间形态控制

规划重点研究山—城—江的空间形态和视线关系,总体上采取了相对理性的核轴结构与自由柔和的自然要素渗透并蓄的空间格局，形成"核—轴"空间结构。

在空间形态特征的塑造上，注重创造联系山—城—江的生态活力通道，创造滨江城市中心的空间景观特色，注重滨江景观面的塑造，创造开发强度适当、空间层次丰富的中心区空间形态(图8-3)。

5. 道路交通规划

构建浦口中心地区优质、高效、一体化的和谐城市交通系统，满足地区未来多样化的交通出行需求，提升浦口区的城市竞争力和辐射影响力。

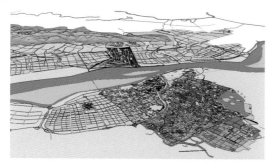

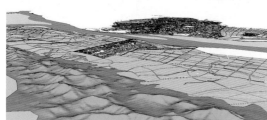

图8-3　空间关系分析(上左)、总平面图(上右)和鸟瞰图(下)

资料来源：东南大学城市规划系，南京市规划设计研究院有限公司.南京浦口中心地区概念规划[R],2005.

策略一:建立高效便捷的道路系统

加强中心区道路系统与外围城市快速系统的衔接,加强中心区道路系统与周边城市道路系统的通道联系,加强中心区内部道路系统的合理布局,尤其重视支路网的规划,促进中心区交通微循环的畅通。

策略二:营造安全舒适的交通环境

加强中心区步行空间的规划,加强中心区道路绿化规划设计,加强中心区无障碍、人行过街通道等人行化交通设施的规划设计。

策略三:倡导节能环保的交通方式

加强中心区的公共交通规划,加强中心区内部环保型交通工具和交通方式的使用。

策略四:实现公平有序的交通组织

加强中心区外围及内部交通干道的机动车交通组织设计,加强中心区内部交通流线规划设计,加强中心区交通枢纽及换乘枢纽规划设计(图8-4)。

8.3.2 杭州城东新城核心区城市设计

1. 概述

杭州东站枢纽建设是浙江省"十一五"期间铁路建设的重大项目,也是杭州市实施加快城市化改造、实施"决战东部"战略的核心项目,对进一步推进"城市东扩",加快"接轨大上海、融入长三角、打造增长极、提高首位度"具有重大意义。为配套铁路建设,盘活杭州整个东部地区,实现"大杭州"发展战略,杭州市将对东站周边地区 9.3 km²(城东新城)进行改造和开发建设,优化路网交通,完善基础设施,建设高品质的安置小区,强化现代服务业功能,形成以现代综合交通枢纽为依托,集现代生产服务业,旅游

图8-4 道路系统规划

资料来源:东南大学城市规划系,南京市规划设计研究院有限公司. 南京浦口中心地区概念规划[R],2005.

集散和居住职能为一体的城市新中心。城东新城位于杭州"一主、三副、六组团"城市总体结构的几何中心,以现代化交通枢纽为依托,是杭州市打造多中心格局的又一新的城市中心和重要的城市门户(图8-5)。

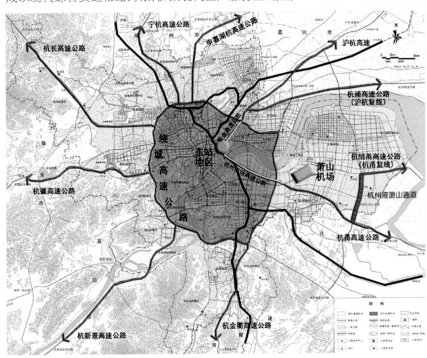

图8-5 地段区位

资料来源:东南大学城市规划设计研究院. 杭州城东新城核心区城市设计[R],2008.

2.目标与定位

城市设计目标是构建一个卓越的现代化新城中心区，以杭州东站的建设为依托，发展商业服务、商务办公、文化娱乐、旅游休闲等现代城市功能。塑造一个能够体现和提升杭州城市新形象的城市门户和城市新城，成为杭州的"色彩缤纷的活力之城、通达汇聚的交通之城、时尚开放的门户之城"。

定位研究主要考虑以下几点因素：

① 杭州城市社会经济的发展状况及目标；② 城东新城开发的区域发展背景；③ 城东新城产业发展的优劣势分析；④ 城东新城建设对于杭州城市空间结构的影响；⑤ 杭州东站建设带来的需求分析。

综上，杭州城东新城核心区的战略定位为："生活品质之城的门户、浙江国际化发展的前沿地带、长三角都市圈的核心节点"，空间形态定位为："城东新城、越杭门户、陆港商圈"，功能定位为："长三角南翼综合交通网络的核心枢纽、江南旅游的集散中心、浙江现代服务业的中央平台、杭州都市圈的门户商业区"。

3.功能构成与规模

根据功能定位，杭州新东站和城东新城的主要功能可分为：交通运输枢纽、旅游集散中心、商业中心、商务中心。与此对应，可以确定城东新城的产业业态为四大板块，包括交通板块、旅游板块、商业板块和商务板块。除了交通板块之外，其余三大功能板块的产业业态可进一步细分如下：

旅游板块，包括旅游、休闲、会展等；

商业板块，包括购物、旅馆、餐饮等；

商务板块，包括物流、信息、金融、商务、教育、医疗以及商务公寓等。

依据杭州市 CBD 和若干商务区的业态分布，参考杭州市近年来旅游、商业和商务等产业业态在第三产业中的产值比重，参照国内外有关城市规划中火车站公共设施用地的比例数据，推算出东站新城核心区各功能板块的用地规模（表 8-2）。其中：

旅游板块共计用地 0.37 km²。

商业板块设定购物和餐饮比重相等，三个产业业态在商业板块的产值比重约为 0.25 : 0.50 : 0.25。依此测算其面积分别为 0.16 km²、0.33 km² 和 0.16 km²。

商务板块根据类比法并参照杭州有关商务区的公共设施用地的平衡数据，对商务板块的各产业业态的用地面积进行了划分。比较已有的商务区，由于把商务公寓也计入了商务板块，因此商务用地的比重较周边商圈更高一点。

表 8-2　城东新城各产业业态用地总平衡表

功能板块	产业业态	占地面积（km²）	比例（%）
商业板块	购物	0.16	8.0
	旅馆	0.33	16.5
	餐饮	0.16	8.0
	合计	0.65	32.5
商务板块	物流	0.11	5.5
	信息	0.10	5.0
	金融	0.14	7.0
	商务	0.25	12.5
	教育	0.13	6.5
	医疗	0.05	2.5
	商务公寓	0.2	10.0
	合计	0.98	49.0
旅游板块	休闲	0.11	5.5
	旅游	0.16	8.0
	会展	0.10	5.0
	合计	0.37	18.5
总计	—	2	100

资料来源：东南大学城市规划设计研究院.杭州城东新城核心区城市设计[R],2008.

4.用地布局

根据上层控制性详细规划的内容，城东新城核心区周边用地性质较为单一，基本为城市居住用地，并依托居住组团形成三个社区性商业中心。核心区未来将形成的门户商业中心除了满足车站旅客的消费活动之外，同时也是服务于杭州东站周边地区居民的重要商业中心。

城东新城核心区范围内的土地利用规划结构可以用"一核、一轴、两心、两带、三区"来概括（图 8-6、图 8-7）。

1）一核

交通枢纽核：整个规划区以东站铁路站房综合体为核心进行用地布局，充分考虑其与周边用地的功能配置、景观交融、交通衔接问题。

2）一轴

功能发展轴：东西向贯穿整个用地，成为铁路站房核心区与旅游服务区以及商业商务功能区的重要空间联系。

3）两心

商业服务中心：位于铁路站房北部，规划为满足旅客消费活动，同时服务于下沙和临平副城以及东站周边地区的重要商业中心。

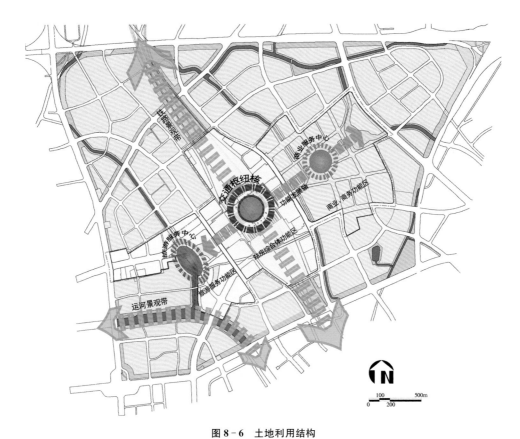

图 8 - 6　土地利用结构

资料来源:东南大学城市规划设计研究院.杭州城东新城核心区城市设计[R],2008.

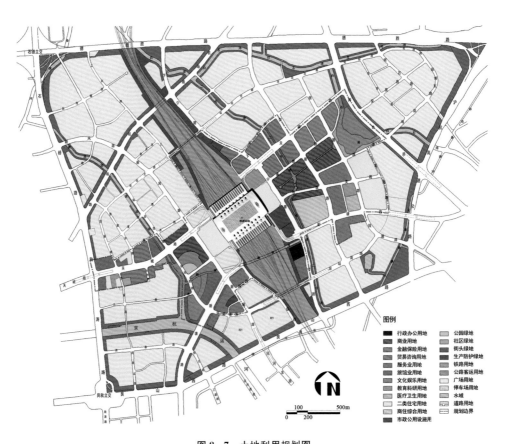

图 8 - 7　土地利用规划图

资料来源:东南大学城市规划设计研究院.杭州城东新城核心区城市设计[R],2008.

旅游服务中心：位于铁路站房南部,结合京杭大运河景观资源,充分利用杭州东站作为长三角旅游网络的一个重要集散中心的优势条件。

4) 两带

铁路景观带：高架铁路南北向穿越规划区,两侧的防护绿化带,构成地区具有绿色特征的开放空间走廊,同时形成独具特色的城市铁路景观带。

运河景观带：京杭大运河流经规划区西南角,成为该地区宝贵的水体景观资源,结合其两侧绿地景观,形成运河景观带。

5) 三区

站房综合体功能区：位于规划区中心位置,主要由铁路站房综合体以及周边与其配套的对外交通、停车场、市政公用设施等用地组成。

商业商务功能区：位于铁路站房北部,主要包括该区内主要的商业用地、商务用地以及少量居住用地。

旅游功能服务区：位于铁路站房南部,主要包括旅游休闲、旅馆业等服务性功能用地。

5. 空间形态组织

城东新城核心区总体空间格局可以概括为"一轴,三核,三节点"的总体结构(图8-8～图8-10)。

1) 一轴

城东新城中心区主轴：贯穿东西的主要空间轴线,完整的轴线体使本地块空间整体性大大加强。此轴采用虚轴的处理手法,既空间上较为开阔,目的是营造出尽量多的为人民服务的开放空间,同时创造出观看交通综合体的优良视线通廊。

2) 三核

交通综合体景观核：交通综合体是本地区空间组织的出发点,它既是重要的景观,同时又是观景点。周边地区的设计既考虑了做好综合体核心的衬托,形成整体画面,又做到给处在综合体位置的游客一个完美印象。

游船码头公园休闲景观核：做足水的文章,传承杭州江南水乡的地域特色。低层的地景建筑完美地衬托出火车站综合体,又不失自身特色。

站东都市商业景观核：采用先进的立体交通模式,使水系、地面、高架平台三者穿插结合,达到"水陆空"复合利用的目的。

3) 三节点

天城路门户节点：交通综合体和杭州主城区之间的主要门户节点,历史韵味浓厚的近代建筑群,生态活泼的游船码头,庄重而优美的景观序列。

新塘路门户节点：联系钱江新城的主要入户节点,以京杭运河的优美景观为依托,利用对比衬托的手法营造出现代的生态景观气氛。

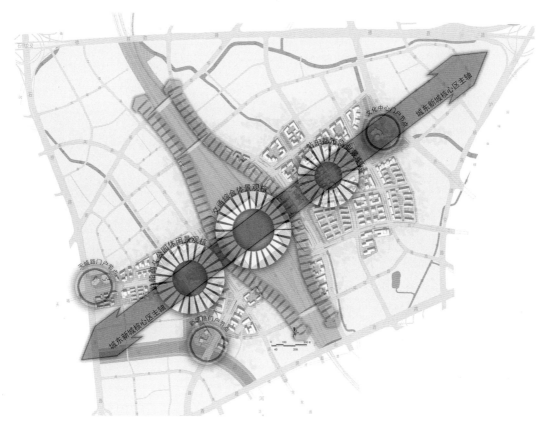

图 8-8 空间结构

资料来源：东南大学城市规划设计研究院.杭州城东新城核心区城市设计[R],2008.

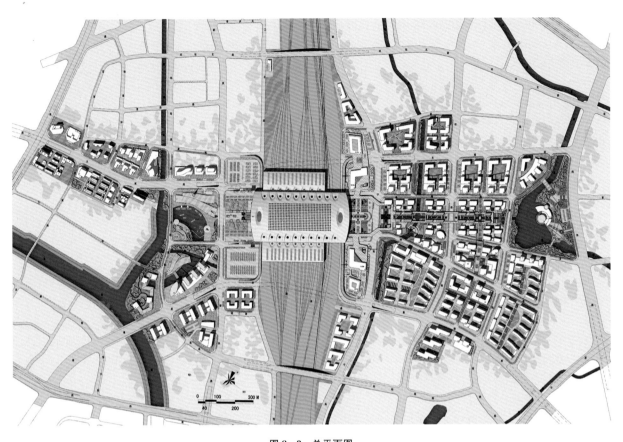

图 8-9　总平面图

资料来源:东南大学城市规划设计研究院.杭州城东新城核心区城市设计[R],2008.

图 8-10　鸟瞰图

资料来源:东南大学城市规划设计研究院.杭州城东新城核心区城市设计[R],2008.

文化中心门户节点:开阔的水景近景,现代的交通综合体远景,给来客展现杭州的江南水乡文化和科技繁荣的将来。

6. 道路交通组织(图8-11)

1)道路系统

道路系统结合城市发展结构,形成快速环路加"井"字主干路的格局。

2)公共交通

杭州市规划建立多元的公共客运交通结构,形成以轨道交通和地面快速公共交通为主导,以高效方便的换乘系统为依托,以常规公共汽(电)车为基础,以其他公共交通工具为辅的现代化公共交通系统。

城东新城公共交通规划在此大前提下,重点突出轨道交通的核心接驳地位,引导个体交通向大运量交通方式转移。以轨道交通、BRT、常规公交为主体,使三者承担核心区内70%以上的交通量,从而达到减少地面交通的目的。

3)慢行交通

步行交通是各类交通方式的起点与归宿,良好的步行和慢行交通系统是城市公共交通的重要支撑,起到繁荣商业及旅游业的作用,反映城市人文环境。本次规划要求通过以下措施提升步行及慢行交通系统的品质:

① 结合区域功能分区、景观规划、城市设计,创造安全、舒适和连续的人性化步行空间和慢行交通环境;② 积极引导自行车等慢行交通的合理出行,完善行人过街设施和自行车停车设施,鼓励"存车—换乘",促进中长距离自行车出行向公交转移;③ 步行及慢行交通系统与公共交通及其他交通方式良好衔接。

杭州火车东站除了承担城市对外交通的主体功能外,还担负着疏导东西两端人流的功能,同时也有紧密地连接车站周围街区的城市功能。交通综合体内部及周边有连续的步行系统,同时与外围中心区的步行系统连接。综合体外围的交叉口在交叉口处道路较宽时,利用道路中央分隔带设置二次人行过街设施,保障行人过街安全。

7. 地下空间

城东新城核心区地下空间和设施体系规划应符合杭州城市地下空间规划及相关法规的要求,充分挖掘土地资源,坚持整体化、人文化、生态化、高效率、安全可行的基本原则。做到地面上下部协调发展、有机衔接(图8-12)。

东部片区地下空间主要分布在东广场两侧交通服务设施、东西向商业服务设施以及其南北两侧商务区块的下部:

第一部分集中在火车站东广场南北两侧公交换乘站和长途汽车站的下部,其主要功能为出租车停车场和社会停车场,满足交通集散功能的需要。

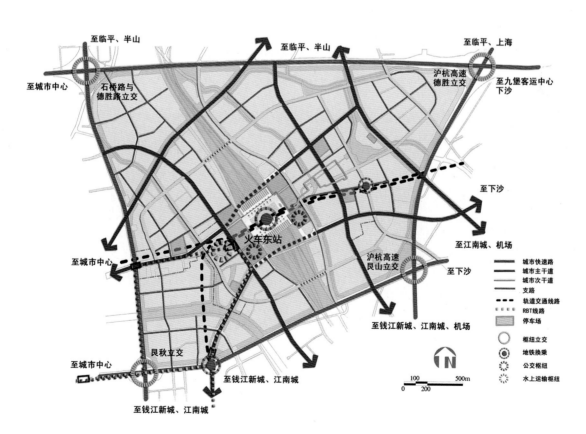

图8-11 道路交通系统图

资料来源:东南大学城市规划设计研究院.杭州城东新城核心区城市设计[R].2008.

143

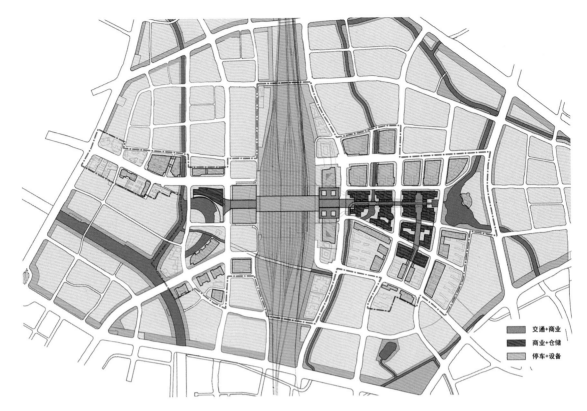

图 8-12 地下空间规划图
资料来源:东南大学城市规划设计研究院.杭州城东新城核心区城市设计[R],2008.

第二部分集中在东西向水街轴线两侧的商业区块下部,紧靠水街两侧的地下空间为商业和文化娱乐空间,是商业街区功能在地下的延续。而外围靠近城市道路的地下空间以地下停车库、设备空间为主,其中配套一些仓储服务空间。

第三部分集中在商业区块南北两侧的商务区块下部,其主要功能以地下停车库、设备用房为主。同时区块内部各地下空间之间设置联系通道,加强地下空间之间的交通联系,共同构筑地下空间系统。

西部片区地下空间主要分布在火车站西广场和游船码头建筑的下部以及沿新塘和天城路两侧商务区块的下部:

第一部分集中在西广场的下部以及向西延续到游船码头建筑的下部。其中,西广场地下空间的主要功能为出租车和社会车辆停车场,游船码头建筑的地下空间为游船交通服务功能空间。同时东西向地下通道将这两部分地下空间与火车站地下空间串联起来,共同构成地下交通疏散体系。

第二部分集中在沿新塘路和天城路两侧的商务区块下部,其主要功能以地下停车库、设备用房为主。同时区块内部各地下空间之间设置联系通道,形成地下空间网络。

■ **思考题**

1. 结合案例阐述城市中心区的职能构成。

2. 城市中心区空间组织的方法有哪些?结合实际案例阐述。

■ **主要参考文献**

[1] 吴明伟,陈联,孔令龙.城市中心区规划[M].南京:东南大学出版社,1999.

[2] 东南大学城市规划系,南京市规划设计研究院有限公司.南京浦口中心地区概念规划[R],2005.

[3] 东南大学城市规划设计研究院.杭州城东新城核心区城市设计[R],2008.

9 城市历史文化遗产保护与规划

【导读】 历史城市具有悠久的历史、灿烂的文化,保存着大量历史文化遗产,是宝贵的不可再生的文化资源,是社会、文化和科技发展的历史见证,城市的这些底蕴在城市发展过程中最具关键性和价值性,因此保护好城市历史文化遗产就显得格外重要。本章阐述了城市历史文化遗产的构成和价值,分析梳理了城市历史文化遗产保护的发展历程,从总体规划和详细规划两个层面,对城市历史文化遗产规划中的城市总体布局和空间发展模式、城市格局的整体保护、城市道路交通组织、城市高度与视廊控制、保护范围的划定与控制以及城市设计控制引导等内容做了介绍。

9.1 历史文化遗产构成和价值

9.1.1 历史文化遗产基本要素和构成

1. 文物古迹保护

1)文物建筑(文物保护单位)

不可移动的文物是城市历史文化遗产的最重要的组成部分,在我国分为三类,它是经过一定程序,由国家或各级地方政府部门批准,列入保护名录的各级法定保护建筑。其中由国家文物局确定的为"全国重点文物保护单位",由省确定的为"省级文物保护单位",由市、县确定的为"市级文物保护单位"或"县级文物保护单位"。文物建筑包括以下几种类型:

① 古建筑,即具有重大历史和艺术价值的古代建筑作品;② 历史纪念建筑物,即与重大历史事件或重要人物有联系的历史建筑或纪念建筑物;③ 具有各种文化意义的建筑物和构筑物;④ 在城市规划和城市发展中具有重要意义的建筑物或构筑物;⑤ 具有重大意义的近现代建筑物和构筑物。

2)历史建筑

是指具有一定的历史、艺术和科学价值,但尚未列入文物保护单位的历史建筑。这类历史建筑需要在普查的基础上,进行细致研究和评定。具体而言,主要以是否对保持城市空间景观的连续性和逻辑性,是否具有潜在的历史、文化、建筑和艺术方面的价值为目标进行评定。历史建筑可能并不具备文物保护单位那样大的价值,保护它们的意义在于它们对构成和表现城市某一方面或某一地段的特征起着不可替代的作用。这些需要保护的建筑可能是某种建筑的类型,如北京的四合院、苏州的古民居和上海的里弄住宅等,也可能是某一或某几个时期的建筑物或

建筑的一部分。

3)古文化遗址

人类进化的每一个特定的状态或阶段,也就是所谓的文明,都不可避免地会在环境景观上留下自己的标记。具体而言,古文化遗址主要指能够见证某种文明,某种有意义的发展或历史事件的人文景观,包括地面或地下的古遗址、古建筑、古墓葬、石窟寺等。如雅典卫城是古希腊文明的历史见证,罗马市中心是古罗马文明的历史见证,巨石建筑遗址是欧洲早期遗址中另一种最引人注目的类型等等。除了已经发掘和清理的古文化遗址外,不少古城遗址目前还都深埋地下。如古罗马城市核心部分自中世纪荒弃之后,虽从文艺复兴时期开始已得到保护清理,但至今仍还有相当一部分压在城市街区下;埃及亚历山大里亚古城大部分都被埋在现在的城市下面。

2. 历史街区保护

历史街区指文物古迹、历史建筑集中连片,或能较完整地体现出某一历史时期的传统风貌和民族特色的街区、建筑群、小镇、村寨等。具体由街区内部的文物古迹、历史建筑、近现代史迹与外部的自然环境、人文环境等物质要素,以及人的社会、经济、文化活动、记忆、场所等丰富的精神要素共同构成。主要包括历史文化街区、历史风貌区和其他具有保护价值的历史地段。

1)历史文化街区

历史文化街区是指经省、自治区、直辖市人民政府核定公布的保存文物特别丰富、历史建筑集中成片、能够较完整和真实地体现传统格局和历史风貌,并具有一定规模的区域。

根据《历史文化名城保护规划规范》(2005 年)规定,历史文化街区应具备以下条件:

① 有比较完整的历史风貌;② 构成历史风貌的历史建筑和历史环境要素基本上是历史存留的原物;③ 历史文化街区用地面积不小于 1 hm^2;④ 历史文化街区内文物

古迹和历史建筑的用地面积宜达到保护区内建筑总用地的 60% 以上。

2）历史风貌区

历史风貌区不是法定概念，也没有统一的定义，与历史文化街区相比，历史风貌区指一些历史遗存较为丰富或能体现名城历史风貌，虽然达不到历史文化街区标准，却保存着重要的历史和人文信息，其建筑样式、空间格局和街区景观能体现某一历史时期传统风貌和民族地方特色的街区。对于历史风貌区的保护可以参照历史文化街区，但具体要求可适当灵活。

3）一般历史地段

一般历史地段是指保存一定的历史遗存、近现代史迹、历史建筑和文物古迹，具有一定规模且能较为完整、真实地反映传统历史风貌和地方特色的地区。历史地段与历史文化街区、历史风貌区一样，是城市历史文化的重要组成部分，对保护城市传统风貌与格局肌理，以及延续城市记忆与历史文脉起着重要作用。对于一般历史地段的保护，根据各历史地段的具体情况，按照最大化保存历史信息的原则，采取灵活多样的保护方法。

4）历史建筑群

历史建筑群是指体现特有的城市规划布局，优美的城市空间景观（如城市轮廓线），以及明确的规划思想等的建筑群体。

3. 建筑、城市与自然景观保护

作为历史城市的整体环境保护，不能单纯保护城市的几个珍贵的文物或几个历史地段，如果构成历史城市的综合要素及周围环境受到威胁，历史城市的整体风貌特色就会失去。为此，应将建筑、城市与其自然景观作为一个整体加以保护。其中历史城市的空间格局和外围环境保护是城市整体景观环境保护的重点。

城市空间格局一方面是城市受自然环境制约的结果，另一方面反映出城市社会文化与历史发展进程方面的差异和特点。构成城市空间格局的要素通常包括城市的地理环境、城市的空间轮廓、城市轴线、城市的街道骨架、街巷尺度、河网水系、山体林地，还包括城市中起空间标识作用的建、构筑物，以及那些已经成为构成城市特色有机组成部分的成片的居住建筑。这些需要保护的要素既可以是历史的或传统的，也可以是现代的，关键是看它们在表现城市特征方面和构成城市肌理方面的作用。城市空间格局保护的重点是城市中的历史城区，所谓的历史城区主要指城镇中能体现其历史发展过程或某一发展时期风貌的地区，涵盖一般通称的古城区和旧城区。

反映历史文化特征的城镇景观和自然、人文环境，是城市特征和文化形成及发展的基础。保护城市外围的环境，特别是自然风景，保持自然与城市间相容的协调关系，对保护城市历史文化遗产，并使其在发展中继续生存具有重要的意义。与体现自然风景有关的要素均应属于城市外围环境控制需要考虑的内容，它包括农田、树林、水域、地形、自然村落以及道路等。在城市外围环境控制范围内，所有的自然风景要素都不能被破坏，对在其中实施的改善自然环境与景观的生态型改造工程应予以鼓励，对现有的居民点和其他人工设施应控制在原来的建设范围之内，限制其扩大规模。

4. 历史文化传统保护

具有悠久的历史是历史城市的共同特征，不少名城在历史上都有过辉煌的时期，在国家或地区的政治生活和社会活动中扮演过重要的角色。与繁荣期相联系的历史文化传统保留下来，和作为往昔城市光荣见证的文物古迹和历史遗产一起，成为历史城市价值的所在。尽管其中的许多内容是无形的，但它们在形成一个名城的内涵上，同样是不可缺少的部分。作为保护的内容，城市的历史文化传统不仅包括与城市有关的历史和神话传说、文学、戏剧、绘画、音乐等内容，同时也体现在地方的民俗风情、传统的集市贸易、手工艺产品、风味菜点等各个方面。

① 和城市的历史相联系的神话传说，往往给城市蒙上了一层传奇的色彩；② 城市留存的古地名、古街道和里巷名称往往是城市发展的历史见证，因而亦属于保护的内容；③ 与城市有关的文学和戏剧作品，是城市文化传统的重要组成部分；④ 音乐和绘画作品，同样能给城市增添一种文化的氛围；⑤ 地方的民俗风情、传统节目和集市，是构成城市历史文化传统的另一个生动的内容。

所有这些内容，延续下来，就成为城市的历史文化传统，它和城市现有的古迹结合在一起，能产生一种立体的、全方位的环境氛围，形成巨大的感染力。

9.1.2 历史文化遗产保护的价值

1. 情感价值

情感作为一种主观意识，具有特定的价值功能。城市历史文化遗产所具有的情感价值主要体现在其认同性、延续性以及精神的和象征的作用。可以说，情感价值是形成一个国家和民族认同性的有力物证，重要的古迹往往成为国家和民族的象征，具有精神的巨大作用。与此同时，历史古迹所具有的永恒的纪念意义，往往能在人们心中激起强烈的思念之情。例如，中国大量寄托怀古之意的诗词，如崔颢的《黄鹤楼》、苏轼的《念奴娇·赤壁怀古》等，均是依托历史古迹有感而发，刘禹锡的《石头城》更是直接将城市遗址作为情感寄托的对象。在现实生活中，我们每个人对我们生活在其中的城市，都有某种体验，这些体验在人与环境的接触中逐渐融入人们的感觉中，并纳入记忆中，构成人们的集体记忆。因此，注意历史文化底蕴与发展过程，共同研究中华民族整个发展过程，对振兴民族精神是极其重要的。

2. 文化价值

文化价值是指客观事物所具有的能够满足一定文化需要的特殊性质或者能够反映一定文化形态的属性。城市历史文化遗产是活的历史教材,能使人们产生丰富的联想,具有文化方面的重大价值,具体包括文献价值、历史价值、考古价值、美学和象征性的价值、建筑学的价值、科学价值等。首先,城市历史文化遗产包含从过去时代传递下来的信息,是历史记录的真实载体,具有重大的历史和考古价值。文献记载无论多么动人有趣,在客观性上都不可能比得上历史遗物的真切实在。其次,城市历史文化遗产作为一种历史奇观,使人们在欣赏历代艺匠和工程考察的智慧创造的同时,能从中得到美的启迪,因而具有重大的艺术价值。更为重要的是,由于历史文化名城历史悠久,巨大而丰富,比任何别的地方保留着更多更大的文化标本珍品,是城市历史文化遗产的最大价值之一。总之,城市作为一种文化现象,在人类文明史上具有独特的重要地位。

3. 使用价值

澳大利亚大著名的经济学者大卫·索罗斯比(David Throsby)把文化遗产的价值分类为使用价值和非使用价值,使用价值包含了直接使用价值和间接使用价值。直接使用价值是指建筑物本来的实用价值;间接使用价值是指宗教建筑以及历史上的古典作品除了使用价值之外还有在此之上的价值。概括来说,城市历史文化遗产的使用价值包括经济价值、社会价值和政治价值。例如,一个国家和民族的重要史迹,哪怕只剩下残垣断柱,也仍然是最能吸引外来游客的地方,具有永恒的魅力。由于形象的记录可以消除语言文字的隔阂,在不同国家和民族之间传递信息,因而更有利于文化的交往和了解。从更为直接的经济价值看,到2020年,中国将成为世界最大的旅游国,每年将有13亿人到中国参观,这意味着将有更多的城市从中获益。

9.2 历史文化遗产保护发展历程

9.2.1 国际发展趋势

经过近一百多年的发展,世界历史文化遗产的保护经历了一个由开始仅是保护可供人们欣赏的建筑艺术品,继而保护各种能作为社会、经济发展的见证物,再进而保护与人们当前生活戚戚相关的历史街区以至整个城市的过程。

1. 第一部国际历史文化遗产保护权威性文件的产生

保护有历史价值的建筑和地段的问题,在1933年8月国际现代建筑协会第4次会议通过的《雅典宪章》(Athens Charter)中就已经提到。这个城市规划方面第一个国际公认的纲领性文件指出了保护好代表一个历史时期的有价值的历史遗存在教育后代方面的重要意义,并且开始确定了一些基本原则和提出了一些具体的保护措施,从而促进了这一国际运动的广泛开展。

第二次世界大战以后,欧洲各国都面临着大规模的城市重建工作。在清理战争废墟的过程中如何保护古建筑遗存,对已毁掉的城市古老街区和建筑采取什么对策等等,都是各国面临的最紧迫的问题。由于认识不统一,许多古迹在城市重建过程中都面临着遭受进一步破坏的危险,为了拯救这些人类最宝贵的文化遗产,在联合国教科文组织倡导下,先后成立了国际文物工作者理事会ICOM (International Council of Museums)及保护和修复文物国际研究中心ICCROM(International Center for the Study of the Preservation and the Restoration of Cultural Property)。

1964年5月25日至31日,ICOM在意大利的威尼斯召开了第二次会议,讨论并通过了《保护和修复文物建筑及历史地段的国际宪章》(International Charter for the Conservation and Restoration of Monuments and Sites),简称《威尼斯宪章》(Venice Charter)。在这次会议上,该组织改名为国际文物建筑和历史地段理事会(International Council on Monuments and Sites,简称ICOMOS)。该宪章进一步扩大了历史文物建筑的概念,同时强调对历史环境的保护,阐述了历史保护的基本概念、理论和原则。《威尼斯宪章》对统一认识、统一欧洲文物保护的各个流派的做法,起到了相当重要的作用。它促成了1960年代末1970年代初世界范围内保护城市历史文化遗产的国际潮流的出现。其制定的一些基本原则,直至今天仍为国际建筑界和规划界人士所承认,并且逐渐成为目前世界上公认的文物建筑和历史地段保护的权威性文件。

此后,人们对保护环境的认识又有了进一步的提高。保护的范围从个别建筑物到建筑群,进而扩大到整个地段和环境。

2. 历史文化遗产保护领域的扩大

1972年联合国人类环境会议指出:"美好的城市的主要问题是要充分和有效地注意城市文物的保护",同年11月联合国教科文组织17届大会上正式通过了《保护世界文化和自然遗产公约》(Convention Concerning the Protection of the World Cultural and Natural Heritage),并于1976年成立了"世界遗产委员会"和"世界遗产基金",以求把各国文化和自然遗产的保护工作国际化。

1976年11月联合国教科文组织在内罗毕召开的第19次大会上正式提出了保护城市的历史地段的问题,并通过了《关于历史地区的保护及其当代作用的建议》(Recommendation concerning the Safeguarding and Contemporary Role of Historic Areas)(亦称《内罗毕建议》)(Nairobi

Recommendation)),它强调"历史地段和它们的环境应该被当做全人类的不可替代的珍贵遗产,保护它们并使它们成为我们时代社会生活的一部分是它们所在地方的国家公民和政府的责任",进一步阐明制定保护历史城镇措施的必要性,以及怎样维护、保存、修复和发展这些城镇,使它们适应现代化生活的需要。

1977年12月在秘鲁马丘比丘山(Machu Picchu),印加帝国的古城遗址上签署了著名的《马丘比丘宪章》(Machu Picchu Charter),重申了《雅典宪章》(Athens Charter)中已提到的保护历史环境和遗产的原则,同时提出了文化传统的继承问题。

国际古迹遗址理事会(ICOMOS)与国际历史园林委员会于1981年5月21日在佛罗伦萨召开会议,决定起草一份将以该城市命名的历史园林保护宪章,即《佛罗伦萨宪章》(Florence Charter)。1982年12月15日登记作为涉及有关具体领域的《威尼斯宪章》的附件。

1986年拟就了一个保护历史性城市的草案稿,在这个基础上,于1987年10月15日在华盛顿哥伦比亚特区举行的国际古迹遗址理事会第八次会议上正式通过了《保护城镇历史地段的法规》(CHARTER FOR THE CONSERVATION OF HISTORIC TOWNS AND URBAN AREAS),即《华盛顿宪章》(Washington Charter)。

1994年形成的《奈良文件》(Nara Document)使"原真性"概念成为世界性共识的标志,承认《世界遗产公约》(Convention Concerning the Protection of the World Cultural and Natural Heritage)确定的物质"原真性",并提出基于多元文化的非物质"原真性"标准,"不同的文化和社会都包含着特定的形式和手段,它们以有形或无形的方式构成了某项遗产",认为"原真性"是包括有形与无形内容的综合性概念。

3. 走向多元化历史文化遗产保护时代

进入21世纪,面对全球化的浪潮和城市化的加速,人们认识到城市的基础设施、建筑与社会都是不断发展的,城市在发展过程中应综合考虑城市的现代化与古老传统,每个城市的特征不应因发展而淹没,开始将当代发展与遗产保护放在同一高度加以考虑。

文化遗产的概念与遗址、建筑、可移动文物等人工环境和物质文化的联系由来已久。2005年5月,《维也纳备忘录》(Vienna Memorandum)涉及世界遗产及快速化城市建设中的历史景观等话题。这份报告得到了世界遗产委员会第29次大会的高度评价(Durban, South Africa,2005)。备忘录十分强调城市文脉的延续,对于城市新的发展也持肯定态度。备忘录指出,在历史环境中进行新的城市建设面临的最大的挑战是必须考虑现代城市的发展,应对城市出现的各种变化,满足社会经济协调发展的要求。而在城市的历史环境中进行建设,必须重视文化及历史因素,维持历史建筑的完整性与真实性,应同时满足历史保护与城市发展的要求。

2005年,《保护历史性城市景观宣言》(World Heritage and Contemporary Architecture-Managing the Historic Urban Landscape)提出对历史城市进行整体保护。以保护是城市发展的一部分的基本价值观,对城市保护方面提出了更高的要求,利用不同文化景观中富有动态活力的特征,使城市的历史文化得到有效保护和发扬。

2005年在西安颁布的《西安宣言》(Xi'an Declaration)对历史环境的重视达到了前所未有的高度:① 承认历史环境对古迹遗址重要性和独特性的贡献;② 理解、记录、展陈不同条件下的历史环境;③ 通过规划手段和实践来保护和管理历史环境;④ 监控和管理对历史环境产生影响的变化;⑤ 与当地、跨学科领域和国际社会进行合作,增强保护和管理历史环境的意识。

在2011年《关于城市历史景观的建议书》(Recommendation on the Historic Urban Landscape, including a glossary of definitions)中,历史城市景观被定义为"是文化和自然价值及属性在历史上层层积淀而产生的城市区域,其超越了'历史中心'或'整体'的概念,包括更广泛的城市背景及其地理环境"。包括:①"遗址的地形、地貌、水文和自然特征;其建成环境,不论是历史上的还是当代的;其地上地下的基础设施;其空地和花园、其土地使用模式和空间安排;感觉和视觉联系;以及城市结构的所有其他要素。"②"还包括社会和文化方面的做法和价值观、经济进程以及与多样性和同一性有关的遗产的无形方面。"

2011年颁布的《保护和管理历史城市、城镇和城市历史地段的瓦莱塔准则》(The Valletta Principles for the Safeguarding and Management of Historic Cities, Towns and Urban Areas),简称《瓦莱塔准则》(Valletta Principles)拓展了之前的历史城镇与城市地区(historic towns and urban areas)概念,将遗产作为城市生态系统中的重要要素,认为"历史城镇和城市地区是由有形和无形要素共同构成",还引入了《魁北克宣言》(Québec Declaration)中的"场所精神"定义。《瓦莱塔准则》中的保护,不但意味着保存、保护、强化和管理,并且意味着协同发展、和谐地融入现代生活,基于这一保护理念,首次界定了发展变化与自然、建筑、社会环境以及非物质遗产保护的关系,提出了十项干预原则和九个方面的保护目标与对策。这一文件不但丰富了保护的外延,建立了"文化意义"的场所概念,而且深化了整体性保护的内涵,建构了可持续发展下的城市文化遗产保护框架。

与此同时,世界各地对无形文化遗产(文化象征、活动、表达方式、信仰、仪式、节日、传统知识和技术、音乐舞蹈和口头传统)的兴趣正与日俱增。针对无形文化遗产的保护和宣传,联合国教科文组织2003年专门通过了《保护无形文化遗产公约》(Convention for the Safeguarding of the Intangible Cultural Heritage)。2003 年，ICOMOS 召开第 14 届年会，将"纪念物与场所社会无形价值的保存"定为研讨会主题。在随后通过的《肯伯雷宣言》中，ICOMOS 承诺依据 1972 年世界遗产公约，将扮演无形价值(记忆、信仰、传统知识、地方情感)守护角色的当地社群列入考虑。ICOMOS 的 2005 年《西安宣言》，提出除了实体和视觉方面的含义之外，周边环境还包括与自然环境之间的相互关系；所有过去和现在的人类社会和精神实践、习俗、传统的认知或活动、创造并形成了周边环境空间的其他形式的非物质文化遗产，以及当前活跃发展的文化、社会、经济氛围。同时强调文化传统、宗教仪式、精神实践和理念如风水、历史、地形、自然环境价值，以及其他因素等，共同形成了周边环境中的物质和非物质的价值和内涵。在 ICOMOS 的《文化线路宪章》(Charter on Cultural Routes)线路中，也认同遗产的无形层面与场所精神价值的重要性。

9.2.2 中国发展历程

中国历史悠久，文物众多，历史性城镇遍及全国，历史文化遗产保护体系的发展与建立经历了一个复杂的历史发展过程，可概括为形成、发展与完善三个重要的历史阶段。

1. 历史文化遗产保护体系的雏形

我国现代意义上的文物保护始于 1920 年代的考古科学研究。北京大学于 1922 年设立了考古学研究所，后又设立考古学会，这是我国历史上最早的文物保护学术研究机构。1929 年中国营造学社成员，开始系统地运用现代科学方法研究中国古代建筑，对不可移动文物实施开展保护工作，为迈向其科学化、系统化打下了坚实的理论与实践。

新中国成立后，针对战争造成的大量文物及文物流失现象，中央人民政府从 1950 年始通过颁布一系列有关法令、法规，设置中央和地方管理机构，设置考古研究所等一系列举措，至 1960 年代中期初步形成了中国文物保护制度。1950 年，由政务院颁布《关于文化遗址及古墓葬调查、发掘暂行办法》《关于保护文物建筑的指示》以及《禁止珍贵文物图书出口暂行办法》等法规、法令。在中央和地方设置负责文物保护管理的专门行政机构，文化部作为负责全国文物保护工作的文物保护行政管理机构。1951 年，由文化部与国务院办公厅联合颁布《关于名胜古迹管理的职责、权力分担的规定》《关于保护地方文物名胜古迹的管理办法》《地方文物管理委员会暂行组织》，以及由文化部颁布《关于地方文物管理委员会的方针、任务、性质及发展方向的指示》建立起有关文物保护的国家及地方的行政管理制度。国务院于 1953 年及 1956 年分别颁布《在基本建设工程中关于保护历史及革命文物的指导》及《在农业生产建设过程中关于文物保护的通知》，加强对遗址及

地下文物的保护管理，及时制止了经济建设带来的破坏。1961 年 3 月，国务院颁布《文物保护管理暂行条例》，这是新中国成立后关于文物保护的概括性法规，同时公布了 180 处第一批全国重点文物单位，建立了重点文物保护单位制度。此后，1963 年陆续颁布《文物保护单位保护管理暂行办法》《关于革命纪念建筑、历史纪念建筑、古建筑石窟寺修缮暂行管理办法》以及《文物保护管理暂行条例实施方法的修改》，对《文物保护管理暂行条例》作了进一步补充与深化。

1965 年后进入"文化大革命"，受"破四旧"和"破旧立新"的冲击，文物保护工作一度停止。直至 1970 年代中期文物保护工作才得到逐步恢复，通过国务院颁布的一系列通知和试行条例，恢复、调整了原有的文物法规与保护制度。1976 年，《中华人民共和国刑法》明确了对违反文物保护法者追究刑事责任，在基本法中确立了有关文物保护法规的地位。1980 年，国务院制定《关于强化保护历史文物的通知》等文件。1982 年 11 月 19 日颁布的《中华人民共和国文物保护法》进一步完善了我国文物保护的法律制度，标志着我国以文物保护为中心内容的历史文化遗产保护制度的形成。

2. 历史文化遗产保护体系的建立

从 1950 年代到 1980 年代初的 30 年间，对于城市保护的认识仅仅是限于其中的文物或遗址的范围，对古城自身的价值认识不足。旧城的建设和改造没有一套完整的规划思想和行之有效的法令、条例，在一段时间内几乎处于无计划、无控制的状态，结果造成了古城空间特色和文化环境在全国范围内遭到广泛和严重的破坏。

由 1970 年代末进入 1980 年代，所面临的保护问题逐渐从文物建筑转向整个历史传统城市。1982 年，国务院转批国家建委等部门《关于保护我国历史文化名城的请示的通知》，提出要保护历史文化名城，并公布了首批 24 个国家历史文化名城名单，对这些名城的保护与建设提出意见，标志着我国历史文化名城保护制度开始建立。1983 年城乡建设环境保护部发布了《关于强化历史文化名城规划的通知》。1986 年，国务院在公布第二批国家历史文化名城时提出历史文化保护区的概念，强调对于文物古迹比较集中或能完整地体现出某一历史时期传统风貌和民族特色的街区、建筑群、小镇村落等应予以保护。1989 年 12 月国务院《中华人民共和国城市规划法》及《中华人民共和国环境保护法》制定了有关历史文化遗产保护的条文，促进了名城保护及其规划法制化的进程。由此，历史文化遗产保护从以文物保护为中心内容的单一体系发展到以历史文化名城保护为重要内容的双层次保护体系，乃至进而重心转向历史文化保护区的多层次的保护体系。

1993 年，建设部、国家文物局共同草拟了《历史文化

名城保护条例》,促进了国家名城文化保护的法制化、制度化的建立与完善。1994 年,建设部、国家文物局颁布《历史文化名城保护规划编制要求》,进一步明确了保护规划的内容、深度及成果,促使规划编制及规划管理向规范化迈进。1994 年公布了第三批国家历史文化名城,并提出要严格控制名城数量,不再大量公布名城。此外,在 1984 年中国城市规划学会组织成立"历史文化名城保护规划学术委员会"和 1987 年中国城市科学研究会组织成立"历史文化名城研究会"(1992 年更名为"历史文化名城委员会")的基础上,1994 年 3 月由建设部、国家文物局聘请各方面专家共同组成"全国历史文化名城保护专家委员会",加强对名城保护的执法监督和技术咨询,并把专家咨询建议正式纳入名城保护管理的政府工作范畴,从而极大地提高了政府管理工作的科学性。

与此同时,在历史街区保护方面亦做出了新的探索。1993 年,在襄樊第一次全国历史文化名城工作会议上,确定了历史文化名城应该保护的内容是"保护文物古迹;保护历史地段;保护和延续古城格局和风貌特色;继承和发扬优秀文化传统"。1996 年 6 月由建设部城市规划司、中国城市规划学会、中国建筑学会联合召开的"历史街区保护(国际)研讨会"在安徽省黄山市屯溪召开,明确指出"历史街区的保护已成为保护历史文化遗产的重要一环",并以建设部的历史街区保护规划管理综合试点屯溪老街为例探讨我国历史文化保护区的设立、保护区规划的编制、规划的实施、与规划相配套的管理法规的制定,以及资金筹措等方面的理论与经验。1997 年 8 月,建设部转发《黄山市屯溪老街历史文化保护区保护管理暂行办法》的通知,明确指出"历史文化保护区是我国文化遗产的重要组成部分,是保护单体文物、历史文化保护区、历史文化名城这一完整体系中不可缺少的一个层次,也是我国历史文化名城保护工作的重点之一",明确了历史文化保护区的特征、保护原则与方法,并对保护管理工作给予了具体指导。

3. 历史文化遗产保护体系的逐步完善

我国历史文化名城保护的相关法律法规体系是国家或地方颁布施行的用以界定相关概念、明确相关措施、确定各方权责的法律法规、地方规章、行业规范等的总和。近年来,我国文化遗产保护出现从"文物"到"文化遗产"的历史性转型,文化遗产的内涵逐渐深化,文化遗产的保护领域亦不断扩大,并由此引发了其要素、类型、空间、时间、性质、形态等各方面的深刻变革,极大地推动了历史文化遗产保护体系的建设与完善。伴随着历史文化名城保护体系的丰富以及保护实践的不断深入,我国历史文化名城保护的法律法规体系日渐成熟,形成以《中华人民共和国城乡规划法》《中华人民共和国文物保护法》和《历史文化名城名镇名村保护条例》"两法一条例"为骨干,由相关部门规章、地方法规共同组成的历史文化名城名镇名村保护法律法

规体系,建立了一系列的配套技术标准和管理制度。

1) 国家层面的法律法规

2002 年修订的《中华人民共和国文物保护法》增加了"保存文物特别丰富并且具有重大历史价值或者革命纪念意义的城镇、街道、村庄,由省、自治区、直辖市人民政府核定公布为历史文化街区、村镇,并报国务院备案"的条款,同时提出历史文化名城、历史文化街区、村镇保护的概念。

2008 年 1 月 1 日颁布施行了新的《中华人民共和国城乡规划法》,明确将保护自然与历史文化遗产列为城市总体规划、镇总体规划的强制性内容,并提出在旧城区的改建中,应当保护历史文化遗产和传统风貌。历史文化名城、名镇、名村的保护以及受保护建筑物的维护和使用,应当遵守有关法律、行政法规和国务院的规定。同年 4 月,国务院又批准颁布了《历史文化名城名镇名村保护条例》,对历史文化名城、名镇、名村的申报、批准以及规划和保护作出了规定,提出历史文化名城、名镇、名村的保护应当遵循科学规划、严格保护的原则,保持和延续其传统格局和历史风貌,维护历史文化遗产的真实性和完整性,继承和弘扬中华民族优秀传统文化,正确处理经济社会发展和历史文化遗产保护的关系,并强调历史文化名城、名镇、名村应当整体保护,保持传统格局、历史风貌和空间尺度,不得改变与其相互依存的自然景观和环境,同时重点加强了对历史建筑的保护。

2) 部门规章、技术规范与重要文件

与此同时还出台了一系列的部门规章、技术规范与重要文件,从而使历史文化遗产保护的权威性和科学性得到了进一步加强。

2002 年颁布的《国务院关于加强城乡规划监督管理的通知》指出历史文化名城保护规划是城市总体规划的重要组成部分,各地城乡规划部门要会同文物行政主管部门制定历史文化名城保护规划和历史文化保护区规划;历史文化名城保护规划要确定名城保护的总体目标和名城保护重点,划定历史文化保护区、文物保护单位和重要的地下文物埋藏区的范围、建设控制地区,提出规划分期实施和管理的措施。历史文化保护区保护规划应当明确保护原则,规定保护区内建、构筑物的高度、地下深度、体量、外观形象等控制指标,制定保护和整治措施,而且为了做好城市文化遗产的保护工作,制定了文化遗产保护优先的原则。

2002 年 8 月 29 日出台的《城市规划强制性内容暂行规定》,将历史文化名城保护规划确定的具体控制指标和规定,历史文化保护区、历史建筑群、重要地下文物埋藏区的具体位置和界线,以及近期内保护历史文化遗产和风景资源的具体措施作为城市总体规划的强制性内容;历史文化保护区内重点保护地段的建设控制指标和规定,建设控制地区的建设控制指标作为城市详细规划的强制性内容。

2003 年 11 月 15 日制定了《城市紫线管理办法》,明确城市紫线是指国家历史文化名城内的历史文化街区和省、自治区、直辖市人民政府公布的历史文化街区的保护范围界线,以及历史文化街区外经县级以上人民政府公布保护的历史建筑的保护范围界线。规定在编制城市规划时应当划定保护历史文化街区和历史建筑的紫线,对城市紫线范围内的建设活动实施监督、管理。

2004 年 3 月 6 日《关于加强对城市优秀近现代建筑规划保护工作的指导意见》指出城市中优秀的近现代历史建筑是体现城市历史文化发展的生动载体,是城市风貌特色的具体体现,是不可再生的宝贵文化资源,是城市历史文化遗产保护工作的重要组成部分,是各级城市人民政府的重要职责,应切实加强对城市优秀近现代建筑的保护。并对优秀近现代建筑的定义、保护规划和管理控制提出了明确的规定。

为确保我国历史文化遗产得到切实的保护,使历史文化遗产的保护规划及其实施管理工作科学、合理、有效进行,2005 年建设部制定了《历史文化名城保护规划规范》。该规范明确了保护规划必须遵循保护历史真实载体的原则,保护历史环境的原则以及合理利用、永续利用的原则。指出历史文化名城保护规划应纳入城市总体规划,历史文化名城的保护应成为城市经济与社会发展政策的组成部分。对历史文化名城、历史文化街区和文物保护单位的保护规划内容目标、规划重点以及深度要求等提出了技术规定和统一标准,保证了历史文化名城保护规划的科学合理和可操作性,使文化遗产保护规划规范体系日益完善。

从 2006 年起,为了维护城乡规划的严肃性,更好发挥城乡规划作用,强化城乡规划的层级监督,住房和城乡建设部开始实施城乡规划督察制度。其中关于历史文化名城、古建筑保护和风景名胜区保护问题是城乡规划督察员重点督察的主要内容,部派城乡规划督察员通过参加各类涉及规划督察事项的会议、约见市政府及规划主管部门领导等方式,对派驻城市的生态环境、历史文化遗产、风景名胜资源和生态环境等核心资源进行监控,及时发现和制止地方规划实施中的问题,保证了规划强制性内容的严格实施,避免了规划决策失误造成的重大损失,取得了显著成效。

2012 年底,住房和城乡建设部、国家文物局联合下发了"关于印发《历史文化名城名镇名村保护规划编制要求(试行)》的通知";同年,国家标准《历史文化名城保护规划规范》修订编制组成立,编制要求的实施和保护规划规范修编的启动将从技术层面有力地支撑保护工作的开展和深化。

2014 年 12 月中华人民共和国住房和城乡建设部颁布施行《历史文化名城名镇名村保护规划编制审批办法》,并且即将出台《历史文化街区保护管理办法》《历史文化名镇名村保护管理办法》等规章,为全国范围保护规划编制的规范化、科学化奠定一个良好的基础。

9.3 保护规划的内容与方法

9.3.1 总体规划层面的保护规划

1. 城市总体布局和空间发展模式

城市是一个大系统,作为历史性城市,拥有悠久的历史文化传统和丰富的古迹遗存是它们共同的特征。但由于各个历史性城市在城市性质、规模和社会经济条件等方面的差异,每个城市又都有自己的个性表现。

对于中小历史性城市,特别是小城市,其性质表现往往比较单一,也就是说,它们主要是作为历史文化名城而具有魅力。但随着城市规模的扩大,城市的主要职能往往变得更加复杂和多样。对于大城市和特大城市来说,其城市性质常常是综合性的,作为历史性名城的职能只是其中之一。在这种情况下,如何确定古城的性质,如何选择正确的空间发展模式,制定合理的总体布局显得尤为重要。

历史文化名城保护规划应对城市总体布局、历史城区职能、城区交通和市政等方面提出有利于名城保护和城市和谐发展的具体措施。

城市发展与民族传统、文化背景、发展过程是直接有关的,集中体现在城市建筑风貌,历史建筑的保护是历史文化名城保护中很重要的内容。改革开放后将经济发展放在第一位,这是城市发展的动力。然而这种动力处理不好就会成为历史底蕴的破坏力,即把文化背景破坏了,把象征文化底蕴的东西破坏了。因此对历史文化名城的基本特点、背景、风貌要进行研究,在发展经济的过程中要利用好这些要素。

在城市化过程中,城市规模要扩大、社会要进步,但在发展的过程中同时要保留不同时代的遗存,这才是真正的发展。清朝、民国、解放初期及以后一段时期与当代的建筑都有变化,要尊重这种历史发展过程,留住文化内涵和精华,将它们变成发展的动力。

在城市发展方向上,应提出通过新区建设缓解历史城区保护压力的方案和建议,强调"拓新城、保古城",以缓解古城、旧城区功能的过分重叠,疏散人口密度,防止开发性破坏;应把工业从古迹集中的中心区迁出,分散到远郊甚至更大的地区范围内;与此同时,还应配合城市及郊区的工业布局调整,一般还需要辅以更大范围的规划措施,诸如选择合理的空间发展模式,对市中心规模加以控制等等。

2. 城市格局的整体保护

因城市是"自然与人工构造物的复合体",应尽量保留"山水形胜"的基本地理格局。着重保护江河、湖泊、海岸线、沼泽湿地和山体植被等自然斑痕,使自然风光与文化特色交相辉映,使城市的天际线与山水景观融为一体。

历史性城市的自然环境格局包括古城及周边特有的

地形、地貌、山川、河湖水系等自然区环境要素和相互之间的空间关系。应保护和展示历史性的城市自然轮廓线和景观界面,严禁建设性的破坏。应严禁进行开山采石、填水造地等破坏历史城市自然风貌的行为。

应注重历史性城市原有空间形态的整体保护和风貌特征的统一协调,应注意保护富有特色的街巷布局及走向、城墙城郭、视线通廊、园林绿化及开敞空间体系。

文物古迹、纪念性建筑物、园林名胜和道路、广场、自然地形及景观一起,构成了城市复杂的空间网络。如阿姆斯特丹严谨整齐的蜘蛛网式的结构,其运河既是交通线,也是城市的空间网络。广场是城市的精华所在和城市魅力的集中处所,因而城市广场往往被誉为城市的"客厅",是组成城市空间网络的重要要素,也是规划设计的重点。除中心广场外,城市空间网络的交会、转折或过渡处,一般也都布置有各种类型和大小的广场。把特殊的地形原景观和风景名胜景点组织到城市空间网络中去,可以使城市空间面貌生动、活泼。

3. 城市道路交通组织

1) 对外交通的组织

作为联系城镇之间,城市郊区之间最快速和方便的交通工具,火车和汽车的出现不仅影响到城市的发展,加速了城市的膨胀,更直接影响到城市原有的道路格局,因此处理好铁路和对外公路交通,是历史性城市保护中首先要遇到的问题。对外交通组织包括以下几方面:

① 铁路线和车站的布局;② 主次干道的设置以及对外与过境公路交通组织;③ 大型立交及高架路设置;④ 交通流量控制。

2) 内部道路组织

作为城市传统格局的主要组成内容,历史上形成的道路网对城市的空间形态均有着举足轻重的作用,保护传统的道路格局对名城保护有特殊的意义。从历史上看,在一段很长的时期内,步行一直是城市最主要的交通方式,在早期甚至是唯一的手段。可以说是步行的城市。对传统街道进行保护、更新和改造是一个难度较大的问题,如对大量的传统城市来说,旧城内部及城市中心道路改造相当困难,去弯取直,拓宽路面,都将导致大量传统建筑的拆除,不但城市原有格局无法保持,传统的空间形态也将受到破坏。因此,在历史性城市内部道路组织中应采取以下措施:

① 限制车辆交通;② 将原有道路改为单行或开设步行街、步行区;③ 发展公共交通,减少私人小汽车数量;④ 运用地铁、轻轨;⑤ 历史城区内道路原则上不得拓宽,不得改变已有的道路骨架;⑥ 必要时,历史城区内设置特殊的交通管制。

4. 城市高度与视廊控制

要保护好一个城市的轮廓线(或称天际线),除了必须保护作为轮廓线主体(即突出部位)的建筑本身外,更重要

的是要控制面上的建筑高度,以保证这些主要建筑在天际线上的地位不受破坏。

在小城市中,只要新城和老城的关系配合适当,一般不存在人口大量涌向老城中心的问题,建筑向上发展的趋势并不突出,因而建筑高度的控制相对比较容易。但在大城市,建筑高度控制的问题就变得必要,目前分区控制的原则已逐渐为人们普遍接受,和高度控制相联系,尺度的协调也是普遍注意的问题,而且建筑物体量的大小必须和街道格局空间相适应。

历史文化名城保护规划必须控制历史城区内的建筑高度。在分别确定历史城区建筑高度分区、视线通廊内建筑高度、保护范围和保护区内建筑高度的基础上,应制定历史城区的建筑高度控制规定。对历史风貌保存完好的历史文化名城应确定更为严格的历史城区的整体建筑高度控制规定。视线通廊内的建筑应以观景点可视范围的视线分析为依据,规定高度控制要求。视线通廊应包括观景点与景观对象相互之间的通视空间及景观对象周围的环境。

9.3.2 详细规划层面的保护规划

1. 保护范围的划定与控制

1) 保护界线的划定

(1) 文物保护单位保护范围的划定 各级文物保护单位应划定保护范围和建设控制地带。根据需要可在其外围划定文物保护单位的环境协调区。文物保护单位的保护范围,应按照《文物保护法实施条例》第九条的规定划定。文物保护单位的建设控制地带,应按照《文物保护法实施条例》第十三条的规定划定。各级文物保护单位的保护范围和建设控制地带,一般以文物主管部门核定的范围为准,如有必要调整应与文物部门协调并按程序呈报。

(2) 历史文化街区保护范围的划定 历史文化街区应划定保护区和建设控制地带的具体界线。历史文化街区的保护区界线,按照《历史文化名城保护规划规范》4.2.1条的规定划定。历史文化街区的建设控制地带,应当根据历史文化街区周围环境的历史和现实情况合理划定,以保护历史文化街区的环境、历史风貌不受周围建设项目的影响。历史文化街区的环境协调区可根据实际需要划定。城郊及市(县)域历史文化名村、镇的保护范围可按照历史文化街区的要求划定保护区和建设控制地带。对于不够历史文化街区条件的一般历史地段,可以划定为历史文化风貌区,可参照历史文化街区划定控制范围。

2) 保护范围的保护要求

(1) 文物保护单位的保护要求 文物保护单位的保护范围内,一切修缮和新的建设行为均要求严格按照《文物保护法》执行;建设控制地带为保障保护范围外围的环境不受新的建设影响,需严格控制的内容包括:用地和建筑性质,建筑高度、体量、色彩及风格,绿化环境及重要地

形地貌等,规划部门批准前应征得文物部门的同意;环境协调区通过城市规划予以控制,以保护文物古迹的历史环境为目标,重点控制用地性质、建筑高度及风格,保护和加强文物古迹周围的自然景观环境特征。

(2) 历史文化街区的保护要求 保护区按照《历史文化名城保护规划规范》的要求对保护区内的建筑进行分类,提出保护与整治措施。按照《城市紫线管理办法》管理控制;建设控制地带为保障保护范围外围的环境不受新的建设影响,需严格控制的内容包括:用地和建筑性质,建筑高度、体量、绿化环境及重要地形地貌等,按照《城市紫线管理办法》管理控制。

(3) 地下文物埋藏区的保护要求 地下文物埋藏区保护界线范围内的道路建设、市政管线建设、房屋建设以及农业活动等,不得危及地下文物的安全;位于城市建成区的地下文物埋藏区,在实施建设前应先做考古发掘,做好遗址的保护、展示和可持续利用。

2. 保护与整治方式的确定

处理好历史地段传统风貌保护与现代化发展的关系,以及采取何种提高居民居住质量和生活条件的手段,需要对每一地块、每一幢建筑提出明确的保护与整治方式,以使城市建设有依可循。历史地段保护与整治方式应建立在历史地段传统风貌保护系统规划的基础上。

历史地段传统风貌保护不仅仅意味着建筑单体的保护,更重要的是对文物建筑周围的环境及其街坊整体的传统风貌、空间环境和人文环境进行保护,如街巷空间、街坊平面肌理、空间形态等,而且还需要与历史地段的用地功能调整、道路交通组织、步行系统组织、绿化水系空间组织等紧密结合,形成整体的保护与发展系统,并据此确定保护与整治方式,包括:

(1) 保护 对保护项目及其环境所进行的科学的调查、勘测、鉴定、登录、修缮、维修、改善等活动。

(2) 修缮 对文物古迹的保护方式,包括日常保养、防护加固、现状修整、重点修复等。

(3) 维修 对历史建筑和历史环境要素所进行的不改变外观特征的加固和保护性复原活动。

(4) 改善 对历史建筑所进行的不改变外观特征,调整、完善内部布局及设施的建设活动。

(5) 整修 对与历史风貌有冲突的建(构)筑物和环境因素进行的改建活动。

(6) 整治 为体现历史文化名城和历史文化街区风貌完整性所进行的各项治理活动。

3. 道路交通组织

历史地段内严禁过境道路穿越和过境车辆穿行。

采用多种解决出行和车辆停放矛盾,方便居民,确保不破坏原有的历史风貌特征和空间尺度。

从道路系统及交通组织上应避免大量机动车交通穿越历史文化街区。历史文化街区内的交通结构应满足自行车及步行交通为主。根据保护的需要,可划定机动车禁行区。历史街区内不应新设大型停车场和广场,不应设置高架道路、立交桥、高架轨道、客运货运枢纽、公交场站等交通设施,禁设加油站。特殊情况下,车行交通、车辆停放、交通换乘点等可在保护区以外解决和疏散,不进入内部;历史街区内道路的断面、宽度、线型参数、消防通道的设置等均应考虑历史风貌的要求。

对历史地段内道路交通设施的改善应尊重原有交通方式与特征,维护原有道路格局、街巷尺度和道路路面铺砌方式;路面铺砌已遭破坏的,应采用传统的路面材料及铺砌方式进行整修。

街道命名宜采用历史上的原有名称。

4. 城市设计控制引导

历史地段作为城市发展的历史见证,主要体现在作为古代城市的杰出代表,典型地反映了古代城市的传统格局与艺术成就,具有极高的历史、文化、艺术及科学价值。如采用简单指标量化、条文规定和图则标定这三种一般性规划方式,难以保证获得高质量的城市空间环境和保护城市特色。更为严重的是,如仅仅停留于简单的形式,可能会磨灭古城城市精华,出现平庸的空间和建筑。具体而言,就是要求设计人员具有高超的城市设计技巧和强烈的城市设计意识,针对历史地段具体情况,精心设计,提出各尽其能的方案构思。与此同时,为了便于日常管理,还需进行全面细致的研究,将城市设计提炼转化为城市设计导则,从建筑单体环境和建筑群体环境两个层面对历史地段内的建筑设计和建筑建造提出综合设计要求的建议,甚至具体的形体空间设计。主要包括以下内容:

1) 建筑风貌引导

建筑风貌引导一般基于历史街区本身的传统建筑风貌,并在此基础上兼顾建筑风格的保护与发展。一般按照保护区和协调区对建筑风貌进行控制引导,使历史街区的传统建筑风貌得到有序的修补。

(1) 建筑组合形式 通过对历史建筑组合的空间形态现状进行原型分析和研究,由此解析和梳理出基本的片区空间组合原型,并在此基础上提出建筑平面组合形式的引导模式。

(2) 建筑色彩 历史街区中具体的建筑色彩运用色彩搭配方案应遵循"统一中求变化"的原则,在建筑选用推荐色谱基础上,根据建筑功能、材料和环境进行精心设计来实现,不排除有创意的色彩搭配成分。

(3) 建筑材质 在对传统风貌建筑进行建筑材质取样和汇总的基础上,规定新建建筑以及修复的传统建筑应以当地传统建筑材质为主。应严格禁止与传统风貌无法协调的现代材质在文物保护单位和历史建筑上的运用,特殊现代材质的运用应经过专家论证。

（4）建筑附属设施　建筑外部附属设施如空调、太阳能热水器、商业店招、灯箱、广告牌等，应尽量隐蔽，并经过统一设计，以之与历史街区的传统风貌相协调。

2）环境空间引导

（1）景观轴线、节点　景观节点是城市景观的突出部位，通常位于景观轴线的端部或交汇之处，可以分为门户节点、交汇节点和对景节点，往往需要设置地标建筑或公共开放空间（如广场和绿地）。

（2）空间界面　基于轴线和节点作为公共开放空间的景观重要性，有必要对其周边或沿线建筑物空间界面的围合程度和风貌特征提出控制引导。

（3）街巷肌理　保护历史街区的整体肌理，新建区域应采用街区传统布局形式，尽量减少现代肌理与传统肌理的冲突。同时，风貌区改造时应注意保持传统肌理的多样性，避免改造后多样性的缺失。

（4）景观小品设置引导　通过对街巷环境要素（主要包括铺地形式、绿化树种、路灯、垃圾箱和地下管道井盖等）、广场和绿地环境要素（主要包括铺地、绿化和小品等）、庭院环境要素（主要包括庭院景观小品等）的设置引导，使之最大限度地与历史街巷的传统风格相融合。

9.4　典型案例

9.4.1　南京历史文化名城保护规划

1. 规划概述

南京是世界著名古都，山水城市的杰出代表，国务院公布的第一批国家级历史文化名城之一，在中国乃至世界建城史上有着重要地位。

南京历史文化名城保护规划分为老城、主城和市域三个层次（图9-1）。

① 老城为明都城范围，以护城河（湖）对岸为界，总面积约50 km²，是南京历史文化保护的核心地区。② 主城在《南京市城市总体规划》（2007—2020）确定的主城范围的基础上，考虑到南京名城整体格局和山水环境保护的完整性，将其范围扩大到明外郭、秦淮新河与长江围合的范围，总面积约310 km²，是南京名城格局和山水环境保护的重点地区。③ 市域为南京市的行政管辖范围，总面积约6 582 km²。重点保护外围的古镇、古村和风景名胜资源。

2. 规划原则和目标

1）保护原则

提出"全面保护、整体保护、积极保护"的保护原则。

2）保护目标

保护历史文化资源，传承优秀传统文化，完善历史文化名城保护的实施机制，协调保护与发展的关系，实现"中华文化重要枢纽、南方都城杰出代表、具有国际影响的历史文化名城"的保护目标。

3. 总体保护框架

1）明确价值特色

南京名城的价值特色主要体现在"襟江带湖、龙盘虎踞"的环境风貌，"依山就水、环套并置"的城市格局，"沧桑久远、精品荟萃"的文物古迹，"南北交融、承古启今"的建筑风格，"继往开来、多元包容"的历史文化五个方面。

2）保护内容框架图（图9-2～图9-6）

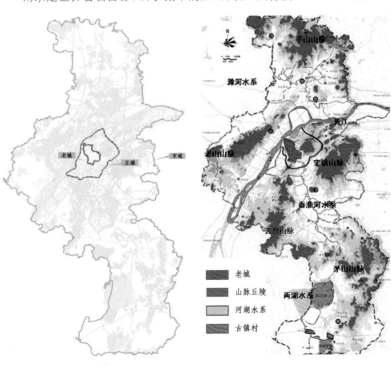

图9-1　规划范围及层次示意图　　图9-2　南京市域山水格局图　　图9-3　南京市古镇古村分布图

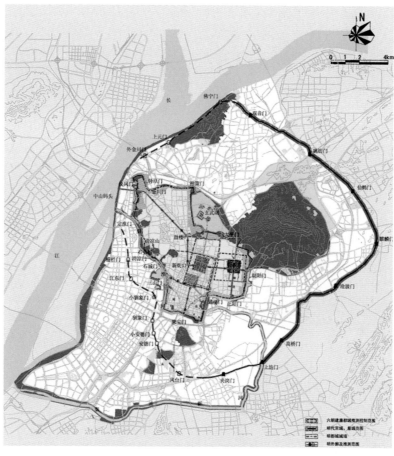

图 9-4 历代都城格局保护图

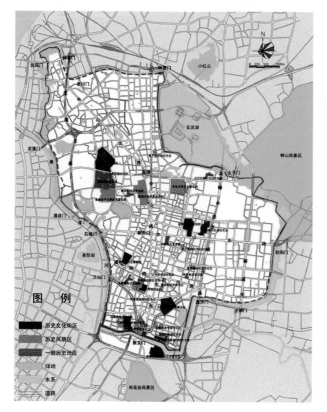

图 9-5 老城整体空间形态保护图

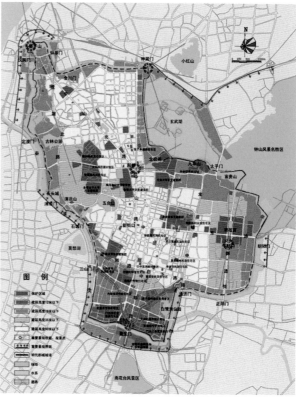

图 9-6 老城历史地段分布图

整体格局和风貌:包括名城山水环境、历代都城格局和老城整体风貌;

历史地段:包括历史文化街区、历史风貌区、一般历史地段;

古镇古村:包括历史文化名镇和历史文化名村、重要古镇和重要古村、一般古镇和一般古村;

文物古迹:包括各级文物保护单位、重要文物古迹(含历史建筑)、一般文物古迹和地下文物、古树名木;

非物质文化遗产:包括传统文化、传统工艺和民俗精华。

3) 保护控制体系

根据南京历史文化资源的价值和特色,建立指定保护、登录保护和规划控制三类保护方式构成的保护控制体系,实现历史文化资源的应保尽保。

指定保护:对文物保护单位、历史文化街区、历史文化名镇、历史文化名村,按照相关法律法规进行保护。

登录保护:除指定保护内容之外,对有一定历史文化价值、现状保存较好的重要文物古迹、地下文物重点保护区、历史风貌区、重要古镇和重要古村等历史文化遗产,经南京市人民政府批准后实行登录保护,鼓励多元化的保护、更新和利用,具体要求按地方法规执行。

规划控制:对其余历史文化遗产,应确保历史文化信息的传承,由城市规划行政主管部门制定相应的规划控制要求进行管理。

4) 空间保护结构

以保护南京历代都城格局及其山水环境、老城整体空间形态及传统风貌为重点,形成名城"一城、二环、三轴、三片、三区"的空间保护结构,整体保护和展现南京历史文化名城的空间特色及环境风貌。

"一城":指明城墙、护城河围合的南京老城。

"二环":为明城墙内环和明外郭、秦淮新河和长江围合形成的绿色人文外环。

"三轴":为中山大道(包括中山北路、中山路、中山东路)、御道街和中华路3条历史轴线。

"三片":为历史格局和风貌保存较为完整的城南、明故宫、鼓楼—清凉山3片历史城区。

"三区":为历史文化内涵丰富、自然环境风貌较好的紫金山—玄武湖、幕府山—燕子矶和雨花台—菊花台3个环境风貌保护区。

4. 历史文化的整体彰显

1) 组织文化景观空间网络(图9-7、图9-8)

强化对城市文化景观的规划引导与设计。利用都城城郭、历史轴线、道路水系、开敞空间等要素串联整合各类历史文化资源,从老城、主城、市域三个层面挖掘文化线路,组织文化景观系统,形成历史文化空间网络,整体彰显名城历史文化风貌。

2) 建设博物馆系列

包括:十朝博物馆系列;科技艺术博物馆系列;历史名人纪念馆系列;民俗风情和非物质文化博物馆系列。

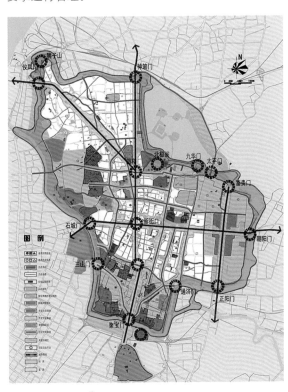

图9-7 老城文化景观空间网络图

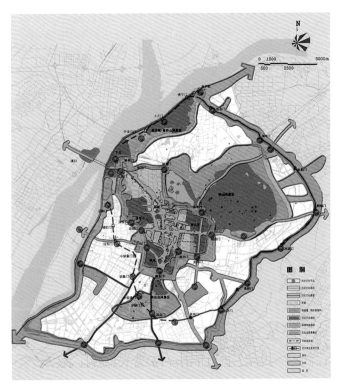

图9-8 主城文化景观空间网络图

图 9-9 倒扒狮区位图

3）建立标识系统

通过设立指引牌、标志牌、说明牌等，建立历史文化标识系统，提高历史文化资源感知度，展示名城历史文化内涵。

5. 名城保护机制保障

1）推进法制建设

按照《南京市历史文化名城保护条例》《南京重要近现代建筑及近现代建筑风貌区保护条例》的相关规定，积极推动重要近现代建筑名录的分期分批公布，依法保护列入名录的历史文化资源。

2）优化更新方式

历史文化街区和历史风貌区应确立"整体保护、有机更新、政府主导、慎用市场"的方针，采用小规模、渐进式、院落单元修缮的有机更新方式，不得大拆大建。积极探索鼓励居民按保护规划实施自我保护更新的方式，建立历史建筑的长期修缮机制。

鼓励组织和个人购买或租用非文物保护单位的老建筑，积极利用社会资金按照政府规划和管理要求投入老建筑的保护和维护。历史建筑的所有人、使用人和管理人应当按照保护要求和修缮规定使用、维修建筑。

3）完善制度保障

历史文化名城保护与更新应由政府给予资金补偿或政策倾斜，避免片面追求资金就地平衡或当期平衡。建立差别化考核制度和财政转移支付制度，支持和鼓励各区、县加大历史文化保护力度。

成立南京历史文化名城保护专家委员会。结合南京实际，探索制定《南京历史文化街区保护实施暂行办法》。

4）制订行动计划

南京市人民政府根据历史文化名城保护阶段性目标编制年度保护整治计划，并组织实施。年度保护整治计划应当明确保护整治的项目、内容、投资、进度和责任单位等。

5）加强公众参与

历史文化保护项目实行专家领衔制度。历史文化保护更新项目的规划和详细实施方案应进行专家论证并广泛征求公众意见。批准的实施方案应进行公示，接受公众监督。

9.4.2 安庆倒扒狮历史文化街区保护与整治规划

1. 规划概述

倒扒狮历史文化街区是目前安庆老城区保存较为完整、具有典型传统商业街格局特色的街区，是安庆作为国家级历史文化名城整体风貌的重要组成部分之一，也承担着城市的商业性消费服务功能和部分居住、办公功能，是古城传统风貌局部重点保护区之一。

保护与整治规划的目的在于指导倒扒狮历史文化街区的保护整治工作全面展开，统筹安排倒扒狮历史文化街区内的各项建设工程，改善居民的生活环境，保持倒扒狮历史文化街区的社会经济活力，在整体保护的基础上积极推进以安庆传统商业为特色的文化旅游开发和经营。

规划的范围北至人民路，南到大南门街和建新街，西临龙山路，东至建设路，规划总用地面积为 14.31 hm²。其中重点规划地段为倒扒狮街—国货街—四牌楼街沿线两侧的倒扒狮历史文化街区核心保护区，用地面积为1.63 hm²（图 9-9）。

2. 保护规划目标与框架

1）规划定位目标

规划定位：倒扒狮历史文化街区是以倒扒狮步行商业街为主轴，集观光、购物、休闲、娱乐、服务、居住为一体，充分体现安庆古城特征，并具有浓郁传统历史风貌和文化氛围，兼容各地精粹的全市性的传统商业、文化和旅游中心。它是安庆市古城文化的集中体现，要从街区布局、建筑形式、经营品种等各方面充分反映安庆的地方特色。

规划目标：保护倒扒狮历史文化街区的明清街道空间格局及明清传统建筑风貌及安庆的传统文化和生活气息。通过对其有代表性的传统商业街道风貌的保护与整治，实施多重综合商业功能和旅游服务功能的重新定位，充分展示倒扒狮历史文化街区的传统文化特征，重新提升其街区活力，再现昔日江淮一大商埠的特色。

2）保护总体框架

（1）构成要素

倒扒狮历史文化街区保护框架的构成要素由人工环境和人文环境两部分组成，需要针对各自的特点进行相应的保护。

（2）空间结构（图9-10、图9-11）

根据倒扒狮历史文化街区的价值及其环境要素构成，可以将倒扒狮街的空间框架划分为"一街、三片、四点"，即以一条特色街道为保护主轴，以三类功能片区为主要风貌控制支撑，以四个文物保护单位建筑及构筑物为重要保护节点的街区保护框架构想。

"一街"指倒扒狮街—国货街—四牌楼街的传统商业街巷（为市级文物保护单位倒扒狮步行街）。

"三片"指自四牌楼街至钱牌楼步行街，以"一街"为延伸发展轴线定位的"商业街巷传统风貌控制区"，位于商业

街巷传统风貌控制区南北两侧的"居住建筑传统风貌控制区"，位于倒扒狮历史文化街区靠人民路一侧地段，主要为街区原有的大型公建带组成的"公共建筑传统风貌控制区"等三片区域。

"四点"指省级文物保护单位安徽邮务管理局旧址（现为墨子巷邮电局）和市级文物保护单位钱牌楼石牌坊、徐锡麟纪念台、倒扒狮石牌坊遗址等4处文物古迹。

3. 历史文化街区保护规划

1）土地利用规划（图9-12）

用地调整目标：根据保护与发展历史风貌区的原则，通过对现状土地使用的合理调整，以达到科学合理地使用土地，发展与传统文化相结合的商业及旅游事业，为历史文化街的保护与发展注入新的生机。同时改善历史文化街区内的居住用地环境空间，提升居住用地的类别。改变不符合历史文化街区特性的用地类型，如工业用地、市政设施用地、仓储用地等。

功能结构布局：为了促进街区的功能完善协调，从用地功能结构上将整个规划区划分为三个节点、一条轴线、五个区域。

2）传统街巷保护与交通规划（图9-13）

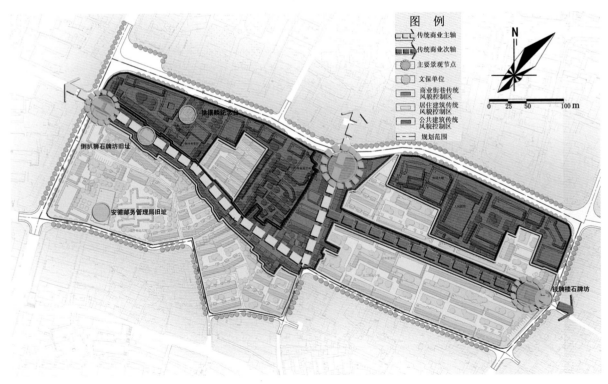

图9-10　倒扒狮街保护要素规划

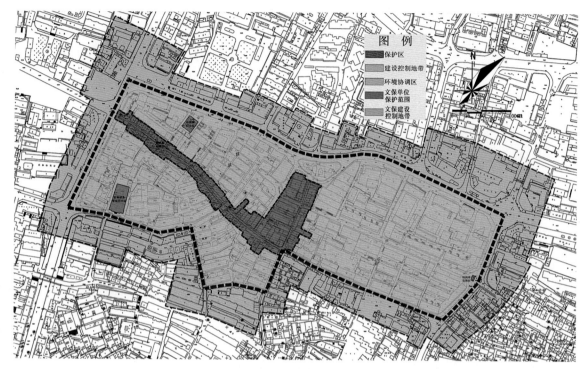

图 9-11　倒扒狮保护范围

图 9-12　倒扒狮总平面图

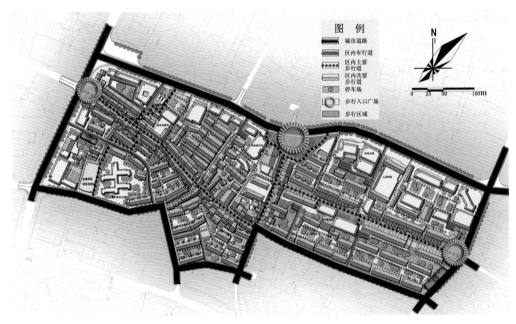

图 9-13 倒扒狮道路交通规划图

① 传统街巷保护严格保护和控制传统商业街巷两旁及外围的建筑高度；维修和改善传统商业街巷两侧建筑。

恢复和整治街区内的主要传统街巷风貌，严格保护街巷尺度和格局。通过恢复传统地面铺装，界定商业招牌传统风格特征，重现传统历史环境要素等方式保护及重现街区活力。另外根据街区内部和外部的交通状况，规划适当开辟了部分有传统尺度的街巷。

② 外部交通规划以大二郎巷、墨子巷、建新街作为倒扒狮历史文化街区的对外联系通道，连接街区外围龙山路、人民路、建设路等城市干道，充分保证倒扒狮历史文化街区的对外旅游交通和公共交通的可达性。

③ 内部交通规划倒扒狮历史文化街区传统街巷保持原有的尺度、比例和格局。

倒扒狮街、国货街、钱牌楼街、四牌楼街规划为街区主要的步行道，除消防车等应急车辆外，机动车辆不准进入。街区内设两个停车场，分别位于街区东、西入口处。规划建议于街区外围增设停车场，以供倒扒狮历史文化街区的停车交通服务。

3）建筑保护与整治（图 9-14、图 9-15）

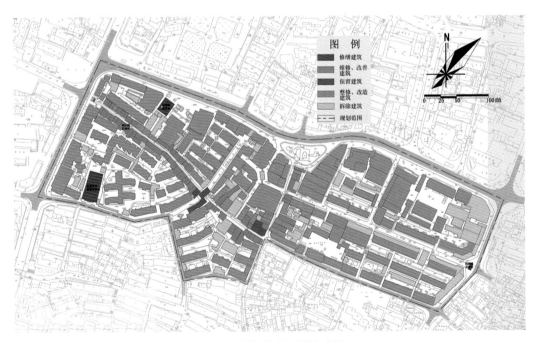

图 9-14 倒扒狮建筑保护与整治

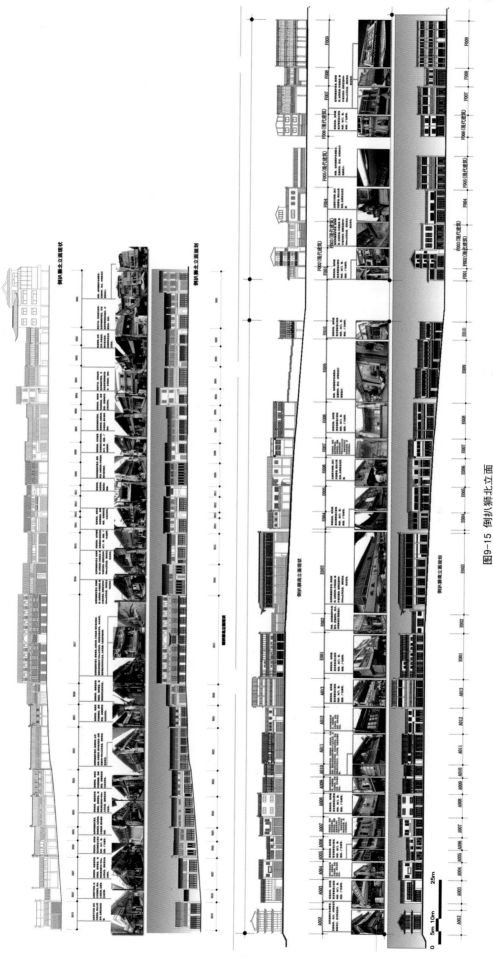

图9-15　倒扒狮北立面

① 需要保护的建筑采用修缮、维修、改善的整治方式,不宜采用其他方式。

修缮:针对文物古迹的保护方式,对其残缺损坏的部分进行修补,对文物整体进行日常的维护保养。具体办法参照文物保护单位的管理办法。

维修:针对优秀历史建筑,对历史建筑和历史环境要素所进行的不改变外观特征的加固和保护性复原活动。

改善:对历史建筑所进行的不改变外观特征,调整、完善内部布局及设施的建设活动。

② 非保护的一般建(构)筑物采用整修、改造、拆除的整治方式。

整修:对与历史风貌有冲突的建(构)筑物和环境因素进行的改建活动。如果可以仅仅通过改变立面外观的方式就能与历史风貌取得和谐的话,可考虑采用整修的方式。

改造:一般建(构)筑物中与历史风貌有冲突的,如果必须通过降低建筑高度或改变建筑造型才能取得与历史风貌和谐的话,应采用改造的方式。

拆除:一般建(构)筑物中与历史风貌有冲突的,如果整修与改造都不能处理好与历史风貌冲突的矛盾,就应该采用拆除的方式。

4) 高度控制规划

强化"内低外高"的整体空间形态,即以倒扒狮步行街南北两侧为基准由低层到多层的空间序列,使区域空间层次丰富有序,各得其所,相得益彰。

5) 空间景观规划图(图9-16)

整个倒扒狮历史文化街区的风貌景观分为传统商业建筑风貌区(沿倒扒狮街—国货街—四牌楼街—钱牌楼街两侧的曲尺型建筑风貌区)、传统风貌住宅整修改造区以及传统风貌公建整修改造区(主要为沿人民路一侧的公共建筑带)。

保护强化倒扒狮街的商业景观特色,规划倒扒狮街及国货街为传统零售商业风貌轴,钱牌楼街为传统文化及综合零售商业风貌轴,四牌楼街为传统餐饮服务风貌轴。

强化倒扒狮历史文化街区的入口标志空间,保护街区内部的标志性景观,在钱牌楼石牌坊、倒扒狮石牌坊设广场空间;在四牌楼街北入口处新建石牌坊及广场空间;街区内利用徐锡麟纪念台和安徽邮务管理局旧址设立景观性开放空间,以突出街区的历史文化游览特征。

6) 社会生活规划

(1) 人口规划　按容积率1.5,人均居住建筑面积25 m²(处于经济型和标准型之间,为4人/100 m²)的标准进行规划,则街区人口规划为约5 000人,1 650户,人均居住用地面积约为16.5 m²。需迁出居民约1 885人,750户。

(2) 公共服务设施规划　规划构成多级网状的外部交往空间,形成主要道路—巷道—内部小广场—私人院落的公共空间结构。

安排相配套的诊所和老年活动中心。加强垃圾箱、公共厕所等公共设施的统一管理和标准化设置。

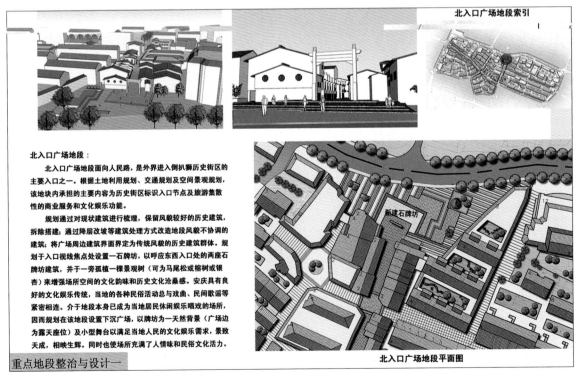

图9-16　倒扒狮重要节点

7) 无形遗产传承规划

（1）无形文化的保护和发展　通过对倒扒狮历史文化街区及安庆城的无形文化传承现状及载体环境的调查、分析及特色性与可发展性评价,确定 18 项重要无形文化保护恢复项目。

（2）安庆非物质文化规划　展示内容规划展示一些具有安庆当地特色的非物质文化项目。主要有黄梅戏、徽剧等戏曲艺术的展示以及民间手工艺的作坊展览。

4. 规划实施的政策建议

1) 行政政策

政府成立专门的倒扒狮历史文化街区保护机构,负责对倒扒狮历史文化街区的保护和建设进行指导、协调、监督,制定倒扒狮历史文化街区保护和建设的完善制度和程序;

政府部门宣传倒扒狮历史文化街区保护的重要性,设置专门的机构,成立街区保护委员会;培养名城保护和传统建筑修缮的技术人才和管理人才。

2) 法律政策

强化倒扒狮历史文化街区保护规划的法律法规性质,对于违反规划进行开发建设的单位和个人有明确的处罚措施;

任何单位和个人有权检举、控告和制止破坏、损坏倒扒狮历史文化街区和历史建筑的行为;

制定倒扒狮历史文化街区保护管理办法和实施管理细则。制定各项有利于保护工作的经济政策和相关的法律法规。

3) 经济政策

利用国家财政性拨款、地方财政性拨款、集体单位、社会赞助、区市级政府与行政调拨、居民筹款等资金,设立保护专项资金,对保护工作有突出贡献的单位和个人进行奖励;

给予倒扒狮历史文化街区的开发建设中符合其保护规划规定的开发强度和开发项目及建设风貌要求的开发主体以贷款利率和开发补偿的优惠政策;

对居住人口密集的倒扒狮历史文化街区设立专门的低利率贷款,给整治房屋的户主,用于房屋的整治与维修。尽量考虑保留老住户,对私房居民,鼓励自己维修,政府进行补贴。对无力自修的居民,则考虑收购或置换房产,使人口外迁。

■ **思考题**

1.《华盛顿宪章》提出了哪些保护原则？其在历史文化遗产保护中地位和作用何在？

2.《历史文化名城名镇名村保护条例》有哪些基本精神和原则？

3. 在当前快速城市发展过程中为什么要加强古城格局的保护？

4. 结合某一历史地段谈谈城市设计在历史文化遗产保护中的作用？

5. 在历史街区中如何处理好内外交通组织与街巷肌理保护的关系？

■ **主要参考文献**

[1] 仇保兴. 风雨如馨——历史文化名城保护 30 年 [M]. 北京:中国建筑工业出版社,2014.

[2] 王景慧,阮仪三,王林. 历史文化名城保护理论与规划 [M]. 上海:同济大学出版社,1999.

[3] 单霁翔. 文化遗产保护与城市文化建设[M].北京:中国建筑工业出版社,2009.

[4] 王瑞珠. 国外历史环境的保护和规划[M].台北:淑馨出版社,1993.

[5] 普鲁金 O N. 建筑与历史环境[M].北京:社会科学文献出版社,1997.

[6] 日本观光资源保护财团. 历史文化城镇保护[M].北京:中国建筑工业出版社,1991.

[7] Cohen N. Urban Conservation[M]. Combridge, MA:The MIT Press,1999.

[8] 张松. 历史城市保护学导论[M].上海:上海科学技术出版社,2001.

10　城市更新改建规划与设计

【导读】　随着世界城市化进程的加速,城市更新已被看做城市自我调节机制存在于城市发展之中,是一项涉及城市社会、经济与物质环境等诸多方面的复杂系统工程,对城市可持续发展、城市社会和谐发展以及环境品质提升具有重要作用。本章针对当今城市更新的现状和问题,阐述了城市更新改建的基本概念,分析了城市更新的历史发展和未来趋向。最后,结合案例从城市更新的综合评价、更新规划的目标确定以及更新模式的选择与划定等方面,对城市更新改建规划设计的内容与方法做了介绍。

10.1　城市更新改建的基本概念

1) 城市更新改建的基本定义

城市更新改建作为城市自我调节机制存在于城市发展之中,其主要目的在于防止、阻止和消除城市衰退,通过结构与功能不断地调节相适,增强城市整体机能,使城市能够不断适应未来社会和经济的发展需求,建立起一种新的动态平衡。一般情况下,城市更新改建主要有重建(reconstruction)、再开发(redevelopment)、改善(rehabilitation)、保存(conservation)、保护(protection)、复苏(revitalization)、更新(renewal)、再生(regeneration)以及复兴(renaissance)等多种方式。在科学技术和人民物质文化水平提高的今天,伴随世界城市化进程的加快,城市更新改建成为整个社会发展工作的重要组成部分,其涉及内容亦日趋广泛,总体上主要是面向提高城市功能、调整城市结构、改善城市环境、更新物质设施、增强城市活力、促进城市文明、推进社会进步等更长远的全局性目标。

2) 城市更新改建的任务与作用

在城市建设实践中,城市更新改建是一项长期而复杂的系统工程,面广量大,必须在城市总体规划的指导下有步骤地进行。其具体任务主要包括:① 调整城市结构和功能;② 优化城市用地布局;③ 更新完善城市公共服务设施和基础市政设施;④ 提高交通组织能力和完善道路结构与系统;⑤ 整治改善居住环境和居住条件;⑥ 维持和完善社区邻里结构;⑦ 保护和加强历史风貌和景观特色;⑧ 美化环境和提高空间环境质量;⑨ 改善与提高城市社会、经济与自然环境条件。

在城市更新改建规划的整个过程中特别要注意处理好局部与整体的关系、地上与地下的关系、单方效益与综合效益的关系以及近期更新与远景发展的关系,区别轻重缓急,分期逐步实施,保证城市更新改建的顺利进行和健康发展。

与此同时,城市更新改建政策的制定亦应在充分考虑旧城区的原有城市空间结构和原有社会网络及其衰退根源的基础上,针对各地段的个性特点,因地制宜,因势利导,运用多种途径和手段进行综合治理、再开发和更新改造。

10.2　城市更新改建的历史发展

10.2.1　国外旧城改建与更新发展概况

第二次世界大战后,西方国家一些大城市中心地区的人口和工业出现了向郊区迁移的趋势。原来的中心区开始"衰落"——税收下降,房屋和设施失修,就业岗位减少,经济萧条,社会治安和生活环境趋于恶化。为了解决这一整体性的城市问题,西方许多国家纷纷兴起了城市更新运动。

1) 思想渊源

早先的城市更新受"形体决定论"思想的影响。

产业革命导致世界范围的城市化,大工业的建立和农村人口向城市集中促使城市规模扩大,由于城市的盲目发展,随之产生了许多矛盾,导致城市的解体:居住环境恶化,市中心区"衰落",贫民窟形若癌瘤,汽车交通成为"灾难"……面对这种局势,许多建筑师和规划师纷纷从理论的角度进行了探索,并将其付诸实施。这方面,首当其冲并引为经典的当是豪斯曼的巴黎改建,霍华德的"花园城市",以及柯布西埃和以其为首的 CIAM(Congrès internationaux d'architecture moderne,国际现代建筑协会)的"现代城市"。虽然,它们较之以前纯艺术的城市规划,更多地使现代技术和艺术得到了融合,并且内容也扩大了。但是,从本质上他们仍无一例外地继承了传统规划观念,仍然没有摆脱建筑师设计和建设城市的方法的影响,把城市看成是一个静止的事物,指望能通过整体的形体规划总图来解脱城市发展中的困境。他们大多寄望于城市的田园诗般的图画和理想的模式会促使拥有足够资金的人们去实现他们提出的蓝图。

例如,柯布西埃和以其为首的 CIAM 的"现代城市"理论,他们倾向于扫除现有的城市结构,代之以一种崭新的新理性秩序。在柯布西埃的巴黎中心区改建方案(Plan "Voisin"de Paris)中,原有的巴黎被一新镇规划所取代,只有巴黎圣母院这类极少的历史性建筑被保留了下来,而之后国际现代建筑协会的研究也有极相似的想法。然而这些现代城市理论所遗留的影响是当初提议者从未想到的,这种思想在二次大战后的普遍城市重建、更新和扩建中,酿下了苦果。

面对屡屡的失败,许多学者从现实出发,敏锐地觉察到了用传统的形体规划用大规模整体规划来改建城市的致命弱点,纷纷从不同立场和不同角度进行了严肃的思考和探索,担负起了破除旧观念的任务。

简·雅各布斯于 1961 年推出《美国大城市的生与死》(The Death and Life of Great American Cities),她从美国城市中的社会问题出发,调查了美国根据现代城市理论建造的城市的弊端,对大规模改建进行了尖锐地批评。她认为大规模改建摧毁了有特色、有色彩、有活力的建筑物、城市空间以及赖以存在的城市文化、资源和财产。在后来的1980 年国际城市设计会议上,她指出"大规模计划只能使建筑师们血液奔腾,使政客、地产商的血液奔腾,而广大群众往往成为牺牲者"。她主张进行从不间断的小规模改建,认为小规模改建是有生命力、有生气和充满活力的,是城市中不可缺少的,并提出了一套保护和加强地方性邻里区的原则。

罗和凯特(Colin Rowe & Fred Koetter)于 1975 年写出一部颇有影响的论著《拼贴城市》(《Collage City》),从哲学角度上抨击了那种追求完整、统一、收敛的总体设计。他认为西方城市是一种小规模现实化和许多未完成目的的组成,那里有一些自足的建筑团块形成的小的和谐环境,但是总的画面是不同建筑意向的经常"抵触"。他认为我们应该向这些有益的经验学习,提出建筑师作为"杂家"(bricoleur)的设想,即拾起已被抛弃的项目给之以新用途之人,以一种"有机拼贴"的方式去建设城市。

P. 霍尔(P. Hall)于 1975 年发表《城市和区域规划》(Urban and Regional Planning)一书,在书中作者对从1880 年至 1945 年城市规划的先驱思想家们作了客观而深刻的评价,他认为这些规划的绝大多数关心的是编制蓝图,陈述他们所设想的城市将来的最终状态,而且这些规划师所描绘的蓝图很少允许有不同的选择,却把自己看成是先知者,最后他尖锐地指出:"这些先驱者都是十足的搞物质环境规划的规划师,他们是从物质环境的角度来看待社会和经济问题。"同时,他还明确提出"规划是一个连续的过程"。

1977 年,英国政府颁布关于内城政策的城市白皮书,它以英国大工业城市持续存在的问题为焦点,强调工业的驱动力和地方工业政策的改变对内城复兴的重要影响,指出使萧条旧城再生的关键在于旧城更新和城市发展,重点是重新开发衰退的老工业区和仓库码头区,并依此通过了地方政府规划与土地法案;1980 年,欧洲经济委员会发布《城市更新与生活质量》(Urban Renewal and the Quality of Life),将城市更新问题上升到与城市生活品质相关的层面来进行研究;1982 年,荷兰奈美根教会大学的 N. J. M. 纳利森(Nelissen)出版《西欧城市更新》(Urban Renewal in Western Europe)一书,通过对西欧城市的更新研究,提出城市更新的本质和特性随城市规模的大小而有所变化,倡导应依据城市不同的特性和规模采取因地制宜的更新政策;1988 年,迈克尔·基廷(Michael Keating)在其著作《拒绝死亡的城市》(The City that Refused to Die)一书中以格拉斯哥为例从城市更新的公共政策角度探讨了城市复兴的途径,提出了城市再生的概念。

进入 1990 年代,随着城市更新实践的不断深入,城市更新更多地将重点转向对城市更新中的土地利用经济、邻里复兴、历史文化遗产保护、公共政策、人居环境的保护和可持续发展等深层问题的研究。针对当时出现的内城衰退、土地闲置和废弃等严重问题开展了一系列富有成效的研究,并更加强调综合多目标的更新战略的整体研究。代表性研究论著主要有:克里斯·库奇(C. Couch)1990 年出版的《城市更新:理论与实践》(Urban Renewal:Theory and Practice),在书中克里斯·库奇以英国城市为背景,从经济、社会以及物质空间的综合方面对城市更新进行了全面系统的总结,揭示了城市更新的内涵,并建构了城市更新的理论框架;而奥尔特曼(R. Alterman)和卡斯(G. Cars)1991 年出版的《邻里复兴》(Neighborhood Regeneration)和科洪(I. Colquhown)1996 年出版的《邻里复兴:一个国际比较视野》(Neighborhood Regeneration:An International Perspective)则从涉及内城更新的社会问题入手,从理论和实践两方面对邻里复兴进行了系统研究,并提出了邻里复兴的规划途径;1999 年罗杰斯勋爵(Lord Rogers)领导的"城市工作组"写就《走向城市更新》(Towards an Urban Renaissance)的研究报告,之后英国政府以此为基础颁布城市白皮书《我们的城镇:迈向未来的城市复兴》(Our Towns and Cities:The Future Delivering an Urban Renaissance),该白皮书整合已有的研究成果,并将其上升到国家的政策层面,强调城市文化的整体复兴,强调综合多目标的更新战略,提出地方政府、社区及其他参与者的合作关系;2000 年,皮特·罗伯茨(Peter Roberts)和休·思柯斯(Hugh Sykes)在伦敦出版了《城市更新手册》(Urban Regeneration:A Handbook)一书,以英美为例介绍了城市更新的发展背景及其关注的若干焦点,并探讨了城市更新的发展趋势;2003 年,克里斯·库奇、查尔斯·弗雷泽(Charles Fraser)和苏珊·帕西(Susan Percy)在英国牛津发表《欧洲城市更新》(*Urban Regeneration in Europe*)一书,通过对英国、法国、荷兰、比利时、意大利、德国等国的案例分析,全面比较了欧洲多国城市更新的政策与战略,分析了城市更新中政治、经济因素的影响,对其制度和财政情况以及新千年城市更新面临的挑战进行了系统的研究。

随着城市更新规划观念和思想的转变,一向以大规模拆除重建为主,目标单一和内容狭窄的城市更新和贫民窟清理出现蜕变,转向了以谨慎渐进式改建为主,目标更为广泛、内容更为丰富的社区邻里更新。

2) 政策演变

在二次大战后的城市重建中,推倒重建在很长一段时期中都被认为是解决住房问题和提高住房水平的最行之有效的方法,但经过十多年的实践和反思,推倒重建的明智开始受到越来越多的怀疑和越来越强烈的反对,常常被严厉地指责和抨击为极大地破坏了地方性社群以及那些能赋予邻里特色的历史遗产和自然景色。同时人们也越来越清楚地认识到,推倒重建不只是一种代价昂贵的改建方式,而且也常常是一种难以满足邻里居民急需的改建方式。美国著名城市理论家刘易斯·芒福德(Lewic Mumford)曾十分深刻地指出:"在过去一个世纪的年代里,特别在过去三十年间,相当一部分的城市改革工作和纠正工作——清除贫民窟,建立示范住房,城市建筑装饰,郊区的扩大,'城市更新'——只是表面上换上一种新的形式,实际上继续进行着同样无目的集中并破坏有机机能,结果又需治疗挽救。"究其原因,主要是因为西方城市衰退的性质已发生了变化,已并非是一些战后重建初期出现的诸如房屋破旧、住宅紧张等物质性表象和社会性表象的问题,而是因为"过度城郊化"而引起的更为严重的社会结构和经济结构等方面的深层问题。

(1) 社会混乱   社会混乱在西方许多国家的城市中变得日益严重,构成邻里恶化的直接导因。这一严重的社会问题总是与过去存在很大区别,过去的社会问题主要呈现拥挤不堪和环境恶劣等特征,这些问题在现在的社区邻里仍然存在,甚至更为严重,但现在的社会问题最主要和最根本的则是吸毒恶习和大量的移民浪潮,它们比以前的社会问题更加难以治愈。吸毒恶习在西方许多国家都被看做是城市中的首要问题,它是社区罪恶的起因和邻里衰败恶化的征兆,邻里出现吸毒恶习常常表明邻里的活力和吸引力在逐渐减弱,而且吸毒恶习还会造成罪恶滋长和社会混乱。由于罪恶滋长和社会混乱,会导致社区邻里缺乏安全保障和生活稳定,那些希望更好的社会和经济状况的人(多数是中产阶级)便纷纷离开这种地区。其结果,社区邻里逐渐为那些缺乏财力的人所取代,并且伴随社会问题的加重,贫穷人的数量日益增多,最终导致这一地区陷入衰退的恶性循环。

(2) 移民浪潮   城市邻里区的快速衰退还与移民新浪潮的到来有关。一个邻里区及它的住房总体通常具有象征性的价值,是归因于其舒适的环境、已确立的社区感情或是名望,这些都是不可轻易取代的。对于大量的移民内迁,由于迁入的移民是以贫穷和缺乏社会灵活性为其特征,而且他们的社会和文化背景不同,以及还存在语言障碍,在这种情况下,种族的转变常常会公开地和暗地里受到抵制,邻里区和城市当然试图排斥。对种族转变的抵触和采取排斥行动在西方的城市中往往是不满和冲突的源泉。1960年代在西方许多国家出现的城市骚动及种族冲突就是与大量黑人内迁的浪潮有关。伴随少数民族内迁,城市邻里区便会发生快速社会变化,这一过程常常会产生冲突,一旦开始,如果迁入和迁出群体之间的情况差别越大,这一连续过程就越加迅速。最后,将会发生原有社区衰退,出现新的社区重组。

(3) 经济萧条   经济萧条也是城市社区邻里衰退恶化的直接导因。由于西方许多国家的大城市采取城市建设向郊区分散化的政策,致使城市中心区的经济活动移向郊区,同时中产阶级也大量地向郊区迁移。伴随就业和人口的大量外迁,随之出现了大量低收入、少数民族和黑人涌入内城的逆反现象。因为这些新的居民根本没有经济财力来进行内城更新,而且也没有政治上的神通来唤起政府进行更新,从而造成内城税收下降和更新中断。此外,由于全球性的经济衰退,自1980年起,英美等先进国家的局势变得更为严峻。这些因素的合力导致内城陷入恶性循环之中,造成内城出现城市机能衰退、就业机会短缺、商业设施投资缩减、环境品质低落等严重问题。

由此看来,社区邻里的社会问题、经济问题是西方许多国家大城市的最为关键和最为严峻的问题,正是由于社区邻里内部出现的社会混乱和经济萧条,导致了社区邻里的衰退。像这些深层的社会结构和经济结构问题,通过简单的推倒重建是难以获得圆满答案的。这些在1970年代以后为许多国家越来越清楚地认识到,并逐渐获得共识:城市更新不可能唯一趋向于物质转变,它必须涵盖更广泛的社会改良和经济复兴,必须更多地注重政策制定的社会和经济方面的问题。于是,自1970年代以后,西方许多国家的政府和社会学家、经济学家们提出了一系列复兴城市的方案和对策,诸如优化城市设施布局,降低服务成本,刺激城市就业,控制市区土地和房产价格,在城市内设立条件优惠的"企业区"等等。所有这些,对内城的衰退都起到了一定的抑制作用。例如:美国早期大规模拆除改建贫民窟,发现无法解决和负担社会问题而趋于保守,转而结合社会福利、商业再发展、历史建筑地区维护以及塑造社会邻里高品质生活环境等各种综合性的更新计划,其成果远较早期更新方式要更为成功、辉煌。英国《内城政策》的制定,促使更新措施扩展到更为广泛和综合的地方战略性的开发,通过增强内城的经济实力和内城的自身吸引力,来达到复兴内城的目的。

(4)城市环境问题　城市环境质量将继续成为城市发展的核心问题。这一问题不仅仅是因为城市工业布局的因素而变得越来越重要,而且尤其在繁荣和成功的城市中,由于日益增长的交通量,失控的土地利用开发,以及私人企业和家庭对生态环境的忽视,这一系列的问题已严重威胁城市环境的质量。而那些快速发展的城市,排水、废物排泄以及能源产生等方面由于公共财政的缺乏,往往成为改善低效率基础设施的主要瓶颈,甚至在一些城市由于长期忽视这个问题而引起了严重的环境问题。但是,也有成功的例子,像英国的曼彻斯特、荷兰的鹿特丹、法国的里昂等城市依靠国民的能力和地方的努力,以及通过地区内部的合作和交流,在经济利益和生态环境之间寻找到了较好的总体平衡。

纵观西方现代城市更新运动的发展演变,可看出以下几方面的趋向:

① 城市更新政策的重点从大量贫民窟清理转向社区邻里环境的综合整治和社区邻里活力的恢复振兴。

② 城市更新规划由单纯的物质环境改善规划转向社会规划、经济规划和物质环境规划相结合的综合性更新规划,城市更新工作发展成为制定各种不可分割的政策纲领。

③ 城市更新方法从急剧动外科手术式的推倒重建转向小规模、分阶段和适时的谨慎渐进式改善,强调城市更新是一个连续不断的更新过程。

10.2.2　中国旧城改建与更新发展概况

与欧美国家不同,中国城市发展目前尚处于城市化的初步发展阶段。由于复杂的社会历史原因,中国长期沦为不同宗主国的殖民地,处于半封建、半殖民地社会,自然经济占统治地位,商品经济极不发达,世界范围内兴起的产业革命对中国城市发展的推动力很小。解放后,中国长期推行传统的计划体制,其旧城仍不同程度地反映出计划分配、自给自足的封闭式城市结构特点。中国真正意义的产业革命(相当于英国18世纪的产业革命)是1970年代末、1980年代初开始的。因此,中国城市更新发展历程有其独特发展特征。

1)简要历史回顾

我国旧城更新改造从1949年至今已有60多年,经历了一个曲折漫长的发展过程,表现为若干个不同的阶段。

(1)改革开放前　解放初期,中国城市大部分为旧城市,大都有七八十年,上百年乃至几百年的历史。这些由半封建半殖民地的旧中国遗留下来的城市,由于连年战争,经济基础遭受破坏,呈现出日益衰败的景象,尤其是劳动人民聚居的地方,环境条件异常恶劣。治理城市环境和

改善居住条件成为当时城市建设中最为迫切的任务。当时国家经济十分困难,各城市采用以工代赈的方法,广泛发动群众,对一些环境最为恶劣、问题最为严重的地区进行了改造,解决了一些旧社会长期未能解决的问题。北京龙须沟改造、上海棚户区改造、南京秦淮河改造和南昌八一大道改造等就是当时卓有成效的改造工程。

"一五"时期,由于国家财力有限,城市建设资金主要用于发展生产和有些城市新工业区的建设。但大多数城市和重点城市旧城区的建设,只能按照"充分利用、逐步改造"的方针,充分利用原有房屋、市政公用设施,进行维修养护和局部的改建或扩建。这一时期的大规模城市建设,是中国历史上前所未有的,对城市环境的改善和居住环境的改善起了十分积极和重要的作用,如上海肇家浜改建、北京御河改造和合肥长江路改造等。但是,这一时期由于缺乏经验,对建设城市的复杂性和艰巨性认识不够,在改造旧城中也出现了一些偏差,最突出的就是过份强调利用旧城,一再降低城市建设的标准,压缩城市非生产性建设,致使城市住宅和市政公用公共设施不得不采取降低质量和临时处理的办法来节省投资,为后来的旧城改造留下了隐患。

"大跃进"时期,建工部提出了"用城市建设的大跃进来适应工业建设的大跃进"的号召。1960年桂林会议上,对旧城要求"在十年到十五年内基本上改造成为社会主义的现代化的新城市",继后,许多城市提出"苦战三年,基本改变城市面貌"等脱离实际的口号。由于不顾国家财力和物力的盲目冒进,不但没有很好地改造旧城,反而由于工业建设速度过快,规模过大,城市和城市人口过分膨胀,加重了旧城负担,造成城市住宅紧张、市政公用设施超负荷运转、环境日趋恶化等严重问题,加速了旧城的衰败。

"文革"十年动乱犹如雪上加霜,使得本来就不堪重负的旧城又遭受无政府主义严重影响。城市建筑和旧区改造长期处于无人管理,到处见缝插针,乱拆乱建,绿地、历史文化古迹遭到严重侵占和破坏,造成城市布局混乱、环境质量恶劣等严重问题,给以后的旧城改造设置了难以解决的障碍。

进入1970年代后期,旧城改造的重点转向还清30年来生活设施的欠账,解决城市职工的住房成为突出的问题,于是开始大量修建住宅。此外在旧城改造中还结合工业的调整和技术改造着手工业布局和结构改善。那时建设用地大多仍选择在城市新区,旧城主要实行填空补实。当时由于管理体制和经济条件和限制,以及保护城市环境和历史文化遗产的观念淡漠,建设项目存在各自为政、标准偏低、配套不全,同时还存在侵占绿地、破坏历史文化环境的现象。

(2)改革开放后　改革开放以来,伴随中国城市发生的急剧而持续变化,城市更新日益成为我国城市建设的关

键问题和人们关注热点。1984年12月,城乡建设环境保护部在合肥召开全国旧城改建经验交流会,此次会议是我国新中国成立以来专门研究旧城改建的第一次全国性会议。会议认为在旧城改建中必须高度重视城市基础设施的建设,采用多种经营方式吸引社会资金是解决旧城改建资金匮乏的有效途径。通过这次经验交流会,使我国的旧城改建揭开了新的一页。1987年6月,城市规划学术委员会在沈阳召开"旧城改造规划学术讨论会",会议强调旧城改造必须从实际出发,因地制宜,量力而行,尽力而为,优先安排基础设施的改造,注意保护旧城历史文化遗产。1992年11月—12月,清华大学组织召开了"旧城改造高级研讨会",就城市中心区、旧居住区改造的规划、建筑设计和实施交流了经验,探讨了在改革开放形势下适合我国国情的城市旧区改造的基础理论、技术方法和相关政策。1994年5月,中德合作在南京召开了"城市更新与改造国际会议",双方专家就城市更新与经济发展的关系、城市更新的理论实践、城市规划的管理形式等问题进行了深入讨论,取得了较多共识。1995年10月,中国城市规划学会在西安召开旧城更新座谈会,会议认为城市更新是一个长期持久的过程,涉及政策法规、城市职能、产业结构、土地利用等诸多方面,决定筹备成立城市更新与旧区改建学术委员会。1996年4月,在无锡召开了中国城市规划学会年会的"城市更新分会场",讨论了片面提高旧城容积率、拆迁规模过大等问题,并正式成立了"中国城市规划学会旧城改建与城市更新专业学术委员会",更显示了学术界对城市更新研究的高度重视。

总体来看,改革开放前的城市更新动因主要是阻止城市物质性老化,如清除危旧房,改善居住生活环境条件等,而改革开放后的城市更新动因主要来自中国社会经济结构深刻变化提出的高层次要求,这一阶段城市更新改建的实质就是基于工业化进程开始加速,经济结构发生明显变化,社会进行全方位深刻变革这一宏观背景下的物质空间和人文空间的大变动和重新建构。它不仅面临着过去大量存在的物质性老化问题,而且更交织着结构性和功能性衰退,以及与之相伴而随的传统人文环境和历史文化环境的继承和保护问题。

2) 新型城镇化背景下的城市更新

经过30余年的快速城市化,目前我国城市整体上已逐渐进入了存量调整的发展时期,城市增长方式和城市规划事业正经历着深刻的转型,在未来5~10年乃至更长的一段时期,我国城镇化将进入以提升质量为主的转型发展新阶段。"新型城镇化"的国家战略和"经济新常态"的现实背景,对我国城市发展和规划事业发展提出了新的战略要求和工作目标,新时期我国城市发展非常重要的一个特点就是,城市逐步转变发展方式,不再一味向外扩展,而是转向调整内部结构,注重内部更新,提高城市的质量和承载能力。

2014年我国城镇化水平达到54.77%,居住在城镇的人口逾7亿,超过乡村地区。未来城市集约型发展的目标,使城市更新成为我国城乡规划未来发展的重点领域,关系到我国城镇化后半程的质量和成效。国家相继出台《国务院关于加快棚户区改造工作的意见》(国发〔2013〕25号)和《国务院办公厅关于推进城区老工业区搬迁改造的指导意见》(国办发〔2014〕9号)重要文件。2014年《政府工作报告》提出的"三个一亿人"的城镇化计划,其中一个亿的城市内部的人口安置就针对的是城中村和棚户区及旧建筑改造。根据"三个一亿人"的战略目标,未来将通过城镇建成区域的功能提升和更新利用,为人民群众解决居住问题和改善人居环境,满足社会经济发展的空间需求。城市更新作为重大的民生工程,其工作的有序开展关系到人民群众的安居乐业和国家的稳定发展。

《国家新型城镇化(2014—2020)》指出,强化大中城市中心城区高端服务、现代商贸、信息中介、创意创新等功能。完善中心城区功能组合,统筹规划地上地下空间开发,推动商业、办公、居住、生态空间与交通站点的合理布局与综合利用开发。按照改造更新与保护修复并重的要求,优化提升旧城功能。加快城区老工业区搬迁改造,大力推进棚户区改造,稳步实施城中村改造,有序推进旧住宅小区综合整治、危旧住房和非成套住房改造,全面改善人居环境。因此城市更新领域的研究意义重大,任务艰巨,是实现城镇化有序持续发展、社会和谐稳定发展的重要问题,是国家未来现代化建设的重大战略问题。

时隔37年,中央城市工作会议于2015年12月再度召开,昭示我国在经历了世界历史上规模最大、速度最快的城镇化进程之后,城市发展已经进入新的发展时期。《中央城市工作会议》指出,当前和今后一个时期,我国城市工作将贯彻创新、协调、绿色、开放、共享的发展理念,坚持以人为本、科学发展、改革创新、依法治市,转变城市发展方式,完善城市治理体系,提高城市治理能力,着力解决城市病等突出问题,不断提升城市环境质量、人民生活质量、城市竞争力,建设和谐宜居、富有活力、各具特色的现代化城市,提高新型城镇化水平,走出一条中国特色城市发展道路。同时,会议还指出城市工作是一个系统工程,强调要坚持集约发展,框定总量、限定容量、盘活存量、做优增量、提高质量,着力提高城市发展持续性、宜居性;要加强城市设计,提倡城市修补,加强控制性详细规划的公开性和强制性;要加强对城市的空间立体性、平面协调性、风貌整体性、文脉延续性等方面的规划和管控,留住城市特有的地域环境、文化特色、建筑风格等"基因";要坚持集约发展,树立"精明增长"、"紧凑城市"理念,科学划定城市开发边界,推动城市发展由外延扩张式向内涵提升式转变等等。这些无疑对新发展时期城市更新的目标、内容、模式和工作重点提出了更高层次的要求。

10.3 城市更新改建的规划内容

城市更新是一项复杂的系统工程,在城市更新规划的整个过程应始终贯彻系统论思想,并运用系统理论的整体性原则、动态性原则和组织等级原则控制和引导城市更新的开发建设,以保证其顺利进行。比如根据整体性原则,在城市更新过程中要考虑局部与整体的关系,单方效益与综合效益的关系,因此在城市更新的规划控制中建立一种反馈协调机制,要从大局和整体出发,根据系统理论的动态性原则,处理好近期更新与远景发展的关系。

10.3.1 城市更新的综合评价

1. 基本概念

1) 概念及意义

一个实际的城市更新项目,往往起源于旧城物质性老化或功能性和结构性衰退。旧城老化和衰退的原因是多种多样的,诸如旧区人口密度的增高、建筑物老化、公共设施或基础设施不足、交通和道路系统的混乱、土地利用不当、旧城防灾能力降低等等。城市更新与改建的目的,就是消除这些不良因素,使旧城的生活品质得到改善和提高,以促进城市发展。在任何一项更新计划提出以前,人们往往都要对旧城的现状进行调查和评价,以确定旧区老化和衰退的不良程度,制定相应的更新措施。在规划制定的过程当中,需要对不同的更新方案进行评价和选择。从规划控制的系统结构来看,评价体系对于城市更新有着十分重要的意义。

2) 类型与构成

根据评价对象和方法的不同,城市更新综合评价可分为三种不同的类型:

(1) 现状评价 分析和评价旧城生活和环境质量优劣程序,确定现状综合评定值。

(2) 规划评价 评判规划目标对现状的改进程度,确定更新方案的综合评定值,进行多方案的比较和优选。

(3) 更新评价 评价规划目标的实现程度,确定更新后的综合评定值,以及下一步改进的因素。

2. 评价指标体系的建立

1) 影响因素分析

影响城市更新的因素很多,诸如国家对旧城更新的政策、国家的经济实力、城市的整体结构和功能、社会对城市更新的期望值,以及更新区域的社会物质条件等等。

对于不同的社会团体和个人来说,由于他们所处的社会经济地位不同,审视的角度不一,对于城市更新的期望和要求也存在一定差距,因而对城市更新的评价项目和评

价标准也不尽相同。对于同一个评价对象,不同的评价主体所关心的评价项目和标准并不一样,有的甚至有很大的差别。参与城市更新评价的主体有居住者、管理者、施工者以及经营者等,对于居民来说,他们关心的是居住环境的舒适、安全和方便;建设开发者则更多地考虑更新的效益;而规划管理者则需要全面掌握城市更新对于地区和城市的影响(图 10-1～图 10-3)。

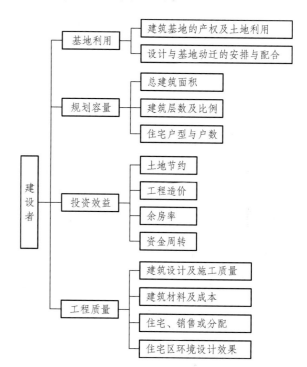

图 10-1 建设者对旧城更新的评价项目

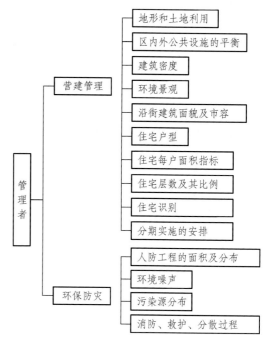

图 10-2 管理者对旧城更新的评价项目

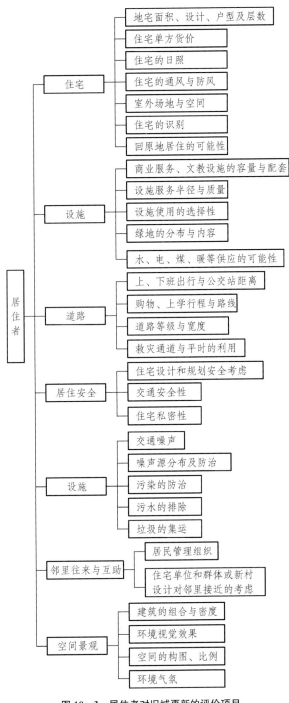

图 10-3 居住者对旧城更新的评价项目

2) 评价指标体系

前文分析了城市更新评价的各种主要影响因素,但如果按照这些项目建立城市更新评价指标体系,仍然显得过于复杂和繁琐,而且也没有必要。这是因为一些因素在一定时期内相对是不变或者变化很小,如用地面积、户平均人口等。部分因素之间具有因果关系,可以进一步合并和综合,另外还有一些因素相对其他因素来说对城市更新评价的影响较小,可以不列入评价指标体系。

考虑到评价指标对城市更新的规划控制应具有直接

的影响力,以及同一评价指标对不同的评价对象来说应有明确的可比性这两个基本原则,可将指标进行合并和提炼。一般说来,对城市更新的规划控制最具直接影响的因素是更新区域的物质和社会状况,它是更新地区城市生活质量和城市现代化的尺度和标志,也是城市更新评价指标的原始素材。具体而言,根据其不同内容将其分为实质环境的评价体系和社会环境的评价体系,实质环境的评价主要包括土地使用、建筑建造、市政设施、道路交通等物质要素,社会环境的评价主要包括社会组织、历史文化、人文景观、居民收入等经济文化因素(图 10-4,图 10-5)。

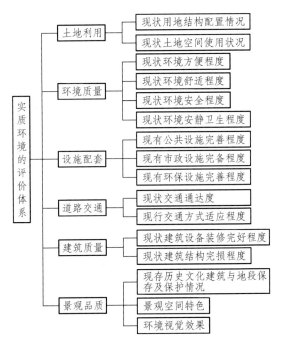

图 10-4 旧区实质环境评价指标体系

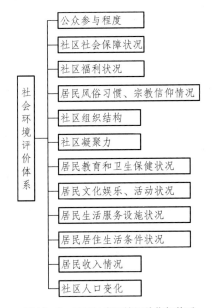

图 10-5 旧区社会环境评价指标体系

10.3.2　更新规划的目标确定

1. 基本概念

1) 更新目标特征

不管是在传统的城市规划领域或者现代城市规划理论中,目标的制定始终是规划师和决策者最为关心的主题。同样,在城市更新的规划控制系统中,目标体系也是实施控制的主要依据和灵魂。

单一的城市更新目标从两个层次上对更新的过程和结果产生重大的影响。第一层次是目标的实质内容,它从根本上决定了城市更新的性质、规模和主要形态。比如对于同一更新地区来说,将主要的更新目标确定为"保护旧城形态"或者是"提高旧城居住容量",其结果将有显著的差别。更新目标产生影响的另一层次是目标的表达形式。实际上,在城市规划的发展历史中,每一次规划思想的重大变革,都会伴随着目标形式的改变。因为在相同的历史时期中,对于规划目标的实质内容,人们往往都有较为统一的共识,但对于这一目标的表达方式,却会产生种种不同的差异,而这些差异会对实施的结果产生意想不到的影响。从这个角度来讲,选择适当的表述方式与确定切实有效的更新目标对于规划控制具有同样重要的意义。

在城市更新的实践中,几乎每一次都会面临对不同的规划目标进行选择和综合的问题。因为在城市更新过程中不同的个人和团体都有着自己各自不同的价值观念和目标,而规划师则力求要在同一规划方案中尽可能多地满足这些目标。换一句话说,城市更新的规划控制所强调的是目标的综合性,它所追求的是更新改造的综合效益而不是任何单方的效益。对初始目标进行选择和综合是建立更新目标的关键环节。

除了综合性之外,城市更新的规划目标还应该具备几项重要的特征:规划目标的准确性、适应性与灵活性。对于准确性的原则我们容易理解,而适应性和灵活性原则却是现代城市规划最新的反思结果。由于过去那种指令性的硬性规划目标在现代社会、经济和技术的迅速发展中逐渐暴露出其适应力较差的缺点,人们已经认识到规划目标必要对不断变化的外部环境做出相应的反馈。现代规划理论认为,目标的灵活性并不是抛弃规划原则的"可变性",而是在规划原则的范围之内,为了更加有效地实施规划控制所必需的调整策略。它改变了过去规划控制中消极的执行观念,提倡一种更为敏捷、更加积极的引导观念。

2) 更新目标确定原则

城市更新是一个为城市的持续发展对城市进行自觉的机能调整与更新,并促使城市向综合社会效益集约化递进的过程,城市更新应遵循城市发展总的客观规律,应坚持系统观、经济观、社会观和文化观等原则。

(1) 系统观　系统的城市更新并非包含城市更新内外联系的所有因素,而是视城市更新为统一整体,从各组成系统部分及其相互之间存在关系的全部出发,寻找系统最佳存在状态。坚持城市更新的系统原则即坚持城市整体效益高于局部效益之和。

(2) 经济观　目前经济建设是我国一切工作的中心,这就要求在城市更新中树立为经济建设服务的思想。即是要把增强城市的经济活力、发展城市经济作为城市更新目标确定的原则。

(3) 社会观　以社会观进行城市更新总的目标即是为社会各阶层人,提供和创造一个良好、舒适、健康、优美的工作和生活环境,并满足他们各自需求,实现社会的公正与平等。

(4) 文化观　文化观即是要求城市更新应从文化高度来认识城市历史文化遗产的重要价值,在城市更新中坚持贯彻历史文化保护原则,并具体加以深化和落实。

2. 目标体系的建立

1) 城市更新的经济发展目标

以经济发展为中心的城市更新归属于城市的经济更新,其涉及的更新内涵主要偏重经济因素,一般来说最先被考虑的因子为城市产业结构、产业技术、产业管理模式等能直接影响城市经济效益的几个重要方面,因为它们的变化会促使产业布局调整、更新以及为城市生产服务的城市道路、交通系统的更新重组,从而最终成为城市土地利用调整、城市结构变动的更新动因。

值得注意的是,城市以经济发展为目标进行的更新其根本目的是促进经济增长,但其副作用也较为明显,如控制引导不当可能造成城市建设的投机性、土地使用强度的超负荷、环境污染以及城市历史文化被破坏等难以避免的严重问题,直到城市更新注意从更高层次上探索,这些因城市更新而造成的"城市病"才会得到解决。因此,城市在以经济发展为目标进行城市更新的同时,应考虑城市发展的可持续性,与此同时还应注意城市历史文化环境的保护和社会的公正的维持影响等,以保障城市发展的良性循环,使城市的经济发展建立在城市的可持续发展基础上。

2) 城市更新的环境持续目标

城市更新的环境持续目标是针对经济发展目标提出的,因为城市以经济效益为中心的发展往往会带来相应的城市工业污染、交通污染,从而使城市综合物质环境质量下降,继而恶化,并加上由于发展导致的能源、资源危机,最终危及人类生活与生存,在这种情况下,环境持续成为发展中极为重要的内容。虽然持续发展含义不仅仅局限于环境问题,但环境的持续对人类的延续却有相当重要的意义。因此,城市更新的环境持续目标强调进行的城市更新应以环境治理和环境保护为中心,应用先进的治理污染技术和更新管理模式,从环境保护角度全面考虑产业布局结构调整和产业结构更新,实现经济发展与环境保护的综合协调和平衡发展。其具体目标涉及城市大气环境质量、城市河流水质水况、城市噪声环境状况、城市污水处理率、城市垃圾无害处理率等内容。

3) 城市更新的生活舒适目标

城市以生活舒适目标进行城市更新的基本出发点是人,是完全以人为本进行的城市更新行为,强调个人作为城市分子在城市中的享受,其目的在于为居民提供方便的社会服务和创造优美的物质空间,使居住环境和生活条件达到宁静、安全、卫生、舒适和方便。判断城市生活舒适度的指标一般为:人均居住面积、人均绿地面积、人均交通状况(包括人均车辆数、车辆等级、人均道路面积、人均道路长度等)、人均公共服务设施水平和人均基础设施水平等。城市更新中的生活舒适目标的制定与城市土地利用、城市土地开发模式、城市基础设施等多方面相关联。在生活舒适目标支配下,城市土地利用和开发不是以赢利为目的,也不仅仅是为了改善局部地段小环境,而是完全出自满足人的生活需求的目的。

4) 城市更新的文化保护目标

城市更新中的文化保护目标一般在城市经济发展到一定阶段才得到重视,其原因主要是由于长期以来因片面的经济利益追求而造成的对文化与历史的忽视。城市更新中的文化保护强调以体现城市的历史文化性为目标,与此同时,城市文化保护目标亦强调将文化视为精神的引导与象征,并通过各种物质、社会手段使文化渗入城市居民心灵。其具体内容包括:尊重现有城市的历史价值,尊重现有居民的生活方式,尊重现有旧区的历史风貌,尊重现有旧区的景观特色等等。

5) 城市更新的社会发展目标

城市更新的社会发展目标的提出同城市文化保护与发展目标提出一样,一般亦发生在社会经济水平已达到一定程度,温饱问题与生活的基本需求对城市大多数人来说已不是困扰的时期。因前期经济发展带来的种种不良社会问题,诸如经济发展、技术更新可能对传统产业带来冲击,随之使城市就业岗位减少,造成城市失业率急剧上升,使城市社会稳定受到威胁,社会犯罪率亦不断增加,这些严重的社会问题在城市更新中应引起注意。城市更新中的社会发展目标的提出就是为了维持社会公正与社会安宁,增进社区邻里关系和促进社会文化活动。具体内容一般为:提高社会就业率,降低社会犯罪率,尤其是降低青少年犯罪率,改良社会管理模式,妥善处理好原有人际关系维持与空间重新置换的关系,完善社区邻里结构和社会网络,等等。

由此可见,城市更新目标涉及城市诸多内涵,这些目标各自有其特定更新内容,同时又具有内在的统一性与协调性。作为一个完整的系统,城市更新必须建立在多目标

体系上,共同为城市综合社会功能的渐进提高服务。具体而言,在城市更新过程中,城市更新不仅要注意为经济发展目标服务,而且亦应注意城市环境的持续性,应坚持以人为本,进行以人均享有舒适度的标准更新城市生活环境,与此同时,还应注意城市的历史品质与文化内涵,坚持城市的社会公正,实现社会的全面发展(图10-6)。

10.3.3 更新模式的选择与划定

1. 城市衰退机制与类型

1) 城市的老化衰退

(1) 发展不平衡 现实中城市系统极为复杂,对于不断变化的形成背景和外部环境,其内部结构和组织系统总显示出难以改变的惰性和滞后性,造成与新环境的不相谐调和不相适应,出现各组成子系统及组成要素彼此之间联系的削弱,整体化程度降低,导致城市原有功能紊乱,这种发展的不平衡可归结为时间滞后和过度发展。

(2) 时间滞后 时间滞后是由城市系统的异质性和不均匀性造成的。在城市发展过程中,由于城市结构内部各组成部分的变迁速度不一致,以及城市原有结构总有保持稳定性的趋向,常会导致调适的不和谐,出现滞后现象。

(3) 过度发展 过度发展是由于任何时期的城市结构都有其特定的功能和发展限度,当发展超过其最佳极限,将会导致城市整体机能的失调,引起衰退。

2) 衰退的典型类型

城市发展不平衡导致城市衰退,其衰退类型可大致分为三种情况。

(1) 物质性老化 随着时间的推移,建筑物和设施常常会超过其使用年限,变得结构破损、腐朽,设施陈旧、简陋,无法再行使用,致使城市自然老化。

(2) 功能性衰退 在城市的发展过程中,随着城市人口增长和规模扩大,合理的城市环境容量往往被突破,从而造成城市超负荷运转,整体机能下降,出现城市功能性衰退。

(3) 结构性衰退 随着城市经济结构和社会结构变迁,要求城市功能、结构和布局随之变化,但由于城市发展惯性的作用,原有的城市结构往往难以适应发展变化要求,城市内部组织系统的变化调适滞后于发展变化,从而导致城市结构性衰退。

2. 旧城更新模式选择与划定

对旧城的更新不能一律采用推倒重建的单一开发模式,而应深入了解多种因素的影响,在充分考虑旧城区的原有城市空间结构和原有社会网络及其衰退根源的基础上,针对各地段的个性特点,提出因地制宜地更新改建方式。

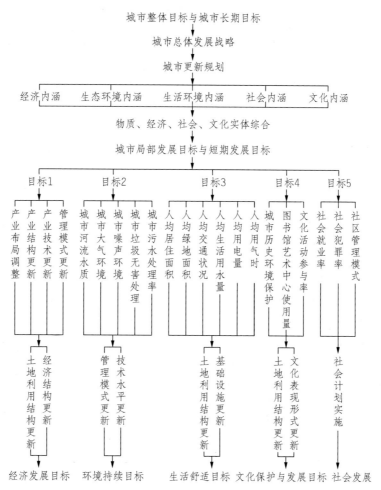

图 10 - 6　城市更新目标体系

对于自然老化的地区,可保持其社区邻里原有的社会和经济结构,根据其不同的老化程度,分别采取维护、局部整治、拆除重建等更新改造方式;对于功能性衰退地区,其衰退原因常是因为其原有的城市环境容量被突破,对其的更新改造应首先分析原有土地能否进一步提高容量,否则考虑在城市范围内进行总体平衡;对于结构性衰退地区,应深入分析其产生的深刻背景,根据其不同的衰退性质,分别采取结构复位、结构复组和结构变更等更新改造方式。

在实际工作的操作中,依据旧城未来空间结构定位、更新活力点分布、大型交通设施带动、公共空间引导、建筑质量评判及可更新用地分析等要素,运用多种途径和手段进行综合治理和再开发,具体划定旧城保护控制区、整治优化区、改造优化区、整治提升区和改造提升区的技术方法,提高了城市更新规划的可操作性(表10-1)。

表 10 - 1　城市更新引导区划定要求

更新分区类别	划分标准	更新内容	更新方式	更新地段类型
保护控制区	1. 用地功能不变 2. 地段物质环境好	用地功能禁止调整,可改造度弱,必须严格控制,禁止一切与文化保护、生态培育无关的开发建设活动。一般不作为物质更新的对象	以保护和修缮为主	主要是老城区的重点文物保护单位的保护、历史文化街区的核心区以及城市规划确定的生态走廊、重要的河流水体和湿地等生态敏感区
整治优化区	1. 用地功能不变 2. 地段物质环境一般	对地段内建筑及外环境进行整治,完善其基础配套设施,保持其原有功能的良性运转	以修缮、改造、整治为主	主要为旧居住区

更新分区类别	划分标准	更新内容	更新方式	更新地段类型
改造优化区	1. 用地功能不变 2. 地段物质环境差	对地段内建筑及外环境进行整治,必要的情况下考虑拆除重建,梳理内部交通,改善环境,开辟必要的公共空间	以拆除重建为主,但维持原用地功能属性	主要为城中村、部分旧居住区、危旧房、旧工业区等
整治提升区	1. 用地功能改变 2. 地段物质环境好	基于对旧城整体功能提升的需要,用地功能需要调整,建筑可改造度较好。在尽量保持其现状建筑的基础上,对其建筑的使用功能进行调整,使其符合新的使用需要;对其地块进行整合,使其符合高端化的发展	以环境整治、建筑改造、功能提升为主	主要是部分学校、医院及旧城中心周边的旧居住区
改造提升区	1. 用地功能改变 2. 地段物质环境一般	基于旧城整体功能提升需要,用地功能需要调整,有改造意向或发展方向有冲突的地区在对其现状建筑、环境进行整治改造,对地块进行整合更新,使其符合高端化的发展,主要是现状开发密度过高、空间趋于饱和、空间功能趋于退化的地区	以拆除重建、改造开发,用地功能改变为主	主要是旧城外围的老厂区、城中村、危旧房等

10.4 典型案例

10.4.1 常州旧城更新规划

1. 规划概述

常州市旧城区是城市发展的历史见证,是全市历史文化、商业金融、公共服务、生活居住等多种城市功能要素集中地区。近年来,在快速城市化的发展背景下,由于缺乏全面有效的政策引导,旧城区的交通拥挤、环境质量下降、业态同质化、公共空间缺乏以及城市特色消退等问题日显严重。为进一步提升旧城中心功能,优化城市环境,实现旧城可持续发展,十分有必要开展常州旧城更新规划的研究工作。

规划主要包括现状评估、目标定位、总体更新策略、重点专题和行动计划五大方面,规划成果为旧城结构与功能的优化,旧城与新城的协调发展,中心城市形象的提升提供支撑,并促进旧城走上可持续发展之路。

2. 规划构思与内容

1)规划研究范围

第一层次:旧城,即《常州市城市总体规划(2004—2020年)》所划定的八大组团中的中心组团部分,由龙城大道、青洋路、新运河、龙江路围合的范围,总面积约74.4 km²(图10-7、图10-8)。

第二层次:中心区,由关河路、青龙路、劳动路、长江路围合的区域,面积9 km²。

第三层次:老城,由关河、市河、老运河围合的区域,面积5.5 km²。

2)认知与评价

(1)旧城历史发展演变 城市空间形态划分为城内发展、功能外溢、南延北拓、一体两翼四大阶段。

(2)旧城更新回顾评价 旧城经历了见缝插针、老城外延、居住与道路更新以及中心职能调整等四个更新阶段。

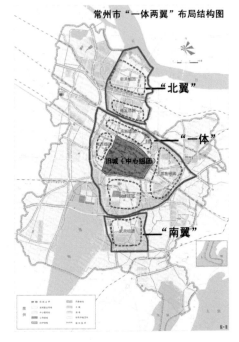

图 10-7 常州旧城区位图

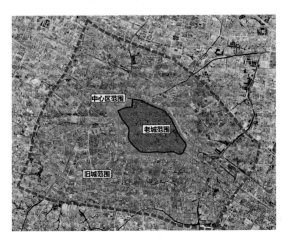

图 10-8 常州旧城航拍图

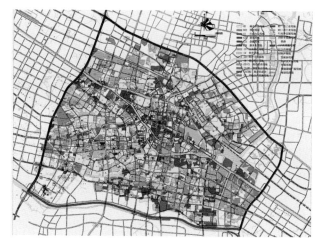

图 10-9 常州旧城土地利用现状图

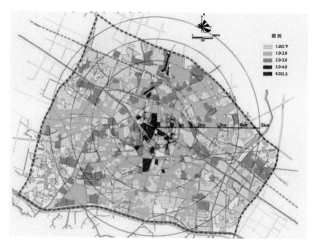

图 10-10 常州旧城现状容积率图

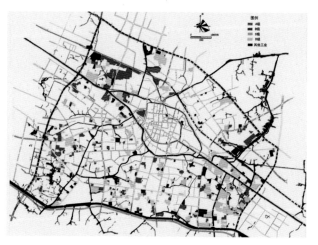

图 10-11 常州旧城旧工业区分布及污染状况分析

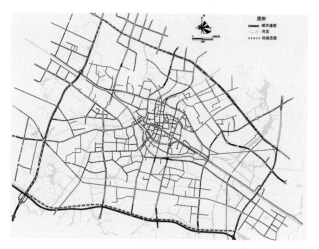

图 10-12 常州旧城道路网现状

（3）现状问题基本判断 正处于工业化中期向后期转型期，三产逐步提升，但生产性服务业培育不足；旧城人口分布不均衡，内高外低；用地结构不尽合理且更新潜力不均衡；道路支路网密度低，停车设施不足；公共空间结构不完整、数量缺乏以及城市特色塑造不足等（图 10-9～图 10-12）。

3. 更新目标与策略

1）更新理念和目标

（1）更新理念 将城市更新作为整个社会发展工作的重要组成部分，面向提高城市功能，调整城市结构，更新物质设施，增强城市活力，加强文化保护，保持环境可持续等全局性目标。

（2）功能定位 重点发展商务金融、商贸零售、旅游休闲、文化创意、社区服务、客运转换、生活物流、都市产业八大主导功能（图 10-13）。

（3）规划目标 以科学发展观为指导，将常州旧城打造为常州最具影响的商务、商贸、生产服务业中心；拥有城河相依，故居比邻的独特城市格局；创建工业升级与旅游休闲相结合的文化创意高地以及成为长三角重要的交通

图 10-13 常州旧城土地利用规划图

枢纽、门户地区。

2）总体更新策略

（1）中心功能强化与提升 在老城范围内形成核心商贸区，并保护老城历史文化氛围，延续旧城风貌。在老城以外，中心区以内地区，主要增强商务办公功能。形成

"一核、一带、两区、三轴、三心、八节点、多组团"的空间格局。

一核:含老城、中心区在内的地区,建设全市的商贸、商务、文化、旅游、交通中心。

两区:旧城内两个都市型工业园区,即东南工业园区和五星工业园区。

三轴:以延陵路、老运河形成商贸商务综合发展轴;以怀德路为轴形成商贸发展轴;以和平路为轴形成商务发展轴。

三心:凌家塘、青龙生活性物流中心以及新运河片区商业中心。

八节点:形成飞龙、西新桥、勤业、清潭、荡南、丽华、三角场、兰陵等八处社区商业中心。

(2)新旧城区的发展互动 旧城主要承接高端制造服务业,重点发展商务办公、商贸休闲、文化旅游、生活物流、客运转换、都市制造等产业。

北部新城主要承接由旧城疏解出来的行政办公、居住、会展、工业等功能。

南部新城主要承接旧城疏解的居住、工业、教育功能。

城东城西组团主要承接由旧城转移的工业功能,城东组团主要发展机车制造、纺织、印染、汽配、食品、现代物流业,城西组团主要发展机电一体化产业、电子、软件、新材料、生物医药等产业。

(3)道路交通调整与优化 构建1条跨铁路及4条跨运河通道,打通交通瓶颈。梳理加密支路网,密度从2.1 km/km²提高到3.5 km/km²。构筑快速公交、公交主线、社区公交三层次的公交网络提高公交覆盖率。在老城外围设置停车场,完成步行转换;在中心区,适度增加城市商务办公的停车设施;在中心区外围,逐步配足居住区停车设施;结合支路网改造,分离机动车与自行车(图10-14)。

(4)旧城特色保护与延续 利用关河、运河展示传统城河界面,彰显"两河抱城"的空间结构,体现延陵路传统城市轴线;以大成三厂、一厂等关键地区为中心保护与

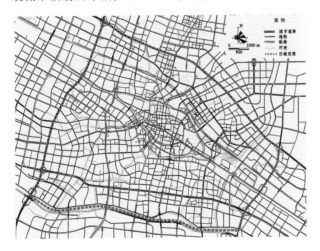

图10-14 常州旧城路网规划图

彰显"工业遗产文化廊道";打造"一核二轴"的现代城市空间结构。保护青果巷、前后北岸、天宁寺历史文化街区。

(5)公共空间整合与优化 构建由城市中心区、火车站构成的2个市级核心;在新运河片区、青龙片区、勤业路片区形成的3个区级核心,7个社区级核心,以及一条以运河为主轴和多条支流副轴共同构架起的公共空间结构。

4. 专题研究

1)旧工业区更新与再发展

旧城范围内工业企业总用地约9.86 km²,占旧城总面积的12.75%。旧工业区存在布局分散、污染大、与城市功能不符、区位效益低下以及企业自身发展困境等问题。规划提出治理环境污染、适应经济发展以及延续工业遗产的更新措施,并结合总体策略,构建"一轴、三片、三圈、多点"的工业布局。

2)旧居住区更新与整治

旧居住小区总用地约4.71 km²,占旧城总面积的6.3%。现状存在布局零散、建筑老化、配套不足,人口老龄化、社区管理缺乏等不足。研究将旧居住区划分为三种类型:独立完善型、基本完善型、不完善混合型。分别针对三种类型居住小区的典型案例(红梅新村、翠竹新村、清潭新村)提出更新模式与对策。

3)城中村更新与改造

在旧城范围内,共有56个行政村、429个自然村,总面积为11.4 km²,占旧城总面积的15%。现状存在布局零散、建筑老化、环境较差、居民收入低、人员复杂、管理难度大等问题。研究针对典型案例,在改造强度、改造主体、用地调整方案以及居民安置办法等提出具体更新措施。

4)历史街区保护策略

在对青果巷、前后北岸、天宁寺—舣舟亭三大历史文化街区调查的基础上,对街区现状存在的重视不足、生活延续性断裂、产业开发的低水平与单一性、街区与城市地区发展脱节四大问题进行了剖析,提出依法保护、有效更新的更新策略,并指出十大实施对策。

5)老火车站地区更新

常州火车站位于旧城区东北,总用地面积为201.6 hm²。城铁的开通将对该欠发展地区带来更新,研究提出"一核造枢纽、一轴连南北、两带构景观、四圈筑活力中心"的空间布局模式。

5. 行动计划

1)划定更新模式引导区

依据旧城未来空间结构定位、更新活力点分布、大型交通设施带动、公共空间引导、建筑质量评判及可更新用地分析等六大要素的评价基础上,划定保护控制区、整治优化区、改造优化区、整治提升区和改造提升区。在老城范围强调保护控制为主;中心区更新引导以整治优化、整

治提升为主;在中心区外围更新引导则以改造优化、改造提升为主(图10-15)。

2)拟定更新时序

针对五类更新引导分区,分别拟定近期、中期、远期更新时序。

3)制定更新政策

在建立更新组织机构、加强公众参与、调整经济政策、完善管理法规等四个方面建立旧城更新政策。

4)更新案例单元:清潭片区

清潭片区位于中心区西南侧,总面积 7.8 km²,现状总人口 14.4 万人,为旧城的典型地段。案例研究在分别对旧工业区、城中村与老居住区、交通提出更新策略基础上,划定更新模式引导区,并对用地布局进行调整(图10-16)。

图 10-15　常州旧城更新模式引导区

图 10-16　常州旧城清潭片区更新及土地利用规划图

10.4.2 杭州重型机械厂更新与再开发规划

1. 规划概述

杭州重型机械厂建于 1958 年,是大型的国有重型机械加工企业,在杭州的工业结构中占有突出的重要地位,在新中国成立初期至 20 世纪末一直都是杭州加工行业中的支柱企业,在几十年的发展历程中为国家做出了突出贡献。目前,城市建设的空间需求与企业的升级转型成为城市功能调整的契机。市政府已明确下达文件,对现有厂区按照规划进行分期搬迁,作为杭州市近郊区重要的产业功能区,重机厂搬迁后,对于原有产业用地进行科学定位和规划,是杭州市优化城市结构、完善东北片区城市职能、解决企业之困的重大历史机遇。

创新创业新天地西邻规划东新东路,北侧为石祥路,东侧为费家塘路延伸段,南临规划中的长大屋路,总用地面积约 66 hm²(图 10-17～图 10-19)。

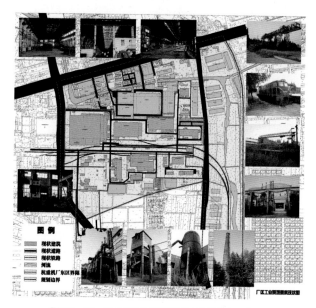

图 10-17　杭州重型机械厂厂区景观要素现状图

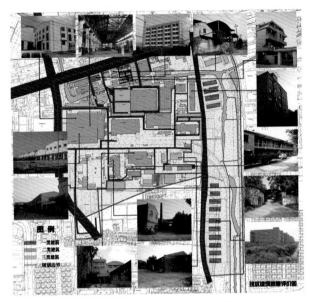

图 10-18　杭州重型机械厂现状建筑质量评价图

图 10-19　杭州重型机械厂现状

2. 总体规划思路与策略

1) 总体思路

(1) 整体协调　产业发展:退二进三;用地性质:工业用地调整为公共设施用地;城市功能:企业生产功能转换为城市次级公共中心。

(2) 传承历史　诸如厂房、仓库和基础设施等工业建筑遗产,不仅曾经是一个重要的经济因素,从物质上见证了工业化进程的特殊时期,而且也具有特殊的美学和文化意义,其作为"文化资产"的价值正日益上升。

(3) 紧凑发展　工业遗产的再利用具有较高的经济代价,城市中心地段较大面积的低层低密度设计会给土地

开发带来一定的经济压力。本着经济发展和文化传承并重的理念,本设计采用"疏密有致"的空间组织手法,在中心区采用相对疏散的空间和较低强度的开发,在周围地段则适当加大土地开发强度,提高土地经济效益,达到中心区位经济和文化的双赢格局。

(4) 社会和谐　企业的外迁带来一定量的工人失业,如果解决不当,这些曾经的熟练工人不仅将成为城市政府的经济负担,也是城市社会的不安定因素。在强调"和谐社会"的今天,解决国企下岗工人的再就业问题,将是一个重大而严肃的问题,也是城市工作者面临的重要研究课题。

3) 规划策略

(1) 鼓励混合使用,创造区域城市中心　杭州重型机械厂是典型的老工业用地"中心化"的更新改造方式,决定了土地混合使用的特点。规划设定四大核心功能区,包括文化娱乐休闲区、综合商业购物区、总部商务办公区、科技研发孵化区。

(2) 注入新型功能,充分利用工业遗产　根据地面遗存评估结果,保留的六个厂房以保护性改造再利用方式为主,通过注入新的使用功能,延续建筑使用寿命,同时保留场地的工业记忆,使之成为该地段独特地景标志。再利用的功能包括:工业文化展览馆、文化娱乐综合体、商业/餐饮中心、体育/休闲中心、商务/办公等,具体的改造手段包括化整为零、变零为整、局部增建、改建和重建等。

(3) 尊重场地特征,融合公共空间创造　利用老厂房之间形成的独特空间构建中心广场区,作为整个规划区的焦点,规划通过保持其整体性来与周围建筑相匹配,并提供适宜的观景点。同时,广场空间通过道路组织、地下空间、空中步廊、绿化配置等手法加以划分,在大空间中划分中、小尺度的空间和功能区,以接近人的尺度,适应人的活动需求。广场区以保留改造的旧厂房为主要界面,以整体下沉式广场为空间焦点,整合废弃的铁路支线、吊车、火车等工业化时代的标志性遗产符号,保留原有植物绿化,引入水景,构建为整个区域的空间中心和活动中心。

4. 系统规划

1) 规划功能结构

规划的总体格局可归结为:一核、双轴、两带、四区(图10-20～图10-23)。

(1) 一核　地段中心广场区,面积约 2 hm²。

(2) 双轴　南北中心公共轴线和中心广场形成的东西轴线,双轴交汇于中心广场。

(3) 两带　一是安桥港生态景观带,二是费家塘东侧都市工业发展带。

(4) 四区　中心功能中的四大核心功能区,包括文化娱乐休闲区、综合商业购物区、总部商务办公区、科技研发孵化区。四区和一带之间使用功能相对独立又相互渗透,具有一定的交叉性。

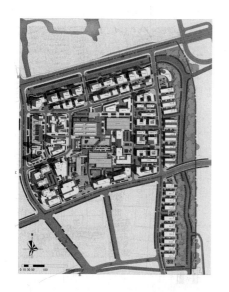

图 10-20 杭州重型机械厂更新改造规划总平面图

图 10-21 杭州重型机械厂更新改造规划总体鸟瞰图

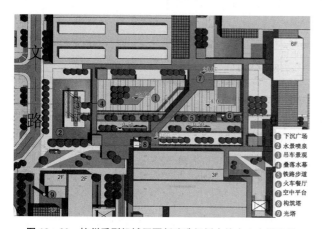

图 10-22 杭州重型机械厂更新改造规划中的中心广场设计

① 下沉广场
② 水景喷泉
③ 吊车景观
④ 叠落水幕
⑤ 铁路步道
⑥ 火车餐厅
⑦ 空中平台
⑧ 构筑塔
⑨ 光塔

图 10-23 杭州重型机械厂工业构筑物和小品改造利用示意图

2）土地使用规划

（1）文化娱乐休闲区 位于中心地段,以中心广场为焦点,以工业文化遗产的改造和再利用为主体构建,包括工业文化展示、娱乐综合体、影剧院、特色餐饮、特色商业和运动休闲等功能。

（2）综合商业购物区 结合人流交通的主导方向主要分布在西南部。

（3）总部商务办公区 以商务办公为主,混合部分商业金融和酒店功能,主要集中在石祥路。

（4）科技研发孵化区 位于创业路东侧区域,以小型办公、小企业孵化为主要功能。

（5）都市工业发展区 结合现状费家塘路南段10栋标准厂房,融合北段办公/生产功能,为都市工业发展提供载体,创造工作机会,解决职工再就业问题。

3）道路交通规划

中心区实行人车分离,形成以步行街区为核心的中心区步行系统,保证中心区内部安全舒适的步行环境。车行交通结合地面、地下停车场,采用"口袋式"交通模式,与步行体系密切联系。规划与厂区原有的道路在满足交通功能的基础上,需要在尊重基地原有格局的基础上进行梳理和整治,以反映历史延续性。

规划区作为杭州市次级中心,是一个相对整体的区域,在核心区域与外围道路共同组成环路系统,形成中心区和城市的便捷联系。中心区内则建立交通性道路和休闲性道路两套系统,形成完整而又相互密切联系的交通功能分级体系。外围道路系统由石祥路、东新东路、长大屋路、费家塘路等道路组成,以解决中心区交通的通达性。

在活动核心区内构筑便利舒适的步行系统。整个步行系统在立体空间上可分为三个层面:地下层、地面层和空中步廊。三个层面的步行系统通过关键节点的楼梯、台阶和自动扶梯上下沟通而连成一体,形成叠合式的立体化综合步行体系。地下层以中心下沉广场,商业中心下沉广场为中心,通过地下通道与综合商业区地下空间及其周边商业、商务办公等地下空间相互联系,构成地下综合步行区;地面步行系统以南、西侧两个主要入口广场,和东、北两个次入口广场为起点,以中心广场为核心,围绕保留改造的厂房建筑为主体构建,同时结合水系、铁路支线形成滨水步道和林荫步道。

停车场布局以使用就近、出行便捷为原则。集中和分散相结合,地面停车场500辆,地下停车场2 100辆,均分不同部位,分区域使用。

4) 绿地景观规划

(1) 核心景区　中心广场区是整个规划区的景观核心,以工业化生产性元素——吊车、火车、铁轨、设备、集装箱——为符号,结合保留现状的大量树木、引入的水景和再设计的新旧建筑,构成多层次、立体化的现代化景观。

(2) 景观主轴　以"南入口广场—中心广场—创业路"形成地块南北主轴,以中心广场形成东西向主轴,共同构成地块公共活动的主要空间。

(3) 景观辅轴　西侧商业和商务办公空间形成的南北线步行空间,北侧商务办公内侧形成的东西向步行空间构成景观次轴,是商业购物、商务休闲等相对单一活动的功能性载体。

(4) 庭院景观　各功能建筑之间用庭院组合,形成内院式庭院景观。

■ **思考题**

1. 如何理解城市更新改建,在新型城镇化背景下其主要的工作重点和内容是什么?

2. 国际上城市更新改建有哪些发展趋势?

3. 城市更新改建的综合评价体系包括哪些指标?

4. 在城市更新改建中为什么要注重保护旧城的历史文化遗产?

■ **主要参考文献**

[1] 霍尔.城市和区域规划[M].邹德慈,李浩,陈熳莎,译.北京:中国建筑工业出版社,2008.

[2] 清华大学建筑与城市研究所.旧城改造规划·设计·研究[M].北京:清华大学出版社,1993.

[3] 阳建强,吴明伟.现代城市更新[M].南京:东南大学出版社,1999.

[4] 阳建强.西欧城市更新[M].南京:东南大学出版社,2012.

[5] 朱启勋.都市更新:理论与范例[M].台北:台隆书店,1982.

[6] 罗伯茨 P,塞克斯 H.城市更新手册[M].叶齐茂,倪晓晖,译.北京:中国建筑工业出版社,2009.

[7] Couch C. Urban Renewal:Theory and Practice[M]. London:Macmillan,1990.

[8] Robert K. Home, Inner City regeneration[M]. London: E & F N Spon Press, 1982.

11　城市轨道交通枢纽及用地规划

【导读】 轨道交通系统泛指使用一定类型的机车车辆组成列车在固定的轨道上运行的交通运输系统,广义上的轨道交通包括主要服务城市之间客运需求的干线铁路系统、城际轨道交通系统,以及主要服务城市本身客运需求的城市轨道交通系统,这里的轨道交通系统主要指的是城市轨道交通系统。本章重点阐述城市轨道交通与沿线土地规划的相关概念和基本关系。在对相关交通概念简要诠释的基础上,分析了轨道交通自身系统特征和换乘设计方法,介绍了轨道交通导向用地开发模式和规划设计要点。

11.1　城市轨道交通概述

11.1.1　发展背景

"转变城市发展方式,完善城市治理体系,提高城市治理能力,着力解决城市病等突出问题"已经成为当前我国新型城镇化建设的重要内容。随着新型城镇化进程加快和交通机动化水平的不断提高,我国城市空间结构正发生着显著变化,城市土地利用和交通发展也正面临着越来越严峻的挑战。交通与用地可持续发展与我国人多地少的基本国情,客观上要求我国大力发展轨道交通和走集约化土地利用道路,轨道交通引导土地开发为实现上述目标提供了途径,而当前我国大城市轨道交通的大规模建设无疑为公交引导土地开发创造了条件。

截止 2015 年年底,我国内地已经有 25 个城市建成运营了 110 条轨道交通线路,总里程达到 3 292 km。城市轨道沿线地区是发挥城市集聚功能、实现公共交通支撑和引导城市发展、促进绿色出行、提升城市环境品质的重要地区。充分发挥城市轨道交通对城市土地利用的引导作用,以轨道站点为核心,构建集约高效、人性化的城市环境和活动空间,成为新型城镇化背景下交通与用地耦合发展的重要课题。

11.1.2　发展历程

分析国内外城市发展历程,交通系统在其演变进程中发展着至关重要的作用。交通发展与城市演变相互影响,共生耦合,形成了不可分割的有机整体。

交通工程学领域通常以交通运输工具的升级换代来划分发展阶段,如步行交通时代、马车交通时代、汽车交通时代、智能交通时代等。从城市与交通相互影响的发展历程来看,人类对交通的认识又经历了由"追求供需平衡"到"可持续发展"的变化过程。

1933 年 8 月,国际现代建筑协会(CIAM)第 4 次会议通过了关于城市规划理论和方法的纲领性文件——《城市规划大纲》,后来被称作《雅典宪章》,明确指出城市规划的目的是解决"居住、工作、游憩与交通"四大功能活动的正常进行。针对步行马车时代城市道路宽度不够、交叉口过多、缺少功能划分等问题,提出进行街道系统的整体重新规划思路。"机动化运输的普遍应用,产生了我们从未经验过的速度,它激励了整个城市的结构,并且大大影响了在城市中的一切生活状态。因此我们实在需要一个新的街道系统,以应现代交通工具的需要。"从交通规划的角度分析,《雅典宪章》提出的交通理念核心是"供给满足需求"的传统思路,对缓解当时城市的交通混乱状态发挥了重要作用。

随着城市发展和社会生产力的提高,城市的复杂性越来越明显,城市化趋势和城市规划过程中出现了新内容,1977 年国际建协在秘鲁利马召开的国际学术会议签署了《马丘比丘宪章》。通过对《雅典宪章》的批判、继承和发展,提出公共交通主导的优先发展理念,"将来城市交通的政策显然应当是使私人汽车从属于公共交通系统的发展。公共交通是城市发展规划和城市增长的基本要素"。"公共交通优先"至今仍是城市和交通领域最重要的规划思想之一。

1987 年联合国世界环境与发展委员会发表了《我们共同的未来》(*Our Common Future*)的报告,正式提出了"可持续发展"的概念。在该报告中"可持续发展"被定义为"既满足当代人需要,又不对后代人满足其需要的能力构成危害的发展"。这是人类对人与自然的关系以及自身社会经济行为认识的飞跃。交通的可持续发展成为城市和交通规划领域的广泛共识,其基本原则是发展原则、协调性原则、质量原则和公平性原则等,是交通效率、资源环境和价值观念三者的统一,其中转变传统交通观念是前提,提高交通系统效率是核心,资源合理利用与环境保护是基础。城市交通的可持续发展首先要求改变交通发展观念,由交通建设追求数量的扩张向注重综合效益转变,由满足个体交通需求向兼顾公众利益转变。城市交通可持续发展的核心在于实现由规模扩大为主的粗放型交通系统能力增长向提高效率为主的集约型交通系统能力增长转变。实现城市交通可持续发展的基础和标志主要体现在城市交通需求得到满足、交通环境的不断改善和城市交通资源的合理利用。

其后,随着一系列会议和文件的发表,如《里约环境与发展宣言》(Rio Declaration)(1992 年)、《京都议定书》(Kyoto Protocol)(1997 年)、《巴黎协议》(Paris Agreement)(2015 年)等,应对气候变化和减少温室气体排放等成为世界关注的热点。交通运输导致的空气污染、温室气体排放等问题日益受到重视,低碳出行、绿色交通等理念成为城市与交通规划的重要思想。

11.1.3 相关概念

从《雅典宪章》到《马丘比丘宪章》,确立公共交通的主体地位得到规划界的广泛认可,但在具体规划中仍难以有效落实。过于强调机动化特别是汽车交通机动化背景下的供需平衡思想,一直以来已经成为交通规划师追求的核心目标。随着城市化和交通机动化的快速发展,交通拥堵、大气污染、环境恶化等一系列"城市病"的日趋严重,越来越多的规划师意识到单纯以提高机动性为中心的交通模式对城市发展带来的不可持续性,"生态交通"、"绿色交通"、"低碳交通"等应运而生,交通规划领域迎来了又一次思想革新。

1. 绿色交通

加拿大人克里斯·布拉德肖(Chris Bradshaw)于 1994 年提出绿色交通体系(green transportation hierarchy),提出绿色交通工具的优先级依次为步行、自行车、公共运输工具、共乘车,最末者为单人驾驶之自用车(single - occupant automobile)。

广义上绿色交通(green transport)指采用低污染、适合都市环境的运输工具来完成社会经济活动的一种交通概念。狭义上指在交通出行中选择低能耗、低排放、低污染的交通方式,低碳、多元化、可持续发展的交通运输系统。从交通方式构成分析,绿色交通体系包括步行交通、自行车交通、常规公共交通和轨道交通等。绿色机动化交通工具包括各种低污染车辆,如双能源汽车、天然气汽车、电动汽车、氢气动力车、太阳能汽车、无轨电车、有轨电车、轻轨、地铁等。

2. 交通可达性

1959 年,汉森(Hansen)首次提出了可达性的概念,将其定义为交通网络中各节点相互作用的机会大小。可达性的研究在揭示区域空间结构演变机理和模拟城市动态演变过程方面均取得了重大进展,可达性已经成为决定个人生活方式和区域前景的一个关键性的因素。

交通可达性指利用一种或几种特定的交通方式和从某一给定区位到达活动地点的便利程度,反映了区域与其他有关地区相接触进行社会经济和技术交流的机会与潜力,简而言之即从一个地方到另一个地方的容易程度,是从时空意义上评估交通网络合理性、运输效率高效性的重要指标,主要包含两个层次的内容:城市整体交通网络的可达性和城市某点或某片区的交通可达性。交通可达性与易达性、通达性的含义明显不同。

3. 公交优先

"公交优先"于 1960 年代初源于法国巴黎。二战后,法国经济经历了 30 年的高速发展,这一黄金时期法国人均收入提高了 50%,社会收入水平的提高造成了私家车的急剧膨胀,法国政府采取了鼓励私人交通发展的政策。到了 1970 年代初,法国各大城市交通几乎瘫痪,单纯采用"供给满足需求"的小汽车发展模式已经越来越不可持续,于是法国政府开始下大力气重点优先发展公共交通,巴黎规划建设了大量全天或特定时间禁止其他车辆使用的公共汽车专用道,并大规模修建轨道交通系统。

广义上"公交优先"指一切有利于公共交通发展的政策和措施,包括政府在综合交通政策上确立公共交通优先发展的地位,在规划建设上确立公共交通优先安排的顺序,在资金投入、财政税收上确立公共交通优先的扶助做法,在道路通行权上确立公共交通优先的权利等。狭义上"公交优先"局限在交通控制管理范围内,公共交通工具在道路上优先通行的措施,指城市交通规划和管理中的公交专用车道或专用路。

公共交通优先包含两个基本方面,一是对公共交通的扶持,二是对其他交通方式(主要是小汽车)的限制。扶持就是通过各种手段发展公共交通,提高运行速度,改善服务质量,确保其经济投入;限制就是对其他方式在购置、使用等不同环节加以控制以减少对公共交通的冲击。

4. 交通需求管理(TDM)

随着小汽车交通的膨胀发展,单纯依靠修建道路扩大供给的思路已经不可持续,交通需求管理(Transportation Demand Management,TDM)应运而生,并在美国、欧洲、日本等国家缓解城市交通拥堵方面发挥了重要作用。

交通需求管理涉及交通系统的各个方面,可以概括地定义为:通过影响出行者的行为,而达到减少或重新分配出行对空间和时间需求的目的。TDM 这种新的交通规划与管理思想与传统的、根据需求来调整供给的思想是两种截然不同的做法。其基本思想就是从问题产生的根源上采取措施,一方面防止目前问题的进一步恶化,另一方面采取措施解决目前的问题。对交通系统而言,对于已经出现的各种交通问题,不是仅仅等待着解决这些问题,而是从交通需求的源头着手,做好前期规划,采取合理的措施适当限制、引导需求,从而结合后期管理,使目前的交通系统通畅运转,并使交通系统可持续化发展。

通过实施 TDM,不需或只需少量投资就可以提高交通运输系统效率,通常重点进行出行方式的改善,如改变工作出行的时间和方式等。在制定有效的交通政策时不仅需要考察土地利用,而且要考察每一项城市活动的内容和行为,为此需要调查生活习惯、商业类型和产品类型,尤其是涉及产生大量出行的项目建设,要综合考虑未来周边地区的经济发展、环境规划及环境保护问题,提前引入 TDM 思想和有效的措施,保证交通的可持续化发展。

5. 公共交通导向开发(TOD)

1990 年代"新城市主义"的先驱彼得·卡尔索尔普(Peter Calthorpe)提出了 Transit-Oriented Development (简称 TOD),并在其著作《下一代美国大都市地区:生态、社区和美国之梦》(*The American Metropolis-Ecology,Community and the American Dream*)一书中明确提出了以 TOD 替代郊区蔓延的发展模式,并为基于 TOD 策略的各种城市土地利用制订了一套详尽而具体的准则。目前,TOD 的规划概念在美国已有相当广泛的应用。

TOD 指"以公共交通为导向的土地开发模式"。其中的公共交通主要是指火车站、机场、地铁、轻轨等轨道交通及巴士干线,以公交站点为中心,以 400～800 m(5～10 min 步行路程)为半径建立中心广场或城市中心,其特点在于集工作、商业、文化、教育、居住等为一体的土地混合利用社区,以实现各个城市组团紧凑型开发的有机协调模式。TOD 是国际上具有代表性的城市社区开发模式,也是新城市主义最具代表性的模式之一。目前被广泛利用在城市开发中,尤其是在城市尚未成片开发的地区,通过先期对规划发展区的用地以较低的价格征用,导入公共交通,形成开发地价的时间差,然后出售基础设施完善的"熟地",政府从土地升值的回报中回收公共交通的先期投入。

6. 交通稳静化

交通稳静化(traffic calming)一般指通过特殊的道路设施减少机动交通流量和速度,降低机动交通对于非机动交通的干扰,减少事故率,保护城市生活环境。

交通稳静化理念最早起源于 1960 年代的荷兰,倡导将街道空间回归行人使用,实施道路分流规划对街道实施物理限速、物理交通导向,来改善社区居住及出行的稳静化环境。1970 年代开始,该理念在德国、瑞典、丹麦、英国、法国、日本、以色列、奥地利和瑞士等欧洲国家迅速传播,掀起了交通稳静化潮流。

交通稳静化通过道路系统的硬设施(如物理措施等)及软设施(如政策、立法、技术标准等)降低机动车对居民生活质量及环境的负效应,改变鲁莽驾驶为人性化驾驶行为,改变行人及非机动车环境,以期达到交通安全、可居性、安全性问题。交通稳静化的目的在于改变驾驶员对道路的感知从而使其以合适速度驾驶,进而改善道路安全和

居民生活质量;通过减少交通量提高交通运行环境质量,减少大气污染。

11.2 轨道交通枢纽类型与特征

11.2.1 轨道交通的基本概念

轨道交通系统泛指使用一定类型的机车车辆组成列车在固定的轨道上运行的交通运输系统,广义上的轨道交通包括主要服务城市之间客运需求的干线铁路系统、城际轨道交通系统,以及主要服务城市本身客运需求的城市轨道交通系统。这里的轨道交通系统主要指的是城市轨道交通系统,而按照技术性能指标的不同,城市轨道交通系统可分成表 11-1 中的几类。

表 11-1　城市轨道交通的类型

	地铁	轻轨有轨电车	独轨	导轨	磁悬浮
最高速度(km/h)	70～100	70～100	60	60	100
最小半径(m)	120	20	50～120	100	100
最大坡度(‰)	35	35	60	60	60
布设方式	地下、地面、高架	地下、地面、高架	地下、高架	地下、高架	地下、高架
轨道形态	专用轨道	合用/专用轨道	专用轨道	专用轨道	专用轨道
线路长度(km)	10～30	平均30	1～20	3～15	11
车站间距(m)	500～1500	300～500	300～1000	500～700	500～700

轨道交通主要承担城市交通走廊上的客流,在公共交通系统中处于骨干地位,能够有效缓解城市交通拥挤、改善交通运行环境,轨道交通由于基础设施投资规模大、建设费用高、系统结构复杂、技术水平要求高等因素一定程度上制约了其发展速度。但是,与常规公交、无轨电车、小汽车相比,轨道交通具有运能大、速度快、安全准时、节能环保等诸多优越性。

1) 运能大

市郊铁路的单向每小时最大运送能力可达到 8 万人次左右,地铁可达到 6 万人次,轻轨可达 3 万～4 万人次,而公共汽车若使用普通路面仅能运送 5 000 人次,专用道路也只能运送 1 万～2 万人次。地铁、轻轨和市郊铁路是轨道交通系统的主力军,它们的运量之大是公共汽车、无轨电车、小汽车所不及的。

2) 运行速度快

轨道交通系统有利于运用先进的自动控制技术,地铁列车可高速无阻地运行,最高速度可达 80～120 km/h。轻轨、独轨交通时速可达 70～80 km,而常规公交车辆运

行时速仅为 10～20 km，有时由于路面拥挤，往往寸步难行。

3）充分利用城市空间

城市地面空间有限，征用城市土地解决交通问题较难。城市轨道交通是解决城市交通拥挤的根本出路。发展城市轨道交通远比发展地面交通所使用的土地少得多。

4）具有能耗小、安全、舒适、方便等优点

城市轨道交通的发展，缓解了城市交通，满足了普通市民的出行需求，符合城市可持续发展的需要。目前，它已成为一些发达国家和地区解决城市交通难题的有效措施。优先发展公共交通作为解决交通难题的有效途径已成为全世界的共识，而在公共交通系统中，大容量、无污染、高效率的轨道交通日益成为世界性大城市交通发展的首选模式。

11.2.2　城市轨道交通枢纽类型划分

将城市轨道交通枢纽进行适当的分类有助于轨道交通枢纽系统规划布局以及某一具体枢纽在功能配置和经营管理上一体化的规划设计。轨道交通枢纽可按以下几种方法进行分类：

1）按轨道交通在城市综合客运交通体系中的地位分类

（1）城市公交换乘枢纽　轨道交通与城市其他客运交通方式的衔接换乘枢纽，主要服务于市内各种客运交通方式之间的换乘。

（2）城市对外交通枢纽　轨道交通与大型对外客运交通方式的衔接换乘枢纽，该类枢纽位于城市内外交通结合部，主要解决城市内外交通的转换问题，但主要研究其市内交通的一面，而且这些枢纽作为重要的交通吸引点也担负着大量市内交通在此换乘的功能。

2）按所承担的客流性质分类

（1）中转换乘型枢纽　以承担轨道交通之间或轨道交通与其他客运交通方式之间的中转换乘的客流为主，而区域性集散客流较小。如几条轨道交通线路相交所形成的枢纽、轨道交通与位于郊区的火车站、航空港相衔接的枢纽等。

（2）集散型枢纽　以承担轨道交通枢纽所在区域的集散客流为主，而中转换乘客流较小，如位于城市郊区、新开发区、科技园区、卫星城镇、大型居住区、大型工业区等用地区域的轨道交通枢纽以及一般的轨道交通车站等。

（3）混合型枢纽　既有大量中转换乘客流又有大量区域集散客流的轨道交通枢纽，位于城市中心区、副中心区、CBD地区的轨道交通枢纽大部分属于该类枢纽。

3）按交通方式的组合分类

（1）线路换乘枢纽　位于轨道交通线路交汇处，乘客可以在不同线路之间换乘的枢纽。换乘模式的合理选择、换乘设施的优化配置与换乘路线合理组织是这类枢纽规划设计的重点内容。根据相交线路条数该类枢纽又可分为：

① 两线换乘枢纽：两条轨道交通线路的交汇枢纽；
② 多线换乘枢纽：三条和三条以上轨道交通线路的交汇枢纽。

（2）方式换乘枢纽　轨道交通与其他客运交通方式衔接处，乘客可以在不同客运交通方式之间换乘的客运枢纽。根据轨道交通与之衔接的方式又可分为：

① 轨道交通与铁路（地区性高速铁路或市郊铁路）之间的换乘枢纽；② 轨道交通与航空客运之间的换乘枢纽；③ 轨道交通与公路客运之间的换乘枢纽；④ 轨道交通与水路客运之间的换乘枢纽；⑤ 轨道交通与地面常规公交之间的换乘枢纽；⑥ 轨道交通与小汽车、自行车、步行等私人交通方式之间的换乘枢纽。

（3）复合型枢纽　由上述两种枢纽复合而形成的换乘枢纽。

4）按服务区域分类

（1）都市级换乘枢纽　位于火车站、航空港、客运港、公路主枢纽等对外交通出入口以及城市中心区和CBD地区，吸引全市范围和对外交通客流的轨道交通枢纽。

（2）市区级换乘枢纽　连接卫星城、城市新开发区与市内轨道交通线路和常规公交线路，以及位于城区内交通重心处的轨道交通枢纽。

（3）地区级换乘枢纽　设在地区性区域中心客流集散点的轨道交通枢纽。

表 11－2　轨道交通站点分类标准

类　型	等　级	交通方式线路数		集散客流量（万人次/d）	换乘客流量（万人次/d）
		轨道交通	常规公交		
包含对外客运交通方式的轨道交通枢纽	小型枢纽	1 条	少于 10 条	小于 10.0	小于 4.0
	中型枢纽	1 条	10～20 条	10.0～30.0	4.0～12.0
	大型枢纽	1～2 条	20～30 条	30.0～50.0	12.0～20.0
	特大型枢纽	2～3 条	多于 30 条	大于 50.0	大于 20.0

类　型	等　级	交通方式线路数		集散客流量 (万人次/d)	换乘客流量 (万人次/d)
		轨道交通	常规公交		
不包含对外客 运交通方式的 轨道交通枢纽	小型枢纽	1 条	少于 15 条	小于 20.0	小于 6.0
	中型枢纽	1 条	15～25 条	20.0～40.0	6.0～15.0
	大型枢纽	1～2 条	25～40 条	40.0～60.0	15.0～25.0
	特大型枢纽	2～3 条	多于 40 条	大于 60.0	大于 25.0

11.2.3 轨道交通枢纽客流特征

1. 客流空间分布特征

轨道交通的建设规模、线路布设形式和走向以及首末车站所处区位是影响其沿线客流分布的主要影响因素。不同类型轨道交通线路可归纳出以下四种沿线空间分布特征。

(1) 均等型　当轨道交通线路成环线布置或沿线用地已高度开发成熟时,各车站的上下车客流接近相等,沿线客流基本一致,不存在客流明显突增路段。

(2) 两端萎缩型　当轨道交通线路的两端伸入还没有完全开发城市边缘地区或郊区时,线路两端路段的客流小于中间路段的客流。

(3) 中间突增型　当轨道交通线路途经大型的对外交通枢纽、高密度开发地区或者车站利用常规公交线路辐射吸引范围广阔时,位于该区位车站的上下车客流明显偏大,线路客流存在突增的路段。

(4) 逐渐缩小型　当轨道交通线路首末车站位于大型对外交通枢纽附近或城市中心 CBD 地区时,随着线路向外延伸,线路客流逐渐缩小。

2. 客流空间分布特征

轨道交通的运能、线路走向所处交通走廊的特点以及车站所处区位的用地性质是影响轨道交通车站客流在全天不同时间上分布的主要影响因素。纵观不同运能轨道交通的不同类型的车站,可归纳出以下五种车站客流日分布曲线类型,如图 11-1 所示。

(1) 单向峰型　轨道交通线路所处的交通走廊具有明显的潮汐特征或车站周边地区用地功能性质单一时,车站客流分布集中,有早晚错开的一个上车高峰和一个下车高峰(图 11-1a)。

(2) 双向峰型　车站位于综合功能用地区位时,客流分布与其他交通方式的客流分布一致,有两个配对的早晚上下车高峰(图 11-1b)。

(3) 全峰型　轨道交通线路位于用地已高度开发的交通走廊或车站位于公共建筑和公用设施高度集中的 CBD 地区时,客流分布无明显的低谷,双向上下车客流全天都很大(图 11-1c)。

(4) 突峰型　车站位于体育场、影剧院等大型公用设施附近,演出节目或体育比赛结束时,有一个持续时间较短的突变的上车高峰。一段时间后,其他部分车站可能有一个突变的下车高峰(图 11-1d)。

(5) 无峰型　当轨道交通本身的运能比较小或车站位于用地还没有完全开发的地区时,客流无明显的上下车高峰,双向上下车客流全天都较小(图 11-1e)。

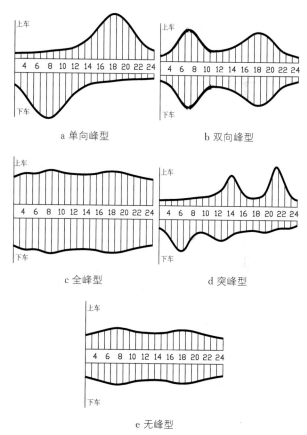

a 单向峰型　　b 双向峰型

c 全峰型　　d 突峰型

e 无峰型

图 11-1　轨道车站集散客流时间分布特征

11.3　轨道交通枢纽规划设计

11.3.1　轨道交通之间换乘设计

根据线路的布置方式,轨道路网可分为两种基本类型:

(1) 联合式路网　相交线路在同一平面内交叉,在交叉处用道岔连接,各条线路之间可以互通列车并可实行联运,相交线路可以共用同一座车站站台,乘客也可以直接到达位于另一条线路上的目的地车站。因此该类路网中不存在轨道线路之间的换乘方式选择问题。

(2) 分离式路网 相交线路在不同标高的平面上交叉,路网中各条线路独立运营,不同线路上的列车不能互通,并且不同的线路必须拥有各自专用的车站站台,乘客也必须通过交叉处的换乘站中转才能到达位于其他线路上的目的地车站。

由于我国城市的轨道路网都是按分离式路网规划和建设的,因此主要针对分离式路网进行轨道线路之间换乘布局模式的分析。轨道枢纽的布局模式与轨道线路之间的换乘方式、相交的线路条数以及车站埋设的深浅密切相关。换乘方式可分为站台换乘、结点换乘、站厅换乘、通道换乘、混合换乘和站外换乘等六种形式,与不同的换乘方式相对应,轨道枢纽的布局模式也可分为并列式、行列式、十字型、T型、L型、H型和混合型等七种形式。

1. 站台换乘

该换乘方式是乘客在同一站台即可实现转线换乘,乘客只要通过站台或连接站台的天桥或地道就可以换乘另一条线路的列车,因此站台换乘对两线换乘的乘客来说是最佳的选择方案,尤其是换乘客流量很大的情况。但是这种换乘方式要求两条线路具有足够长的重合段,近期需要把车站预留线及区间交叉预留处理好,工程量、工程造价及施工难度均较大,比较适合于建设期相近或同步建设的两条线的换乘站上。根据两线站台的设置方式,站台换乘可分为站台同平面换乘(即并列式)和站台上下平行换乘(即行列式)两种形式(图 11-2)。

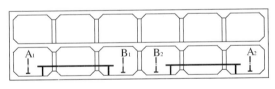

a 站台同平面换乘

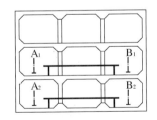

b 站台上下平行换乘

图 11-2 同站台换乘车站布置形式

(1) 站台同平面换乘 站台同平面换乘是将供两条线路使用的车站站台相互并列,且平行地布置在同一平面上,形成并列式的站位(图 11-2a)。并列式站位根据站台和线路布置形式的不同,又可分为双线双岛式站台和双线岛侧式站台。

双线双岛式站台是将一条线路设在两个岛式站台之间,而将另一条线路布置在两个岛式站台的外侧(图 11-3a)。其换乘特点是1、2方向之间和3、4方向之间的客流可以在同一站台上平面换乘,其他方向之间的客流需由线下通道或至站厅层换乘,适用于同方向换乘客流较大而折角换乘客流较小的情况。东京地铁表参道站、莫斯科诺尔金娜广场站、彼得格勒工学院站均属于该类换乘方式。当衔接的两条线路中的一条为前折返的终点站时,则可开两侧车门供乘客上下车,同时换乘另一线路的两个方向(图 11-3b),新加坡裕廊东(Jurong East)站采用了此类布置方式。

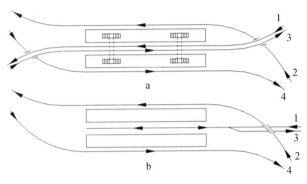

图 11-3 双线双岛式换乘站示意图

双线岛侧式站台是将一个岛式站台设在两条线路的中间,而在两线的另一侧再分别设置一个侧式站台,从而提供两线换乘客流量较大方向的换乘(图 11-4)。其换乘特点是2、3方向之间的客流可以在同一站台平面换乘,其他方向之间的客流需由线下通道或至站厅层换乘,适用于某一折角换乘客流较大而其他所有方向换乘客流较小的情况,如东京地铁西武所泽站采用了此类换乘方式。

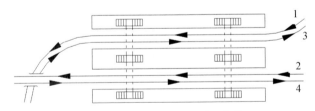

图 11-4 双线岛侧式换乘站示意图

(2) 站台上下平行换乘 上下平行站台换乘是将供两条线路使用的车站站台采用上下平行的立体布局形式,即将站台同平面换乘方式中的两个岛式站台上下叠置,一个岛式站台位于另一个岛式站台的正上方,形成行列式的站位(图 11-2b)。行列式站位根据站台和线路方向组合的不同,又可分为同线路同站台、同方向同站台和异方向同站台三种形式。

同线路同站台形式是将一条线路的两个股道设置在另一条线路两股道的上方,而两个相同方向的股道位于同一竖直平面内(图 11-5)。其换乘特点是所有方向之间的客流均需通过设置在上下岛式站台之间的梯道或自动扶梯才能实现换乘,因此这种形式换乘站的换乘能力受到梯道和自动扶梯通过能力的制约,在进行具体的轨道枢纽规划设计时一定要检验梯道和自动扶梯的通过能力是否满足换乘客流的要求。

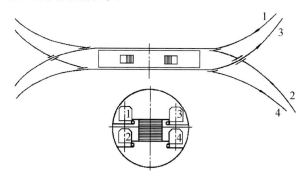

图 11-5 同线路同站台换乘站示意图

同方向同站台形式是将两条线路中相同方向的股道布置在同一层面上,保证同方向的客流在同一个站台平面内实现换乘,其他方向的客流需通过设置在上下岛式站台之间的梯道或自动扶梯才能实现换乘(图 11-6)。其换乘特点是 1、3 方向之间和 2、4 方向之间的客流分别在上下岛式站台内平面换乘,而 1、4 方向之间和 2、3 方向之间的客流需通过两站台之间的梯道或自动扶梯至另一站台上换乘,适用于同方向换乘客流较大而折角换乘客流较小的情况。瑞典斯德哥尔摩地铁中心站、东京赤阪见附站采用了这种换乘方式。

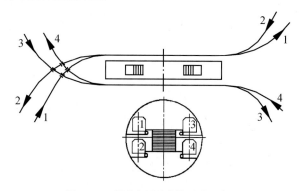

图 11-6 同方向同站台换乘站示意图

异方向同站台形式是将两条线路中不同方向的股道布置在同一层面上,保证不同方向的客流在同一个站台平面内实现换乘,而相同方向的客流需通过设置在上下岛式站台之间的梯道或自动扶梯才能实现换乘(图 11-7)。其换乘特点是 1、4 方向之间和 2、3 方向之间的客流分别在上下岛式站台内平面换乘,而 1、3 方向之间和 2、4 方向之间的客流需通过两站台之间的梯道或自动扶梯至另一站台上换乘,适用于折角换乘客流较大而同方向换乘客流较小的情况。

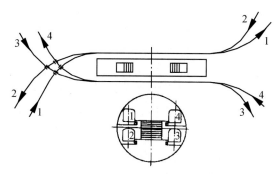

图 11-7 异方向同站台换乘站示意图

2. 结点换乘

在两条轨道地下线路的交叉处,将两线隧道重叠部分的结构做成整体的结点,并采用楼梯或自动扶梯连接两座车站的上下站台,从而形成节点换乘,各方向的乘客只需通过上下楼梯或自动扶梯一次,便能换乘另一条线路。

结点换乘设计的关键是要注意上下楼的客流组织,避免进出站客流与换乘客流的交织紊乱。该方式与同站台换乘方式一样,多用于两线之间的换乘,如用于三线或三线以上的换乘,则枢纽布置和建筑结构变得相当复杂,必须与其他换乘方式组合应用。

结点换乘方式的站台的结点要求一次建成,因此初期投资较大,同时预留线路的界限净空及线路位置受到制约,这就要求对预留线要有必要的研究设计深度,避免预留工作做得不尽合理而造成后续工程实施的困难。依据两线车站交叉位置不同,结点换乘方式又有十字型、T型和L型三种布置形式。

1) 十字型换乘

两线路车站呈十字形交叉,一个车站直接布置在另一个车站的上部,换乘是通过配置在交叉处的楼梯或自动扶梯进行的。该换乘方式根据站台布置形式又可分为岛式与侧式换乘、岛式与岛式换乘、侧式与侧式换乘三种情况。

(1) 岛式与侧式换乘 两线站台呈"十十"字型,换乘楼梯或自动扶梯为两个根部相对的T形(图 11-8)。

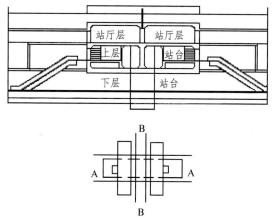

图 11-8 岛式与侧式结点换乘布置示意图

（2）岛式与岛式换乘 利用上下两层岛式站台的"十"字交叉点，进行站台与站台之间的直接换乘，两个站台和换乘楼梯在平面上均呈十字形（图11-9）。

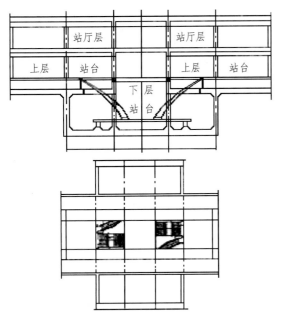

图11-9 岛式与岛式结点换乘布置示意图

（3）侧式与侧式换乘 利用上下二层侧式站台的四个"十"字交叉点来完成站台与站台之间的换乘。站台呈井字形，换乘楼梯呈四个内向的L形（图11-10）。

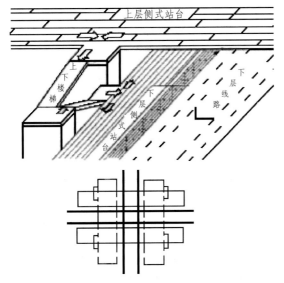

图11-10 侧式与侧式结点换乘布置示意图

十字换乘的三种布置形式各有特点，各个方向的换乘都只需要通过一次上楼梯或下楼梯完成。其中以岛式与侧式和侧式与侧式换乘较为理想，能满足较大的客流换乘量的要求。岛式与岛式换乘由于是一点相交，楼梯宽度往往受岛式站台宽度的限制，如果布置不当会造成乘客拥挤堵塞现象，如能布置得当也能满足一定数量的换乘量。同

时为了方便乘客上下和缩短楼梯的长度以利于站台的布置，必须将上下两站台之间的高差尽可能缩至最小。

2）T型和L型换乘

T型和L型结点换乘中两线路车站的主体结构相脱离，前者是一座车站中间的侧面与另一车站的端部通过换乘设施相衔接，后者是两站的端部通过换乘设施相衔接（图11-11）。由于两车站主体结构与换乘设施间不一定要直接或垂直相连，建筑结构相对简单，因此这两种换乘方式布置起来比较灵活。也可以在两车站的中间增加一条直的或斜的短通道，使两站斜交并离开得更大一些（也就是和通道换乘组合使用）。如北京地铁环线与地铁1号线相交的复兴门和建国门站均采用了T型换乘。

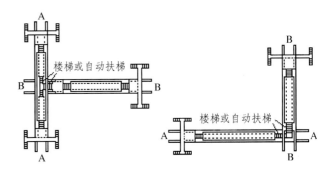

图11-11 T型和L型结点换乘布置示意图

3. 站厅换乘

站厅换乘是设置两条线或多条线的公用站厅，或将不同线路的站厅相互连通形成统一的换乘大厅。乘客下车后，无论是出站还是换乘，都必须经过站厅，再根据导向标志出站或进入另一站台进行换乘。由于下车客流只朝一个方向流动，减少了站台上人流交织，乘客行进速度快，在站台上的滞留时间减少，可避免站台拥挤，同时又可减少楼梯等升降设备的总数量，增加站台有效使用面积，有利于控制站台宽度规模，因此，站厅换乘是一种较为普遍的换乘方式。

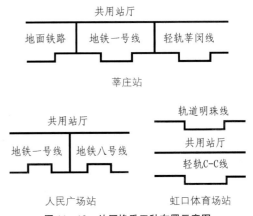

图11-12 站厅换乘三种布置示意图

188

站厅换乘与站台换乘和结点换乘相比,乘客换乘线路通常需要先上(或下)再下(或上),换乘总高度大,换乘距离长。若站台和站厅之间采用自动扶梯连接,可以改善换乘条件。由于所有乘客都必须经过站厅进行集散和换乘,因此站厅内客流导向和指示标志以及各种信息显示屏的设置显得尤为重要,它是保证旅客有序流动必备的设施。

依据轨道线路以及车站站台的不同形式,站厅换乘有多种不同的布置方式。

4. 通道换乘

如果两轨道线路的车站靠得很近,但又无法建造成同一车站,那么可以采用通道换乘的形式。这种换乘方式是通过专用的通道以及楼梯或自动扶梯将两座结构完全分开的车站连接起来,供乘客换乘。通道可以连接两个车站的站台或站厅的付费区,也可以连接两个车站站厅的非付费区。通道长度不宜超过 100 m,应有一定的坡度,并朝向换乘客流较多的方向。

通道换乘对乘客来说不是一种理想的换乘方式,换乘条件取决于通道的长度及其通过能力。但是也有其自身的优势:通道布置较为灵活,对两线的交角和车站的位置有较大的适应性,预留工程少。并可根据换乘客流量来决定通道的宽度,也可根据不同方向换乘客流的大小分别采用两个方向换乘客流使用同一通道的单通道换乘和两个方向换乘客流分离的双通道换乘的换乘组织方式。

通道换乘根据车站站位的不同,又有 T 型、L 型和 H 型三种布置形式(图 11 - 13)。

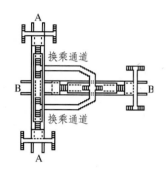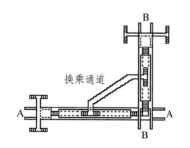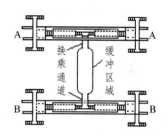

图 11 - 13　通道换乘三种站位布置示意图

T 型和 L 型站位与结点换乘中的 T 型和 L 型换乘相似,只是在两车站的联结部位,考虑到建筑结构设置的困难,可以不设置换乘设施,乘客的换乘通过设置在其他部位的专用换乘通道进行。

由于换乘通道的通过能力有限,且不能无限地拓宽通道宽度和增加通道的数量,因此通道换乘一般与其他换乘方式配合使用。纯通道换乘常常作为路网考虑不周、规划失控、路网实施受阻等情况下的一种补救措施,在路网规划中应尽量避免采用。

5. 混合换乘

在进行实际的换乘枢纽规划设计时,若单独采用某种换乘方式不能奏效时,可采用上述两种或多种换乘方式的组合,形成混合换乘布局模式,以达到改善换乘条件、方便乘客使用、降低工程造价的目的。例如,站台换乘方式辅以站厅或通道换乘方式,使所有的换乘方向都能换乘;结点换乘方式在岛式站台中,必须辅以站厅或通道换乘方式,才能满足换乘能力;站厅换乘辅以通道换乘方式,可减少预留工程量等。这些组合的目的,是力求车站换乘功能更强大,既保证具有足够的换乘能力,又使得工程实施容易及乘客使用方便。

另外在三线或三线以上相交的换乘枢纽中,单独采用某一种换乘方式往往难以保证实现所有方向的换乘,或换乘设施的布置相当困难,如果采用混合换乘方式则能收到满意的效果。

6. 站外换乘

站外换乘是乘客在车站付费区以外进行换乘,实际上是没有专用换乘设施的换乘方式。它在下列情况下可能会出现:

① 高架线与地下线之间的换乘,因条件所迫,不能采用付费区内的换乘方式;② 两线交叉处无车站或两车站相距较远;③ 规划不周,已建线路未预留换乘的接口,增建换乘设施又十分困难。

总的来说,轨道交通换乘方式与线路走向、车站埋深、换乘客流量、地面环境、施工技术水平以及经济发展水平等因素密切相关。应在远期换乘客流量预测的基础上,因地制宜地选择能充分满足换乘需求而又经济合理的方式,各种换乘方式的功能特点及优缺点见表 11 - 3。

表 11-3 轨道交通换乘方式比较表

换乘形式			功 能 特 点	适合换乘线路数	优 缺 点
站台换乘	并列式站位		某些方向在同一站台平面内换乘,其他方向需通过通道、楼梯或站厅换乘	两线换乘	换乘直接、换乘量大,部分客流换乘距离较大
	行列式站位				
结点换乘	十字型	岛式与岛式	通过一次上下楼梯或自动扶梯,在站台与站台之间直接换乘	两线换乘	一点换乘,换乘量小
		岛式与侧式			两点换乘,换乘量中
		侧式与侧式			四点换乘,换乘量大
	T 型、L 型换乘				相对十字换乘,步行距离长
站厅换乘	并列式站位		通过各线共用站厅换乘,或将各站厅相互连通进行换乘,乘客需各上下一次楼梯	两线或多线换乘	客流组织简单,换乘速度快,但引导标志设置重要
	行列式站位				
通道换乘	T、L、H 型站位		通过专用的通道进行换乘	两线或多线换乘	换乘间接,步行距离长,换乘能力有限,但布置灵活
混合换乘	—		同站台换乘、结点换乘、站厅换乘以及通道换乘中两种或两种以上方式的组合	两线或多线换乘	保证所有方向的换乘得以实现
站外换乘	—		没有设置专用换乘设施,在付费区以外进行的换乘,乘客需增加一次进出站手续	两线或多线换乘	步行距离长,各种客流混合由路网规划的系统缺陷造成

11.3.2 轨道交通与对外交通设施的换乘规划

1. 与铁路客运站

轨道车站与铁路客运站的衔接主要有四种布局模式:

① 在铁路客运站的站前广场地下单独修建轨道交通车站,站厅通道的出入口直接设置在站前广场,再通过站前广场与客运站衔接。这是目前国内最普遍的一种做法。

② 轨道车站的出口通道直接通到客运站的站厅层,乘客出站后就能进入客运站的候车室或售票室。

③ 由轨道车站的站厅层直接引出通道至铁路客运站的月台下,并通过楼梯或自动扶梯与各月台相连,乘客可以通过此通道在轨道交通与铁路客运之间直接换乘,只是换乘步行距离较长。

④ 轨道交通与铁路客运联合设站,对换乘乘客来说,这是最好的衔接布局模式。这种模式根据两者站台的设置方式又可分为两种情形:一种情形是两者的站台平行地设置在同一平面内,再通过设置在另一层的共用站厅或者连接两者站台的通道进行换乘;另一种情形是轨道车站直接修建在铁路客运站的站台或站房下,乘客通过轨道车站的站厅就能在两者之间换乘。联合设站的最佳衔接方式是实现两种客运方式同站台换乘,但需在管理体制、票制等方面做出很大的改进。

2. 与航空港

轨道交通与航空客运衔接规划的主要内容是轨道车站与航站的衔接布局,布局的首要原则是应尽量提高航空出行乘客的市内出行速度,减少两者衔接换乘的时间,保证整个出行过程的连续性。其布局模式主要有三种:

① 轨道车站位于机场范围以外,在航站和车站之间提供固定的公交服务。如美国波士顿国际机场,高速运输系统(MBTA)在机场外设站,由航站内公共汽车与之衔接。这种模式除非有非常好的连续性,否则难以产生足够的吸引力。

② 轨道车站与机场航站楼接近,再通过专用换乘通道设施衔接。这种类型最为常见,如阿姆斯特丹的斯契福尔机场、日本大阪的关西机场。

③ 轨道车站直接与航站楼相结合,乘客通过设置在站台上的楼梯或自动扶梯就可进入航站楼。如美国亚特兰大国际机场的 Marta 轻轨站,直接穿入航站建筑,使得旅客能够迅速接近机场服务;东京成田机场,京成线快速列车直接到达航站楼,并在航站楼地层设置车站,从航站楼的一层出入口通过分布在多处的自动扶梯即可直达。

在有足够的室内疏散空间的情况下,采取第三种模式最为有利。如果采用第二种模式,要为步行进出航站提供自动步道,保证整个过程的连续性。

11.4 轨道交通枢纽地区用地开发

11.4.1 轨道交通沿线土地类型

城市土地利用是城市社会经济运行中的最基本物质活动之一。土地利用包括土地的生产性利用和非生产性利用。土地的生产性利用,也称直接利用,是把土地作为主要生产资料、劳动对象,以生产生物产品为主要目的的利用。土地的非生产性利用,也称间接利用,主要利用土地的空间和承载力,作为各种建(构)筑物的基地、场所,不以生产生物产品为主要目的。本文的土地利用指的是非生产性质的土地利用。从不同的角度,非生产性质的土地利用可以从多个角度理解(表 11-4)。

表 11-4 土地利用相关概念

视角	类别	说明
土地性质	公共设施用地	开发土地为公共设施,以下又分为几小类
	居住用地	开发土地为居住性质,以下又分为几小类
	工业用地	开发土地为工业性质,以下又分为几小类
功能组织	单一开发	一种功能为主的单一形式的土地利用
	混合开发	多种用地复合开发,分有平面和立体两种混合形式
城市增长	外延扩展	一般指的是郊区或农村土地转为城市用地
	内涵更新	城市内部物质功能的变更过程
开发过程	土地规划	规划部门进行的社会物质规划
	土地开发	开发商将规划图纸转化为实际物业
	土地使用	消费者根据喜好选择物业
投资主体	公共投资	以政府部门为主体的开发
	私人投资	以私人部门为主体的开发
	联合投资	政府和私人进行合作开发
可持续性	集约利用	高密度、高强度开发,提高单位土地的突入产出比
	粗放利用	低密度开发,土地利用效率低下
结构形态	空间结构	城市物质性要素(人口、设施以及各种用地功能)的空间分布状态
	布局形态	空间结构呈现的几何特征,如同心圆,扇形等

(左侧纵向合并:城市土地利用)

轨道交通沿线城市建设用地指城市总体规划确定的城市建设用地,包括居住用地、公共管理与公共服务用地、商业服务业设施用地、工业用地、物流仓储用地、道路与交通设施用地、公用设施用地、绿地与广场用地等。通常将轨道交通影响区界定为距离站点约 500~800 m,步行约 15 min 以内可以到达站点入口、与轨道功能紧密关联的地区。轨道站点未确定位置时,可采用线路两侧各 500~800 m 作为轨道影响区范围。一般情况下,单一线路的城市轨道影响区可作为一个带型地区统一规划控制。轨道交通站点核心区指距离站点约 300~500 m,与站点建筑和公共空间直接相连的街坊或开发地块。

11.4.2 基于土地利用的轨道站点分类

城市轨道站点的用地功能应与其交通服务范围及服务水平相匹配,城市公共交通服务水平高的轨道枢纽站和重要站点,应作为城市各级核心商业商务服务中心。根据《城市轨道沿线地区规划设计导则》(住房和城乡建设部,2015.11),将站点类型划分为枢纽站、中心站、组团站、特殊控制站、端头站和一般站共 6 类。

(1)枢纽站 依托高铁站等大型对外交通设施设置的轨道站点,是城市内外交通转换的重要节点,也是城镇群范围内以公共交通支撑和引导城市发展的重要节点,鼓励结合区域级及市级商业商务服务中心进行规划。

(2)中心站 承担城市级中心或副中心功能的轨道站点,原则上为多条轨道交通线路的交汇站。

(3)组团站 承担组团级公共服务中心功能的轨道站点,为多条轨道交通线路交汇站或轨道交通与城市公交枢纽的重要换乘节点。

(4)特殊控制站 指位于历史街区、风景名胜区、生态敏感区等特殊区域,应采取特殊控制要求的站点。

(5)端头站 指轨道交通线路的起终点站,应根据实际需要结合车辆段、公交枢纽等功能设置,并可作为城市郊区型社区的公共服务中心和公共交通换乘中心。

(6)一般站 指上述站点以外的轨道站点。

11.4.3 轨道交通导向开发的相关理论

1. 交通模式与土地利用

城市的形成源自生产要素在一定空间范围内的聚集,而城市的空间增长是为了利用聚集效应而克服其不经济性的一种城市空间布局的自我调整,交通运输系统是引起这一变化的最重要的原因之一。基于不同的主导交通方式,城市空间增长的方式不同,可以将城市空间的扩展归纳为如表 11-5 所示的三种不同的类型,其中前两类是成熟机动化城市的典型代表模式,而第三类型则是城市由非机动化向机动化发展过程中的典型代表,随着机动化进程的深入,第三类模式有向前两类模式转化的可能性。

表 11-5 三种交通模式与土地利用

空间增长模式	土地利用形态	交通发展特征	代表城市
模式一:以小汽车为导向的蔓延增长	城市低密度扩展,人口与就业岗位分散化	小汽车占主导地位	北美许多大城市,如洛杉矶等
模式二:与高质量公共交通相协调的城市紧凑增长	用地紧凑布局,人口密集,就业岗位集中	公共交通占主导地位	东京、香港、新加坡等
模式三:城区内部的低速混合交通与高密度开发相耦合,外围地区则呈现以公路为导向低密度增长的趋势	单中心连片密集布局,用地紧凑集中,人口密度大	非机动出行比例很高的混合交通方式	亚洲发展中国家的大城市,尤其是我国内地的大城市

以洛杉矶为代表的缺乏规划控制的发展模式必然会造成城市的无序蔓延和对个人小汽车过度依赖。而在香港、新加坡等城市由于相对严格的规划控制,以及以轨道交通为骨干的高质量的公共交通服务与城市扩展的整合,使得城市向可持续化方向发展。我国则由于城乡二元结构的存在,缺乏覆盖整个都市区范围的高质量公共交通体系,城市空间形态大多呈现出城乡孤立、"摊大饼"发展的

模式。

2. 相关理论

1) 公共交通导向型发展（TOD）

从有轨电车时代开始，公共交通就与城市发展联系到了一起，许多富有远见的规划大师在其著作中都萌发了轨道交通导向大都市发展的规划思想，如西班牙的马塔提出城市沿着铁路干线带状发展的"线性城市"，随后英国的霍华德提出的通过铁路将城乡整合成为一个完整体系的"田园都市"理论。

与其他规划理论一样，公共交通导向型发展理论从许多前辈规划大师的理论思想中汲取了不少的营养，TOD作为一种从全局规划的土地利用模式，为城市建设提供了一种交通建设与土地利用有机结合的新型发展模式，也是在当前国内外交通规划、建设中得到快速发展并广泛应用的建设模式。TOD模式是公交尤其是轨道交通沿线土地开发模式，但是轨道交通站点范围内的土地开发并不都能归结为TOD，目前TOD已被认为是提升公交系统效率、支持社区发展目标以及提高可达性的重要手段。另外在美国1990年代的许多文献中TOD也被称为公交支持发展（TSD：Transit-Supportive Development）以及公交友好的设计（TFD：Transit-Friendly Design）。"TOD"的主要特征是公共交通设施与城市用地整合开发，高密度、多样性和步行者友好。从开发性质上看，"TOD"可以分成外延式开发和内涵开发两种，一般来说外延式开发主要是指城市沿着轨道交通向外拓展，如新城开发、新区开发等等，而内涵式开发则是通过兴建轨道交通带动旧城改造，如站点周边土地的再开发。

2) 与TOD理念近似的其他相关理论

（1）公共交通联合开发（TJD：Transit Joint Development）　指某项房地产开发项目，它依赖于运输设施所提供的市场活动和区位利益，与公共交通运输和车站设施紧密相连，这种房地产开发包括地下通道、过街天桥、人行横道等非直接的行人通道以及通往地铁的道路。联合开发不但强调站点与房地产的实体联合开发，更强调的是一种开发部门之间的书面契约规范行为。从规划范围上来看微观层次的TOD强调的是一个公交社区的概念，而TJD则是与站点相连接的实体建筑，因此TJD可以看成TOD的一个子集。

（2）公交临近开发（TAD：Transit Adjacent Development）　指那些物理上邻近公交服务的开发项目，通常来说这些开发并不一定具有TOD的土地利用特征，如广为美国规划学者所诟病的轨道站点周边的超大型小汽车停车场等。

（3）公交城镇（transit town）　在美国许多大都市中心地区因为发展模式和开发容量已趋于饱和，市区人口逐渐向郊区移动，即郊区化，公交城镇的提出是对小汽车引导城市郊区化的反思，表达了一种轨道交通引导城市郊区化的愿景，因此公交城镇实质上是TOD外延式开发的另一种更为明确的表达。

（4）公交都市（transit metropolis）　美国加州柏克莱大学城市和区域规划系系主任罗伯特·瑟夫洛（Robert Cervero）教授在（*The Transit Metropolis：A Global Inquiry*）《公交都市：全球调查》一书中提出了公交都市的概念，他对世界上12座城市的土地利用与公共交通的相互作用进行了调查研究，总结出了4种类型的公交都市，分别是公交导向发展都市、顺应城市发展公共交通、强核心都市及公共交通和城市扩展相互迁就的城市。从定义上来看，TOD只是公交都市的一种类型，或者说是城市发展的一个阶段。

（5）公交发展区（TDA：Transport Development Areas）　1998年8月英国皇家特许测量师学会RICS（royal Institution of Chartered Surveyors）在英国环境、交通和地区部的资助下开展了TDA策略可行性研究。其在2000年6月发布的研究报告认为："TDA是一种在有良好公交服务的城市公交换乘点或重要节点运作中，将土地利用和交通规划相结合的综合规划方法。通常在这些地区的发展密度和公交服务水平之间有着十分密切的联系。国家规划法规政策、区域规划、城市规划为在某个具体地点为TDA开发区制定更详细的定义和目标提供了前提，TDA的规划理念和方法需要根据不同地区的不同情况加以施行。"TDA其实可以看成是TOD理念在英国应用的一种形式。

（6）步行口袋（PP：Pedestrian Pocket）　步行口袋是彼得·卡尔索尔普1988年提出的，指的是一个距离公交换乘点半径400 m以内的区域以公交系统为核心来组织居民的生活，包括工作、居住、购物等活动。"步行口袋"相互之间则以轨道交通为主的快速公交系统相连，尽管步行口袋的道路系统采用了方格网的形式，但其道依旧采取的是尽端路的模式。步行口袋可以看成是TOD理念的雏形。

（7）流动环境（mobility environment）　主要是围绕交通转乘系统（intermodal transportation system）所构成的节点（node），在其周围的土地采取高密度、混合使用的策略。流动环境十分强调节点的场所感，所有活动的进出口都是基于节点的，土地使用与活动的配置上也是以节点以呈放射状方式的向外延伸，愈靠近中心的使用强度和密度亦愈高，整个流通环境系统在空间上呈现出多核心都市空间形态。流动环境本质上和TOD的理念相同，但更加强调特定区位的场所感以及社会性的交流。一个特定区位的节点特质与场所特质，决定了可能在此出现的个人与群体，故而不同特质的流动环境服务着不同的人口族群，这些人口亦随着时间而改变。

（8）ABC地区政策（ABC location policy）　荷兰的

ABC 地区政策模式将以区域可持续发展为前提,强调交通节点的 ABC 三个层次性,围绕不同的层次交通节点有着不同的土地利用原则,其中 A 级:位于都市中心,通常为铁路车站或接近的地区,保证大运量公交的可达性。B 级:位于主要市中心商业区的外围和较小的都市居住区,可以满足以小汽车和公共运输系统的可达性达。C 级:主要满足小汽车的可达性,且没有停车的限制。在交通运输政策方面:强调促进步行和自行车道的建设,提倡优先发展公交并促进小汽车更新引擎技术以减少污染。在土地使用政策方面:倾向于发展复合功能的土地利用并按照围绕交通节点的层次的不同而施行不同的开发强度,在土地配置方面通过可达性控制土地利用强度,对于公交高可及性的区域采用高强度土地使用,对于依靠小汽车的中度可及性环境,采用低强度的土地使用。

11.4.4　轨道交通导向的用地开发

1. TOD 的交通要素

公共交通枢纽地区具有"节点"和"场所"双重特性。首先,公共交通枢纽作为公共交通网络上的一个客观存在的"节点",起到连接交通设施、汇聚客流以及提供相关交通服务的作用,因此交通功能是其基本功能和存在的根本价值;其次,公共交通枢纽往往成为城市空间结构的重要组成要素,作为一个设施集中、有着多样化建筑和开放空间的"场所"在城市中形成了相应的功能,如居民游憩、土地开发、展示城市人文景观和艺术风貌等,这些功能的发挥往往以站点基本功能为基础,反过来对其基本功能

又起到强化的作用(表 11-6)。如一个场所有很好的可达性,将吸引商业、住宅和其他设施的集聚,功能集聚的同时也会相应带来交通量的增长,如果场所具备了商业、办公等设施,而交通可达性不好,这些城市功能将不能继续增长。

表 11-6　公共交通枢纽基本功能

站点功能		说　明
交通功能	连接功能	锚固公共交通网络,把与之相关的各路段联结成整体,使得交通得以流通
	汇聚功能	基于公共交通组织各种接驳交通方式
	服务功能	提供与公共交通相关各类运营服务
场所功能	开发功能	公共交通上盖、毗邻土地用作商业、居住、公建等各类土地开发
	市场功能	作为房地产开发的热点区域,对城市房地产市场格局产生影响
	展示功能	展示城市人文景观和艺术风貌,成为城市标志

TOD 需要一个公交枢纽来支撑地区发展,一般将 TOD 分为城市型 TOD 和邻里型 TOD 两类。从世界各国公交引导土地开发的实践来看,大多数城市采用选用轨道作为城市型 TOD 的支撑方式,如东京、新加坡、香港、斯德哥尔摩、波特兰等,也有部分城市采用快速公交作为 TOD 的支撑方式,至于常规公交则多作为城市 TOD 和邻里 TOD 的连接方式,纳入轨道或快速公交引导的土地开发模式之中(表 11-7)。

表 11-7　不同公共交通方式对土地利用的影响

交通方式	巴士 BUS	快速公交 BRT	轻轨 LRT	地铁 MRT	说　明
客运能力(万人/h)	0.4~0.8	0.6~2.4	1~3	4~6	MRT 为大运量公交方式,LRT 属于中运量交通方式,BRT 虽然在少数案例中有过接近 MRT 的运量,但从普遍意义上仍将其归为中运量系统;常规公交无论在速度和运量上均低于其他方式,为低运量公交方式
站距(m)	300~600	350~800	350~800	500~2 000	
行驶速度(km/h)	15~20	20~40	20~45	25~60	
车厢座位(座)	20~100	40~200	110~250	140~280	
造价	—	1/10~1/20	1/3~1/5	1	从经济成本上考虑,MRT 系统造价最高,BRT 和 LRT 的建设成本分别相当于 MRT 的 1/10~1/20 和 1/3~1/5,而运营成本则分别相当于 MRT 的 2/3 和 1/2
运营成本	—	2/3	1/2	1	
安全性能	A	AA/AAA	AA/AAA	AAAA	道路公交难以与其他交通在空间上完全分离,轨道交通特别是 MRT 一般都有着专属的路权且与其他道路交通空间分离,故有轨公交的安全性普遍高于道路公交
最低人口(城市)(万人)	10	75	100	200	MRT 系统由于造价高,所以有着较高的建设门槛,所以 MRT 一般适合特大城市选择,而 LRT 和 BRT 适合中等城市选择,并可作为特大城市 MRT 系统的补充
最低人口(中心)(万人)	5	40	50	70	

交通方式	巴士 BUS	快速公交 BRT	轻轨 LRT	地铁 MRT	说　明
线路灵活性	AAAA	AAA	AAA	A	轨道交通无法像常规公交一样延伸到有道路的许多地方,BRT系统对道路空间占用较多,在道路资源紧张的情况下,不合适使用,而轨道交通系统特别是地下轨道方式,几乎不占用地面道路资源
道路条件	AAA	A/AA	AA	AAA	
投资者信心与风险	A	AA/AAA	AA/AAA	AAAA	轨道系统的大运量和线路固定性对站点附近土地开发的投资者来说意味着更低的投资风险和更强的投资信心
空间开发可拓性	A	AA/AAA	AA/AAA	AAAA	立体空间可分成地面和地下空间,LRT与BRT系统的站点往往在地面,故对地面开发有支撑性,MRT系统不但支持地面高强度开发,当采取地下隧道布设方式时,往往结合人防工程对地下空间进行开发
支持高强度开发	A	AA/AAA	AA/AAA	AAAA	交通方式对高强度用地开发的支持和其运量成正比,从经济性的角度,大运量公交是难以支持低密度的开发方式的,而常规公交对低密度开发的支持性最好
支持低强度开发	AAAA	AA/AAA	AA/AAA	A	
民众期盼程度	A	AA/AAA	AA/AAA	AAAA	对于无轨城市来说,轨道交通是一种"全新"的非道路交通方式,无论是政府还是民众对其的期待性都要强于道路公交系统
能源	A	AA	AAAA	AAAA	城市轨道交通系统一般采取电力驱动,而道路公交系统一般以汽油、柴油为动力,地面公交方式行驶时会带来很大噪音,地下方式可以降低噪声影响

2. TOD开发的空间尺度

TOD的目标之一就是通过提高密度来增加土地使用效率,一定的居住和就业密度为公交系统持续促进地区的发展提供了物质基础,一方面,公交提供所必需的客流量,另一方面,也为TOD地区内零售、商业以及其他活动提供了消费市场。卡尔·索普建议TOD居住区的最小人口密度约7500人/km²。迪特马尔和欧兰德基于站点的地理区位将TOD分类,并为不同的TOD类型推荐了一系列密度和公交服务指标,人口密度范围从"社区型TOD"的5250人/km²到"城市型TOD"的15 000人/km²,再到"区域型TOD"的45 000人/km²。

我国的城市发展主要呈现出集聚特征,人口和就业密度都远高于西方国家,轨道交通发展更多考虑的是合理疏散人口,解决交通问题,促进城市空间结构的优化。这与西方国家TOD发展缓解低密度蔓延的情况并不相同。因此西方学者对于TOD地区适宜的居住密度的绝对量结论对我国城市参考价值有限,但是一些关于人口与轨道交通客运量的相关性分析还是具备一定的可比性,如有学者对旧金山捷运(BART)系统69个轨道站点的分析发现,轨道交通与用地密度有正相关性,弹性系数为0.233,即用地密度(居住人口+就业人口)每上升10%,相应的轨道交通站点的客运量就上升2.33%(表11-8)。

3. TOD开发的用地结构

TOD提供了一种有别于传统汽车引导发展模式的土地利用模式,在紧凑的土地上为多种层次的人群提供多样性的服务。一个典型的TOD可以分成一级区域和次级区域(表11-9)。

表11-8　美国几大城市TOD密度值

城　市	TOD类型	居住密度(户/hm²)和空间尺度(m)
圣迭戈市标准	城市TOD/邻里TOD	62/44(600/400)
华盛顿特区标准	城市TOD/邻里TOD	37/20(500/250)
波特兰标准	轻轨服务的TOD	74(距站点范围:0~200)
		60(距站点范围:200~400)
		30(距站点范围:400~800)
	公共汽车服务的TOD	59(距站点范围:0~200)
		30(距站点范围:200~400)

表11-9　"TOD"地区典型空间结构划分

	核心商业区	每一个TOD必须拥有一个紧邻站点的多种用途的核心商业区,同时也使公交站点成为一个多种功能的目的地,增强它的吸引力
一级区域	办公区与居住区	为了改变居住与就业岗位分离带来的大量的钟摆式通勤交通的压力,TOD强调居住与就业岗位的平衡布局(jobs-housing balance)。办公区紧邻公交站点布置鼓励人们更多地依靠公共交通解决长距离的工作出行,保证公共交通系统的使用效率。住宅则分布于从核心商业区与公共交通站点之间的步行距离之内

续表

一级区域	开敞空间	TOD内部的各项功能围绕着相应的开敞空间展开,为人们提供良好的交往空间。这种开敞空间包括公园、广场、绿地及担当此项功能的公共建筑(其必须保证人们能够不受干扰的使用这样的设施)
	公交站点(台)	锚固交通网络,把与之相关的各路段联结成整体,使得交通得以流通,基于公共交通站点组织各种接驳交通方式,提供与公交交通相关的各类运营服务场所
次级区域	次级区域	紧邻TOD的外围低密度发展区域也被认为是必要的,称之为"次级区域"(secondary area),通过更大范围的人口居住,促进TOD内核心商业区的发展以及提高公交站点的服务人口。次级区域内不适于在TOD内部发展,但也是必要的用地。密度相对较低,包括较低密度的独栋住宅、学校、大型社区公园、低密度的办公、汽车转乘使用的停车场等

11.5 典型案例

11.5.1 合肥轨道交通4、5号线沿线交通与用地一体化规划

1. 概述

合肥市轨道交通4、5号线共有60个站点,其中4号线

为一条位于主城区南部的市区骨干线路,全长32.6 km;5号线为一条南北向市区骨干线路,全长32.9 km。

轨道4、5号沿线的60个站点形成半径500~1 000 m不等的带状区域,总面积约为83.1 km²(图11-14)。

该项目研究分为总述、专题研究、系统建构、交通规划、城市规划和实施规划等6大部分(图11-15),其核心任务包括:

(1)基于轨道交通站点分类标准、轨道沿线用地现状和相关研究文献提出关于站点分类及其周边用地覆盖范围的标准,确定本次规划的轨道交通4、5号沿线站点分类及用地范围。

(2)基于总述和专题研究结论,以及轨道交通4、5号沿线土地利用和交通协调发展的总体导向,提出对轨道交通站点及其周边用地进行耦合性规划的基本思路。

(3)基于"交通—用地"相耦合的基本思路,分别针对轨道交通4、5号沿线展开系统性的交通规划与城市规划。

(4)基于指标测度与规划评价环节,针对规划方案的交通服务水平和可达性分析、土地利用经济效益测算以及相关的经济指标进行测算和评估。

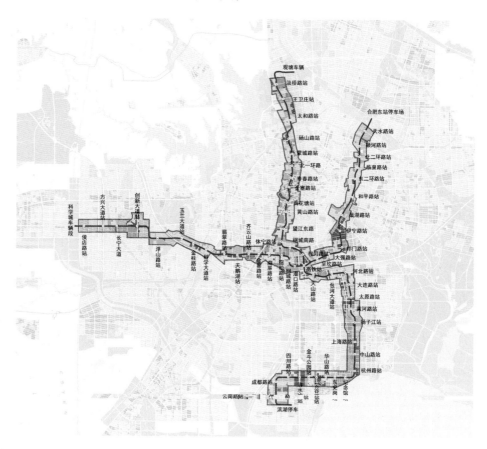

图11-14 合肥轨道交通4、5号线沿线500~100 m直接辐射范围示意图

195

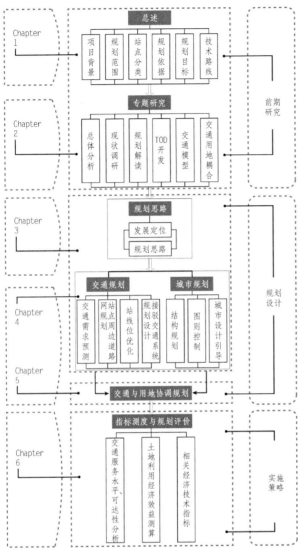

图 11-15　项目技术路线

2. 站点分类

　　按照轨道交通站点的区位特征和交通导向作用,分为枢纽站、城市中心站、片区中心站、一般站 4 大类;同时根据周边用地功能划分为居住型(R)、公共服务型(A+B)、景观型(G)、工业型(M)4 类,其中公共服务型因涉及用地复杂构成和功能差异,可进一步细分为生活服务(A+B1)和生产服务(B2)(图 11-16,表 11-10)。

表 11-10　合肥轨道交通 4、5 号线站点分类

站点类型		数量	站名
枢纽站		1	合肥南站
城市中心站	公共服务(A+B)	3	三孝口站、中山路站、云谷路站
片区中心站	居住(R)	4	河北路站、黄河路站、北二环路站、望江东路站

站点类型		数量	站名
	公共服务(A+B)	9	砀山路站、北一环路站、长宁大道站、东七里站、创新大道站、宿松路站、齐云山路站、纪念馆站、祁门路站
	居住(R)	15	太和路站、桐城南路站、天山路站、华山路站、成都路站、云南路站、玉兰大道站、科学大道站、南屏路站、桐城路站、呈坎路站、大强路站、和平路站、临泉路站、祁门路站
一般站	公共服务(A+B)	14	蒙城路站、寿春路站、雨花塘站、黄山路站、包河大道站、东史岗站、四川路站、上海路站、清水冲站、杭州路站、伊宁路站、翡翠路站、金寨路站、巢湖路站
	景观(G)	6	扬子江站、金斗公园站、浮山路站、天鹅湖站、潜口路站、休宁路站
	工业(M)	9	汲桥路站、王卫庄站、大连路站、太原路站、方兴大道站、金桂路站、颍河路站、候店路站、天水路站

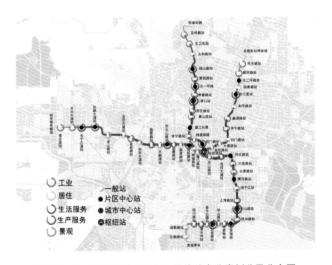

图 11-16　合肥轨道交通 4、5 号线站点分类划分及分布图

3. 线站位优化调整

　　合肥市轨道交通 4、5 号线目前处于建设规划批复和工程设计前期,该阶段从交通与土地一体化协调发展的角度对轨道线路、站点进行优化调整,具有重要意义(表 11-11)。

　　通过一系列的定性、定量比较,结合工程实施条件等综合因素,本次规划共优化线路路由 6 处,调整车站站位 12 处。以轨道交通 5 号线局部线路(上海路和河北路段)为例,本次规划通过多角度对比分析,特别是上海路局部快速化改造、河北路两侧大量大待开发用地等,将原建设规划阶段的上海路走向方案调整为河北路走向方案(图 11-17)。

表 11－11　合肥轨道交通 4、5 号线线站位优化调整思路

影响因素	轨道交通 4、5 号线线站位优化调整思路
上位规划	线路功能定位,上位规划对站点周边用地的发展分析等
客流条件	考虑沿线既有、规划主要客流集散点和各类交通枢纽,最大限度吸引客流
技术条件	线路长度、曲线半径及转角、配线设置、线路平顺程度、车站设置、敷设方式等
施工条件	沿线工程地质和水文地质资料、建筑物情况,控制线位控制点
拆迁量	沿线房屋拆迁数量、质量、使用性质、拆迁难易、拆迁费用等因素
城市交通	线路沿客流量大的干线道路敷设,避免与高架桥并行,最大程度的吸引客流
环境、文物	对环境景观的影响,避让文物保护地带等
土地开发	轨道沿线土地进行综合开发和高效利用,尽量避免单边客流服务

图 11－17　合肥市轨道交通 5 号线"上海路—河北路"方案比选图

4. 功能调整分区

根据现状条件、用地开发潜力、交通接驳情况等因素,将轨道交通沿线区域划分为整体优化区、适度调整区、局部更新区等,以利于展开站点地区的用地调整和交通接驳规划(表 11－12,图 11－18)。

表 11－12　合肥轨道交通 5 号线沿线用地调整分区

片区类别	片区特征	规划对策
整体优化区	新开发区	优化组织用地空间布局与密度分配,形成站点周围 500 m 半径范围内以高密度开发的居住、商业用地为主,向外围逐渐降低密度并向人流少的用地性质过渡,各类公共交通接驳良好的新型城区
适度调整区	半成熟建成区	适度调整用地功能与开发强度,对站点附近 500 m 半径范围进行用地功能和开发密度的优化调整,并完善与公交、步行系统的接驳设施
局部更新区	成熟建成区	对邻近地区做审慎调整,重点完善地铁与公交、步行系统的接驳转换设施

5. 接驳交通系统规划

接驳交通系统规划包括客流预测及规模测算、道路网优化、接驳交通系统规划等内容(图 11－19、图 11－20)。

客流预测包括轨道站点客流量预测、轨道站点换乘方式划分预测、接驳换乘设施规模预测等。

道路网优化调整重点为加密轨道站点周边地区支路网及街巷系统,条件允许情况下加密后的道路网密度不低于 8.0 km/km²,街区尺度不大于 200 m×200 m。

接驳交通系统规划主要内容包括轨道交通站点 500 m 范围内的公交场站规划、自行车(含公共自行车)场站规划、出租车停靠站规划、"P＋R"停车场规划、步行空间规划(含地下)、交通组织设计等。

本次规划公交场站调整优化主要原则包括:

(1)轨道站点周边公交中途停靠站全部采用港湾式,公交站台尽量布置在交叉口出口道上,公交站台与出入口紧密结合,同向公交站点距离出入口控制在 80 m 以内,垂直方向不超过 200 m。

(2)公交枢纽站(或首末站)原则上每 4～5 个轨道站点设置 1 处,占地规模原则上控制在 1 500～4 500 m²,尽量设置在轨道车站周边 300 m 范围内,通过对周边区域公交场站选址调整实现,公交场站可与商业等其他用地复合开发。

本次规划对慢行交通系统采用"连续立体"、"人车分离"、"无缝衔接"的基本思路。重要商业、枢纽等片区构建连续的立体步行空间,并与商业开发紧密结合。轨道交通所有站点均设置非机动车停车场和公共自行车场站,与轨道车站出入口距离非机动车停车场控制在 80 m 以内,公共自行车场站控制在 50 m 以内。

出租车停靠站根据枢纽类型和等级等综合确定配置规模,建议尽量采用港湾式并与公交站台一体化设置,与轨道车站出入口距离控制在 150 m 以内。

小汽车"P＋R"停车场主要布局在城市中心区外围,可采用立体形式或通过与其他用地复合开发实现,与轨道车站出入口距离控制在 500 m 以内。

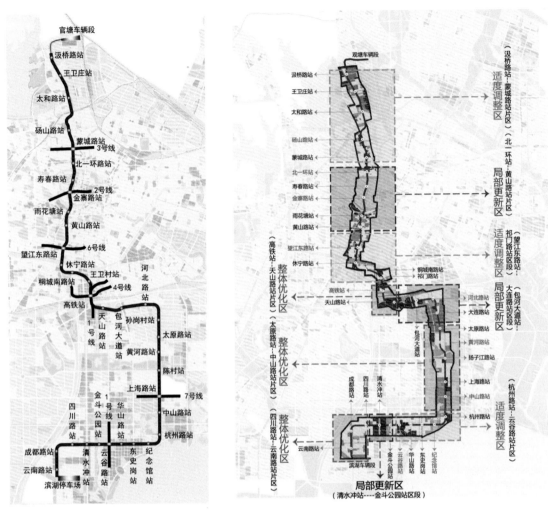

原规划轨道线站位　　　　　　　　　　线站位调整后功能分区

图 11-18　合肥轨道交通 5 号线线站位调整后功能分区

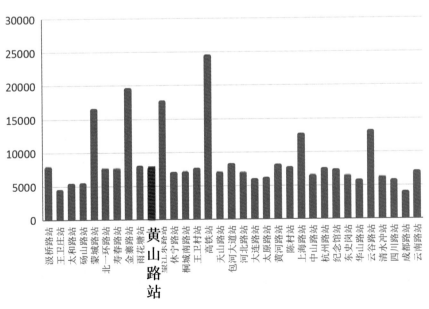

图 11-19　轨道交通站点客流预测示例（黄山路站）

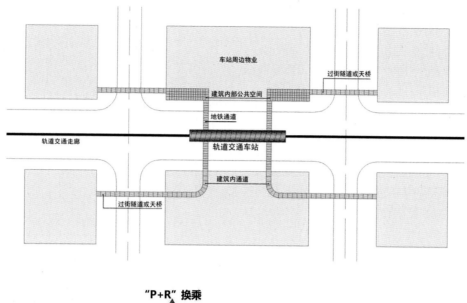

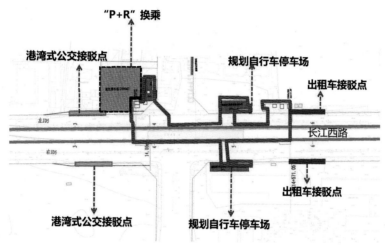

图 11-20 轨道交通站点接驳规划示意图

6. 用地调整优化

在对轨道交通 4、5 号线沿线交通与土地利用总体控制和优化调整的基础上,本次规划对沿线各站点 500～1 000 m 范围内进行用地规划调整,并与正在编制的控制性详细规划相互反馈、无缝对接。具体规划指标包括:

(1) 容积率 容积率为地块内的所有建筑物的总建筑面积之和与地块面积的比值,即容积率＝总建筑面积(地上)/建设用地面积。

① 地块平均容积率:各个站点周边 500～1 000 m 半径范围内的所有建筑的总面积之和与用地总面积的比值。

② 地块最高容积率:站点周边体现站点类型的最高容积率地块内所有建筑总面积之和与该地块用地面积之比。

(2) 建筑密度 指在一定范围内,建筑物的基底面积总和与总用地面积的比例(%)。是指建筑物的覆盖率,具体指项目用地范围内所有建筑的基底总面积与规划建设用地面积之比(%)。

(3) 平均建筑高度 建筑高度是指屋面最高檐口底部到室外地坪的高度。

(4) 绿地率 城市的总绿地率是指城市建成区内各绿化用地总面积占城市建成区总面积的比例。

(5) 用地优势程度与均匀度 用地优势度指数主要用以描述站点影响区内少数几类用地的控制程度和不同用地间的空间组织关系,其值越大,表示站点影响区范围内用地面积差异越大,对应于站点影响区内一类或少数几类用地占主导地位,优势用地的地位越明显;用地均匀度指数则相反,表示站点影响区内各类用地间的均衡关系,当其值趋于 1 时,表示站点影响区范围内不同用地分布的程度越均匀。这两个量化指标都可用来描述站点影响区内功能类型由少数几个主要用地类型控制的程度,两个指数可进行彼此验证。

(6) 用地多样性程度 用地多样性程度与一个片区中用地的种类和每类用地的比例相关,可以用辛普森指数来衡量。

辛普森指数是确定生态系统丰富性(可理解为多样性)

最常用的公式。即用一减去所有样本所占比例的平方之和：

$$D = 1 - \sum_{i=1}^{C} \left(\frac{n_i}{N} \right)^2 = 1 - \sum_{i=1}^{C} pt^2$$

式中的 N 代表片区总面积，n 代表第 i 类用地的单个面积；D 代表辛普森指数

（7）平均公交换乘距离 换乘距离指的就是乘客在更改路线的过程中步行直到乘坐另一辆公交车的距离。它反映了不同公交路线之间的衔接情况。当换乘距离过大时，居民公交出行则感觉明显的不方便。评价标准：《城市道路交通规划设计规范》中规定在路段上，同向换乘距离不应大于 50 m，异向乘距离不应大于 100 m；在道路平面叉口和立体交叉口上设置的车站，换乘距离不宜大于 150 m，并不得大于 200 m。

（8）道路网密度 主次支路网密度是指主路、次干路、支路站总路网的比例。

① 道路网密度（road density）：测度整体可达性水平，算式：道路总长度/街区面积；

② 支路网密度（branch-road density）：测度微观可达性水平，算式：支路长度/街区面积；

③ 路网连通度（road connectivity）：测度路网的联通性，算式：对于街区内的十字路、丁字路、断头路口，根据连通向度分别赋值 8、6 和 2，加总后再除以街区面积。

以轨道交通 4 号线金寨路站为例，作为一般生活服务型站点，原控制性规划对该站点周边用地开发的混合度与经济效益未充分挖掘，缺乏集聚一定规模的商业服务设施，商住混合用地不合理，无沿街商业界面，站点周边路网布局不合理，丁字路口过多，站点周边支路网密度较低。

本次规划结合轨道交通金寨路站布局，将祁门路沿线部分居住用地调整为商住混合用地，形成祁门路商住混合带，增加土地的经济效益，调整后用地多样性值增大，用地优势度减小并靠近建议区间，土地利用混合度进一步提升。加密轨道站点片区支路网密度，提高支路网系统的连通性。紧邻轨道出入口设置公交首末站 1 处，占地 2 000 m²，结合地块商业用地综合开发配置（图 11-21，表 11-13）。

表 11-13 轨道交通金寨路站相关指标调整前后评估表

金寨路站	控制指标	上位控规	建议区间	调整规划
一般生活服务型	容积率	—	1.5～2.5	—
	建筑密度	—	27%～45%	—
	绿地率	13.25%	8%～19%	13.25%
	用地多样性	0.568	≥0.5	0.559
	用地优势度	0.332	0.2～0.5	0.412
	用地均匀度	0.641	0.6～0.9	0.584
	道路网密度	7.198	4.0～8.5	7.584
	平均公交换乘距离	≤90 m	≤90 m	≤90 m

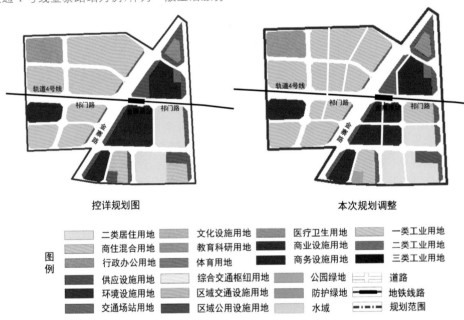

控详规划图　　　　　　　　　本次规划调整

图例
- 二类居住用地
- 商住混合用地
- 行政办公用地
- 供应设施用地
- 环境设施用地
- 交通场站用地
- 文化设施用地
- 教育科研用地
- 体育用地
- 综合交通枢纽用地
- 区域交通设施用地
- 区域公用设施用地
- 医疗卫生用地
- 商业设施用地
- 商务设施用地
- 公园绿地
- 防护绿地
- 水域
- 一类工业用地
- 二类工业用地
- 三类工业用地
- 道路
- 地铁线路
- 规划范围

图 11-21 轨道 4 号线金寨路站地区用地调整规划及指标评价示例

7. 轨道设施空间综合开发

对轨道交通线路及车站设施空间综合利用进行统一规划，包括车辆基地（车辆段）、辅助线、联络线等。以折返线为例，合肥市轨道交通 4、5 号线共设置 18 处地下折返线，由于折返线位于负二层，与车站同样采用明挖法施工，

负一层地下空间具有巨大的综合利用价值，本次规划进行了机动车停车场、自行车停车场、商业综合开发、步行连廊系统等综合配置。

以轨道交通 4 号线宿松站为例，车站主体部分西侧设置了区间折返线，充分利用折返线区间采用明挖法施工的

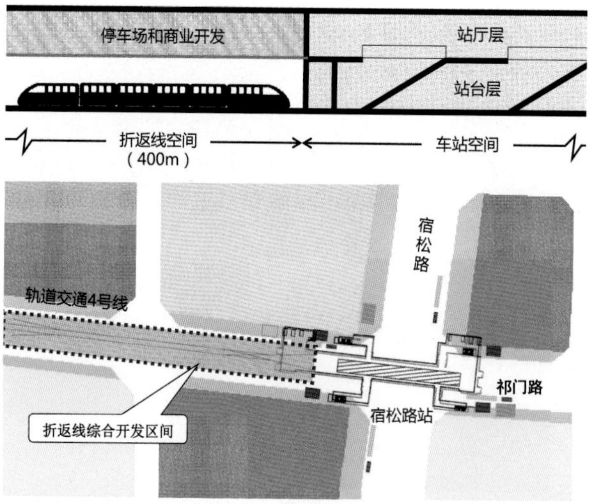

图11-22 轨道交通4号线宿松路站折返线上层空间开发示意图

特征,将负一层空间结合两侧地块开发一体化规划设计,折返线上层空间利用约5 000 m²,主要满足该地区机动车停车需求和部分商业配套功能(图11-22)。

11.5.2 南京市轨道S1线高淳北站片区规划

随着南京市轨道交通建设的快速发展,轨道交通站点周边土地利用低效、交通组织无序、空间景观紊乱等一系列问题愈加突出,未能充分发挥轨道交通资源应有的社会效益和经济效益。为此,系统性组织编制全市轨道交通站点片区规划以加强城市轨道交通沿线地区的规划引导,促进城市轨道沿线城市功能与交通功能的一体化发展,通过公共交通支撑和引导城市发展的规划模式,促进城市可持续发展与健康生长。

高淳北站位于南京市南郊区,是市域轨道S1线的中途站,站点类型属于"一般型换乘枢纽"中的"产业中心型"站点。

1. 土地利用规划

高淳北站地区现状为待开发用地,随着市域轨道S1线的建设,轨道车站周边地区的"TOD"发展模式成为关注重点。本次规划以"养老康体复合健康产业、主题旅游度假休闲产业、文化创意生态商务组团、都市农业耕作体验绿楔"为核心功能定位,进行用地和空间形态规划(表11-14,图11-23)。

表11-14 高淳北站片区用地平衡表

用地代码		用地名称	用地面积(hm²)	占城市建设用地比例(%)
大类	中类			
R		居住用地	120.17	26.98
	R1	一类居住用地	7.80	1.75
	R2	二类居住用地	100.84	22.63
	Rb	商住混合用地	11.53	25.89

续表

用地代码		用地名称	用地面积(hm²)	占城市建设用地比例(%)
大类	中类			
A		公共管理与公共服务设施用地	55.85	12.54
	A1	行政办公用地	2.76	0.62
	A2	文化设施用地	9.13	4.48
	A3	教育科研用地	43.96	9.87
B		商业服务业设施用地	33.98	7.63
	B1	商业用地	18.22	4.09
	B2	商务用地	12.20	2.74
	B4	公用设施营业网点用地	3.56	0.80
S		道路与交通设施用地	67.46	15.19
	S1	城市道路用地	65.5	14.71
	S2	城市轨道交通用地	0.84	0.19
	S4	交通场站用地	1.12	0.25
U		公用设施用地	0.55	0.12
	U1	供应设施用地	0.55	0.12
G		绿地与广场用地	167.4	37.58
	G1	公园绿地	4.69	1.05
	G2	防护绿地	93.89	21.08
	G3	广场用地	1.36	0.30
H11		城市建设用地	445.41	100.00
E1		水域	40.6	—
发展备用地			104.59	—
合计			550	

2. 车站核心区一体化规划

对轨道交通车站周边地区进行"功能一体化、用地一体化、交通一体化、空间与景观一体化、土地收益一体化"综合研究。

1) 功能一体化

高淳北站核心区通过立体步行系统联系必备刚性功能。轨道站台、附属用房为既定功能建筑,广场周边其他建筑将实现功能的平面和立体混合,将刚性功能按规模布置在近广场底层或与步行平台联系。立体步行系统保证高效、便捷的功能联系,其有效界面达75%(图11-24,表11-15)。

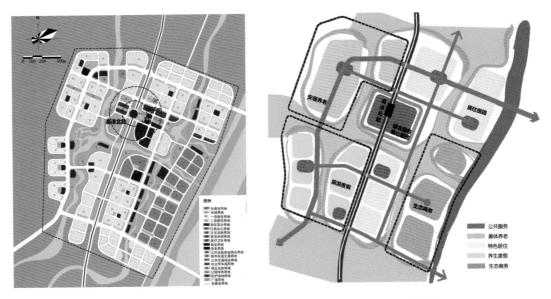

用地规划　　　　　　　　　　　　　　　　　功能布局

图 11-23　高淳北站地区用地规划和功能布局

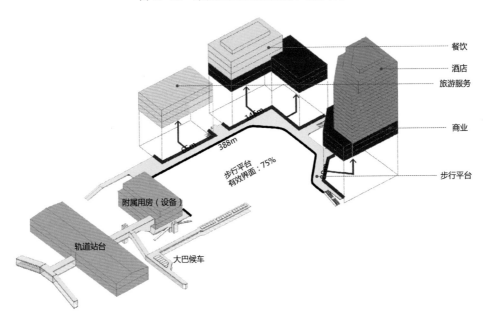

图 11-24　高淳北站地区功能一体化设计示意图

表 11-15　高淳北站一体化刚性功能配置表

商业配套		酒店	游客服务中心	站厅及附属用房	总计	站前区平均容积率
餐饮	零售					
4 500 m²	10 000 m²	20 000 m²	2 250 m²	6 800 m²	43 550 m²	1.5

表 11-16　高淳北站建筑主体及规模

类别	内容	规模/m²	占地/hm²
旅游局、文化局	游客中心	2 250	0.34
政府建设	集散广场	5 500	—
市政用地管理处	各类停车设施	11 000	—
政府与开发商联合	商业配套	14 500	0.41
开发商	酒店、周边地块	—	16.98

2) 用地一体化

为实现车站周边土地高效、集约开发,划分为轨道公司开发、旅游局主导建设、市政及交通管理处开发、政府建设和政府开发商联合开发 5 类土地利用模式(图 11-25、表 11-16)。

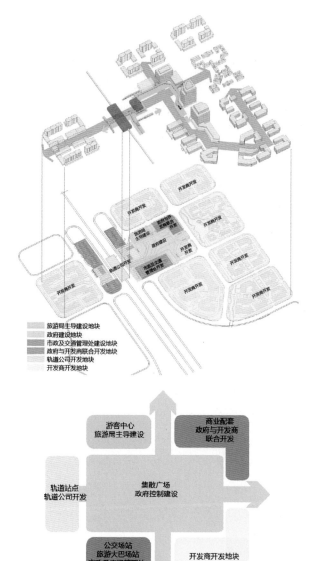

图 11-25 高淳北站地区用地一体化设计示意图

3）交通一体化

通过立体步行体系，集散车站人流，高效组织交通。利用架空站台的步行跨街天桥，延伸至站前广场和各类停车设施，合理组织私家车、步行、公交车、出租车和旅游换乘流线（图 11-26、图 11-27、表 11-17）。

表 11-17 高淳北站配套接驳交通设施规模

类别	规模	备注
公交场站	5 300 m²	停车位 20 个
旅游巴士场站		上下客位 6 个
P+R 停车场	9 500 m²	停车位 300 个
自行车停车位	450 个	—
公共自行车停车位	160 辆	—

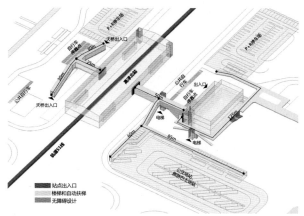

图 11-26 高淳北站地区交通一体化平面布局示意图

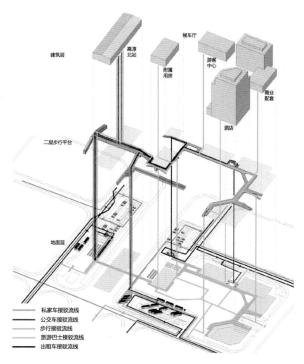

图 11-27 高淳北站地区交通一体化立体换乘示意图

4）空间与景观一体化

高淳北站片区空间—景观一体化主要体现在建筑围合的城市空间与步行廊道、绿化、广场和特色景观、水体等要素的互动与关联，共同构成站点周边有活力的城市空间。利用站台天桥引出步行平台和连廊，联系停车场站、广场和站台，将空间与景观相结合。在低密度生态型办公区内设计连续的都市农业，为办公片区提供景观的同时，可作为农业体验区和场地记忆（图 11-28）。

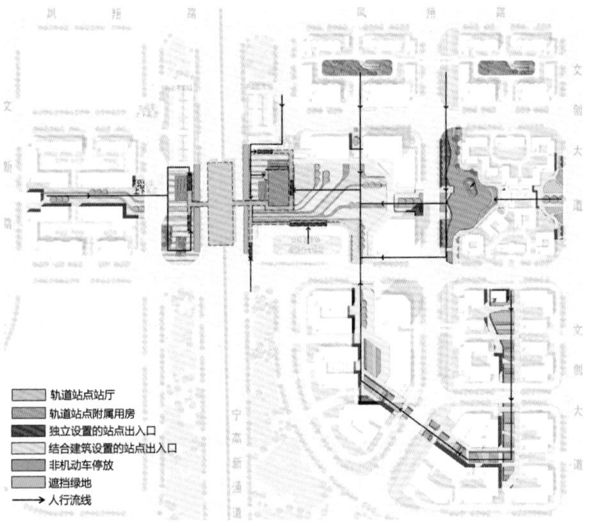

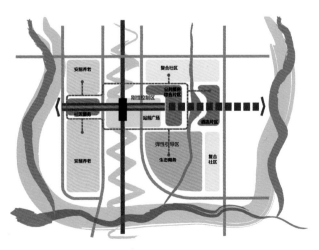

图 11-28 高淳北站地区空间与景观一体化规划平面图

5) 土地收益一体化

本次规划对高淳北站片区土地收益等进行粗浅测算,以利于下阶段进一步深化研究。由于本地块不涉及拆迁,成本主要包括土地开发成本,收益主要来自土地出售(表11-18)。

表 11-18 高淳北站土地收益初步测算表

类型	项目名称	数量	单价	金额(万元)	合计(万元)
土地成本	五通一平	37.7 hm²	1 300 元/m²	49 010	50 895
	土地契税	37.7hm²	50 元/m²	1 885	
土地收入	住宅用地	4.6 hm²	2 800 元/m²	12 800	58 720
	商住用地	4.2 hm²	2 600 元/m²	10 920	
	商业用地	14 hm²	2 500 元/m²	35 000	
净利润		—			7 825

3. 车站核心区城市设计

高淳北站核心区承接整体开发格局,以东西向发展轴、南北向水系与外部生态格局沟通,围绕高淳北站形成站前广场+公共服务综合片区的刚性控制范围,向四周扩散并相应布置生态商务、酒店、复合社区、养老社区等弹性引导功能(图11-29~图11-32,表11-19)。

表 11-19 高淳北站核心区用地平衡表

用地代码			用地名称	用地面积(hm²)	占城市建设用地比例(%)
大类	中类	小类			
R	—	—	居住用地	2.28	8.59
	R2	—	二类居住用地	2.28	8.59

用地代码			用地名称	用地面积(hm²)	占城市建设用地比例(%)
大类	中类	小类			
	Rb		商住混合用地	3.09	11.65
A	—	—	公共管理与公共服务设施用地	0.33	1.25
	A2	—	文化设施用地	0.33	1.25
B	—		商业服务业设施用地	15.39	58.07
	B1		商业用地	2.07	7.83
	B2		商务用地	4.62	17.44
	B3		娱乐康体用地	5.60	21.15
	B4		公用设施营业网点用地	3.09	11.65
S	—		道路与交通设施用地	13.18	34.3
	S1		城市道路用地	10.72	29.3
	S2		城市轨道交通用地	1.42	5.34
	S4		交通场站用地	1.04	1.87
		S41	公共交通场站用地	0.55	1.43
		S42	社会停车场用地	0.49	1.87
G	—		绿地与广场用地	6.59	24.88
	G1		公园绿地	1.36	5.14
	G2		防护绿地	3.77	14.23
	G3		广场用地	1.46	5.51
H11			城市建设用地	37.77	100.00
E	—	—	非建设用地	0.63	2.31
	E1		水域	0.63	2.31
	—		城乡用地	38.4	100.00

图 11-29 高淳北站核心区空间结构规划图

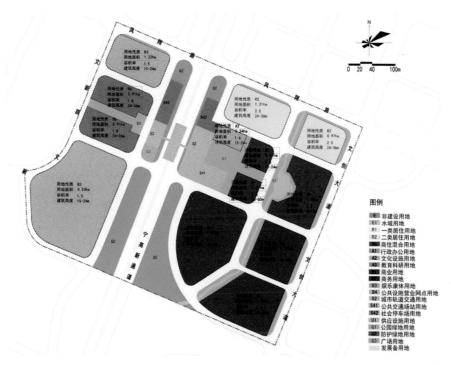

图 11-30 高淳北站核心区土地利用规划图

图 11-31 高淳北站核心区总平面规划图

图 11-32 高淳北站核心区总鸟瞰图

■ 思考题

1. 在我国新型城镇化进行中,轨道交通系统在用地集约、低碳环保方面将发挥何种功能?

2. 简述"TOD"模式在我国城市化进程中面临的机遇与挑战。

3. 在城市轨道交通之间及其与其他交通方式换乘设计过程中,如何体现"以人为本"?

4. 如何实现轨道交通沿线土地利用与交通规划的一体化?

■ 主要参考文献

[1] 住房与城乡建设部.城市轨道沿线地区规划设计导则[S].2015.

[2] 东南大学.合肥市轨道交通1—5号线沿线土地利用与交通协调发展规划[R],2015.

[3] 东南大学.南京轨道交通 S1 线高淳北站区域城市设计[R],2015.

[4] 卡门·哈斯克劳,等.文明的街道——交通稳静化指南[M].北京:中国建筑工业出版社,2008.

[5] 覃煜.轨道交通枢纽规划与设计理论研究[D].上海:同济大学,2002.

[6] 边经卫.大城市空间发展与轨道交通[M].北京:中国建筑工业出版社,2006.

12 生态型城镇建设与规划

【导读】 人类文明在经历了不同社会阶段的发展、曲折和洗礼之后,最重要也最为深刻的觉悟之一,便是生态觉悟。为了相对全面地把握和认知当前城市建设的生态化趋势和生态型城镇的建设规律,有必要对相关概念、研究进展、宏观战略和技术策略等内容逐一进行阐述,并结合北欧的经典案例,尝试回答以下问题:什么是生态化和生态型城镇? 城市空间生态化转型的基本策略有哪些? 生态型城镇规划建设的技术策略又有哪些?

12.1 概念界定

12.1.1 可持续发展的低碳时代

2009 年 12 月 20 日,参加联合国气候变化大会的各国政府代表经过艰苦谈判,达成一项旨在减少温室气体排放的《哥本哈根协议》。根据这项协议,各国政府应提出能够在经济层面量化的 2020 年排放目标。比较而言,我国政府提出的到 2020 年在 2005 年水平上消减碳密度 40%～45%的目标远高于任何一个发达国家,在发展中国家中亦名列前茅。这意味着,我国的城镇化建设必须改变现有的社会经济发展模式,而进入一个可持续发展的低碳新时代(图 12-1)。

可持续发展的生态理念在 1960 年代的系统化现身,给包括城市规划和建筑设计在内的各个领域带来了一场全新的冲击和不可逆转的革命。它是站在一种更为科学与和谐的高度来认知和处理“自然/人”的关系,并逐渐渗透到从理论到实践、从宏观到微观的不同层面,折射出城市/建筑的营建模式自工业革命与快速城市化以来所发生的根本性转折。

改革开放 30 多年后的中国,令世人瞩目地迎来了经济与城市化的双高速增长期,但同时也像许多发展中国家一样,一方面面临着经济社会快速发展和人口增长与资源环境约束的突出矛盾[①],另一方面却陷入了节能减排形势严峻、生态环境严重破坏的现实困境:不但 2006 年单位国内生产总值能耗还降低 4%左右、主要污染物排放总量减少 2%的目标没有实现,生态破坏和环境污染还达到了生态环境承受的极限。以水资源为例,全国近 1/3 的水体监测断面为劣五类水质,重点流域 40%以上断面的水质没有达到规划要求,流经城市的河段普遍受到污染,水污染事故频繁发生。面对这一形势,有越来越多的有识之士认识到:发展所追求的已不仅仅限于传统意义上量的增长,而更多的是一种基于社会、经济、环境效益相协调的质的提升。

12.1.2 生态与生态化

生态的英语单词“ecology”源于希腊语“oikos”(家),是指所有的有机体相互之间以及它们与自身存在的生物与物理环境之间的各种关系。引申来理解,“生态”是与生存(存在)联系在一起,普遍适用于物理层面、生物层面和人类心智层面的知识、智慧、观念与方式;是生物和环境之间相互影响、符合自然法则与规律的良性生存发展状态;生态更是一种整合关系,是人类与环境之间整体系统的组织秩序、规律与法则。而生态化就是向着这一协调、整体、系统状态转化的过程。

当前学界所研究的生态化,早已超出单纯生物学中的含义,它强调的是人类与环境之间协调、共生、适应、循环的整体关系。生态化是一个过程,特指从“非生态”向“生态”的转化过程;生态化是一个目标,一个通过努力有可能实现的理想;同时生态化也是一种研究方法,一种以系统、整体的思维认识、分析并解决问题的方法;生态化不同于生态进化,同时包含着生物性演替和物质性演替的双重特征。

12.1.3 城市空间发展的生态化

城市空间发展研究是一个涉及城市地理学、城市社会学、城市经济学、城市规划学和城市生态学的多学科交叉研究领域,是以区域与城市的物质空间形态为研究对象,研究其整体的、综合的和内在的发展规律以及相应的发展战略和规划对策。段进的《城市空间发展论》(1999)在国内最早确立了“空间发展论”,提出了城市研究的发展观念,系统建立了包括空间发展的深层结构、基本规律、形态特征和方法论的理论框架,为城市空间发展向纵深的研究奠定了基础。

206

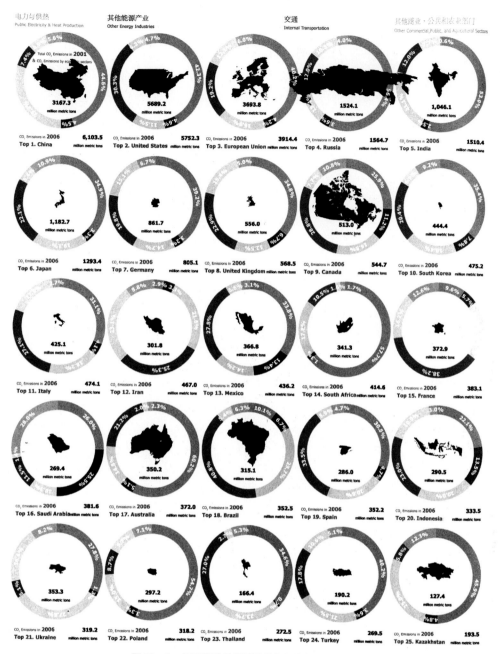

图 12-1　各国碳排放总量及其各经济部类所占比重

资料来源：城市中国，2010(41)：40.

以"生态化"的视角，城市空间发展研究是以城市所在区域整体的物质空间形态为研究对象，以区域整体的协调、共生、适应与循环作为发展的价值与目标，研究并判断其协调发展的状态、特征与水平，继而寻求最优的空间发展策略以实现城市空间发展和自然环境的整体协调发展。

城市空间发展生态化是指实现城市空间发展与自然环境整体协调，从而达到一种平衡有序状态的演进过程，它是实现城市生态化重要的子系统之一。城市空间发展生态化研究是当今城市空间发展重要的研究方向之一，是将生态学原理与城市空间发展理论相结合的产物，其研究目标是应用生态学原理，分析和研究城市空间发展的状态、效率、关系和发展趋势，为城市空间科学合理的发展提供生态学意义的支持和理论依据。城市空间发展生态化是解决当前城市空间发展所普遍存在的环境问题的需要，是对传统的以经济发展目标为导向、粗放型城市空间发展模式的反思，也是对理想的生态型城市空间发展模式和理想城市的探求。从西方城市历史的发展过程可以清楚地看到，西方发达国家的城市环境质量经过半个多世纪的努力已经有了明显的提高，事实证明了实现城市空间发展生态化转型的可能性。

12.1.4 城市空间发展生态化的实质

城市空间发展生态化是一个过程,其实质是城市地区整体的物质空间形态不断向高效和谐的"生态"运行方式转化的过程,也是人类不断调整自身发展,使人与自然达到和谐共生关系的过程。正如纽曼和肯沃西(Peter Newman, Jeffrey Kenworthy, 1999)曾指出的那样,"城市生态"是一个过程,是一个将可持续发展的诸方面融合在同一个发展中的过程,不管是一幢住宅、一组建筑群、或是商业地产开发。"城市生态"又是一种创新,是在新的规则与标准的指引下,以设计为基础的实践活动。

城市空间发展生态化是一个目标,是依据生态运行的规律与法则,以及现状的城市空间发展状况与特征,制定切实可行、具体甚至量化的生态化发展目标,它将有效地推进城市空间的良性发展。当然,并不存在一个终极的、唯一的生态化目标,伴随着城市地区的不断发展,其空间发展的生态化目标也需要不断地进行调整。

城市空间发展生态化是一种研究方法,城市生态系统的整体利益被看做核心价值,研究的根本目的是为了缓解城市空间发展对环境造成的压力,协调城市、人与自然的关系,提高城市地区整体环境质量。与传统研究方法相比,生态化方法更强调城市空间整体系统中各要素的整合以及系统整体利益的最大化。

12.1.5 生态型城镇

"生态型城镇"(eco-town)作为城市空间生态化的具体产物和微观呈现,其概念最初可追溯到1970年代联合国教科文组织发起的"人与生物圈(MAB)"计划中所提出的"生态型城市"(eco-city)一词,即:根据生态学原理和可持续发展理论,应用生态工程、社会工程、系统工程等现代科学与技术手段,建成的一个经济高度发达、社会繁荣昌盛、人民安居乐业、生态良性循环四者保持高度和谐,城市环境及人居环境清洁、优美、舒适、安全,失业率低,社会保障体系完善,高新技术占主导地位,技术与自然达到充分融合,最大限度地发挥人的创造力和生产力,有利于提高城市文明程度的稳定、协调、持续发展的人工复合生态系统。

生态城镇作为一类按照生态学原理建立起来的人类聚居地,虽缺少固定的系统范型和毫无争议的概念认知,但基本的共识是:其不但要经历生态学家指出的3R步骤,即减少资源消耗(reduce)、增加资源的重复使用(reuse)和资源的循环再生产(recycle),还须牢牢把握四大生态环保体系:循环经济产业体系、城镇基础设施体系、社会事业体系和生态环保体系。因此可以说,生态型城镇就是基于生态理念而打造的和谐型城镇,实质上就是可持续理念和生态技术在宏观层面上的规模化集成与系统性运用,因而同单体化或是散点式的生态实践相比,更易产生广泛的综合效益与示范价值,比如说英国的Hopetown规划、加拿大的McKenzie镇建设和荷兰的Ecolonia区开发。

有鉴于此,围绕着我国建设资源节约型、环境友好型社会的战略目标,如何借鉴国际城市空间生态化和生态型城镇的建设经验,从宏观战略层面探讨城市空间发展的生态化转型,从微观技术策略层面探讨生态型城镇的规划建设,正在成为目前一项具有前瞻性与挑战性而又备受关注的科学课题。

12.2 研究进展

20世纪的人类文明在经历了不同社会阶段的发展、曲折和洗礼之后,最重要也最为深刻的觉悟之一,便是生态觉悟。

12.2.1 国际研究进展

1) 生态理论探讨方面

从1960年代研究的"自维持"和"减少污染",到1970年代关注的"可再生能源"、"节能"和"回收利用",再到1980年代的"全球环保"、"智能建筑"和1990年代早期的"内含能量"、"全寿命周期"分析,直至当代包括人类心理、文化多元性、贫困等更深层次内容在内的生态探讨,明晰地反映出国际上"生态型人居环境"的研究在经历了从片面简单到全面完善的演进历程之后,已在研究的系统性与量化分析上拥有较大的优势。

尤其在进入1990年代后,以1993年UIA的《芝加哥宣言》为标志,生态理念开始成为欧美环境战略规划的一部分,并由此掀起生态规划与设计的研究热潮。1996年3月来自欧洲11个国家的30位著名建筑师,如R. 皮阿诺、R. 罗杰斯和赫尔佐格等共同签署了《在建筑和城市规划中应用太阳能的欧洲宪章》(European Charter for Solar Energy in Architecture and Urban Planning),其中提出了有关具体规划设计的极有启发性的建议,并指明了建筑师和规划师在未来人类社会中应承担的社会责任。此外,像《绿色建筑——为可持续的未来而设计》(Brenda & Robert Vale)、《生态设计》(Laura C. Zeiher)、《绿色建筑》(Richard L. Crosbie)、《生态技术——基本原理、实例、方法和构思》(Klaus Daniels)等一批专著应运而生,不但确立了节约能源、结合气候设计、鼓励可再生能源开发等生态原则,还提出了全寿命周期评估、能效评价、污物降解再循环、照明与节水等具体举措和评估方法,对生态规划设计落实的内容框架、技术依据、管理指标等也有所涉及。

21世纪初,在南非发布的《约翰内斯堡可持续发展声明》进一步确认了消除贫穷、改变消费和生产模式、保护和管理好自然资源和生态系统,促进经济和社会发展,突破物质空间领域,进入跨学科的社会、经济、自然三位一体的

表 12-1 GBC 项目所建构的环境评估框架

评估指标	规划与设计				居住品质					技术体系与基础设施				其他	
	居住单元	空间使用效率	富有吸引力的阳台	经过环境认证的材料选择	降噪水平	日照总量	室内采光	可调式通风	换气次数/h	电能使用效率	能量总需求	热功效	加热面积	充足的植被	潜在的居民数

人工复合生态系统研究,即"社会—经济—自然"人工复合系统,蕴涵社会、经济、自然协调发展和整体生态化的人工复合生态系统。2002 年,瑞典在约翰内斯堡全球峰会和欧盟可持续发展策略的基础上,颁布了"可持续经济、社会和环境发展策略",并于 2003 年 5 月,成为第一个通过与环境相关的议案以直接应对约翰内斯堡行动计划的国家。瑞典着力于建立在系统思维下的不同空间尺度上的生态环境建设,其提出的"可持续城市模型"(sustainable city concept)无论是在理论上,还是在实践上都具有较强的指导意义。同时欧盟"第五框架"的 EESD(energy, environment and sustainable development)研究项目中的"生态城市项目"报告(2005)*Eco-city Book Ⅰ: a Better Place to Live*和*Eco-city Book Ⅱ: Make it Happen*中展现了一幅关于"生态城市"的全面图景,包括城市物质空间、社会发展、经济运行等各个方面的内容。

2)生态环境评估方面

生态导向下的环境评估是基于可持续发展的大目标而开发应用的决策支持工具、方法或框架。其中,既包括环境影响的评估工具(如环境指标、环境影响评价 EIA 和全寿命周期分析 LCA),也包括数据编目(如量化的环境数据、输入的指标和全寿命周期目录 LCI)、标准矩阵(在评估中引用大量公式化标准)等方式。目前这类工具或方法已在北欧、德国、英国、法国等得到不同程度的应用。

常用的评估工具按照其操作方法,可以分为四大类:

① 分级评估工具(如 BREAM,GBC);② 以 LCA 为平台的评估方法和工具(如 EcoQuantum, Ecoeffect, ELP);③ 以指标因子为依托的评估体系(如 environmental indicators, CRISP);④ 综合性工具(如 PIMWAG)。

评估工具如果按照应用目的和对象的差异,则又可分为:

① 产品的比较工具与信息来源(如 BEES,绿色导则);② 整体建筑设计的决策辅助工具(如 EcoQuantum, Envest, PIMWAG);③ 整体建筑评估的框架或是体系(如 BREAM,GBC,EcoProp,表 12-1)。

其中,在城市与建筑生态性能的量化评价方面,运作最成功的要属美国的绿色建筑评价体系 LEED(The Leadership in Energy and Environmental Design, Green Building Rating System™)。它从 5 个核心方面量化绿色建筑各方面的性能,分别是可持续性场地、节约水资源、提高能效、绿色建材以及室内空气质量,就每个方面及其中的各个子项都给出了详细的量化评价标准,项目根据完成

情况可以得到 1~5 分,最后的总计分数就是建筑的综合得分,根据总分建筑可以评定为认证奖、银奖、金奖和白金奖几个等级。通过这种评分机制,LEED 为绿色建筑评价提供了简单量化的方法,对于世界其他国家的绿色建筑评价也产生了广泛的影响。

3)生态项目实践方面

以德国、法国、英国和北欧为代表的欧洲国家一直走在世界生态实践的前列,其中主要有两种取向和做法:其一是基于乡土传统的地域性技术改进,如卡里亚规划的住宅区、普雷多克改良的"干打垒"建筑和皮阿诺设计的奇芭欧文化中心,这多属于一种可普及、渐进式的传统型低技术;其二是综合运用新型材料、光电技术和人工智能技术,以热力学、空气动力学、环境工程学等为依托,打造一个高信息、低能耗、自循环的环保系统,如马尔默的 Bo01 欧洲住宅展览会规划、加拿大的 Windsong 区建设、丹麦哥本哈根 Hedebygade 街区住宅的生态化改造和斯德哥尔摩的哈默比湖城开发②,此外在发展中国家也有阿布扎比庞大的马斯达尔生态城计划和库里蒂巴享誉国际的快速公交系统等实践,这些均属于一种以高技术为核心的各层次技术的综合化、规模化运用,常常选位于城乡结合部相对封闭的小环境(图 12-2、图 12-3)。

图 12-2 丹麦 Hedebygade 街区改造中的公用垃圾堆肥点

资料来源:张彤,吴晓,陈宇,等.绿色北欧:可持续发展的城市与建筑[M].南京:东南大学出版社,2009:187.

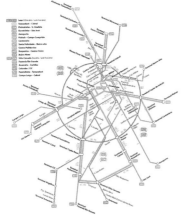

图 12-3 库里蒂巴经过特殊化设计的快速公交系统

资料来源:黄正骊.最宜居城市的高效公交系统[J].城市中国,2010(41):73.

这其中,以瑞典为代表的北欧诸国历来在生态型城镇(或社区)的建设方面占有重要的一席之地:不但理论方法的研究起步早、基础雄厚,在系统性与量化分析上拥有较大的技术优势③,其规划建设实践也十分关注生态规划的技术策略研究及其集成运用,在积累丰硕成果与经验的同时,引领了国际上可持续新城镇建设的绿色潮流;此外,政府也通过严格的规范制度,积极推动着可持续发展的城镇规划和人居生态环境的建设。

12.2.2 国内研究概况

同国际上广泛的生态探讨相比,国内的地理学界、规划界和建筑界则较晚着手于这一领域的研究:较早的研究始于1980年代中期,探讨了城市发展对自然景观的"适应性"规划设计标准、土地利用与城市空间发展的系统方法,并形成了一些生态规划思想,大致形成了由地理学、生态学、经济学方面入手和从城市物质空间规划建设方面入手的两种研究思路。代表性的如马世骏、王如松的《社会—经济—自然复合生态系统》、王如松的《高效·和谐——城市生态调控原则和方法生态调控原则与方法》、王祥荣的《生态与环境——城市可持续发展与生态环境调控新论》、吴良镛的《人居环境科学导论》、黄光宇的《生态城市理论与规划设计方法》、西安建筑科技大学绿色建筑研究中心出版的《绿色建筑》,以及俞孔坚和李迪华的《"反规划"途径》等。

同时,国内结合工程实践亦做出了一定的探索。期中有影响者如吴志强团队在2010年上海世博会项目中的生态探索和积极应用,中新天津生态城、唐山曹妃甸国际生态城、崇明生态岛和南京江心洲生态岛的规划建设,以及2005年扬州市与德国技术合作公司(GTZ)在国际机构——城市联盟资助的"生态城市"项目中开展的扬州老城提升战略研究等等。还有近年来各方日益关注的"海绵城市"理论和实践①,从某种程度上来看,"海绵"其实就是以景观为主要载体的水生态基础设施,政府部门甚至还为此公布了海绵城市建设的试点城市名单,排名在前16位的城市分别是(按行政区划序列排列):迁安、白城、镇江、嘉兴、池州、厦门、萍乡、济南、鹤壁、武汉、常德、南宁、重庆、遂宁、贵安新区和西咸新区,由此可见生态雨洪管理思想和技术实践将逐步从学界走向管理层面——这一切均为我国城市建设的可持续发展提供了有益探索和经验启示(图12-4、图12-5)。

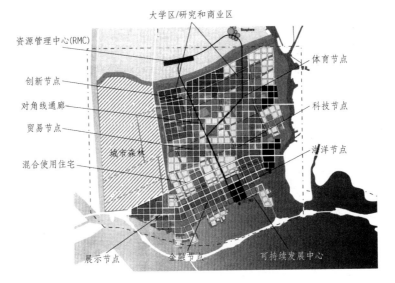

图 12-4 曹妃甸国际生态城一期的用地结构

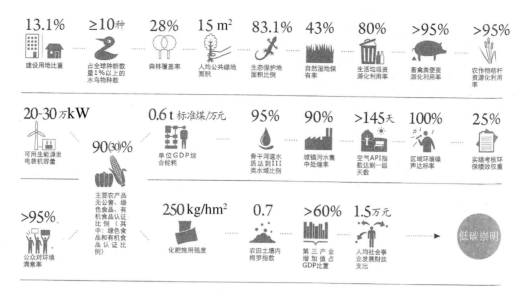

图 12-5 崇明生态岛规划建设的生态目标

资料来源:里斯本.春天降临生态岛——低碳时代的崇明谋略[J].城市中国,2010(41):62.

12.3 宏观战略:城市空间发展的生态化转型

城市空间发展的生态化转型是一个涉及多系统的复杂过程,综观国内外相关的研究成果,包括土地利用、交通体系、绿地系统以及市政设施在内的生态化转型战略已成为城市空间发展生态化转型的四个关键领域。

12.3.1 土地利用的生态化转型

1) 内向发展

城市土地利用生态化转型最重要的原则就是使城市在更小的土地面积里集聚,以腾出更多的自然开敞空间。因此,城市空间发展生态化水平的提高,首先要求其土地利用的总量能够得到有效控制。但事实上,在城市化快速发展时期,单纯强调控制土地增长量的策略既不现实,也不具有可操作价值。正如《2007 年世界人口状况报告》中所指出的:"规划者不要徒劳地试图阻止城市扩张,而是要客观地考察现有的解决城市扩张问题的可选政策,并发掘其潜力,……城市改善和贫民窟改良应当引起政府和城市规划者更多的关注。"

在对待城市土地利用不断扩张的问题上,关键不是量的控制,而是在量的必要增长的同时,如何推进土地利用"质"的提升。一方面需要选择向外扩张的用地(适宜性)类型和扩展方式;另一方面更需要选择内部可改造更新、再利用的土地,即"生态更新"的土地利用模式,对已有城市空间进行生态化的改造:逐渐从大规模的外向扩张过渡到内向建设,重构城市并最终引导城市停止无序蔓延。这一点在城市化高级发展阶段的欧洲国家得到相当的重视,其政策特别鼓励将城市新的发展主要集中在现有的城市地区中。

例如荷兰区域规划部实施的一项名为"Weenix"(维尼克斯)的城镇发展计划,就是一个在现有的城市结构中寻找潜在增建用地的项目。其中负责德瑞尔东镇(Driel-East)子项目的规划师基斯·克里斯蒂安泽(Kees Christiaanse)曾经写道:"关键的问题是,'不是用房子取代奶牛',也不是用城市取代景观,而是与周围的景观建立一种共生的新关系;原有的用地边界、沟渠、街道、房屋、堤堰以及树木都得到了保留。这样做不是为了怀旧,只是由于这些东西确实有用……开发用地与非开发用地间隔布置,这些用地以交错的方式进行开发而不是连成一片。这样就保障了在建设用地之间有一些绿色廊道和开敞的景观空间。那些非开发地可以是果园、林地和牧场,也可以作为运动场和游戏场地使用。"⑤

因此,从提升城市空间发展生态化水平的角度,城市的开发应尽最大可能选择已经开发过的城市土地,不管这些土地在什么地方,对它们的使用都应该优先于未开发的土地,也就是优先于对"绿地"的开发。"先棕地、后绿地"的策略有助于更好地保护区域生态环境,保护农耕用地,同时有助于对城市的再开发与重建。

土地再利用成为谋求城市空间发展生态化的一种新维度。伴随着城市整体空间结构的调整,原工业用地得以置换,其土地用途转变为新的功能,如住宅、商业、文化或休闲活动场所,这种功能转换同时也为减少城市交通出行、改善土壤污染提供了新的思路与手段。1990 年代以来,棕地重建在欧美等国得以深入与推广,还成立了一些专门的研究机构对棕地重建实践的经验与教训加以总结,欧洲棕地重建倡导联盟 BERI⑥ 就是其中颇具影响力的跨国研究机构之一。"诺尔雪平棕地更新改造"是欧洲众多土地再开发项目的成功代表。从 1960 年代末,随着城市产业结构的调整,瑞典诺尔雪平(Norrkoping)的纺织工业开始走向衰败,到1980年代新闻纸厂最终迁出,大量工业遗留景观逐渐成为诺尔雪平地区有价值的城镇文化遗产的一部分。在之后的更新改造中,旧纸厂车间被改造成一个音乐厅,纺织厂也变成了能容纳3 000名学生的林雪平(Linkoping)大学诺尔雪平分校的校园。类似的项目还有赫尔辛基的Jätkäsaari和Sompasaari中心,都是利用以前的货运港口,将其改造为高密度的居住区,滨水的区域则规划为开放空间并用于娱乐目的。

1999版斯德哥尔摩城市总体规划明确提出了"多核心"的城市空间发展结构,其都市区由一个地区中心和七个片区中心组成,斯德哥尔摩市位于整个都市区的中心,承担着地区中心的职能(图12-6)。

"内向发展"是此轮规划提出的重要的城市空间发展策略,具体表现在:① 对城市内部已发展用地的再利用;② 尊重和提升城市特色;③ 恢复并促进次中心地区的发展;④ 将旧工业区改造成具有多样化、混合功能的新城区;⑤ 将城市新的发展集中在公共交通能方便到达的区域。按照这一规划,2000年以后位于城市中心区边缘的若干旧区更新改造项目将先后建成,图12-7为Liljeholmen地区的更新改造。

目前我国城市化率正以年均增幅1.15%的高速度前行,城市空间的扩展仍以外向发展为主,如何尽可能控制外向发展,更多地鼓励内向发展,提高城市土地利用的生态化水平,是当前城市空间发展生态化转型的重要挑战。

2)有机紧缩

"紧缩城市"曾经一度被认为是一种可持续的城市形态而受到追捧。但近些年的研究逐渐表明,单纯地讨论紧缩型空间发展与城市可持续性之间的关系,会使复杂的问题过于简单化。在实际的规划中,并不是非此即彼,常常需要结合或者寻求一种在"紧缩"和"疏散"之间的平衡。

拉德伯(Radber,1995)认为,"仅仅用'紧缩'或'疏散'的方法都不能完全解决一个城镇的问题。以优质环境为目标的城市规划策略需要同时基于'疏散'(例如在密集的城市建成区)和一定的'紧缩'(例如在城市边缘的、较为稀疏的建成区域)。"拉德伯(Radber)提倡一种"有选择的集中策略,力求使那些稀疏的区域变得紧凑,并为公共交通的实施打下基础"。英国建筑师理查德·罗杰斯(Richard Register,1987)也表达了类似的观点,他认为需要重新解释城市的"紧缩"与"多样化","紧缩"模式针对的是目前流行的那种蔓延式、总体上单一用途和低密度的土地利用模式,以这种模式发展的城市或地区应当收缩,从而变得更为紧凑。

事实上,在强调内向发展的同时,外向扩展依然是高速城市化发展阶段中国城市的主要扩展方式。而外向扩展的首要原则就是"紧缩",即需要保证相应的发展密度。但是相关的研究又显示,紧缩城市虽然在土地利用效率、交通组织和能源消耗方面具有明显的优势;但不可避免地,由于缺乏绿色空间,其城市内部的环境质量会有所下降。因此,在"紧缩"的同时,有必要强调"非均质",将若干紧缩的城市空间单元以生态绿地相隔,类似于沙里宁的"有机疏散";但强调的依然是"紧缩"的模式。

有机紧缩模式是大城市外向扩展的最优选择。在大城市地区,相对于单核心或分散的结构,多核心结构通常具有明显的环境优势。从区域的角度分析,分散的集中模式比单一集中的模式在降低能源消耗、尤其在减少总的交通出行方面提供了更好的条件(斯德哥尔摩,2005)。赫尔辛基总体规划(2002)提出的适度"综合与紧凑"也强调在规模扩大的同时保持与自然的联系(图12-8)。吴良镛等在《京津冀地区城乡空间发展规划研究》(2002)中所建议的"交通轴+葡萄串+生态绿地"的发展模式⑦从区域发展的角度为城市空间扩展提供了类似的思路。

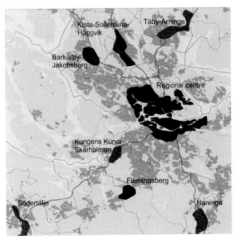

图12-6 斯德哥尔摩地区空间结构发展规划

图12-7 斯德哥尔摩 Liljeholmen 地区

资料来源:斯德哥尔摩城市总体规划(1999)

图 12‑8　赫尔辛基 2002 总体规划用地布局图

有机紧缩模式有助于减少人们对小汽车出行的依赖。对用地持续向外扩张蔓延的西方城市进行的研究显示：正是均匀扩散、非集约的土地利用方式招致了对小汽车交通的依赖，从而导致交通堵塞以及更多的尾气污染。而按照有机紧缩模式重新审视城市土地利用方式和调整城市结构，最终将带来通勤交通、能源使用及污染的显著减少，并引导出更为有利的土地利用方式（Richard Register，1987）。

根据城市发展条件与状况的不同，"有机紧缩模式"有可能产生出各种不同的形态，具有很强的灵活性。我国城市普遍具有较高的密度，应根据地方的不同特点综合考虑各种因素，因地制宜地采取不同的城市"有机紧缩"发展策

略。同时也要看到中西方城市发展的不同特点，中国城市较高的发展速度需要在建设中留有一定的弹性，综合看来，有控制的分散化集中策略似乎更容易在较高的发展速度下取得更大范围的生态化积极效应。

3）密度分区

在全球城市平均人口密度降低的背景下，中国城市依然面临着人口密度过大的挑战。中国城市的人口密度是世界最高的（仇保兴，2007），据统计，上海浦西区的人口密度为 3.7 万人/km²，北京和广州城区的人口密度分别为 1.4 万人/km² 和 1.3 万人/km²，而世界主要大城市如东京的人口密度只有 1.3 万人/km²，纽约、伦敦、巴黎和香港的人口密度最多也只有 8 500 人/km²（牛文元，2004）。因此就不难理解，中国城市，尤其是在老城区，现阶段发展的主要任务依然是疏解过于密集的人口密度。

道格拉斯·韦伯斯特（Douglas Webster，美国亚利桑那州州立大学，可持续发展学院，2007）对城市土地利用效率的研究表明，中国各城市的人均用地均处于较低水平（图 12‑9），相比于欧美发达国家城市来说，中国城市的土地利用效率较高，空间发展也更为集聚。与中国城市情形类似的还有孟买、首尔、拉合尔、喀布尔、德黑兰等诸多亚洲城市，上述城市所在的东亚、南亚是世界上人口密度最高的地区之一。

通过对大量相关研究的比较与分析可以发现，在当今全球生态与环境危机的背景下，"紧缩"与"密集"无疑是城市空间发展生态化最重要的策略之一，即使到了信息时代，如果从经济、社会、环境和文化角度综合考虑，集中的发展仍然优于分散的发展（Gillespie，1992）。对于人多地少、区域发展不平衡的中国来说，"紧缩"、"密集"依然是城市空间发展的不二选择。

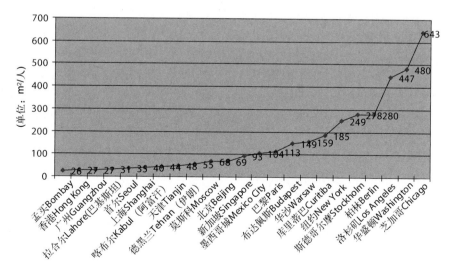

图 12‑9　城市建成区人均用地比较

资料来源：Alain Bertaud. Order without design. http://alain-bertaud.com。（图中人均用地数据为 1990 年各城市人口与建成区面积的比值，其中建成区面积不包括机场、水体以及面积大于 4hm² 的公园或开放空间。）

以"密集"策略为前提,城市最大发展密度还受到环境承载力的限制。《欧洲可持续城市》(欧盟委员会城市环境专家组,2000)就物质空间规划和可持续发展的关系指出:"在综合规划中,应当根据环境承载力确定最大开发强度,保护重要自然资本的永续利用"。韩国首尔一项"应用城市承载力评估系统决定开发密度"(2005)的研究指出,传统的方法主要关注为城市提供足够的物质设施,作者认为需要调整并转变为一种新的方法,即将城市发展密度与承载力概念结合起来的方法。城市承载力指城市中人的活动、人口增长、土地利用、物质形体发展的水平,应当维持可持续发展,并保证城市环境不遭受严重退化和不可逆转的危害(Oh K,et al,2002)。研究认为,城市生态系统的承载能力受到供水、污水处理和交通等城市基础设施规划与管理的直接影响(Oh K,1998),研究最终选择了从环境与生态、城市设施、大众意识和制度等四方面因素评估首尔的环境承载力⑧。

可接近性被看做一个辅助确定城市不同区域人口密度的指标,因为密度只是部分被可接近性所决定。一个使用最广泛的测试可接近性的量是到 CBD 的距离,另一个是离交通轴线的距离。也可同时用上述两个可接近性的指标去表征城市的每个区域,即由这一区域到城市中心的距离和到最近交通轴线的距离,来考察并确定其相对的人口密度值(steen)。例如生态城市库里蒂巴在土地开发密度分区上就建立了严格而行之有效的管理措施:

其一,以城市公交线路所在道路为中心,对所有的土地利用和开发密度进行了分区。

其二,城市轴向快速道路旁边地块的容积率为6,一般用于建造写字楼或用于商业开发(零售业和饭店等);其他普通公交线路服务区的容积率为4,一般用于建造住宅;离公交线路越远的地块容积率越低。

其三,只允许在距离公交线路旁两个街区内进行高密度开发,严格控制距公交线路两个街区外的建筑密度和高度,形成以城市主干道为轴线的城市建筑密度阶梯形递减的发展模式。

因此,首先是总体层面上,需要在满足城市环境承载力的前提下,采取尽可能密集的策略;而在城市内部,还需要按照可接近性划分不同的密度分区。

4)景观多样

景观多样性意味着城市应当被很好地整合在区域环境中,与自然和谐相处。城市空间发展被集中在"合适"的地方,森林、水体和湿地等有价值的自然和生产用地被保护,耕地、果园、采摘公园等把城市与乡村连接起来,从而有效保护耕地及区域中的生态敏感区,以维护区域自然生态系统完整健康的平衡状态。

城市非建设用地是构成城市景观多样性的重要组成部分。应用景观生态学方法,韩荡等认为,住房与城乡

建设部所制定的城市用地分类标准中将非城市建设用地视为"其他用地"的处理过于简单,忽视了城市生态系统的完整性,割裂了建成区、市区景观与外围非建设景观之间复杂的生态联系——水平生态过程。由此提出"基于景观生态学理论的城市景观分类",将城市景观划分为建设景观、旅游休闲景观、农业景观、环境景观和水体景观五大类。这一研究提示我们,城市景观多样性的研究需要拓展至城市规划建设用地以外等更大的区域范围。

在各种城市形态中,指状城市在提升景观多样性方面的表现最为突出。景观生态学认为,圆形斑块在自然资源保护方面具有最高的效率,而卷曲斑块在强化斑块与基质之间的联系上具有最高的效率;指状城市既集中又分散,它可以增加"城乡混合景观"的比例,使大自然渗透到城市核心的可能性增大⑨(图 12-10)。

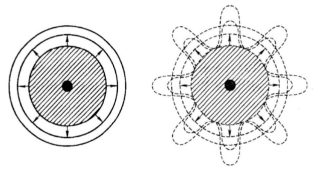

图 12-10 城市斑块形状比较

如何改造现有城市"均质"的人工空间,使其逐渐分化为人工空间与自然空间组合的"异质"空间,从而实现提升景观多样性的目标,理查德·瑞杰斯特(Richard Register)对伯克利(Berkeley)提出的生态城市空间发展的策略建议为我们提供了一种解决问题的思路。

理查德·瑞杰斯特认为,生态城市伯克利进行生态重建的重要内容是拯救和恢复被掩埋的溪流和湿地,并保持溪流的开敞。"这里的滨水区是整个社会的真正财富,它应当被保留下来",再根据"靠近而不是占据最具多样性的地方"、"建设要增强人类的多样性,尽可能多地保留自然的多样性,并强化场所的特殊性"等原则进行建设。由此他为生态城市伯克利规划了一个连续的生态化转型过程,并为不同发展阶段提出明确的发展策略。首先通过绘制城市自然本底图(图 12-11),识别那些有景观价值或者有较大自然风险的场所,并把它们保留下来作为决定"在何处建设"的战略性空间规划的重要依据,在此基础上选择适宜做城市中心及次级中心的理想位置,并提出生态分区与"点"状发展的生态化转型模式⑩(图 12-12)。

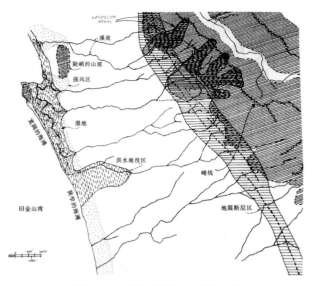

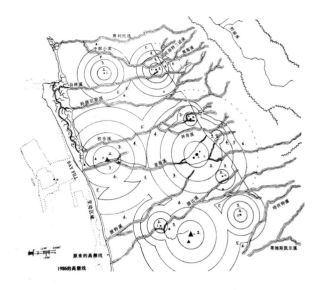

图 12 - 11 欧洲人到达之前的伯克利　　　　图 12 - 12 伯克利生态城市分区图

* 资料来源:理查德·瑞杰斯特.生态城市伯克利[M].沈清基,沈贻,译.北京:中国建筑工业出版社,2005.

这一城市空间发展生态化转型过程也可以被看做是"异质"空间理想的实现过程。表现在土地利用上,生态化水平高的城市中应有大量的自然和农业用地,人们的出行应是以步行方式为主的、小范围的方式,拥有"异质"空间的城市才是一个真正具有丰富的文化与自然、城市与乡村生活共同构成的、符合人类生存尺度的城市。

5) 混合功能

鉴于《雅典宪章》(1933)严格的功能分区思想所引发的城市建设与开发中大量的社会问题,1970年代以来,混合功能的土地利用逐渐成为西方成功城市开发的普遍经验。在经济效益方面,混合功能使规模较大的开发项目能更好地面对市场的不确定性,更重要的是在社会效益方面,它有利于形成更加综合、有活力的城市环境。

大量研究表明,那些将住宅、工作地点和服务设施进行综合组织,并具有良好公共交通联系的土地利用方式,在能源消耗及社会环境方面均有良好的表现。基于这一结论,学者们又相继提出了"就近发展政策"(例如伯克利规定对工作地靠近居住地和没有小汽车的人给予工资、房贷和贷款方面的优惠条件)、"整体邻里"(一个具有丰富多样性和"混合功能"的地区,Richard Register,1987)及"活动本地化"等与混合功能内涵相近的观点。

"多样性导致稳定性"是自然生态系统中普遍存在的规律,而实际上,多样性不仅有利于自然生态系统的健康,同样也有利于城市社会与经济系统的健康。理查德·瑞杰斯特(1987)批评那些单一功能的城市开发,主张在城市新的土地开发中增加多样性,或者在原有建成环境上置换和补充某些功能。他建议城市规划对新的开发设置限额,从而引导城市土地利用向平衡的、混合的功能多样性方向努力。例如,假如某城市的中心区和附近的街区是由

90%的工作空间和10%的居住空间组成的,那么,未来它的建设目标就应当是30%的工作空间和70%的居住空间,即在中心商业区和邻近的邻里内按一定比例增加住宅空间,减少办公空间,直到形成一个更好的平衡。除此以外,还可以通过法令和新的区划制度加以调节和控制,也可以通过税务罚款或者税收减免来促成更为混合、多样的城市功能配置。

如果城市设计中考虑了功能配置多样性的问题,例如在开发建设住宅的同时,就近配置一定比例的就业岗位,那么这一区域的通勤交通将有可能降到最低,同时间接地促进节能减排目标的实现。德国的研究显示,不管某工作地点的规模大小,当工作地点的配额等于1(即工作地点的数量与在本地工作的居民数量的比值),每个工作地点所产生的交通量都是最低的。在瑞典,斯德哥尔摩政府倡导"友好的混合利用型城市开发",近期的主要实践项目,如哈默比湖城、Lindhagen城、Kista科学城等,其开发原则都是建设工作与生活并重的网络区域。在上海东滩生态新城规划设计策略中也特别强调"混合功能"。规划城镇可容纳8万居住人口,提供就业岗位5.1万个,人们在附近即可找到各种工作,无需奔波往返于上海市区与新城之间。

6) 小结:一种新型的土地利用模式——有机紧缩

土地蔓延、无序的使用方式是影响城市土地利用生态化水平的核心要素。针对目前中国城市土地利用生态化转型的主要矛盾与问题,本文提出适宜于快速城市化发展阶段的一种新型的土地利用结构模式,即有机紧缩。

所谓"有机紧缩",是一种有区别的、非均质的紧缩,密集、高强度的城市用地被开敞的自然山水景观用地所环绕。在城市中心、副中心及公共交通方便到达的地区尽可能形

215

成紧凑发展且混合使用的城市形态,而对具有重要生态景观价值的地区实施保护或仅做低密度的建设与开发,总体上从单一的蔓延式发展逐渐过渡到多样的紧凑式发展,在高效地利用土地的同时,保护自然环境、生物多样性及耕地[11]。

城市土地利用生态化转型主要涉及两种类型:一是改造现有城市,二是建设新城。

其中,在已实现高度城市化的国家与地区,强调对现有城市进行改造是城市土地利用生态化转型的重点。例如英国的城市发展战略中就特别强调,"为了创造更加可持续的发展模式,我们需要将那些主要的、新的发展集中在现有城市的建设范围之内"[12]。而对于处于快速城市化发展阶段的城市,"内向发展"对于减缓城市蔓延、改善城市空间结构同样具有重要的意义。

其一,从一整块均质的用地向不均匀、异质的用地转化,探寻并重新恢复自然山水的连续过程与格局,控制并逐步缩减其中的建设,并尽可能地与城市开敞空间相结合;

其二,在一些地区缩减建设的同时,中心区需要增长。建设并形成紧凑而功能混合的城市中心及副中心,强调其公共交通的可达性,吸引并促进就业和居住的同步增长,建设单室公寓和无车公寓等;

其三,尽最大可能将现有城市中的闲置地、废弃地转化为新的可利用的土地资源;

其四,尽可能地限制小汽车的使用,设置小汽车禁行区,缩减汽车停车场供应。

而与发展成熟的城区不同,新城区往往显露出某种贫乏:没有特征、功能单一、缺乏城市性、缺乏景观等等。这种贫乏可以在所有战后的西方城市以及1990年代之后中国的新城中看到。基于生态化提升的目标,建设新城应当遵循以下原则:

其一,轴向发展,在公共交通(特别是轨道交通)方便到达的地区建设新城;

其二,在中心及公共交通站点附近规划紧凑而功能混合的布局;

其三,保留自然山水的连续过程与格局,在一些特殊地区尽最大可能尊重和保护自然;

其四,划定禁止建设、控制建设和鼓励建设的区域。

城市土地利用的生态化转型是一个过程,无论是改造现有城市还是建设新城,其总的目标还是控制城市土地的蔓延,促进一个景观更为多样,功能更为复合的、非均质的城市结构的生成,从这一点来看,中国城市由于尚处于快速扩展的阶段,在实现城市土地利用生态化转型上具有更大的机会和发展潜力。

12.3.2 交通体系的生态化转型

1990年代以来,欧美等国陆续出现了试图通过城市

空间发展规划促进城市可持续发展的研究,其中最有代表性的,如紧缩城市、土地混合功能利用等被认为是可持续的城市发展模式,而究其原因,在很大程度上是由于它们对于可持续交通体系所做的贡献[13][14]。很明显,在可持续交通体系与城市空间发展的生态化之间存在着紧密的相关性。那么,能否通过调整城市交通体系发展模式与发展策略提升城市空间发展的生态化水平呢?本节基于不同交通模式与城市空间发展生态化的关联性,讨论不同交通模式如何影响城市空间发展的生态化水平,并以实现交通体系生态化为目标,提出一系列城市空间发展的转型策略。

1) 三种交通模式

按照主导的交通方式不同,城市交通组织可以分为三种模式,即步行城市、公交城市和汽车城市(Peter Newman,Jeffrey Kenworthy,1999)。图12-13显示,不仅城市密度和人均交通能耗之间存在明显的相关性,按照城市在图中的位置大致可以将所有涉及的城市分为三种类型,即密度高、人均能耗低的步行城市,密度较高、人均能耗较低的公交城市和密度低、人均能耗高的汽车城市。

(1) 汽车城市 20世纪中叶以来,以美国为代表的发达国家选择了以汽车为中心的城市交通体系,并逐渐形成了"汽车—城市蔓延—快速道路—燃油消耗"的典型发展模式[15]。当今,这一模式被越来越多的发展中国家城市所模仿、追随,如亚洲一些新兴工业化城市曼谷、雅加达等[16]。

汽车城市的空间发展具有两个层面的显著特征。其一是城市总体上的空间蔓延;其二是在街区交通组织上表现出明显的汽车交通优先(图12-14),即使是在有条件提供公共交通的街区(图12-14a),汽车仍然可以通达至街区中心及城市最小的空间单元——邻里[17]。

汽车城市的发展模式导致了包括基础设施投资成本的不经济,土地、能源及其他资源的消耗,空气排放与噪声污染等环境破坏,社会心理影响以及对城市公共领域、历史及自然环境的损害等一系列问题(Hui Guo,2003),其中又以"汽车依赖"、城市密度下降所引发的能源消耗问题最为突出。与欧洲城市相比,美国城市的人均收入与欧洲城市持平,但汽车的使用率及人均能源消耗却分别是欧洲城市的3倍和1倍。事实证明,不同的城市交通模式在一定程度上决定着城市的能源消耗水平。

(2) 公交城市 公交城市是以公共交通为导向发展(TOD)的交通组织模式。在总体层面,城市空间不再是平均地分布,而是围绕着交通节点集中发展;在街区层面,城市空间优先与公共交通呈一体化发展,沿着公共交通线路的每一个节点,相应形成一个混合发展的城市分区,分区中心配备各种服务设施。

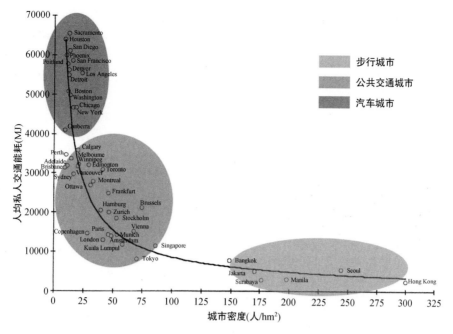

图 12-13 三种交通模式在"密度—交通能耗图"中的分布

资料来源:根据 Newman P,Jeffrey Kenworthy. Sustainability and Cities[M]. Washington D C:Island Press,1999 编绘.

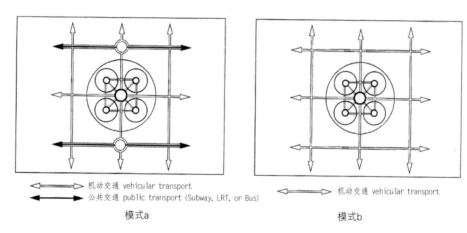

图 12-14 汽车城市:交通组织与街区空间发展模式

资料来源:根据 Newman P,Kenworthy J. Sustainability and Cities[M]. Washington D C:Island Press,1999 编绘.

公交城市重视公共交通、步行及自行车设施的建设,而用以满足汽车交通需求的快速路及道路基础设施的建设则被置于次要位置。如图 12-15 所示,模式 a 是将公共交通与其他机动交通在空间上完全分离的模式,公共交通直接通达至街区中心,而其他机动交通只能从外围进入街区;模式 b 中公共交通与其他机动交通共享一套道路系统,但与汽车模式相比,机动交通对街区及邻里的分割与干扰明显减弱。相对于汽车城市,由于能提供可持续的交通出行和土地利用方式,公交城市被广泛认可为一种更为可持续的城市交通模式。

(3)步行城市 步行城市更应当被称做"非机动城市",是步行城市与自行车城市的总称。图 12-16 显示了步行城市中街区空间发展与交通系统组织之间的关系,模

式 a 中机动交通仅从街区外围通过,地铁或轻轨等轨道交通通达街区中心,公共汽车呈网络状分布于整个街区中;模式 b 中少了轨道交通,公共汽车也可独自承担街区通达的需要。

在欧洲,步行城市已成为城市空间发展生态化的重要途径之一。以哥本哈根为代表的许多欧洲城市通过兴建完整的步行网络来鼓励非机动的交通方式,在过去的几十年间,哥本哈根市中心的自行车出行率增加了 65%[13]。

对三种发展模式进行对比可以发现,以公共交通、步行和自行车为主导的城市交通模式在交通需求、城市形态及环境影响方面均具有明显的提升生态化水平的作用(表12-2)。

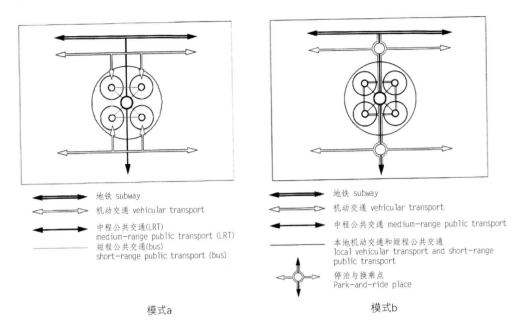

图 12 - 15　公交城市:交通组织与街区空间发展模式

资料来源:根据 Newman P,Kenworthy J. Sustainability and Cities[M]. Washington D C:Island Press,1999 编绘.

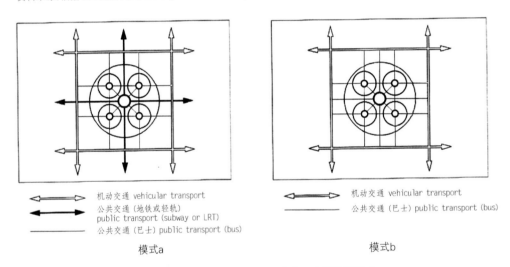

图 12 - 16　步行城市:交通组织与街区空间发展模式

资料来源:根据 Newman P,Kenworthy J. Sustainability and Cities[M]. Washington D C:Island Press,1999 编绘.

表 12 - 2　城市交通模式的分类与特征

	步行城市	公交城市	汽车城市
交通 ——交通需求 ——交通方式	少 步行(和自行车)	少 巴士、轻轨和铁路	多 汽车(几乎是唯一的)
城市形态	小规模、密集、高强度、混合功能和有机结构	中等密度的郊区、密集而混合功能的中心、楔形绿地廊道	高层建筑集中的CBD以及蔓延扩展、功能分离的低密度的郊区

续表

	步行城市	公交城市	汽车城市
环境 ——燃油消耗 ——环境影响 ——废弃物 ——自然	低 低 低 贴近自然	中等 中等 中等 部分贴近自然	高 高 高 远离自然

与欧美城市相比,中国城市在解决交通体系生态化转型上面临更大的挑战。首先,高人口密度与低质量、数量不足的交通基础设施的矛盾并存。中国城市在保持着平均 100 人/hm² 的高发展密度的同时,由于道路网密度较

低,城市对汽车交通的承载能力有限,许多城市面临着交通需求的巨大压力和严峻的交通困境。其次,1990年代以来,汽车城市的空间发展模式正越来越明显地影响着中国城市的可持续发展。自行车在中国城市交通出行中虽然仍占有重要的地位,但这一情形正受到快速机动化的挑战[19]。城市新区的土地利用通常是以汽车交通为导向发展的,尽管保持着较高的开发密度,但公共交通及非机动交通设施的供应并没有得到足够的重视。

目前大部分中国城市的交通体系正朝着错误的方向发展。正如Poboon和Kenworthy所言,"快速发展的城市尚未从物质空间及经济方面遏制交通,高质量的公共交通体系还未形成,而且没有意识到要在机动交通的强势发展下保护它们传统的非机动的交通方式,当前除了严峻的交通问题外,还面临着与交通相关的环境和社会问题"(1997)。

对于中国城市来说,"鼓励并优先发展公共交通,遵循以非机动和公共交通导向的城市交通模式"是最为适宜的选择。正如"绿色城市交通"所描述的:应当设法在城市中使步行、自行车等非机动交通方式、公共汽车、轻轨和火车等比汽车更具竞争力,同时通过土地使用的调整减少城市中总的交通出行需求(Peter Newman,Jeffrey Kenworthy,2007),也就是需要建立基于生态化目标的城市交通体系转型策略。

2) 公交体系

一个理想的、多层级公共交通体系一般应当由满足长距离出行的地铁系统、中等距离出行的轻轨系统和满足短距离出行的巴士系统组成。这一多层级体系尤其适用于南京这样的特大城市,根据南京地铁规划,到2030年南京轨道交通线网将由7条地铁线、8条市域快线和2条轻轨线构成,因此,一个多层级的公交体系有望在南京得以实现。但南京轨道交通系统规划中仍有两个问题值得讨论和深化。其一是线路的延伸问题,目前的线路规划侧重于现状建成区的交通需求,建议将轨道线路进一步向城市外围扩展并作为新的城市空间发展的"脊",促成新的城市空间结构的生成;另一个是地铁系统与中等及短距离公共交通的连接和转换问题,建议进行公共交通系统层面的整合,建立多层级的巴士系统。

斯德哥尔摩是在欧洲享有盛誉的、由公共交通导向的大城市地区之一,其公共交通出行率占地区城市总出行率的28%(Metrex,2006),占日常通勤总出行率的44%(地方规划与城市运输办公室,2006)。虽然已经拥有目前世界上最完备的公共交通体系,斯德哥尔摩城市规划的挑战报告(2007)依然认为"缺乏足够的公共交通供给能力是斯德哥尔摩未来发展所面临的主要交通问题",因此还需要进一步发展公共交通系统,并将新的发展区沿公共交通线路集中建设,这是城市未来主要的交通发展战略。与此同时,为了提高城市公共交通的使用效率及交通出行分布的

均衡度,未来新的就业空间将主要被安排在斯德哥尔摩南部(Söderort)地区。

3) 非机动交通网络

中国城市非机动交通网络正在缩减。虽然具有自行车、步行等非机动交通的良好传统以及较好的配套设施;但是近些年来,一些城市为了缓解机动交通拥堵问题,采取了拓宽机动车道,修建新的交通干道或高架路等提升机动交通通行能力的方法;而所谓"拓宽机动车道",常常就是缩减、甚至完全侵占非机动车道的宽度;由此造成的安全以及相关设施缺乏维护的问题,导致了自行车交通方式吸引力的日趋下降。

汽车城市并不是唯一的现代城市的范式,尤其在旧城中,更应当避免"汽车城市"这种不适宜我国国情的城市空间发展模式。当前,提升非机动交通网络的主要措施包括:其一,修建完全与机动交通分离的步行及自行车道系统,将非机动交通网络作为一个必需的、优先考虑的部分。其二,提供更多的相关基础设施和服务来保护和复兴传统的交通习惯,例如减少汽车停车场并增加自行车停车场的供应,在公交站点提供有顶盖的自行车停车场、舒适的人行道和过街通道、有良好时间设置的过街信号灯等。其三,提升街道功能[20],强调非机动化的空间发展还能为各种各样的城市活动提供场所,有利于营造高质量的城市社会及文化环境。

4) 空间整合

首先需要打破制度上与学科间的障碍与隔阂,包括交通管理与城市规划管理之间、交通工程规划与城市规划之间的隔阂。在我国,交通工程师的任务是基于总体规划和模型趋势分析的"预测与供给"。这种传统的工作方式导致了交通组织与土地利用在功能上的分离[21]。

其次需要调整交通规划的思路与顺序。现行的"先规划机动车道,再布置自行车道和人行道,最后考虑公共交通"是一种基于"汽车城市"理念的规划思路与顺序。按照可持续交通体系的发展要求,新的交通规划顺序应当是:先规划公共交通,再形成与之匹配的自行车和人行网络,最后考虑汽车交通。这种对交通规划优先顺序的调整为生成以公共交通及步行交通为导向的城市空间发展提供了可能性。

第三是在技术层面上对交通体系与城市空间进行整合:① 遵循公交导向原则,将新的城市空间拓展紧紧围绕轨道交通沿线布置。② 围绕公交站点建设高密度、混合功能的商业服务区。③ 尽可能避免在公交站点地区设置汽车停车场。④ 巴士和自行车停车设施更适合于布置在公共交通站点地区,如果巴士时刻表与轨道交通运行时间能很好地匹配,则有可能提供一体化的快捷公交体系[22]。⑤ 根据交通条件决定土地利用方式。例如"荷兰A、B、C系统"提供了这方面可行又合理的参考(荷兰规划、住房与

环境部,1995)。区位 A 适合于需要有便捷的公共交通连接的功能,如办公区、医院、教育设施、商业区和娱乐设施等;区位 B 适合于需要多样化、混合通达的功能;区位 C 适合于需要优良货运条件的功能,如仓库、产业用地等(图 12-17)④。

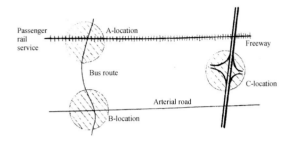

图 12-17 根据交通设施不同所划分的 A、B、C 区位示意

资料来源:根据 Newman P,Kenworthy J. Sustainability and Cities[M]. Washington D C: Island Press,1999 编绘.

5) 管理政策

除了西方城市的成功经验,新加坡和香港等城市行之有效的交通管理政策对发展中国家的城市有很好的示范作用,其成功经验大致上分为可资借鉴的三大类:

(1) 优先发展公共交通和非机动交通的政策 首先是资金投入,除了道路建设,政府更应在公共交通基础设施方面保证有大量的资金投入,例如新加坡政府就将资金重点投入到大众捷运系统(MRT)的建设中;斯德哥尔摩市政府通过补贴的方式保证公共交通的低资费。其次是交通规划与管理政策,例如通过巴士专用道、只允许巴士通行的街道和只允许巴士转弯等体现公交优先,或通过设置交通限行区保证巴士在城市中心区的顺畅通行等。第三是从文化价值上予以鼓励,例如斯德哥尔摩的公交文化,哥本哈根对骑自行车的人在社会文化上的尊重倡议等。

(2) 限制小汽车发展的政策 使小汽车的使用不方便或受限制,是通过交通管理政策限制小汽车发展的主要思路。其一,按照机动车牌照号码对小汽车实施限行,例如北京市规定每辆汽车每周限行一天,这样每天大约可减少 20% 的交通量;其二,对汽车停车场的设置实行严格的限制与管理,实行停车场的有限供给,尤其是在 CBD 和次中心地区,例如波士顿实施的 20 年停车场供应的冻结计划,哥本哈根计划在城市中心不再增加更多的道路容量,并在 15 年内每年减少 3% 的停车场;其三,不断扩大 15~30 km/h 的限速区(即慢速区)范围。

(3) 交通管理与技术 新技术的应用为实现可持续交通体系提供了有力的支持。香港采用了计算机化的地区交通控制(ATC);苏黎世、斯德哥尔摩等欧洲城市建成了地铁与巴士,以及各类公交方式之间协调、高效的系统,公交通票、旅行交通卡和预付票费等适用于所有的公共交

通方式,同时还拥有专业的市场营销与旅客信息服务系统。

6) 经济工具

旨在"增加小汽车拥有与使用成本"的经济措施被广泛应用于控制小汽车的使用。目前在全球应用较为广泛的经济工具包括:

① 征收燃油税或汽油附加税;② 设立较高的车辆注册登记费用;③ 征收影响空气质量的车辆注册登记附加费;④ 对大排量汽车收取使用费;⑤ 征收拥堵费;⑥ 对单人占用车辆(SOVs)收取拥堵费;⑦ 对新建道路征收通行费;⑧ 设置较高的停车收费;⑨ 通过停车收取商业集中税;⑩ 新加坡著名的地区发牌制度(area licensing scheme);⑪ 购买汽车的资格权证明制度(例如新加坡的 COE);⑫ 对巴士票价实施高补贴;⑬ 建立数字速度显示和慢速区违规的双倍罚款制度等。

在小汽车普及并成为交通出行习惯之前,努力优化城市交通组织,使公共交通、非机动交通成为城市居民交通出行选择的主导方式,这对于实现城市空间发展交通体系的生态化转型至关重要。

不同的交通模式深刻地影响着城市空间发展的生态化水平。汽车城市在交通需求量上明显高于步行城市和公交城市,其蔓延的土地利用模式还导致了不经济、环境破坏等一系列的问题。在宏观层面,公交模式对城市交通体系的可持续性有着决定性的影响,由于提供了高质量的公共交通,并将城市空间及功能组织与公共交通系统整合一体化发展,总的交通需求明显下降。在微观层面,步行城市更能促进环境和社会的可持续发展。

以实现城市交通体系的生态化转型为目标,中国城市应选择"鼓励并优先发展公共交通,并遵循以非机动和公共交通导向的城市交通模式";建立多层级的公共交通体系、提升非机动交通的网络建设、实现交通体系与城市空间的整合发展、制定并实施交通管理政策,以及利用经济工具遏制小汽车的使用等,是实现从目前的汽车城市发展趋势向生态化的交通体系转型的重要策略。

12.3.3 绿地系统的生态化转型

1) 绿"量"平衡

城市绿量是国内外衡量生态城市的最重要指标之一。联合国生物圈生态与环境保护组织就规定生态城市的绿化覆盖率不低于 50%,人均绿地不少于 60 m²,居住区内人均绿地至少为 28 m²。在我国,创建"生态园林城市"的主要指标也强调绿地总量的控制⑤。从这一点看,"绿"量应当是越多越好。但在现实的城市空间发展过程中,绿地系统建设又会受制于经济、社会等发展需求的制约,因此更重要的是需要在自然环境本底与人工的城市空间之间寻求一个适宜的平衡,当然不同的城市其平衡点是存在差

异的。

关于绿地系统与城市空间紧凑发展之间矛盾的争论由来已久。但它们真的是一对矛盾吗？事实上，城市的蔓延发展从来都不是因为绿地系统扩展的需要，而城市的紧凑发展也只是相对的，甚至恰恰是局部的紧凑发展为整体绿量的增加提供了可能性。斯德哥尔摩城内拥有大片保留的自然水面及森林绿地，并由此形成极富特色的城市景观；与此同时，它又是倡导紧凑城市，并积极付诸实践的典范。这一案例说明，"紧缩"并不一定意味着城市内部低质量的生态环境。虽然从表面上看"紧缩城市"与绿色空间是一对矛盾，但实际上它们处于问题的不同层面。"紧缩城市"讨论的是城市人工建成环境自身的形态结构问题，是城市空间发展生态化水平提高的前提和基础；而提高植被覆盖面积，提高城市整体环境质量，却必须依赖区域生态环境整体的健康与平衡来解决。

城市空间发展在提高绿"量"的同时，还需强调绿地系统的"质"。城市绿地系统建设应模拟自然群落，使乔木、灌木、草本和藤本植物因地制宜地配置在一个群落中，使具有不同生态特性的物种能相互协调，各得其所，有复合的层次和相宜的季相色彩，构成一个和谐有序、稳定的植物群落。同时要重视保护天然次生林，多造混交林，少造单纯林。通过强调自然特征在城市空间发展中的重要地位，保护现存的有价值的自然环境，修复被破坏的自然环境。

研究表明，城市绿化覆盖率与热岛强度成反比，绿化覆盖率越高，热岛强度越低，因此建立规模化的集中绿地是最能直接削弱城市热岛效应的做法。南京大学大气科学系余志豪指出，"减少热量排放，增大绿化面积是减弱热岛效应的根本途径"。另外，利用河流、主要道路等创造城市风道，加快城市气流运动也是减弱热岛效应的有效方法之一。

2) 区域绿网

广义的绿地系统是以区域性、开放性、生态复合型为基本特征，包括耕地、林地、水体、湿地等，不仅仅局限于自然保护区、风景区等狭义绿地的含义。因此，需要从城市都市区甚至更大的区域范围来考虑构建城市绿色空间网络体系的问题。绿化带应当成为一项公共的资产，为地区中城市与乡村社区所共有。"如果一个城市不与周围乡村结合，它永远不可能是可持续发展的。为可持续的未来进行规划，必须同时考虑城市和乡村的文脉。"（Varis Bokalders，Maria Block，2007）

在城市空间组织中应打破城乡二元壁垒，以区域城乡景观统筹的观点，重新认识自然生态及整合的价值；应强调自然生态空间、生态农业（食品供应安全、生态价值）景观等非建设用地的必要性，从而使自然环境渗透并环抱城市空间，并为城市及郊区提供大部分的粮食需求[①]。素有"花园城市"美誉的新加坡正是采用城市与乡村结合的思想，在城郊建设"原始公园"，将农田和森林及其他景观融进"田园城市"建设中，取得了良好的效果。生态城市伯克利的"都市农业组织"还帮助居民提供园艺及种植方面的技术和产品。

库里蒂巴的绿地系统规划是基于城市辖区范围制定的，包括9个森林区、282个花园广场、259块公共绿地以及无数私人的花园和绿地，人均绿地面积达到581 m²。规划针对不同绿地类型所制定的原则有：① 河湖水系顺其原貌，决不裁弯取直进行"整治"，河床与河道不做防渗、硬质化处理，河道旁保持丰富的自然植被；② 将定居在河流泛滥的低凹平原上、最高水位以下的居民全部迁出，将其恢复为分洪蓄洪的湖沼湿地，建设滨水公园；③ 公园建设强调文化多样性和生物多样性，由政府免费提供绿地，由不同社会实体进行保护和开发，建成有特色的主题公园，保留一部分森林、草地和湿地，以维护地方的生物多样性；④ 注重树种多样化配置和视觉美学效果，同时也为野生动物提供栖息地，绿化所用树木多是本地树种。

通过区域景观途径保护生物多样性被认为是重要而有效的，在城市总体规划中需要提出有利于生物多样性保护的空间战略，进而指导城市区域绿地系统的保护、规划、建设与管理。国内外学者相继提出了一些关于生物多样性保护景观规划的途径和方法，如福尔曼（Forman）的"集中与分散相结合"的原则，我国学者俞孔坚的"景观生态安全格局"等。

尽管生物多样性保护的途径和方法各异，但是如下措施被普遍认为是有效的，对克服人为干扰有积极作用：① 建立绝对保护的栖息地核心区；② 建立缓冲区以减小外围人为活动对核心区的干扰；③ 在栖息地之间建立廊道；④ 适当增加景观异质性；⑤ 在关键性部位引入或恢复乡土景观斑块；⑥ 建立物种运动的"跳板"以连接破碎生境斑块；⑦ 改造生境斑块之间的质地，减少景观中的硬性边界频度以减少生物穿越边界的阻力等[②]。上述措施证明，区域绿色网络体系的建立对于生物多样性保护常常起着决定性的作用。

以斯德哥尔摩国家森林公园为例，其作为公园的独特价值在于其不但与区域绿色网络体系连为一体，而且楔入城市建成区内部，并深入到城市中心。如图12-18所示，森林公园由核心区和缓冲区构成，不同区域的自然环境特征与质量不同，生物多样性也有明显的差别。基于国家及区域层面的环境质量目标，斯德哥尔摩国家森林公园的规划特别注重生物多样性的研究，并力求在城市及城市地区的空间战略中保护并进一步发展其生物多样性。研究通过绘制综合的生境分布图将国家及区域层面的环境目标具体化，再结合原有土地使用性质对生境进行分区，最后以环境目标为导向进行具体的物质空间规划,具体措施包括在核心保护区外围设立缓冲区等等。

除了可以推动区域生物多样性的保护,以区域景观途径看待城市空间发展还有助于推动新型城市体系的形成。一个典型的例子来自德国的鲁尔工业区,为期十年的国际建筑展(1989—1999 年)"埃姆舍尔景观公园"项目把整个鲁尔工业区 17 座城市连成了整体,规划从生态角度出发,将 800 km² 用地和 250 万居民的生活和工作空间通过埃姆舍尔景观公园——一条公共绿地长廊联系在一起。这个案例提示我们,城市空间发展的绿地系统不只局限于单个城市,从区域尺度建构绿色空间网络体系既有利于城市景观以及城市之间环境的再组织,更有利于推动一种基于区域生态整合发展的新型城市体系的形成。

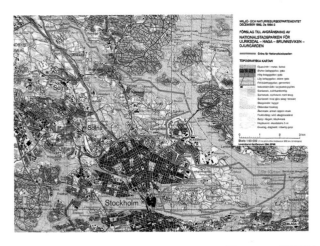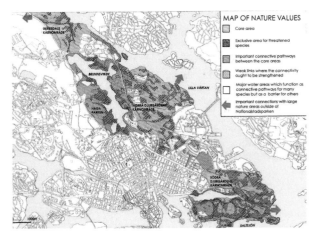

图 12 - 18　斯德哥尔摩国家森林公园规划
资料来源:http://www. nationalstadsparken. org/english. htm.

3)绿色廊道

城市绿色廊道的宽度根据廊道设置的目标而不同,一般来说,在满足最小宽度的基础上越宽越好。罗尔令(Rohling)在研究廊道宽度与生物多样性保护的关系中指出廊道的宽度应在 46～152 m 较为合适。福尔曼(Forman)和戈德恩(Godron)认为对于草本植物和鸟类来说,12 m 宽(一个显著阈值)是区别线状和带状廊道的标准,对于带状廊道而言,宽度在 12～30.5 m 之间时,能够包含多数的边缘种,但多样性较低;在 61～91.5 m 之间时具有较大的多样性和较多的内部种。克萨提(Csuti)则认为理想的廊道宽度依赖于边缘效应的宽度,通常情况下,森林的边缘效应有 200～600 m 宽,而窄于 1 200 m 的廊道不会有真正的内部生境。佩斯(Pace)的研究提出河岸廊道的宽度应为 15～61 m,当河岸和分水岭廊道的宽度为 402～1609 m 时,能满足野生动物对生境和迁徙的需求;而当道路廊道达到 60 m 宽时,可满足动植物迁徙、传播以及生物多样性保护的功能;绿带廊道宽度达到 600～1200 m 时,能创造自然化的物种丰富的景观结构。综合上述研究成果,可以大致将城市绿色廊道按规模分为三类:12～30 m 为最小宽度的带状廊道,生物多样性较低;40～150 m 为中等宽度的绿色廊道,生物多样性提高,内部种群数较多;600～1 200 m 以上宽度的绿色廊道才有可能提供真正能保护生物多样性的、自然化的生境。

伦敦环城绿带是城市绿色廊道规划与实践的典范。早在 1984 年,英国大伦敦议会就要求地方政府认定并提供对具有自然保护价值场地的保护。目前,伦敦市拥有大面积的绿地并已形成了网络,仅市级自然保护场所就有130 多处,其环城绿带宽度达 8～30 km。由于开展了较好的城市绿色廊道建设,在伦敦市中心的皇家公园里就有40～50 种鸟类繁殖,环城绿带上的鸟类超过了 80 种,另外还有狐狸、鹿等生活在伦敦市区。

在瑞典,绿色廊道的建设被赋予更高的价值与期望。绿色廊道将城市与乡村连接起来,相互依存。乡村为城市输送本地的食物、清洁的空气、物质与能量循环的空间与场所(例如实现废弃物的本地循环过程),同时城市为乡村提供丰富的公共服务。绿色结构(Green Structure)被当做城市空间发展所必需的、有价值的资产来看待,它还为未来利用新技术解决垃圾和污水的处理提供可能性。

根据形态结构的不同,城市绿色廊道又可分为环绕式、嵌合式、核心式、带形相接式等(图 12 - 19):

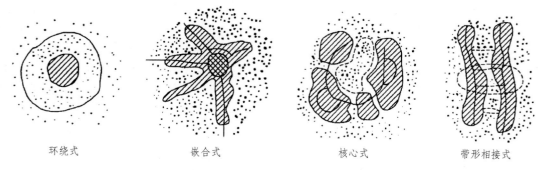

| 环绕式 | 嵌合式 | 核心式 | 带形相接式 |

图 12-19 城市绿色廊道的形态布局

资料来源:焦胜,等.城市生态规划概论[M].北京:化学工业出版社,2006.

(1) 环绕式 "环绕式"绿廊对限制大城市的蔓延发展有显著作用。"大伦敦规划"属于典型的环绕式,规划把从市中心起半径 48 km 内的地区划分为 4 个同心圆,即城市内环(集中发展区)、郊区环带、一条宽约 16 km 的绿化带和农村环带。环城绿带的设置对伦敦城市空间的发展产生了重大影响,并进一步促成了限制中心城区扩展蔓延、发展分散的新城的规划模式。

(2) 嵌合式 城市绿地系统与城镇群体在空间上相互穿插的形态被称为"嵌合式","嵌合式"的变形即可形成楔形、带形、片状为主要形式的绿地系统,丹麦哥本哈根的指状规划、莫斯科的楔形绿地、大赫尔辛基的"有机疏散"规划(1918)都属于此类。

(3) 核心式 "核心式"是由城市群体围绕大面积绿心发展的形态,与一般城市公共绿地不同,其绿心尺度巨大,常常由森林、农田等非建设用地构成。一个典型的例子是荷兰兰斯塔德地区,是包括了鹿特丹、阿姆斯特丹、海牙等城市的城市带,其中心不是密集的城市群,而是由大面积农业景观构成的"绿心",各城市建成区与"绿心"之间以绿色缓冲带相隔。

(4) 带形相接式 "带形相接式"绿地系统是在城市轴线的侧面与城市相接,使城市群体保持侧向的开敞,绿地系统能发挥较大的效能并具有良好的可达性。如 1965 年巴黎的城市规划,沿塞纳河两侧建了 8 个新城,在两条主轴线上还形成了一系列垂直的短轴。

选择何种绿色廊道形态需要根据城市空间发展的具体条件及情况进行分析确定。城市空间发展绿地系统生态化转型的重要内容之一就是对城市绿色廊道的保护、恢复与建设。例如台北就将"生态廊道与网络恢复"作为其生态城市规划策略实施的重点,并将其城市空间按照绿色廊道与网络体系划分为绝对保护区、条件保育区、建成区生态廊道恢复区及一般建成区。

4) 规划导则

城市绿地系统具有生态的、社会的和文化的多重功能,在城市规划中应赋予绿地系统与开发利用土地同样的重视。城市的空间增长应该被严格限制在绿化带以外的

区域,空间增长的边界取决于基地特殊的资源条件。利用规划导则划定并保护城市绿地系统的边界是城市总体规划和控制性详细规划空间管制的重要内容,也是实现城市空间发展绿地系统生态化转型的又一重要策略。

纽曼和肯沃西(1990)关于在城市空间增长过程中的绿化带(绿地系统)规划导则[①]为我们提供了有益的借鉴,其主要内容包括:

(1) 严格控制绿化带的边界——"绿线" ① 绿化带区域内的土地应保持其固有的自然特征及现有的使用方式,保护其生态价值;② 绿化带应当保护重要的景观与土地利用,包括自然生境、农用地、水域、森林、娱乐用地及乡村景观等;③ 以地区整合发展为目标,绿化带区域的划定同时也为城市空间发展约束了边界。

(2) 绿地系统规划与其他城市空间增长策略的一体化 ① 禁止在绿化带内进行城市开发;② 绿化系统规划自身还不足以形成并限制城市空间的发展;③ 城市空间增长的有效管理需要许多相关策略,诸如倡导再城市化(reurbanization)、限制最低密度、发展都市村庄和卫星城发展政策以及鼓励区域整合发展等。

(3) 确保长期的、积极的规划 ① 绿化带的规划是长期的和永久的;② 绿化带规划应作为地区空间增长管理必需的组成部分;③ 增长管理和战略规划应当是 30～50 年的远景规划,要预见到人口、城市增长压力以及土地利用的变化,使规划切实可行。

12.3.4 市政设施系统的生态化转型

1) 闭合循环

从传统的末端处理转型为相对独立、封闭的、物质循环与能量流动生态循环体系是城市空间发展市政设施系统生态化转型的核心,这一转变也正是城市未来发展所面临的最大挑战之一,正如纽曼和肯沃西(1999)所指出的,城市要成为更宜居、更人性、更健康的栖居地,必须首先学会节约自然资源、减少废物排放以及环境影响。

所谓"闭合循环",是对城市新陈代谢的重新设计,使之与自然的过程相协调(Girardet,1990),在城市水、能源

与废弃物管理中推广和使用新型环境技术,使城市生命支持系统最终成为闭合的循环系统②。例如,为了实现城市排水系统的"闭合循环",瑞典生态城市报告(1995)中建议并实践了一种以生态循环为导向的方法③,其实质是向自然的水文过程学习,尽可能使用生物的方法,如恢复湿地、设立岸线保护区、建立沟渠排水系统、沿河道设立非耕作的自然植被保护区等,所有这些都是以"闭合循环"为目标,因此可以成为传统的"混凝土与管道"解决方式的替代方法。

"闭合循环"的目标是减少城市的资源输入和废物输出,减少环境影响。以台南新生态城市能源系统规划为例,其城市能源系统包括生长能量农作物的区域、酒精厂、沼气站、多种能源合作生产的工厂、服务城市的中央冷却系统、屋顶光电和太阳能集热器和风力发电机。规划尽可能使其能源供应不依赖区域远程提供,尽可能做到本地化和可再生化(图 12-20)。近二三十年盛行于欧美的生态村建设也是实践"闭合循环"的范例,生态村代表着一个小社区和大自然和谐共处的理念,其建筑、场地和技术系统都被设计为尽量有利于本地的生态循环、减少能耗、循环利用水资源以及尽量利用可再生能源等。

图 12-20 台南新生态城市

资料来源:瓦里斯·鲍卡戴斯,玛丽亚·布洛克.可持续发展的城市与建筑[J].世界建筑,2007(7):34.

物质循环与能量流动"闭合循环"的实现离不开城市和乡村之间的紧密联系,城乡之间由各种提供社会基本需要的生态循环圈连接。因此其目标还不仅仅是自足,而是更有效地利用本地资源、减少气候变化,去创造一个刺激本土文化、鼓励本土产品和推进本土经济发展的全新的城乡地区(图 12-21)。

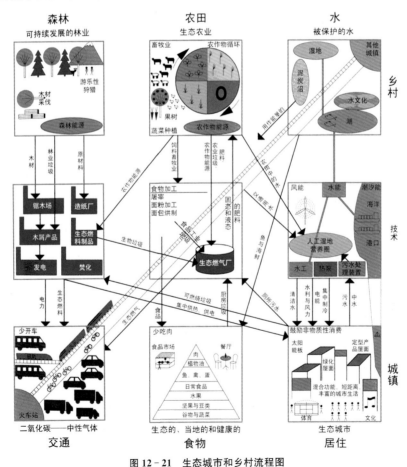

图 12-21 生态城市和乡村流程图

资料来源:瓦里斯·鲍卡戴斯,玛丽亚·布洛克.可持续发展的城市与建筑[J].世界建筑,2007(7):35.

（1）能源的"闭合循环" 实现能源的"闭合循环"对减少二氧化碳排放有着决定性的意义，欧美等发达国家的主要能源战略已由油、气等不可再生能源向太阳能、水利、风能等可再生能源转化。相比之下，我国城市的能源结构调整尚处于由煤炭向油、电、气转型的初级阶段。例如南京目前所施行的能源发展战略(2007)①主要包含两个方面：一是调整能源结构，发展清洁能源战略。二是推动生态型工业园区和生态型企业建设，实现能源的循环再利用。南京优化能源结构的重点为：逐步降低煤炭在一次能源结构中的比例，实现以油代煤、以气代煤、以电代煤使能源结构优化；提高天然气、太阳能等清洁、高效优质能源的比重，逐步形成以电能为主的能源消费结构，减少对外部能源的依赖。与此同时，积极建设生态工业园区，促进园区内企业间物质流、水流、能量流集成，合理营建企业间共生耦合关系，实现能源利用最大化和废弃物排放最小化。鉴于中国城市处于能源结构调整的特殊发展阶段，需要寻求适宜的能源"闭合循环"实现路径。

鉴于世界能源发展的趋势以及发达国家的经验，从长远来看，推广太阳能、风能等可再生能源，注重热能循环利用、垃圾焚烧发电等将更加符合城市能源"闭合循环"的要求。以太阳能利用为例，除了技术已相对成熟的太阳能集热器、太阳能光电板等，科学家们将来还有可能设计建造巨大的"太阳能塔"（美国生活科学网，2008）。太阳能塔的设计高度为800～1 000 m，周围还围绕着一个直径为 1.5 miles 的温室遮篷。通过太阳能加热塔中的空气，并转换成为电能，预计一座太阳能塔就可以为 20 万户居民供电（图 12－22）。与煤、天然气和核发电等传统电能制造技术相比，安全、高效、无排放的太阳能塔被认为是未来最理想的电能生产途径。

图 12－22　未来的太阳能塔

资料来源：新华网.美国计划建1 000 米高"太阳能"塔发电[EB/OL].[2008－07－04].http://news.xinhuanet.com/tech/2008－07/04/content_8486766.htm.

（2）垃圾的"闭合循环" 从 1990 年代初开始，日本采取了以减少垃圾来实现循环型社会为主要内容的生态城市建设，其中又以垃圾焚烧发电供热最为成功。日本的垃圾焚烧率高达 90％以上，焚烧后的垃圾灰又作为"生态石灰厂"的原料，形成了近乎完整的"闭合循环"。

垃圾分类收集是垃圾"闭合循环"的前提。目前欧美等发达国家都建立了完善的垃圾分类系统。以德国为例，每户德国居民住宅门前一般都有黄、蓝、黑、绿四只色彩鲜明的垃圾桶，桶上都贴有简明易懂的垃圾分类图案。黄桶上注明装废弃金属、包装盒和塑料；蓝桶和黑桶分别收集废纸和普通垃圾；绿桶则收集从普通垃圾中分类出来的蛋皮和茶叶等生物垃圾。从 2000 年开始，中国城市垃圾分类收集首先在广州、南京、杭州、深圳等 8 个城市进行试点，由于缺乏后续系统的处理与利用，分类试点尚主要着眼于材料的回收利用。统计显示，2005 年深圳城市垃圾分类率达到 60％，材料回收利用率达到 25％。

垃圾处理是垃圾"闭合循环"的关键。目前中国城市普遍采用的卫生填埋处理，虽然处理成本低，但对环境的潜在影响很大。如何从市场化角度解决城市垃圾处理的经济投入问题？使废物变为资源、鼓励更多的对垃圾实行循环再利用的处理方式、全面推进城市垃圾处理行业的产业化转型成为解决问题的关键。新建的垃圾处理场要按照市场化要求，实行特许经营制度，通过社会公开招标确定投资和运营主体。国内外较常采用的产业化运作方式主要有：BOT（建设—运营—移交）、PPP（政府公共部门和私人部门合作投资和建设），以及 TOT（政府转让经营权）方式。比较而言，以 BOT 方式进行法人招标建设运作比较符合中国城市目前的现实情况②。

（3）再生水回用 再生水回用可以有效缓解城市水资源匮乏的压力，也是一种典型的城市供水"闭合循环"的方式。以北京为例，2007 年北京市区的 9 座污水处理厂共处理污水 8 亿 t，其中 4.8 亿 t 经过处理的再生水被重新利用，再生水回用率达到 60％。2008 年，随着三项再生水深度处理工程的相继竣工，唐山城市再生水有效利用率达到了 30％，全市日产再生水 13 万 t，在为热电厂、钢铁厂等用户供应循环冷却补充水的同时，还为城市公园提供绿化用水，每年可替代地下水 4 700 万 t。

由于实现了百分之百可再生能源系统、废弃物回收系统和暴雨管理系统，马尔默西港区（Bo01）改造被公认为是生态和可持续性小区的建设范例，其最重要的生态化策略就是在改造区域内建构了一个完整的"闭合循环"体系。

Bo01 的能源利用包括太阳能、风能和水能，所有这些都是可再生能源，其能源体系还与城市电力供应系统相连接，用能高峰时，Bo01 可以从城市系统预借能源使用，而用能低谷时又可将富余的能源供给城市系统。通过这种灵活的调节，Bo01 基本上实现了能源总量上的自给自足。

Bo01 还引入了最新的技术处理水和废弃物。从污水中分离出的营养物和磷酸盐,被用做肥料循环使用。生活垃圾被仔细地分为:报纸、纸板、金属、塑料、彩色玻璃、防护白玻璃、残留垃圾和有机物垃圾等,分别投入分类的地下管道系统中,其中食物垃圾经地下的废弃物处理机和一个自动的真空系统传送到地下收集罐中。罐满后,一个真空的垃圾车再将其送到生物气体加工厂(即沼气反应场),通过厌氧分解,有机废弃物被转化成生物气体、肥料和车辆燃气,这样残余物已减少 80%。那些最终无法分类的垃圾和残留污物被用做生物燃料和焚烧,燃烧的热量供城市供暖系统使用。

2) 整合规划

在传统的市政设施规划设计中,给水、排水、电力、能源、废弃物处理等各子系统都是相互独立、自成系统的。市政设施各子系统在空间以及形式上的分离最终导致了城市在物质循环与能量流动上的断裂与滞留,从而引发城市日益严峻的生态环境问题。如果能够在市政设施各子系统之间建立基于"闭合循环"的、跨系统的整合规划,使城市生态系统的物质循环与能量流动能够建立在一个共同的平台之上,无疑将会促进市政设施系统的整体生态化转型。

2000 年以来,国内在市政设施整合规划的实践方面已经开始了一些积极的探索,其中上海东滩生态新城由于在其规划中形成了以可再生能源生产和污染物生态化处理为核心、以区域资源一体化供应为发展方向的市政基础设施生态化转型模式而备受关注。

(1) 排水与给水系统的整合 以水处理系统为例,根据测算,东滩生态新城与采用"混凝土+管道"的常规水处理模式、同等规模的城市在水消费上将缩减 43%,水排放上(指通过排水管道的排放)将减少 88%。这一结果得益于其通过生态湿地净化处理污水,雨水利用与中水利用等一系列将排水系统和给水系统加以整合的一整套完整的水处理方式,而所有这些还在一开始就与物质空间的规划相结合,例如生态湿地的布局、雨水与中水储存设施的分布等。

(2) 废物处理、污水处理及资源循环利用系统的整合

在废弃物管理方面,东滩规划提出以污染物生态化处理为核心的市政基础设施生态化模式。该模式以废弃物处理和污水处理为中心环节,协调市政基础设施各子系统之间的运作,在形成各子系统内部管网、设施循环、一体化运行的同时,提高废弃物的利用率(图 12-23)③;而相应的,其物质空间布局中关于市政设施的布点及管网布置均较传统方式存在显著差异,需要通过将废弃物处理和污水处理加以整合的规划得以实现。

(3) 可再生能源生产与环境保护系统的整合 东滩生态新城规划还提出以可再生能源生产为核心的基础设

施生态化模式(图 12-24),该模式类型是强调以可再生能源开发为基础,以能源生产系统的生态化建设为运行起点的基础设施生态化模式类型。这一模式的关键之一是能源的选择以可再生能源为主;关键之二是将还原环节和能源生产环节相结合,在治理环境污染的同时生产能源③。

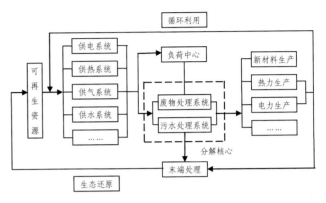

图 12-23 东滩以污染物生态化处理为核心的基础设施生态化模式结构图

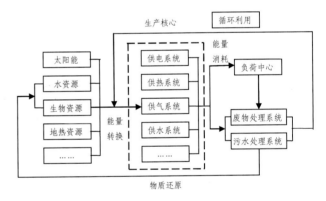

图 12-24 东滩以可再生能源生产为核心的基础设施生态化模式结构图

(4) 区域资源一体化供应 区域资源一体化供应模式(图 12-25)强调的是城乡市政设施系统整体化发展,规划以区域资源供应的联动化为核心,运用物种多样性原理,形成区域的基础设施功能的多样化供应。这一模式强调水、电、热、气供应的调峰供应和联动供应,提高系统供应的灵活性、多样性,确保基础设施供应网络的运转平衡。具体体现在水利设施、电网设施、通讯设施、给排水设施、环卫设施等的区域一体化布局和建设以规模化发展、一体化供应,保障资源利用的高效性、环境保护的协调性,促进地区基础设施建设的整体发展;同时促进区域能源供应的稳定性,提高区域内基础设施供应的安全性,减少突发事件对供应网络的影响以及对地区生态系统的破坏。

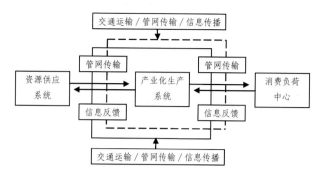

图 12-25　东滩以区域资源一体化供应为发展方向的基础设施生态化模式结构图

3) 全过程介入

在传统的城市规划设计体系中,市政设施系统规划通常是在物质空间规划方案确定后,在其基础上进行的后期配套规划。这一做法使得环境工程师的工作十分被动,在规划师与环境工程师之间难以开展基于环境目标的、有效的合作与讨论。近些年来,在全球生态危机、环境压力及可持续发展的背景下,基于环境目标的规划越来越受到业界的重视,这一变化也从根本上改变了市政设施系统规划在整个物质空间规划中的地位与作用。市政设施系统规划正经历着从后期配套到前期目标主体的全过程介入转型。

1995—2015 年瑞典哈默比湖城规划的目标是使湖城的环境影响减半,其中还特别强调对全球气候变化产生直接影响的碳排放的减半,这一目标的实现在很大程度上依赖于水、能源以及废物处理等市政设施系统的转型规划。

加拿大绿色 Benny Farm 项目(2005)也是将市政设施系统改造作为前期目标主体的典型案例。绿色 Benny Farm 是对四块用地上的 187 个居住单元进行可持续性改造和更新的项目,其规划设计目标包括减少温室气体排放、节约可饮用水资源、治理污水以及固体废弃物回收利用等。为了实现这一目标,项目组从一开始就明确了以绿色基础设施整合街区改造与发展的技术线路,项目组由规划设计师、开发商以及相关环境工程设计师构成,改造市政设施和建筑是本项目生态建设的核心内容。

Benny Farm 项目的市政设施改造涉及能源系统和给排水系统,它们彼此相连而又互相辅助。其中能源系统的改造策略主要有:太阳能提供家用热水、储藏热水;夏季利用地板辐射制冷;热泵利用地热;太阳能与地热储存之间的热交换系统等。水系统改造则包括:中水收集;中水储藏;紫外线消毒、过滤网过滤处理中水;绿植屋面;涵养雨水过滤排放至含水层后多余水分的蒸发;减少40% 的可饮用水需求;减少排放至城市污水处理厂 66% 的污水等。

Benny Farm 项目为我们提供了在城市以街区及社区为尺度,推动城市空间发展生态化转型的可能性。在世界范围内,一些致力于更高效的水利用、更完全的垃圾处理的最新技术被应用在城市中的较小尺度——社区管理的实践中,同样可再生能源技术也在小尺度的城市项目中得到较好的推广与应用。这些实践经验提示我们,基于社区尺度的城市市政设施生态化策略的重要性与可行性。

综上,分别从土地利用、交通体系、绿地系统和市政设施四个关键领域提出相应的城市空间发展的生态化转型策略,具体包括:土地利用的内向发展、有机紧缩、密度分区、景观多样和混合功能策略;交通体系的公交体系、非机动网络、空间整合、管理政策和经济工具策略;绿地系统的绿"量"平衡、区域绿网、绿色廊道和规划导则策略;市政设施体系的闭合循环、整合规划和全过程介入策略等。这一系列转型策略共同构成了基于整体的城市空间发展生态化转型的宏观战略体系。

12.4　技术策略:生态型城镇的规划建设

在当前节能减排形势严峻、生态环境严重恶化的背景下,国内的生态探索却处于一种零敲碎补的起步阶段,其中基于生态理念的城镇规模的实践更是举步维艰、近于空白。这除了生态型城镇建设本身多层面、多学科交叉的复杂特征和缺乏与之相对应的有效规划依据之外,往往还交织着多方面的现实问题,比如说经济上的可行与否、技术上的成熟与否、整体框架的建构与否、评价体系的确立与否、法规政策的健全与否等等——这就需要我国在新型城镇化建设的大背景下,以生态理念为导向引导城镇的良性规划与建设,确立从规划到评估、从技术到政策的系统化策略。

12.4.1　环境规划的编制

基于生态理念的和谐城市建设,不但需要像北欧的生态型城镇那样将环境规划真正地引入我国的规划体系,形成一种同现有体系的不同层次有机衔接的、涉及从宏观到微观各个层面的新型的规划门类,还要将其纳入规范化的编制轨道,为其框定相应的编制流程、目标要求、内容体系、成果指标等,使之成为生态环境规划的关键性依据,从而确立其在我国现有规划体系中相对成熟的地位和职能。至于环境规划同现有体系的衔接关系,则不同的层次可采取不同的衔接模式(表 12-3):

其一,城镇体系规划层次——环境规划本身的工作量不是太重,成果要求也不是特别丰富和自成系统,可不必划出来单独编制,可结合城镇体系规划同步编制,即采取"一体化"的衔接模式。

其二,总体规划层次——对于大中城市而言,由于规模庞大、功能复杂、往往会导致城市的总体规划在整体生态环境的探讨上不够深入与系统，便需要将环境规划作为专项单列出来进行编制，展开更加透彻和系统的研究，即采取"专项化"的衔接模式；但对于小城市而言，由于规模有限、功能相对简单，城市总体规划做出的安排基本上已能满足需求，便不用再将环境规划列为专项单独编制，而可结合总体规划同步编制，即采取"一体化"的衔接模式。

其三，控制性详细规划层次——作为城镇建设最为直接和有效的管控依据，它主要针对地块划分、容积率、建筑高度、密度、体量、工程管线、社会经济等方面做出分析和规定，但这同环境规划相比，在关注的对象上还是存在着较大差别，故需要将环境规划作为专项单独进行编制，即采取"专项化"的衔接模式。

表 12－3　环境规划同我国现有规划体系的衔接分析

衔接模式	基本特征	运行方式	适用规划层次
一体化	环境规划贯穿渗透于城市规划的整体过程，并与之紧密结合	环境规划作为各层次规划的必要构成，系统地进入城市规划体系	城镇体系规划层次；总体规划层次（小城市）
专项化	将环境规划内容单列为一类特殊的专项规划进行编制	环境规划参照专项规划的运行方式和审批办法单独开展编制工作	总体规划层次（大中城市）；控制性详细规划层次

12.4.2　生态技术的运用

欧美的生态型城镇建设实质上属于以高技术为核心的各层次技术的综合化、规模化运用，所以它们虽会应用当今最为先进的材料、光电技术及人工智能技术，但也不会排斥太阳能板、排水渠、绿色屋面等中间技术甚至地域技术的运用。有鉴于此，我国城镇建设的生态技术运用可以遵循以下原则：

其一，技术运用的本土实用性。受制于我国生态实践低起点、经济科技低水平的现实情况，生态技术的引用应破除技术至上的极端化倾向，首先考虑适应环境要求的传统地方控制技术，优先在中低实用技术层面寻求扩展和突破，重点为基于空气流动、光反射、材料适用性等基本物理原理的技术（如绿化技术和被动式的太阳能运用），而后再选用高效而又成熟的机械与人工技术（如节能照明、中水利用和机械式恒温换气）。这些立足于现有成熟技术的实用型选择，往往更具有某种技术上的可行性和经济上的合理性。

其二，技术运用的地域性分异。考虑到我国幅员辽阔，各地经济技术的发展水平极不均衡，生态技术的运用也不可强求同步、抹杀地域差异。我们可以鼓励在沿海经济技术发达地区适当超前，使用垃圾分类收集真空系统、智能系统等复杂程度较高的技术，由此获取经验和资料，

再积极推广至其他区域，或是辐射其他领域的可持续产品开发及相关专业技术研发。

其三，技术运用的跨越式升级。我国各地的资源条件千差万别，某些经济技术相对落后的地区因为具有先天的生态资源优势，如西藏的地热和新疆的风能，完全可以在政府资金和技术的扶持下，率先引入高新技术用以供热发电。可见，生态技术的运用可以结合地域优势，呈现出跳跃性的演化特征，而不应回避高技术的适时引入和跨越现实束缚的开发升级。

12.4.3　整体框架的建构

我国基于生态理念的城镇建设迫切需要改变目前散点式的局部探索状态，像西方的生态型城镇那样建立起从宏观到微观、从规划设计到建设运作等各层面协同参与的整体框架。作为一种建议，笔者根据北欧经验总结了一套生态型城镇建设的流程框架：它以"经"（不同的建构层次和专业分工）和"纬"（目标、成果、操作等不同的建构环节）构成双主线，同时与"环境评价体系"和"公众参与"的两条辅线相互交织而生成整体框架（图 12－26）。

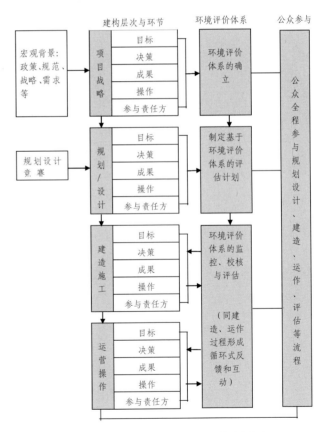

图 12－26　生态型城镇建设的建议性流程框架

12.4.4　评价体系的框定

在前文提出的整体框架中，"环境评价体系"这条辅线始终贯穿全程，可以说在生态型城镇建设的定量化监控中

发挥着至关重要的功用,其中关键的一环即是评价指标和因子的遴选。鉴于北欧的成熟经验,同时结合美国绿色建筑委员会的分级系统 LEED™® 和台湾绿建筑的评估经验®,笔者大致梳理和归纳了生态实践评估的指标因子框架,权且作为一种构想和参照(表12-4)。

表12-4 生态型城镇建设的建议性评估框架

序号	分项指标	相关因子	相关备注
1	能源	能源使用的效率,能源节约率,绿色能源的使用率,再生能源的使用率,化石燃料的使用率等	绿色能源包括太阳能、风能、地热、废热回收等; 化石燃料的使用会加剧环境的污染与能源的紧张状况
2	交通运输	公共交通的使用率®,交通可达性,满足环境生态要求的交通设施与工具的普及率,使用节能型能源的交通工具普及率,加入car-pools组织的当地家庭比率等	car-pools(汽车合用组织),可有效疏解地区的交通流量,减少私家车的使用
3	垃圾与废弃物	废弃物的分类收集率,废弃物的处理率,废弃物的回收利用率,废弃物处理的密闭率、废弃物管理的自动化程度®等	密闭式处理主要用以防范处理过程中造成新的污染和特殊公害
4	水处理	管道直饮水的覆盖率,雨水的收集与处理率,污水处理达标排放率,污水磷分的返农率,雨水中水的再利用率,节水器具的普及率等	返农率指排放的污水经净化、热循环、废水回用和养分恢复等环节后,可返用于农业用地,恢复被毁的农田
5	绿化园艺	绿地率,种植存活率,植被蓄水率,物种配置的多样性,生物栖息地的创设,人工堆肥设施的普及率等	—
6	建筑材料	材料的回收与重复利用率,再生性材料的使用率,环境验证合格的材料使用率®,地方材料的使用率®等	可依据该类材料成本在建材总额度中所占的比重来评定
7	空气	空气质量等级,CO_2 的家庭排放量,酸性物的沉积,CFCs、HCHC、HALON等物质的限用率,当地的气候特征等	CFCs、HCHC、HALON 等物质的使用会对臭氧层产生破坏作用
8	声环境	白天与夜间的噪音量等	—
9	土地	土壤污染度,土壤渗透系数,土壤保水量,土质等	—

12.4.5 法规政策的健全

目前,生态型探索在很多情况下还属于一种自产生之初便需要官方力量强制性扶持的研究和生产活动。这就需要政府围绕着生态导向下的城镇建设制定和健全有关的法规政策,除了要明文确立环境规划在我国现有规划体系中的衔接关系和成熟地位外,还有几方面的内容需要重点关注:

其一,系统的生态标准和刚性规范。这主要是针对城镇规划和建设中的能耗、用水、建材使用等内容确立刚性的全套标准,像荷兰就通过法规标准规定:建筑必须采用太阳能、屋顶绿化等技术和高性能保温材料,建材也须经检测无危害后方能付诸使用等等。

其二,相关的鼓励性条款。这一方面是为可持续产品的开发及生态技术的研究(如高效能源、智能系统等)增加投入,促进相关产品、技术的发展与推广,北欧地区在这方面研发投入的人均水平已位居欧洲前列;另一方面则是为使用可持续产品和生态技术的城镇和建筑提供资金补贴与优惠政策,像日本政府就曾为采用太阳能发电技术的楼宇提供50%的补贴,以示政府的生态化导向。

其三,相应的制约性条款。这一方面是针对潜在的反生态倾向引入经济政策和市场手段的限制效应,如欧洲三倍于美国的燃料价格(尤其是化石燃料),就为本土的生态探索提供了强大的经济动力;另一方面则是针对现实的反生态做法采取惩罚性的措施,北欧地区便对一些污染性产业和非环保产品(如难以分解的塑料制品)或实行罚款,或课以重税,以此来平衡和保障社会的公众利益和环境效益。

12.5 典型案例

北欧在城市空间生态化和生态型城镇建设的研究和实践方面,更是以独具特色的视角、扎实雄厚的基础和严谨丰硕的成果而享有盛誉,并在生态规划的技术策略、集成应用等方面取得了显著成就。因此,本章将重点锁定在"生态型人居环境"研究方面居于领先地位的北欧地区,结合哈默比湖城(Hammarby Sjöstad)、维基(Viikki)实验新区、首届欧洲住宅展览会(Bo01)等著名案例,就城市空间生态化与生态型城镇建设展开全面系统的剖析。

12.5.1 哈默比湖城,斯德哥尔摩,瑞典

20世纪末,以1990年代的规划蓝图为基础,以申奥为动力和契机,斯德哥尔摩市政府、Nacka地区政府、国家道路管理部门、斯德哥尔摩运输公司(SL)、地区规划和城市交运部门揭开了全面合作的序幕®。哈默比湖城的建设将以水为主题,实现中心城区的自然延伸,同时将历史上的老工业区和码头区整合一体,以打造一个具有良好建筑艺术环境的现代化、生态型新城镇。整个项目占地145 hm²,预计于2015年完成,届时将建成住宅10 000套,共有30 000人在此生活和工作;而目前完工的区块已有10 000名居民入住,其中7 000名居住于南端(图12-27)。

该项目由斯德哥尔摩的城市开发管理局牵头组织,并

统揽整个项目的设计和规划实施,有 Nyréns,CAN,Erséus,Equator,Arksam,White,Tengbom,Berg,Brunn- berg & Forshed 等数十家知名事务所参与其中(图 12 - 28)。

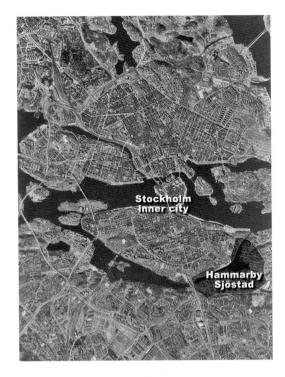

图 12 - 27　哈默比湖城的区位图(左)及鸟瞰全景(右)

资料来源:斯德哥尔摩.哈默比湖城项目宣传介绍的图册资料(2006).

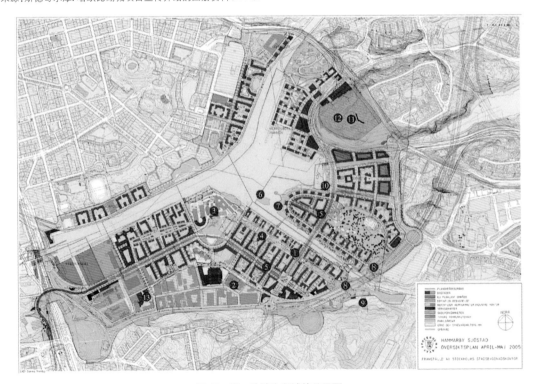

图 12 - 28　哈默比湖城的总平面

资料来源:斯德哥尔摩城市开发管理局提供的相关资料等.

图中标注如下:1. 环境信息中心——玻璃屋(GlashusEtt);2. 学校与文化馆(由工业建筑改造);3. 列入保护清单的 1930 年代工业建筑 Luma(现保留改为办公用途);4. 中央绿带及周边的住宅街区;5. 贯穿于整个湖城的新型林荫道;6. 海鸟的栖息地;7. 芦苇荡公园;8. 跨越高速路的绿色廊道;9. Hammarbybacken 的障碍滑雪坡;10. 兼带过滤处理的雨水蓄水池;11. 沼气生产设施;12. 应用新技术的实验性污水处理厂;13. 垃圾收集中心

哈默比湖城项目发展具有以下鲜明的背景特征：

（1）独特的区位优势　项目位于内城地区，具有良好的滨水开放空间属性。

（2）明显的发展障碍　被污染的土地、滞后的基础设施及衰退的社会环境等。

（3）潜在的开发风险　由净化污染和基础设施建设所引发的"额外"成本、多元投资主体的不确定性等。

（4）巨大的发展机遇　城市空间发展的生态化转型希望城市更多地将新的建设集中在现有用地范围之内，希望能够在环境上达到平衡的发展。

哈默比湖城位于瑞典斯德哥尔摩市中心的东南部，紧邻南岛，有地铁、轻轨和公共汽车等与中心市区相连接，区位及交通优势明显。湖城是斯德哥尔摩多年来最大的城市发展项目，从清理受污染的场地开始，逐渐将仓储、工业污染区重新建设为美丽宜人的居住区、风景优美的公园和绿色开敞空间。更为重要的是，哈默比湖城的规划建设还确立了一个极具挑战性的环境目标，即和1990年代建设的其他住区相比，这一地区的碳排放要减半。围绕这一环境目标，哈默比湖城的规划建设实践采取了一系列行之有效的生态化转型策略。经过近20年

的建设，哈默比湖城实现了城市土地、交通、环境及市政设施的成功生态化转型，已成为享誉欧洲及全世界的生态示范项目。

1）节约土地资源的"内向发展"

为避免城市不断向外蔓延所导致的对土地资源的侵扰与破坏，1999斯德哥尔摩总体规划提出将"内向发展"作为重要的城市空间发展战略，而位于市中心区东南部的哈默比湖城（图12-29）即是实施这一战略的主要项目之一。与大多数选址于城市边缘的新城开发项目不同，哈默比湖城位于内城地区，其特殊的开发选址成就了整个城市的土地利用结构优化，意义重大。

（1）空间形态的复合　哈默比湖城虽然位于斯德哥尔摩内城的传统外围区域，但在空间形态上并未纯粹套用既有的郊区模式，而是引入和延续了老中心城区的街区式特色格局，其街道宽度（18 m）和街区大小（70 m×100 m）也按照斯德哥尔摩内城的尺度标准进行设计，在控制并引导湖城以多层、密集方式进行开发的同时，保证了湖城与内城在城市肌理与空间尺度上的连续性，并最终形成一种半开放式的城镇格局——由致密编织的传统内城区和更为开放、轻快的当代都市区复合而成：

图12-29　斯德哥尔摩"内向发展"的项目选址

资料来源：1999斯德哥尔摩总体规划.

一方面是格网布局下紧凑的用地和混合的用途,以街区为单位的院落围合和以低多层为主的建筑群落,较密的路网充分考虑了水景的视觉通廊,集中与分散相结合的绿地则注重宅间院落和宅前小绿地的经营,以及沿主要街道设置的商业服务文娱设施等等;另一方面则是限控的建筑高度、多变的建筑形象、丰富的阳台和阶地造型、大面积开启、板片构架、水平屋面和面水的亮灰色材质等现代建筑元素的强调和应用——在这种双重特性的叠合和拼贴下,内城的街道尺度和街区生活已同当代的多元明快和阳光水岸达成了一种微妙的和谐,独具韵味而又层次丰富(图12-30、图12-31)。

图 12-30 哈默比湖城的街区院落十阳光水岸

图 12-31 典型街区院落

资料来源:左图由瑞典 White 事务所提供。

(2)产业遗存的改建 哈默比湖城所在地区到 20 世纪末实施整顿和开发时,严重污染的自然环境和大片低劣的工业设施开始面临全面彻底的净化清理和拆迁改建工作。

一方面,斯德哥尔摩由城市环境管理局和健康管理局出面,组织清理和净化了这一地区,满足了当地摆脱健康和环境威胁的内在需求;另一方面,斯德哥尔摩规划局经过实地踏勘和研究论证,从各类产业遗存中遴选了一批具有特定价值意义的设施,如近代的桥墩、工业厂房和码头设施,或保护或改造或功能置换。其中,较有代表性的当属一栋由列入保护清单的 1930 年代工业建筑群——Luma 厂房改建而成的办公楼,依山面水,空间层次丰富(图 12-32);另外,学校与文化馆等文化设施也是由工业设施改建而成,基本上都是在保留主体结构的前提下实行空间和功能重组,并引入现代技术与生态理念。

2)环境目标在空间规划中的具体化

哈默比湖城的核心目标是成为生态健康和环境友好型的城市新区。早在 1996 年,斯德哥尔摩市规划部门就分别从土地利用、交通、建筑材料、能源消耗、给排水、垃圾回收等方面对哈默比湖城提出了具体、严格的环境目标与要求。

图 12-32 改造后的 Luma 工业建筑

（1）土地利用要求 每户公寓拥有不低于 15 m² 的绿地，距离每幢公寓 300 m 范围内必须有一处 25～30 m² 的花园；要求花园中有不低于 15% 的面积能够保证春秋季 4～5 h 的光照；绿地的开发建设应同时与生物群落的栖息地相结合，以保障周边地区生物的多样性；具有特殊价值的自然资源应被排除在开发建设之外；被污染的场地或土地在开发前就应恢复到不对健康和环境带来危险的水平。

（2）交通 到 2010 年，80% 的居民使用公共交通、步行或骑自行车，至少 15% 的住户和 5% 的商用住户参加汽车共享俱乐部（Carpool）；所有的重型车辆不能进入住区。

（3）建筑材料 材料的选择以节约资源、保护环境和促进健康为出发点，包括禁止使用压缩木板，禁止使用铜质水管，要求暴露在环境外的镀锌材料进行涂料处理，以及尽量避免使用新挖的碎石和沙子，鼓励使用回收材料等。

（4）能源要求 使用可再生能源、使用沼气产品、实现余热再利用以及建造高效能的节能建筑；要求使用具有环境友好型标签的电力，以及提供供热系统的能源必须全部来自垃圾发电或可再生能源。

（5）给排水要求 湖城人均日用水量由当时的 150 L（斯德哥尔摩地区平均量）减至 100 L；要求污水中 95% 的磷回归土地，污水中的重金属和其他有害物质的含量应比斯德哥尔摩其他地区低 50%；要求净化后的污水中氮含量不高于 60 mg/L，磷含量不高于 0.15 mg/L。

（6）垃圾回收要求 每户湖城居民产生的垃圾重量减少 15%，产生的有害垃圾减少 50%；减少垃圾堆放处的数量；提供可分类垃圾回收点；80% 的有机垃圾经堆肥后回田或用于生物质发电；减少本地区用于垃圾运输的车辆需求。

3）与环境目标融为一体的综合规划

严格的环境目标和要求不但需要完整全面的环境规划方案，更需要将环境目标、环境规划方案与空间发展规划融为一体，并贯穿于项目的整个规划建设过程中。为此，哈默比湖城的项目管理机构采用了一种全新的工作方法，即来自不同市政管理部门或机构的人员，打破部门和专业界限，从项目一开始就采取集中办公的模式。市政管理机构或部门与规划设计师、建筑师、建筑承包商以及负责垃圾处理、能源、供水及水处理的企业协商，共同寻找和开发能够实现环境目标的解决方案。这一"综合规划"过程使得规划决策的效率大大提高，不但资源得到了共享，一些环境领域的新技术也得以应用和实施，参与综合规划的各相关方都在最大程度上寻找到了降低资源和能源消耗，减少废物产出，增加回收使用率以及实现能源循环利用的可能性。

4）旨在缩减交通出行的混合功能

鉴于《雅典宪章》（1933）严格的功能分区思想所引发的城市建设与开发中大量的社会问题，1970 年代以来，混合功能的土地利用已逐渐成为西方成功城市开发的普遍经验。在经济效益方面，混合功能使规模较大的开发项目能更好地面对市场的不确定性；在社会效益方面，它有利于形成更加综合、有活力的城市环境。哈默比湖城选择混合功能除了经济和社会效益的考量之外，另一个重要的原因是基于它对减少交通出行的作用。融合多种功能、形成相对完整、独立组织的城市新区是哈默比湖城土地利用的基本原则。在功能上，哈默比提供了一个综合型城市新区应具备的各种设施，包括办公区、种类繁多的商店和餐厅、学校和托儿所、公共图书馆、体育中心和滑雪场、教堂等等。几乎每一幢住宅都靠近一条主要道路，在底层有商店、咖啡店以及各种类型的餐馆（图 12-33）。规划至 2015 年，哈默比将为 2.5 万人提供 1.1 万所住房及 1 万个就业岗位（服务业及办公行业），公共服务和办公空间被融合到住区建设中，这就为居住与就近就业、就近享受教育与公共服务设施等提供了潜在选择的可能性，从而有可能大大缩减每日通勤及日常外出的交通量。

图 12-33 哈默比湖城公共设施布点图

最初哈默比被定位为"丁克城"，专为那些双份收入、无子女的年轻家庭提供住房，但实际上，由于提供了大量可以选择的、不同种类的住房，这里吸引了很多有孩子的家庭，这意味着哈默比的社会结构更为复合，社会稳定性与和谐度更高更持久。

5）提供公共交通设施，限制私人小汽车使用

哈默比湖城交通组织的重要目标就是尽量减少、限制私人小汽车的使用，为实现这一目标，其交通组织更多的是倡导一种以公交为主导的交通模式，尤其是那些富有吸引力的节能型交通，比如有轨电车、公共汽车、轮渡、步行、自行车和汽车合用组织等。

具体而言，哈默比公共交通系统由一条有轨电车线、两条公共汽车线和一条轮渡线构成（图 12-34 左）。从 Alvik 到 Gullmarsplan 的有轨电车线是斯德哥尔摩主城南部分区级轨道线路的一部分，其西侧与城市地铁枢纽站 Gullmarsplan 相连，沿着湖城中央的林荫大道穿城而过，设有四座轻轨和公共汽车车站。林荫大道的断面设计优

图 12-34　哈默比公共交通系统(左)和纵贯林荫大道的轻轨线(右)

先考虑公共交通的通行,中间是公交专用道,两侧才是供小汽车通行的单行道(图 12-34 右)。两条公共汽车线同样沿林荫大道贯穿湖城,可以方便地到达 Norrmalmstorg、Mariatorget 和 Gullmarsplan。在哈默比湖上全年开辟轮渡游线,由早晨至半夜每十分钟开一班,这条轮渡线路可直达市内码头,用以加强步行及自行车道与市中心的联系。

为限制小汽车的使用,哈默比在规划时只提供了少量沿机动车道布置的小汽车停车位,宅间庭院和滨水的步行区被明确禁止设置停车场地。截至 2008 年,80% 以上的居民出行采用非小汽车的方式。便捷的公共交通使湖城居民几乎不必依赖汽车解决每日的出行,假日或有特殊需要的小汽车出行可以通过参加汽车合用组织来解决。湖城汽车合用组织面向所有的居民和就业人员提供服务,现已有成员 350 名和合用车 25 辆,会员可以通过手机获取开车密码,就近取车,用完后再将车辆停放在指定地点即可。当然,哈默比之所以能够成功实现"不依赖小汽车"的交通系统,与斯德哥尔摩所拥有的"没有私人汽车也可以很好地工作和生活的交通网"以及对小汽车使用实行严苛的税费管理政策有着直接的关系。

另外,为鼓励人们非机动的交通出行方式,哈默比还规划了大量适宜步行和自行车骑行的人行道、绿地和公园,公共开放空间均采用与机动交通分离、保障安全的措施。

6)"自然"与实用的绿地系统

绿地系统"质"和"量"的提升对城市生态系统增强碳储蓄和碳吸纳能力作用明显。哈默比规划在绿地系统"质"的提升上有两个突出的特点:一是"自然",二是实用(图 12-35)。所谓"自然",是将环境中原生的林地予以保留,在规划之初就将这些具有特殊价值的自然区域排除在

开发之外,1997 年和 2005 年的图片明显地反映出绿地系统在建设前后形态上的关联性(图 12-36)。同时,绿地的开发建设尽可能地以碳吸纳强度最高的林地为主,强调与生物群落的栖息地相互补,以保障周边地区生物的多样性。

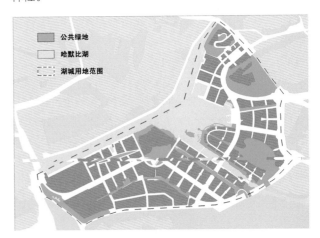

图 12-35　哈默比绿地系统

在自然要素的融入方面,哈默比湖城首要考虑的是同"水"的互动关系。整个湖城环绕着哈默比湖的开阔湖面依序展开,并以这片"蓝眼睛"为核心要素来组织和控制周边的空间格局:

其一在建筑布局上,越趋近于湖岸和水滨的组团,建筑高度和开发强度越低,空间尺度也越宜人,而且相对降低的建筑密度也保证了内部空间与水域之间的畅通性(图 12-37);其二在环境设计上,湖城还直接依托于滨水空间展开设计,设置了包括码头、公园、滨水林地、栈桥步道等在内的游憩场所和小品设施,甚至还在湖面上结合芦苇荡设置了海鸟的栖息地,吸引来大批鸟禽,成为一处观览和休憩佳地,使居民感受到"大自然就在身边"(图 12-38);

图 12－36　1997 年(左)和 2005 年(右)的哈默比

其三在要素组织上,主要路网、开敞空间和绿地系统在规划时均充分考虑和预留了水景的视觉通廊。

其次要考虑的是"绿地系统"。哈默比湖城除了各街区所塑造的院落绿地和邻里空间外,主要是以迂回绵延的滨湖休闲岸线和西岸区的中央绿带(一些多功能建筑散布其间)作为整个系统建构的基本骨架(图 12－39)[42],至于贯穿各主要区片的林荫大道,则在区域中发挥了主导性的交通输配和景观串接作用。最实用的当属贯穿于住宅间的庭院,庭院被分割成私人小花园或耕地,有的住户还修建了种植温室,他们自己种植蔬菜、植物和花卉,真正地"生活"在这里,而不仅仅是居住。

7) 生态技术的创新——"哈默比模型"

哈默比湖城的环境规划目标:一是希望在遵循 1996 年批准的环境规划的基础上,将该城进一步打造为人居环境生态建构的先锋案例;二是探究一种试验性项目开发的新思路和创新性[43]。在此基础上,它聚焦于环境主题和基础设施方面拟定了一系列的规划和操作程式,亦即著名的"哈默比模型"(Hammarby Model)(图 12－40)。该模型为湖城在内部创造了一个各种物质、能源过程相互依存的、近似的封闭系统,各组成部分相互关联、多向转化,共同构成了一个自我循环的完整系统,揭示出污水排放、废物处理与能源提供之间的互动关系及其所带来的社会效益,从而尽可能地缩减系统的输入与输出,使环境影响降到最低。

(1) 水处理　哈默比湖城对于雨水的处理,一般都就地处理而不经排水管网和污水处理厂,以有效缓解其运作压力与负荷——对于街巷汇集而来的雨水,稍经过滤和净化后便会直接排入湖水,其中净化环节可借助于沙过滤器、特殊处理的土壤或是人造湿地加以实现。哈默比许多建筑的屋顶上种有绿色植物,这种绿色屋顶不仅美化景观,还能够蓄积雨水,增加蒸发量。对于来自屋顶、街道或花园所汇集的雨水会采取开放式的排水沟渠,被收集到两个封闭的蓄水池,经自然沉淀净化处理后,或直接渗入地下,或与湖城景观系统结合,构成街道、院落独特的景致,最终再导入哈默比湖中(图 12－41、图 12－42)。

生活性和生产性的污水被集中送至污水处理厂,污水处理厂的有机污泥经处理后被制成两种副产品。一种是生物固体,被送至堆肥厂用做生物肥料;另一种是生物燃气,由甲烷和二氧化碳组成,经过提炼被制成能源产品,作为公共汽车燃料或为哈默比的餐馆及公寓提供灶气。除此而外,污水处理厂尾水(水温大约 15℃)所蕴含的热能也被充分利用,热力站购买尾水并用这些热水作为区级供热的一部分,从而在污水处理厂和热力站之间形成了有联系的共生体,最后,低温的清洁水被送回哈默比湖。

与此同时,哈默比湖城还专门建立了一个检测新技术的实验性污水处理厂(2003 年已运营):目前有四种不同

图 12－37　Sickla Udde 地块的滨水景观　　**图 12－38　旨在倡导生态开发的海鸟栖息地**　　**图 12－39　串联 Sickla Kaj 地块的中央绿带**

类型的污水净化新流程在此接受检测,包括净化、热循环、废水回用和养分恢复等环节,然后返用于农业用地,恢复被毁坏的农田。一旦完成评估,这一新型处理技术将在整个地区推广普及(图 12-43)。

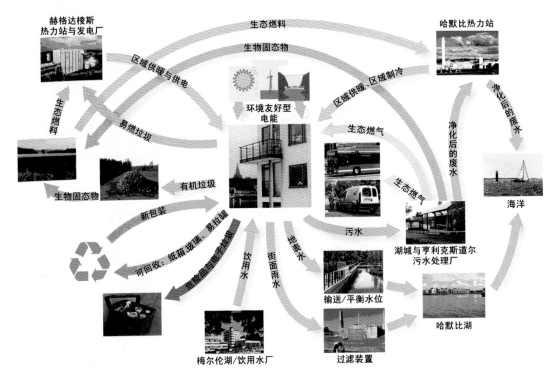

图 12-40 "哈默比模型"

资料来源:罗纳德·维纳斯坦,顾震弘.哈默比湖城——可持续性城市建设的杰出典范[J].世界建筑,2007(7):40-43.

图 12-41 兼带过滤处理的雨水蓄水池　　图 12-42 仅用于建筑和花园雨水的排放渠　　

图 12-43 实验性污水处理厂

(2)能源使用　哈默比湖城的能源使用主要有三种形式:热能、电能和沼气。

首先确保从城市电网输入的是水力、风力、太阳能等环境友好型电能。其次,哈默比堆肥厂制成的生物燃料以及易燃垃圾在热电厂、热力站作为重要的补充燃料,其生产的热能和电能被返送回来,为哈默比及周边地区提供区级的供热和电能。

其中,热能除了热电厂和供热厂(使用再生性燃料)的配给外,主要通过建筑屋面上架设的太阳能板,从太阳辐射中摄取热能给水加热。这可满足建筑每年一半左右的热水需求;与此同时,污水和垃圾处理过程中产生的废热也同样可用于地区供暖。2010 年 3 月的统计显示,哈默比的电力及采暖耗能中已有 50%取自有机堆肥及垃圾燃烧的循环利用。

而电能除了热电厂的配给外,主要通过太阳能的利用和转化。一些建筑物屋顶装有太阳能光电板和热水器,单块的太阳能电池模块可以覆盖 1 m² 的表面积并产生 100 kW·h/a 的电能,相当于住宅 3 m² 的家用能量(图 12-44)。这些太阳能装置为住户节约 5%的电力及 50%的热水供应,预计在全部建成后哈默比湖城的能源自给率将达到 50%。

图 12-44 采用太阳能电池的 Holmen 街区

除提供热和电外,哈默比热力站还设有区级"免费制冷"系统,所谓"免费"是因为仅需要将冷的海水在区域中输送与分配,这同样是一种对环境友好的制冷方式。能源在这里被慎重地、从系统整体的角度加以考虑,例如强调区域中不同部门的协作,不要同时加热和冷却。

至于沼气的供给,则主要源于有机废料或是污水中的淤积物(包括从供热和食品垃圾中回收的易燃物)的分解

和规模化生产。根据测算,一般单一家庭的污水排放量所产生的沼气,足以支撑其日常的家用炊具所需。不过目前生产的沼气除了部分家庭日用外,主要是作为燃料应用于生态型的小汽车与公共汽车。

(3)垃圾收集与废物回收 哈默比生活垃圾的投放分为两大类,一类是有害垃圾(例如颜料、油漆和黏合剂残留、溶解剂、电池和化学品等)和可回收垃圾(纸箱、玻璃、易拉罐、废旧物品等),在每幢住宅楼内均设有相应的收集房或收集箱,定期被专门的环保公司回收处理;另一类是有机垃圾和易燃垃圾,被要求投放到室外的垃圾站,每一个垃圾站有三个垃圾抽吸口,一个为一般垃圾,一个为纸张,一个为有机垃圾。即使是最重最大的垃圾碎片,均可以通过这一地下的垃圾处理系统完成分类和收集工作。这些以街区为单元设置的垃圾站与地下管道和一个地下中央收集站相连,通过真空抽吸和相应的风动式管道被输送到 2 km 以外的垃圾收集中心,在中心经过初步的汇集整理后分装容器,再通过控制系统输送到大的集装箱中,其中有机垃圾被送至堆肥厂,易燃垃圾则被送到附近的一家热电厂(图 12-45、图 12-46)。真空垃圾抽吸系统使大型垃圾车可以不进入小区就取走垃圾,也省去了人工收集垃圾的过程。

图 12-45 真空垃圾抽吸系统

图 12-46 垃圾分类收集的真空系统
(左:地面的垃圾收集器;右:底部的风动式管道)

8) 环境评估工具 ELP 的应用

为了达到项目初期制定的"减碳50%"的环境质量目标,由瑞典皇家工学院(KTH)产业生态系开发了一个被称为"环境负荷描述框架"(Environmental Load Profile,简称 ELP)的环境评估工具,用以评价并监测哈默比项目开发实施的环保减排效果。

ELP 是在生命周期评价(LCA)的基础上,对(瑞典)城市街区及建筑进行环境影响评估的简化工具。在哈默比湖城规划与建设过程中,研究人员分别针对湖城生命周期的建造、使用和拆除三个阶段,对不可再生能源消耗、全球变暖潜能、光化学臭氧生成潜能、酸化潜能、富营养化潜能和放射性废物等主要环境影响因素进行评估(表12-5)。以二氧化碳排放为例,根据评估结果,减碳策略应主要围绕使用阶段的碳排放(71%)展开,同时也不能忽视建造阶段可能产生的潜在碳排放。表12-6是将哈默比湖城与1990年代初期相关预测中建筑年人均 ELP 进行比较,从而清晰地表明湖城项目1997—2004年开发实施的环保和减排成效。

在哈默比湖城项目中,ELP 不但被用于规划与建设后期的环境评价,更重要的是通过它实现了规划师与环境专家的合作与对话,从而使低碳及其他环境目标贯穿于湖城规划与建设的全过程。

表 12-5　哈默比湖城年人均总环境负荷(ELP)预测

	NRE(不可再生能源消耗)		GWP(全球变暖潜能)		POCP(光化学臭氧生成潜能)		AP(酸化潜能)		EP(富营养化潜能)		RW(放射性废物)	
	kW·h	%	g CO_2-eq.	%	g C_2H_4-eq.	%	mol H^+-eq.	%	g O_2-eq.	%	cm^3	%
建造阶段	1 065	23	236 785	28	748	44	41	37	9 482	38	1	3
使用阶段	3 498	75	599 525	71	927	55	69	62	14 946	61	33	97
拆除阶段	109	2	7 025	1	22	1	1	1	207	1	0	0

资料来源:Brick K,Frostell B. Towards Simplification of the Environmental Load Profile[D]. Department of Industrial Ecology, KTH, 2008.

表 12-6　哈默比湖城与1990年代初期相关预测中建筑年人均 ELP 的比较(2004)

	NRE(kW·h)	用水量(m^3)	GWP(kg CO_2-eq.)	POCP(g C_2H_4-eq.)	AP(mol H^+-eq.)	EP(kg O_2-eq.)	RW(cm^3)
相关预测值	7 500	82	960	1 300	100	51	105
哈默比值	5 250	48	682	767	64	16	70
ELP 比较	−30%	−41%	−29%	−41%	−36%	−68%	−33%

资料来源:Brick K. Barriers for Implementation of the Environmental Load Profile and Other LCA-Based Tools[D]. Department of Industrial Ecology, KTH, 2008.

9) 生态化的建筑设计导则

推行节能住宅,是当前欧美国家推行城市生态化的重点之一,各国政府均通过制订行业和产品标准、开发和推荐能源新技术来尽量降低新建筑物的能耗。

瑞典地处北欧,漫长的冬季使其供暖耗能巨大。除了对房屋结构进行优化设计外,瑞典的建筑物非常重视绝热,尽量减少室内热量的损失。在瑞典环境部所制定的建筑物隔热标准中,新建建筑物的墙体必须要有绝热层,室内要有通风设备。能耗检测数据显示,通过增加墙体厚度,采用两层或三层玻璃窗,以及每个房间的供热装置单独安装调节阀门等措施,可使建筑物的热能消耗减少大约10%～15%。

除了国家统一的节能标准要求外,哈默比还通过"建筑设计导则",用强制性方式对湖城的建筑及外部环境质量的节能环保提出更为严苛的要求,以推进建筑与环境建设的生态化。"导则"由哈默比项目计划办公室制定,通过详细发展规划或单独的开发协议以合约的形式交予建筑

师及开发商。在提供给建筑师的设计导则上有很多具体的设计意向、图片及要求,例如对建筑的外立面、面向公共领域的底层空间、建筑材料、庭院、道路铺装及照明等均有明确而严格的要求,建筑师的设计只有满足上述环境质量计划的要求才能通过项目的管理审批。

在建筑材料的选择使用上,哈默比也融入了环境方面的考虑,其中既包括外观和地表以上的可见材料,也包括建筑内部的使用材料——外壳框架、装置及各类设备等。只有那些可持续的、经过试验和检测的生态型产品才能付诸使用(图12-47)。

10) 多层面的组织实施

(1) 长期、战略的政府投资　不同于一般的城市商业开发项目,用于哈默比湖城建设的资金中有25%(约5亿欧元)来自城市公共部门,政府投资在总投资额中的比例明显高于其他城市开发项目。

首先,城市政府控制土地的供给,并将卖土地的钱全部用于哈默比的交通基础设施和公共服务设施建设。政

图 12 - 47　生态型建筑材料在 Sundet 街区的使用

府利用公共部门的投资开通了轻轨、渡船，解决公共交通出行的问题，兴建了学校及幼儿园，并修建了高水平的公共空间、街道与景观。因此直到 2008 年，湖城平均每售出一套公寓，政府仍亏损 15 万瑞典克朗(约合 1.5 万欧元)。

斯德哥尔摩城市政府为什么乐于组织甚至直接投资于湖城的建设与开发呢？分析认为，一方面是基于长远的经济利益，湖城建设可以使原有利用效率不高的土地及周边土地价值得以提高；同时，湖城还为城市带来新的产业发展空间和就业岗位，城市政府更可以从各类新建项目中收取相关的物业税、商业税等赋税，这就保证了政府能够从中得到相应的投资回报；另一方面是基于国家和地区长远的、综合利益的考虑，湖城建设所具有的缓解环境压力、缓和城市用地紧张、控制城市蔓延、刺激经济增长等诸多功效[2]也受到足够的重视。因此，哈默比示范了一种很有价值的投资模式，即长期的、战略的土地投资模式，这一点是中国城市政府在旧城更新和新区建设中可以借鉴的。

(2) 政府主导管理与协商的互动过程　斯德哥尔摩城市规划局在湖城建设现场成立了项目计划办公室，负责对项目从规划到建设的全过程进行管理和指导。项目管理工作包括运作公共事务、规划、审批设计和实际建设等几个部分，办公室大约由十几个人组成，其中两三个人来自城市规划局，还有一些是项目管理和开发管理人员。

哈默比的成功在很大程度上应归功于政府主导的管理与开发模式。根据 1995 年规划设计师詹·英格·赫尔斯多摩最初的规划蓝图，项目计划办公室将整个地区分成十个主要的分区，每个分区分别邀请三个建筑师或建筑师事务所进行平行的规划设计工作，然后再组织建筑师们一起讨论并研究彼此的设计草图，互相激发灵感，修改确定最后的优选方案。除此以外，项目计划办公室还和住房协会、城市计划人员展开广泛的协作，大家一起工作、相互讨论。项目的规划设计与建设过程基本上都是在集体协商、

互动优化的基础上进行的，事实证明，这一协商互动过程最终促成了好的实际建设效果。

(3) 倡导低碳生活的公众引导　人们的生活方式也是决定城市生态化目标能否实现的关键环节。为此，哈默比设立了专门的环境信息中心(图12 - 48)，对居民及来自世界各地的参观者开放。环境信息中心一方面负责对外的宣传、接待，提供与这个项目相关的环保信息，展示所采用的各项环保技术和产品，同时还负责为居民提供关于哈默比湖城环境信息的介绍与咨询，并提供邮寄环保信息资料等服务。环境信息中心还发行一份环保小报，为新入住的居民发送"欢迎袋"，倡导低碳、环保生活。"欢迎袋"中装有一些低能耗灯、一种专门用于装食物残渣的可降解袋子和其他一些在中心可以买到的环保产品，指导人们更好地加入到湖城的环保生活中来。以垃圾分类为例，最初住区管理机构需要提醒人们垃圾分类的好处和必要性，提供有关垃圾分类的宣传资料，而几年之后，垃圾分类已逐渐转变为哈默比居民习以为常的一种生活方式。

**图 12 - 48　向人们展示、解释和传播新环境
技术的环境信息中心(GlashusEtt)**

哈默比湖城有望在 2015 年全面实现 20 年碳排放减半的目标，作为一个基于低碳目标的重建开发案例，哈默比湖城是欧洲众多城市空间发展生态化转型项目中的优秀范例之一，它不仅是瑞典生态城市建设的一个成功样板，同时也为全世界城市空间的生态化发展提供了良好的示范，带给我们许多有益的启示：

1) 规划目标转型

为应对全球生态危机背景下对城市空间发展的要求与挑战，英国、德国以及北欧诸国的城市规划首先强调的是从传统的社会经济目标到创新的生态环境目标的转型，并将目标的转型作为具体的规划技术、管理制度创新方法的基础和前提。例如英国的低碳城市项目(LCCP)、德国弗赖堡节能示范住区等均是以明确的环境目标与要求作

为资助前提的。相比较而言,对于处在经济快速增长期的中国城市来说,更适宜的是建立一个社会、经济与环境目标复合的规划目标体系,就社会、经济与环境分别设立具体的规划目标,当然其中特别需要强调的是曾经被忽略的环境目标,同时寻找三者共赢发展的平衡点,从而避免因环境目标缺失所导致的地区及全球生态退化问题。

2) 规划技术创新

规划技术方法上的创新是以哈默比为代表的生态示范项目实现城市空间发展生态化目标最突出的经验和最重要的手段。实际上,传统的规划观念与技术方法在未来的低碳时代必将面临全面的挑战:在土地利用方面,需要强调从过去的粗放、蔓延模式转变为紧凑、混合高效的土地利用模式;在市政设施规划方面,需要从过去的末端处理方式调整为与资源利用、环境影响综合一体的创新模式,无论是垃圾再利用、能源自给还是水的循环利用,其目标都是通过重构城市生态系统中物质代谢的方式,寻求使资源与能源得到充分利用,同时将环境影响降至最小的技术路线;而环境评估工具的开发与应用,便是在规划的全过程中推动和检验规划技术创新实效的有力工具。

3) 管理制度创新

管理制度的创新是城市发展实现生态化目标的保障,以节约土地资源为原则的区域与城市空间发展政策、公交优先的交通发展政策、生态化的建筑设计导则以及鼓励并提倡公众参与等都是哈默比湖城管理制度实践中成功的经验。

与城市化水平高、经济相对发达、环境压力相对较小的瑞典城市相比,中国城市面临人口激增、资源匮乏、碳排放量大、环境技术欠发达、公众环境保护意识不足等更为复杂、严峻的现实;与此同时,中国正处于城市化快速发展时期,城市形态结构处于极具变化的过程中,目前各级政府关于生态化目标的提出无疑为城市未来的发展带来前所未有的机遇与挑战。对照本文中哈默比湖城基于生态化目标所实践的城市空间发展对策,还需要根据中国的国

情和生态城市实践的现实做本土化的研究与实践,哈默比的经验虽然不具有普遍的适用性,但对构建中国城市空间发展生态化转型的理论与实践研究具有重要的科学意义和借鉴价值。

12.5.2 维基实验新区,赫尔辛基,芬兰

维基(Viikki)实验新区位于赫尔辛基市的东北郊,是该市近年来运用生态理念进行实验性开发的大型项目;而赫尔辛基长期以来财产政策所拥有的鲜明公有导向——81%的建设用地为社会所公有(其中65%归城市所有,16%归政府所有)——也确保了该项目的顺利实施和逐次展开。

维基实验新区距离中心城区约8 km,主要由居住区、以生态为主题的自然开发区、科学园区以及商业服务设施等功能共同构成(图12-49)。依照规划,它将占地1 132 hm²,拥有居民13 000人,创造就业机会6 000个,完成总建筑面积108.4万 m²[45]。

1) 空间规划

(1) 生态型居住区的规划 维基实验新区的居住区位于基地东侧和东北侧的拉托卡塔诺(Latokartano)一带,目前已由北至南建成三大组团(东北侧规划待建部分除外),同时还依山傍势排布了许多点式住宅(夹在住宅组团与科学园区间),是整片新区占地最大的功能区块。其中大部分的住宅项目都由公共或是私人开发商来承包建设,同时也为民间合作搭建小规模的住宅预留了部分用地。

佩特里·拉克森(Petri Laaksonen)的设计竞赛优胜方案,再植了赫尔辛基普遍可见的城市形态,沿用了绿色廊道所切割的街区式布局——在空间布局上,它采用了斯堪的纳维亚的典型方式,一般是通过建筑布局围合成院,再通过次一级的街巷空间将各院落串接起来,各家各户均需通过院落方能进入建筑;而且从总体上看,在规划的所有居住区内,靠北靠西的居住组团布置相对密集紧凑,空间结构也相

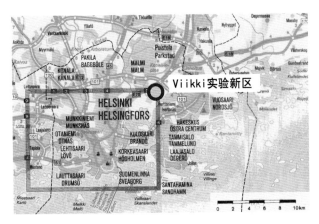

图12-49 维基实验新区的区位图和总平面

图中标注如下:1. 新区中心;2. Korona 大学信息中心;3. 生物中心;4. Gardenia 温室;5. 试验农场;6. 木制住宅实验区;7. 高校院系部门;8. 居住区;9. 学校与办公;10. 农业耕地;11. 农场与果园;12. 园艺中心;13. 自然保护区

240

对封闭;但由此往西和西南向由于趋近于自然区域,建设密度开始减少,组团结构更为开敞,建筑长度也有所缩减。

在居住建筑上,套型的设计力求多种多样,包括复式公寓、阶地住宅、点式住宅、行列式住宅等多种选择,可形成不同面积规模的灵活单元(大约500~5 000 m²);而建筑的朝向和高度则尽可能地以享受日照和减少彼此遮挡为原则,通常是围合在西端、北端的住宅高达4~6层,而面南的内部住宅不超过2层,可防止建筑过多地暴露在主导风向之下;同时多种生物群落区的创设,也维系和强化了该区域的生物多样性(图12-50)。

(2)自然开发区与资源的保护 在维基实验新区的南侧除了大片的农业耕地外,还有一片占地254 hm²的湿地保护区(其中29 hm²已延伸至规划用地内)。它作为水禽鸟类的重要栖息地和禁止人类活动侵扰的自然保护区,属于国际湿地协定的管辖范畴,是新区开发时需要特别关注的特色要素(图12-51)。

图12-50 维基生态型居住区的多样化住宅

图12-51 维基新区南侧的绿地、农田和湿地

图12-52 在各居住区和农田之间蔓延的绿色通廊

有鉴于此,维基实验新区在休憩空间和绿地系统的规划中,重点保留和呼应了该片区的自然属性和农耕文化价值,并专门就方案做出调整、重新布局,特意于居住区间让出一条蜿蜒的南北向绿色通廊(图12-52),将基地内外的自然生态系统整合一体:北与Kivikko体育公园相接,南与Kivinokka及Arabianranta海滨公园相通,同时还在开阔的谷地里绵延了大片的农业生态景观。这条通廊在功能上除了为居民们提供公共活动空间和儿童游戏场所外,还安排了一个品种繁多的农场和果园,设置了一片同园艺中心相结合的家畜园⑬。

2)环境规划

(1)环境评价的PIMWAG体系 维基实验新区的环境规划制定了从战略规划到运营操作的不同层面的目标(表12-7),为了针对上述目标做出可实现度的评估,同时也为了激励和发掘类似项目的创造力,赫尔辛基市政府专门委派专家组建构了一套评价的标准体系,由此形成的PIMWAG体系采用了一种"深度生态系统"(deep ecology)的原则方法,强调的是各类生命的相关性及其对于人类作用的理解⑭。其中,建筑项目可以从污染、自然资源、健康、物种多样性和食物生产五大方面加以评价(图12-53)。

表12-7 维基实验新区生态环境建构的不同层面目标

建构环节	目标
战略规划	将生态趋向贯彻到设计和建造环节中;为未来类似项目积累经验;为国家的可持续生态建筑计划提供支撑
城市规划	为生态型地区探寻现实可行的建设思路;为规划评价探寻测评方法
建筑设计	通过规划设计竞赛组建设计与实施团队;确立PIMWAG体系与生态指标,并依此对项目做出评估与校核
建造施工	通过招投标和建造活动实现规划;确立PIMWAG体系,对竣工项目进行测评
运营操作	向承包商、建筑所有者等传达PIMWAG的要求;PIMWAG体系的实施和应用;为使用期内的建筑设定要求,提供担保
拆除	在整修和拆除中同样应用PIMWAG体系

资料来源:BEQUEST, Procurement Protocol TG, Case Study/Viikki, Minna Sunikka& Pekka, VTT[EB/OL]. http://www.ba.itc.cnr.it/Sustain/sbr_pdf/VIIKKI%20matrix.pdf.

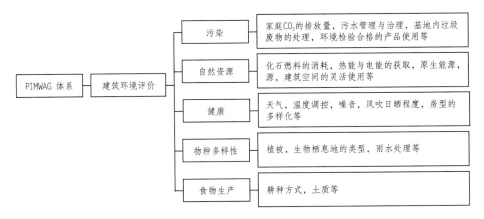

图 12-53 基于 PIMWAG 体系的建筑环境评价框架

资料来源:Dominique Gauzin-Müller. Sustainable Architecture and Urbanism[M]. Boston: Birkhäuser, 2002:82.

这套标准并非是为了实现上述目标而强制推行的特定方法,它为确保最低标准预留了较大的空间,并在生态型居住区身上得到了集中体现和重点实施。下文我们将围绕着居住功能,从宏观的社区层面入手探讨水处理、垃圾处理、节能、绿化、交通等方面的策略和措施。

(2)水处理 原先横穿规划用地的一条溪流,现已按照规划改道移边,从居住区一侧50～100 m的地方流淌而过,总长740 m,由景观建筑师、水文专家、地质勘探工程师、植物学家和园艺师共同承担河段和两岸护堤的设计。这条架设了几处步行天桥的溪流作为景观设计中的关键性要素,不但为特殊植被和野生动物打造出特定的家园环境,还为高校教育和科研提供了工具和素材;至于溪流改道施工时所切挖的土方,则可用于景观整治和核心区域的表层覆土。

在水处理方面,维基实验新区主要做出了以下安排:

① 建筑和场地均同市政的给水和排污管网连接,并在建筑内部装配节水型用具和独立水表;② 在住宅组团之间建设生态通道,为雨水提供渗入地下土层的自然选择,并结合设置灌溉水池和中水过滤池;③ 所有的雨水均通过地表自然排放,居住区采集的雨水就是先导入三个灌溉水池,再直接排向植被丛生的湿地,屋面采集的雨水经过滤后,也导入灌溉水池;④ 通过控制排水来保持现有场地的水平衡,以在设计上消除洪涝隐患;⑤ 小规模地分离和利用中水,基于健康的要求,中水在放入灌溉水池或是再利用前,要进行净化处理。

(3)废弃物的回收利用 维基实验新区把废弃物也视为资源,因此废弃物的一般处理工作被回收利用所替代。尤其是居住区,每一街区均围绕着花园提供了堆肥的设施用地和家庭用水的回收器。其废弃物处理的目标是:加强对自然功能和不同生态系统(水体、土壤、植被)的支持,消减尾气、噪音、废弃物等对人和环境的危害,依此而制定的具体措施包括:

① 整个区域在公共广场旁设立了一个 70 m² 的回收中心;② 建立废弃物收集空间,包括一个有顶的收集点(25 m²)及周边的户外设施(10 m²);③ 防止新型废弃物的出现,鼓励就地回收利用;④ 废弃物就地分类收集,将其环境影响减至最低,并将废弃物收集运载的交通干扰降到最小。

(4)能源设计 维基实验新区虽处于城市供热供电网络的覆盖辐射之下,但依据"集约使用人工能源,充分利用生态能源"的目标,它重点采取了以下策略:

① 通过小气候的改善和微环境的设计减少建筑本身的热损耗;② 根据能源节约使用的原则,谨慎选择建筑材料和结构,选择节能的 HVAC、各类器具、装置与设备;③ 将太阳能集热器与屋面结构整合一体,充分利用太阳能(家用热水与太阳能电力,图 12-54);④ 采用低温供热系统,每套住宅独立温控,并分设各类能耗的计量表。

(5)绿化园艺 除了宅后的私家花园和林地边缘布置的园艺中心外,维基实验新区还为生物设置了可与人共享的开放空间和绿地系统,这方面制定的主要措施包括:

① 围绕着居住区域,种植树林和灌木形成过渡带,可以减少风的影响,创造出积极的小气候;② 每套住宅的厨房要保证25～50 m²的后院面积,使之拥有未来扩建的可能性;③ 在生态型居住区的指状绿地中辟建社区园艺区,并设置堆肥的设施和雨水、雪水的处理器(图 12-55);④ 在周边建立大片的植被覆盖区,同时保持高水准的物种多样性;⑤ 以生物方式来净化池塘水体,以铺地和种植物来降低地表水的流速,因为拥有生态防御功能和生命周期的户外结构更为持久耐用。

图 12-54 装太阳能集热器的居住区

图 12-55 渗入生态型居住区的指状绿地

资料来源:Dominique Gauzin-Müller. Sustainable Architecture and Urbanism[M]. Boston: Birkhäuser, 2002:81.

(6)交通组织 维基实验新区的交通组织目标为:人车分流,将机动车交通降至最低;同时依凭强大广泛的交通网络,确保新区在内外联系上推行高效的公共交通系统,依此而制定的交通措施包括:

① 以高比例的步行交通和自行车交通作为组织的重点,按每人一辆自行车来提供工作场地和服务设施;② 重点规划和大力发展公共汽车、火车及未来的有轨电车交通;③ 庭院同时也是主要交通的承载区域,行人和交通工具均可平等地共享这一空间;④ 所有的停车位均设在地面层,停车只由使用者付费;⑤ 停车空间按住宅面积每95~190 m²一辆来配置,访客停车则按每1 000 m²一辆来配置,沿街停放(图12-56)。

另外,维基实验新区还为未来通讯信息技术的发展需求预留了空间。它将在规划中建立一个开放的信息网络和智能化的自控系统,住户可以通过远程监控表参与操作。其应用范围包括:配置和控制技术系统、生产安全系统、民用网络、电话和电讯以及交通控制等。

(7)其他 展现设计理念的公共建筑 维基实验新区还有一些公共建筑同样也向人们展示了如何才能将富有创新性与高品质的建筑同生态环境成功地结合起来——Ark-House事务所(Erholtz、Kareoja、Hrrranen和Huttunen)设计的Korona大学信息中心,便在混凝土墙体之外增设了三层玻璃围护,夹层间的空气可以作为内外温差的缓冲层,对换入的新鲜空气进行预热,而中心的内部则安排了三片园地——埃及式花园、罗马式花园和日式花园(图12-57)。

Artto、Palo、Rossi与Tikka合作完成的Gardenia温室建筑则由居民共同承担并参与运作,其中包括面向孩子开放的环境教育中心、园艺和信息中心,以及演讲厅和咖啡馆,同时还可以作为公共空间和展览空间(图12-58)。

图 12-57 Korona 大学信息中心　　图 12-58 Gardenia 温室

12.5.3 首届欧洲住宅展览会,马尔默,瑞典

2001年夏,瑞典南端的港口城市马尔默成功地举办了首届欧洲住宅展览会(Bo01)。它立足于对现实和未来的分析之上,确立了在可持续的信息社会打造"明天的城市"的重要主题,其中涉及生态可持续性、信息技术、福利保障等方面的内容,旨在为打造一个富有吸引力的集教育、科研、活动、居住、文化和娱乐于一身的新区,而创造跨越式发展的前提条件。

图 12-56 地面沿街停放的机动车

Bo01 欧洲住宅展览会位于马尔默市的西港区®，同丹麦首都哥本哈根隔海相望。这一带无论是从城市层面还是地区层面来说，都拥有非比寻常的区位优势：整片展览区临水而建，不但同马尔默的老城区近在咫尺，同城市最富吸引力的公园休闲区也是毗邻而居（其中包括颇具文化价值的 Malmöhus 城堡），而且伴随着日后城市隧道的建设到位，中央火车站也将变得触手可及（图 12-59）。

整个展览区由总建筑师克拉斯·泰姆（Klas Tham）

统一规划，他以中世纪的城镇和街区格局为范本，同时兼顾当地的海风特征和空间景观的层次变化，规划了由不同角度交织迭合而成的道路格网，形成了生动多变的空间格局及诸多避风场所。整个展览区包括三大片：居住区、欧洲村以及园林环境和艺术小品，东侧的高层——扭转主体[卡拉特拉瓦（Santiago Calatrava）设计]则是海湾地区的标志性建筑和视觉上的收束点，预计整片展区将完成建筑总面积达 17.5 万 m^2（图 12-60、图 12-61）。

图 12-59 首届欧洲住宅展览会（Bo01）的区位图

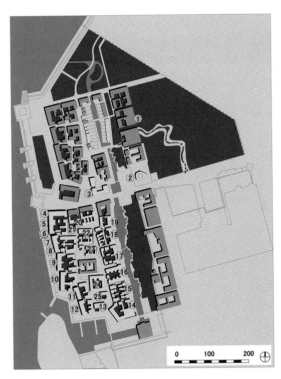

图 12-60 Bo01 欧洲住宅展览会的总平面

图中标注如下：1. 欧洲村；2. 扭转的主体；3. 学生公寓；4. 斯堪尼亚广场；5. 沙龙住宅；6. 自由屋；7. 海峡散步道街坊；8. 海峡景观街坊；9. 海洋住宅；10. 海岸 01；11. 维特鲁威；12. 砖城堡；13. 10 号街坊；14. 入口街坊；15. 海伦；16. 探戈；17. 全木住宅；18. 单纯住宅；19. 红白楼；20. LB 住宅；21. 于斯哈特住宅；22. 仓房；23. 核心；24. 休闲城；25. 联排住宅

现城市建设理念在 Bo01 地区的跨越式延伸，确保城市中心、居民和大海之间的联系的恢复。虽然目前在开发和未开发用地之间尚存在着明晰边界，但是依照综合性规划，Bo01 和整个西港区将成为内城在西北面的延伸与拓展以及马尔默城市的有机构成。同理，公用事业和基础设施的重焕青春也需遵循类似的原则，即为了实现新区最佳的环境性能，而做到同马尔默现有系统的互动关联。

具体而言，一方面"明天的城市"在综合性规划中所确立的主导性结构，是面向开阔地段所建构的大尺度、粗放型格网；但另一方面填充网格的每一处空间又都同目前所发掘的由小街、小巷、小公园和小街区所构成的秩序相匹配，并通过街巷将内部结构的建筑和场所串接起来。其设计立足于步行者的要求，但也容许有限度地引入低速的自

图 12-61 南部滨水区的全景

资料来源：Bergt Persson. Sustainable City of Tomorrow[M]. Formas, 2005：90.

1）空间规划

（1）空间形态的建构 Bo01 欧洲住宅展览会的空间形态规划就城市层面而言，主要基于这么一种理念，即实

图 12 - 62　从扭转的主体上鸟瞰 Bo01 欧洲住宅展览会整体形态(左)、扭转的主体远景(中)和入口的学生公寓(右)

资料来源：倪岳翰,谭英. Bo01 欧洲住宅展览会,马尔默,瑞典[M]. 世界建筑,2004(10):38.

行车道和机动车道(面向小汽车和公共汽车开放的街道限速为 30 km/h),十分利于步行活动的展开(图 12 - 62)。

在空间结构上,有一条明显的东西向轴线始于 Citadellshamnen 港和 Malmöhus 城堡,而终于大海。通过它的串接,一条行植树木的林荫大道将成为进入西港区的标志性主入口,以及在城堡和大海之间保持视觉联系的承转中介。与此同时,东西轴线成垂直角度还另辟了一条河道和街道,将 Wihlborg 地区的港口和该地区的新居住区连接了起来。于是,这对十字交叉的轴线便构成了将四片各具特征的城区或是象限串接起来的整体骨架。

(2) 居住空间的展示　Bo01 作为瑞典首次承办的欧洲住宅展览会,居住区的规划及其住宅的设计无疑是整个展示的重点和亮点所在。它主要由南部的居住区和北部的欧洲村共同构成,包括住宅单元约 500 套及相关的商业服务设施,并充分展示了一点,即恰当应用的信息技术、福利保障体制和优美的环境可以赋予可持续的城市发展概念以强大的吸引力,并成为人们的现实选择。

其中,南部的居住区在生态技术的展示之外,还聚集了欧洲一批富有创造力的建筑师参与其中:除了 Santiago Calatrava,还有斯德哥尔摩的 Ralph Erskine 和 Johan Nyren,哥德堡的 Gert Wingård、马尔默的 Bertil Ohrström 和美国 Moore Ruble Yudell 事务所的合作设计、德国的 Ulf Karmebåck & Kruger 及丹麦的一些年轻建筑师(图 12 - 63);而北部的欧洲村则在基地范围内,邀请了欧洲的一些国家各建一栋居住建筑,其中每个国家都要结合本民族文化中的可持续建筑观点进行建设,同时考虑当地的气候和条件。

(3) 户外环境的塑造　Bo01 展览地区的户外环境是一个以水为基本要素,由特色公园、城市空间(广场、廊道与街巷)和水环境共同构成的连续体。考虑到在起步阶段便聚集起一批商业服务设施无异于脱离实际,如果该地区要像内城那样拥有吸引各类活动的潜力,就必须借助于额外的引力,其中的重点便是建立同水体和休闲活动相关联

图 12 - 63　居住区的住宅设计

图中展示的住宅依次是为:联排住宅、砖城堡、仓房和全木住宅。
其中砖城堡的图片来源为:"砖城堡",马尔默,瑞典[M]. 世界建筑,2004(10):66.

的绿轴——Ribersborg 便是通过两条绿轴同 Scaniaparken 相连的,即西侧码头周围远观海景的散步道和东侧的绿色公园轴。

沿海和码头周边的环境安全宜人,对于马尔默的居民来说也是一个兼具可达性和公共性的、富有吸引力的新去处。其公共性标记已经从物理环境和视觉效果上,比如说通过引人入胜的景观、丰富的公共空间体验以及入口、自行车道和交通流线的布置得以强化;东侧的滨河公园则以四层建筑为边界,其散步道的北部已放宽,以适应城市公园的使用需求,南部则面向东侧的工厂和 Gängtappen 开

图 12-64　沿海和码头周边的环境规划（左：滨海广场；中：沿海散步道）和东侧的滨河公园规划（右：公园景观）

放。这里正是地区中心的所在地，商店和一家学校分设大街两侧（图 12-64）。

2）环境规划

为了顺利承办 Bo01 欧洲住宅展览会，马尔默曾编制相应的环境规划，其目标为：确保地区环境的高品质，使其成为都市密集开发区中一例引领国际绿色潮流的样板，同时成为马尔默可持续生态策略调整的驱动力；确保信息社会科技和服务的高品质；确保城市规划和建筑设计的高品质。这主要涉及几方面的内容：

（1）信息技术　"智能 Bo01"的建设目标是：针对人们所期望的居住方式，尽量以技术作为一种助推器和实施工具，引入一种整体分析的思路。通过"智能 Bo01"这一手段，发掘"明天的城市"的最高目标，即在世界范围内，为可持续发展的生态型信息社会和福利社会打造国际一流的样板。

该项目可分为两部分：信息技术的共通标准和区域服务职能的成长。其中，信息技术的共通标准经"智能 Bo01"项目敲定后，需解决的后续问题还包括：带宽、网络规模、IT 对于后续举措和信息的支持以及研发项目等；而区域的服务职能则优先体现于：带警报装置的监控系统、家庭货物传送系统、电子锁合系统、用于家庭护理的居住单元、远程办公设备、交通管控的 IT 支撑、地区配电网、汽车合用组织等方面（表 12-8）。

表 12-8　关于信息技术的基本规划标准

工作环节	规　划　标　准
一体化的宽带联络	所有拥有产权的家庭均配备宽带，或是类似的网络设备；电话、数据传输、无线通讯、电视等功能均需整合一体
家用的局域网络	每个居住单元都需配备自身的局域网络
用户界面	每个居住单元都需要在住处和科技之间设置界面，该理念事关居民同宽带网络的接驳
自由竞争	网络服务可以公开竞标，以向租户提供可能的最低报价

（2）交通运输　交通运输应按照削减总输入量的思路进行调配，比如采取在线购物的方式。必需的交通运作则使用具有环境适应性的交通工具，以实现毒物排放量、燃料消耗量和噪音的最小化。Bo01 地区的规划确实保障了交通运输需求的最小化，不但让自行车与步行交通优先发展，所有的街巷和小径也是按步道的要求进行设计的，公共交通则成为小汽车之外又一富有吸引力的选择（表12-9）。

表 12-9　关于交通运输的基本规划标准

工作环节	规　划　标　准
受限的机动车交通	街巷的设计应限制地区机动车的交通
交通管控的 IT 支撑	可应用 IT 技术管控交通，通过新方法来消减交通部门对环境的冲击
公共交通的标准	公共交通通过设计应具有同私人交通相匹配的竞争力
公共交通	公共交通应该通过高度的实用性、富有吸引力的交通工具，支线运输工具和站点设置的专用适应性以及 IT 部门的相关措施，面向用户展现其魅力和友好的一面；公共交通——无论是轨道交通还是路面交通——均要作为城市整体交通体系的主要构成而加以规划，并和城市重要的交通节点和终点站联为一体
轨道公共交通的筹划	对于公共汽车来说，街巷的设计、线路的规划等应结合西港区的进一步开发，为轨道交通的变化预留调适的空间
汽车加油站	汽车加油站应合理选位，并选择同环境相适应的燃料
同环境相适应的交通运输方式	垃圾处理、财产管理及其他一些以服务为导向的商业性交通，应该以适应环境的交通工具为基础，其目标为：更小的交通工具、更少的非化石燃料和更低的噪音
交通换乘点	针对同本地区相关的交通换乘点的安排，要根据环境的适应性对各种可能展开调研

续表

工作环节	规　划　标　准
垃圾运输	借助于可再生能源,垃圾可以通过运输实现处理/再装载要求
同环境相适应的交通工具	同环境相适应的交通工具,将在进入本地区和停车方面享有特许的优势,以示尊重
在商业上具有可操作性的汽车合用组织	开发商应当面向居民提供适当形式的汽车合用组织

（3）能量供给　Bo01地区在不损害居民生活舒适度的前提下,为可持续发展的生态式能源体系提供了一份更加讲求效率的能源策略,这需要发掘地方上的潜能、可再生能源和现有的基础设施(表12-10、图12-65)

表 12-10　关于能量供给的基本规划标准

工作环节	规　划　标　准
能源	该地区只能提供由可再生能源产生的能量
地方性生产	该地区的所有消耗能源除了风能和沼气由马尔默提供外,均可在本地实现生产和供给,并以年度为限,实现"能源的总体平衡"
能耗的最小化	其目标为:每年总房屋面积平均能耗不超过105 kWh/m²。这包括所有同产权相关的能源使用情况,其中也包括各自领地内能源的生产或是恢复环节
不同项目之间的能耗差异	只要Bo01地区在整体上能达到平均能耗的目标,可以容许个体项目在能耗上同上述目标有所背离。这一点要求还将延续到在规划和建设阶段
舒适要求	其舒适目标为:上述几点工作的开展,不该以居民舒适度的损害为必需代价。如果需要通过更高的能量输出来确保舒适标准,那么在咨询了Bo01及其他的能量供应商之后,便可以针对个体项目就105 kWh/m²的目标做出调整
供给过程	有关该地区的能耗和舒适度,可以在规划和建设阶段展开后续研究。如果同现有的目标相悖离,采取措施时则可以参照建筑实例(建筑师、结构工程师或是技术体系)和生产设备的标准
评估	当该地区完工时,应该针对能耗和舒适度展开评估,并持续两个完整年度的使用周期
供暖与空调	影响环境或是破坏臭氧层的物质,应避免出现在供热和空调厂家。立足于环境要求,以水作为供热和空气调节的载体,做出最佳选择
装置与设备	应立足于环境要求做出最佳选择,使所有的装置与设备均能在能效方面处于领先地位
开发计划	对于能源部门出现的所有权和服务的新形式,应多加鼓励
垃圾、供水及卫生设施	可以使用在垃圾与废水处理过程中所伴生的能量

（4）供水排水　Bo01地区的雨水基本上实现了就地处理,以减少污水处理厂和泵站的负荷;其经处理的污水则可将有害物降至最低水平,同时将氮磷成分尽量回收返用于农。

图 12-65　装太阳能集热器的居住建筑

资料来源:Bergt Persson. Sustainable City of Tomorrow[M]. Formas,2005:100.

就供水与排水系统而言,Bo01地区充分发掘了其生态循环的增长潜能:其部分是通过与尿分分类相关的项目,或是通过供水与排水系统及其用材的选择,来实现污水处理与有机废水传输的;而对于雨水系统来说,Bo01地区则结合绿色屋面和屋顶雨水如何用于卫生间等实验性项目,提升了其生态循环潜能(图12-66、图12-67、表12-11)。

表 12-11　关于供水与排水的基本规划标准

工作环节	规　划　标　准
雨水处理	所有的雨水和排放水均需在本地区内完成处理。雨水主要通过地表而非地下排放,如有可能,还可沿基地边界的开敞式沟渠排放;开发商,Bo01地区和马尔默市可在其间寻求解决的方法
雨水处理	雨水可以通过检修孔和管道排放至开敞的池塘,如有可能又适合的话,还可以根据所含盐分多少将雨水导入种植区或其他定量配给区
受污染的雨水	源于繁重交通路面的雨水,需要通过盛装植物的系统加以净化,同时/或是使用分离器生成油与颗粒
污水、尿分、排泄物和有机废物	污水的磷分、尿分、排泄物和有机废物应做到返用于农
重金属及其他的生态危害物	雨水中的重金属及其他生态危害物,应不超出返用于农业土壤的限值;需要遵循KRAV的相关原则
供水与排水系统的渗漏	建筑、装置或是表层材料的使用,应不危及雨水、污水或是淤泥的品质
主排水管	主排水管应确保绝对的防渗防漏

图 12-66 严整而细致的排水处理

图 12-67 绿色屋面

资料来源：Bergt Persson. Sustainable City of Tomorrow[M]. Formas,2005:62.

（5）垃圾处理　Bo01 地区的垃圾处理遵循了下述优先原则：重复使用、原料的再生和能源的恢复优先。它通过高水准的服务设施来扶持循环使用和重复使用,预先的分类收集简易可行,而借助于 IT 技术也将有效的循环使用和垃圾处理的专用便利设施引入了本地区；而且新型的垃圾处理方法和预先的分类收集思路将在项目中继续接受检验(表 12-12、图 12-68)。

图 12-68 垃圾分类收集的真空系统

资料来源：Bergt Persson. Sustainable City of Tomorrow. Formas, 2005:93.

12.5.4 案例启示

1）生态环境建构的区位选择

北欧的城市空间生态化、尤其是生态型城镇的建设多会在区位上呈现出下述特征：

其一,边缘指向,它们往往会脱开原有中心城区的环境条件而选位于城乡结合部；

其二,自然要素指向,它们倾向于同特定的自然要素,如山、水、湿地、植被等互相渗透结合；

其三,用地条件分化,其用地主要有两种来源：历史遗留的老工业区和码头区,或是边缘地带的新开发用地,用地条件的新旧分化较为明显。

表 12-12　关于垃圾处理的基本规划标准

工作环节	规 划 标 准
结合产权的垃圾收集环节	其目标是向每一份产权的拥有者下达收集报纸、纸板、金属、塑料、彩色玻璃、防护白玻璃、残余垃圾和有机废物的职责
处理弹性	垃圾收集系统应当具有一定的灵活机动性,可以应对垃圾碎片处理量的增加
信息与效用	整个系统应便于理解和使用,可以连续向居民通报有关分类收集及其成果的信息,其目标是将残余的垃圾碎片量削减80%
本地区的垃圾收集点	本地区将面对下述垃圾碎片引入收集系统：家具、纺织品、有害废物、电子垃圾及其他的大宗垃圾
公共空间的垃圾	所有源于公园和花园的生物垃圾,均可以通过堆肥和消化措施进行处理；其他公共空间的垃圾,则可转化为可重复使用和循环使用的物质

究其原因,这种边缘指向主要有利于城市在空间形态面向城市整体系统开放的同时,能在一个相对封闭的小环境里摆脱固有的外在制约,进行生态理念方面的规模化实验,从而确保该地区生态环境建构的相对的自循环和自封闭属性；而自然要素指向则利于城市环境景观的塑造和生态技术的因借引入④。只是新旧分化的两类用地条件,在一定程度上反映出生态型城镇建设的选位宽容度,进而形成了生态技术运用的两大基本类型：改造与新建——其中,在空间上维系宏观整合和在生态上追寻相对独立的二元并立图式,是北欧城市空间生态化和生态型城镇选位的一条核心要则,可作为我国类似探索和实践的参照与借鉴。

2）生态环境建构的规划依据

为了引导城市空间生态化和生态型城镇的良性建设,

在建筑设计、建造施工、运营操作等专业人员最终介入之前,首先要在宏观层面上确立与之相对应的规划依据。这在北欧地区便会涉及相应的环境规划(environment program)的编制,作为生态环境建构的关键性依据,它们大多具有以下特征:

(1) 应用的普遍性　环境规划目前已成为北欧整个规划体系的基础构成之一,不但在城市建设中应用较为广泛,还是许多项目报批和开发时所不可或缺的文件和内容,具有"准法定"专项规划的地位。像马尔默为了成功申办欧洲住宅展览会,就曾编制专门的环境质量规划(1999年);它不但对项目实施的共同目标和质量水准的底限做出了规定,还对环境、信息技术、设计、效用和社会服务的质量水准进行了归总,基本上涵盖了环境规划的主要内容和要求。

(2) 专业的复合性　环境规划由于涉及生态技术运用的方方面面,通常会在编制时聚集和组织不同专业背景的人士分工协作完成。如维基实验新区的生态环境建构,就是一个高度综合的互动过程,它离不开规划师、建筑师、景观设计师、水文专家、地质勘探工程师、植物学家、园艺师等相关专业的精诚合作;而哈默比湖城作为一种具有资源集约性和环境适应性的新型城镇,其环境规划同样依托于上述诸多专业的复合。

(3) 管理的多部门　编制环境规划的专业复合特征,也在某种程度上决定了其主管责任部门的多元组合特征。哈默比湖城便是由斯德哥尔摩水公司、城市开发管理局、城市垃圾管理局等出面,来共同打造"哈默比模式"的,而维基实验新区的建设同样离不开芬兰环境署、建筑师协会和国家科技部(Tekes)具有创新性和前瞻性的风险尝试和联手支持,首届欧洲住宅展览会(Bo01)的责任方则包括市政府、地区政府、街道和公园管理部门、给排水管理部门、共有财产管理机构等。

3) 生态环境建构的规划内容

可持续的生态理念是未来和谐城市发展的核心所在。在城市规划和建设的过程中,它所倡导的行为活动应蕴涵着一种基于对自然资源尊重的价值理念,而具有环境敏感性的水和能源使用、生态型的建筑材料和交通组织模式、智能技术以及各类污染的预防和处理,正是可持续的城市所需面对的本质要素所在。在此背景下,北欧环境规划也在内容构成上形成了以下特点:

其一,面向城市空间生态化和生态型城镇而编制的环境规划,均可根据自身的主题和重点形成相应的特色内容。比如说 Bo01 对于"明日城市"信息技术的强调,以

及维基实验新区对于绿化园艺的关注,都是其生态环境不同于其他城镇的特点与亮点;尤其是哈默比湖城,它聚焦于环境主题和基础设施拟定了一系列的规划和操作程式,构建了著名的"哈默比模型"(Hammarby Model):各组成要素之间相互关联、多向转化,共同构成了一个自我循环的完整系统,反映出污水排放、废物处理与能源提供之间的互动关系及其所带来的社会效益(表12-13)。

表 12-13　北欧典型生态型城镇的环境规划要素构成

生态型城镇典型案例	能源	交通	垃圾与废弃物	水处理	土壤污染	建筑材料	绿化园艺	土地使用	信息技术
哈默比湖城	●	●	●	●		●		●	
维基实验新区	●	●	●	●		●	●	●	
首届欧洲住宅展览会(Bo01)	●	●	●	●	●	●	●	●	●

据斯德哥尔摩城市开发管理局所提供的资料文件整理,http://www.arch.umanitoba.ca/vanvliet/sustainable/casestud.htm。

其二,面向城市空间生态化和生态型城镇而编制的环境规划尽管在要素构成上不尽相同,但能源、交通、垃圾与废弃物、水处理、建筑材料等要素无疑是其编制内容的共同基础和基本骨架所在。这类规划不但遵循一定的编制流程和内容框架,还会对规划目标、规划要求、规划措施、责任方与参与者等基本问题做出回答。不过即使是针对同一要素,各城镇的规划举措依然会呈现出一定的分异。如在水处理方面,维基实验新区会小规模地分离和利用中水,只不过基于健康的要求,中水会在放入灌溉水池或是再利用之前进行净化处理;而哈默比湖城则倾向于不利用中水。

4) 生态环境建构的整体框架

透过维基实验新区建设的运作框架,可以看到:对于城市空间生态化和生态型城镇建设来说,欲实现生态环境的整体建构除了至关重要的规划依据——环境规划外,同样离不开从宏观到微观、从规划设计到建设运作等各层面的共同参与和协作。因此,以不同的建构层次和专业分工为"经",以目标、成果、操作、参与者等不同的环节为"纬",可以交织形成一个相对完整的生态环境建构的整体框架(表12-14)。

表 12 - 14　维基实验新区生态环境建构的基本框架

建构环节	战略规划	城市规划	建筑设计	建造施工	运营操作	拆除
目标	将生态趋向贯彻到设计和建造环节中；为未来项目积累经验；为国家的可持续生态建筑计划提供支撑	为生态型地区探寻现实可行的建设思路；为规划评价探寻测评方法	通过规划设计竞赛组建设计与实施团队；确立 PIMWAG 体系与生态指标，并依此对项目做出评估与校核	通过招投标和建造活动实现规划；确立 PIMWAG 体系，对竣工项目进行测评	向承包商、建筑所有者等传达 PIMWAG 的要求；PIMWAG 体系的实施和应用；为使用期内的建筑设定要求，提供担保	在整修和拆除中同样应用 PIMWAG 体系
决策	在赫尔辛基打造新型的生态实验住区；确立生态都市计划	在维基打造实验住区；在首次竞赛的基础上敲定城镇规划；针对住宅项目探寻评估方法	组织 6 家设计团体参与第二次规划竞赛；针对实施的优胜方案，进行 PIMWAG 积分点的测算	在最低投标价的基础上选择承包商；建造和施工	所有者接收竣工建筑；进驻使用新建筑	拆除构筑物
成果	委托书和土地使用材料	通过首次竞赛遴选的城镇规划方案；通过邀标形式敲定的赫尔辛基城市评价方法；不同团队的建议	通过二次竞赛遴选的建筑师和工程师方案；PIMWAG 的评估材料；旨在达到环境目标和生态要求的施工委托书	招投标材料和合约；PIMWAG 的评估材料	对交付产品和财政状况做出最终审查后的合约；源于参与者和居民的反馈信息采集	招投标材料和合约
操作模式	由政府在规划中做出决策	由不同专家组成的评委通过首次竞赛向赫尔辛基推荐优胜方案；城市层面的规划缺乏评估方法；城市层面的地方政策和决策过程	由不同专家组成的评委通过竞赛向赫尔辛基推荐优胜方案；在赫尔辛基市政府的委托和管控下，PIMWAG 小组以会议形式展开项目评估；开发商为确保 PIMWAG 体系在最终建筑中的实施而签署文件	在最低价位的基础上选择主要的承包商	开发商、设计师和承包商参与最终审查的产品移交会；由特定的监督小组校核 PIMWAG 的积分点；通过住户间的民主交流，促使居民表述自身观点	—
参与者	赫尔辛基市政府；生态都市计划（环境署、建筑师协会和国家科技部）；环境署	赫尔辛基市政府；城市规划部门与设计师；评估小组	赫尔辛基市政府（委托方和管理方）；生态都市计划；PIMWAG 评估求值程序；设计师：建筑师和工程师	赫尔辛基市政府；遴选承包商的开发商；承包商；PIMWAG 评估求值程序	开发商；承包商；设计师；生态都市计划；PIMWAG 评估求值程序；所有者与居民；少数志愿者；VVO 开发商	所有者与居民
股东	赫尔辛基市政府；生态都市计划；公众	赫尔辛基市政府；公众	操作团体	操作团体；承包商、建筑师、工程师、VVO 开发商	居民；赫尔辛基市政府	用户
校核与评估	决策文件和备忘录	决策材料和备忘录；旨在敲定评估指标的邀标文件	设计竞赛材料和评委备忘录；PIMWAG 的评估材料	PIMWAG 的评估材料	产品移交材料；PIMWAG 的校核材料；维护书；采集维基经验的监督小组材料	采集维基经验的监督小组材料

资料来源：BEQUEST，Procurement Protocol TG，Case Study/Viikki，Minna Sunikka& Pekka，VTT[EB/OL]. http://www. ba. itc. cnr. it/Sustain/sbr_pdf/VIIKKI%20matrix. pdf.

5）生态环境建构的评价体系

为了对城市空间生态化和生态型城镇的目标实现度及其环境影响度做出评估，同时也为了激励和发掘类似项目的创造力，北欧有不少城市都在建设过程中引入了种类繁多的评价体系，且具有以下特点：

其一，面向城市空间生态化和生态型城镇而创建的环境评价体系,通常都会根据各自不同的特点和需要遴选不同的指标因子。如赫尔辛基市政府便专门委派专家针对维基实验新区建构了一套评价体系——PIMWAG体系。其所选的指标包括污染、自然资源、健康、物种多样性和食品生产五大方面近20项因子,且不同的目标层次对应于因子不同的量值,如热能消耗量(65~105 W·h/m²)、饮用水消耗量[85~125 L/(人·d)]及垃圾废物量(10~19 kg/m²),从而获取不同的积分。同样的,哈默比湖城也针对部分地块引入了环境影响评估(EIA)体系,遴选了绿地系统、供水排水、噪音、空气、能源与垃圾、土地、交通运输等十项指标约30项考评因子,如可达性、开放空间标准、空气质量、酸性物的沉积、供热制冷、真空传输系统、停车设施、轮渡的风险安全等等。经比较,二者的指标因子确实存在众多差异,但也在污染、能源等方面达成共识和交集。

其二,面向城市空间生态化和生态型城镇而应用的环境评价体系,往往需要从规划设计阶段便开始介入、追踪和评析。尤其是辅助设计决策的工具,更需要尽早引入,以便实现对整个建造过程的监控、反馈和调整。哈默比湖城为了在规划建设中融入环境方面的考虑,从详细规划阶段起便引入了环境影响评估(EIA)体系;维基实验新区则是在建筑设计阶段确立了PIMWAG体系及其相关生态指标,并将这一评价过程延续到建设、运作和使用阶段。

12.6 结语

目前我国节能减排形势严峻,生态环境严重破坏,这已成为困扰大众生存境遇的一大热点问题。在该背景下,通过考察国际城市空间生态化和生态型城镇的建设经验,来思考和探寻我国城市规划与建设的绿色道路,无疑具有特定的借鉴意义和广泛的综合效益;而在宏观战略层面探讨城市空间发展的生态化转型,在微观技术策略层面探讨生态型城镇的规划建设,也无疑成为当前国际学术界普遍关注的一个热点课题。

当然,这些举措最好还能同我国当前集约用地的基本战略相结合,以一种更为紧凑的城市空间形态为载体④,来逐步实现减少能源需求、资源消耗和环境污染的绿色目标,推动生态理念引导下的城市规划建设和大众生活品质的全面提升。

(文中的照片除标明出处的外,均由笔者拍摄而成,图片由研究生孙静、谢泉等加工绘制而成;Bo01地区环境规划的内容则主要参照了 *Quality Programme Bo01 City of Tomorrow* 的文件内容)

■ **思考题**

1. 关于城市空间生态化与生态型城镇建设,国际上从理论到实践已取得哪些重要的进展?
2. 城市空间发展生态化的实质是什么?
3. 城市空间发展生态化转型的四个关键领域是什么?
4. 如何实现城市土地利用的生态化转型?
5. 以生态理念为导向来引导我国城镇的良性规划与建设,需要确立哪些基本策略?
6. 关于生态型城镇的规划建设,可以从北欧的典型案例中得到哪些启示?

■ **主要参考文献**

[1] [美]奥德姆 E P. 生态学基础[M]. 孙儒泳,等,译. 北京:人民教育出版社,1991.
[2] [美]麦克哈格 I L. 设计结合自然[M]. 芮经纬,译. 北京:中国建筑工业出版社,1992.
[3] [美]理查德·瑞杰斯特. 生态城市伯克利:为一个健康的未来建设城市[M]. 沈清基,沈贻,译. 北京:中国建筑工业出版社,2005.
[4] 董卫,王建国. 可持续发展的城市和建筑设计[M]. 南京:东南大学出版社,1999.
[5] 张彤,吴晓,陈宇,等. 绿色北欧:可持续发展的城市与建筑[M]. 南京:东南大学出版社,2009.
[6] 黄光宇,陈勇. 生态城市理论与规划设计方法[M]. 北京:科学出版社,2002.
[7] 王祥荣. 生态与环境:城市可持续发展与生态环境调控新论[M]. 南京:东南大学出版社,2000.
[8] 段进. 城市空间发展论[M]. 南京:江苏科学技术出版社,1999.
[9] 沈清基. 城市生态与城市环境[M]. 上海:同济大学出版社,1998.
[10] 刘贵利. 城市生态规划理论与方法[M]. 南京:东南大学出版社,2002.
[11] 汪晓茜. 生态建筑设计理论[D]. 南京:东南大学,2002.
[12] 宋晔皓. 欧美生态建筑理论发展纲要[J]. 世界建筑,1998(1).
[13] 李道增. 重视生态原则在规划设计中的应用[J]. 世

界建筑,1982(2).

[14] 鲍家声. 可持续发展与建筑的未来[J]. 建筑学报,1997(10).

[15] 吴晓,王湘君,高军军. 生态导向下环境评估方法在北欧城镇建设中的应用初探[J]. 建筑学报(学术论文专刊),2009(2).

[16] Persson B. Sustainable City of Tomorrow[M]. Stockholm Formas,2005.

[17] Alujevic V Z. Energy Use and Environmental Impact from Hotels on the Adriatic Coast in Croatia [R]. Department of Energy Technology in KTH,2006.

[18] Gauzin-Müller D. Sustainable Architecture and Urbanism[M]. Boston:Birkhäuser,2002.

[19] http://www. arch. umanitoba. ca/vanvliet/sustain-able/casestud. htm.

[20] Jenks M,Burton E,Williams K. The Compact City: A Sustainable Urban Form? [M]. New York: E & F N Spon Press, 1996.

[21] Newman P,Kenworthy J. Sustainability and Cities: Overcoming Automobile Dependence[M]. Washington D C: Island Press, 1999.

[22] Hough M. City Form and Natural Process: Towards a New Urban Vernacular [M]. Routledge, 1989.

[23] National Board of Housing, Building and Planning in Sweden. Swedish Environmental Protection Agency[R]. Planning with environmental objectives. A Guide in Sweden, 2000.

■ 注释

① 有关资料显示,如果以世界人均水平为基本单位计算,我国资源除煤炭占 58.6% 之外,其他重要矿产资源都不足世界人均水平的 50%,水资源为世界人均水平的 28%,耕地为 32%,石油、天然气等重要矿产资源的人均储量仅分别相当于世界人均水平的 7.69%、7.05%。可见,必须以环境友好的方式推动国家的可持续发展。

② 英国的 Hopetown、加拿大的 McKenzie 镇、荷兰的 Ecolonia 区、马尔默的 Bo01 欧洲住宅展览会、加拿大的 Windsong 区、丹麦哥本哈根 Hedebygade 街区、斯德哥尔摩的哈默比湖城、美国的 Ecovillage、丹麦的 Kolding 社区等,均为目前国际上知名的生态型城镇(或社区)规划建设实践的样板和范例。其中,Hedebyg-ade 街区改造既大大提高了建筑性能,为住户提供了舒适的居住环境,又能通过生态改造达到可观的节能效果,太阳能集热器、太阳能电池板等太阳能技术与立面设计整合,楼顶的日光追踪反射器最大限度地将太阳光引入住宅深处,植物和花圃的设置净化了户内空气,也为机械通风空气净化减少了 30%~40% 的能耗。

③ 比如说生态能效法就是一套由 KTH(斯德哥尔摩的皇家工学院)和 Gävle 大学联合研发的、独特的环境评估方法,并得到了建筑研究委员会/Formas 以及建造业约 20 家公司和组织的支持。该研究平行覆盖了能源使用、材料使用、室内环境、户外环境和全寿命周期成本等几大领域,其对于环境影响的量化和演示,可以借助于环境的柱状统计概图来揭示引发不同环境影响的特征要素。

④ 海绵城市是指城市能够像海绵一样,在适应环境变化和应对自然灾害等方面具有良好的"弹性",下雨时吸水、蓄水、渗水、净水,需要时则将蓄存的水"释放"并加以利用。海绵城市建设应遵循生态优先等原则,将自然途径与人工措施相结合,在确保城市排水防涝安全的前提下,最大限度地实现雨水在城市区域的积存、渗透和净化,促进雨水资源的利用和生态环境保护。一般来说在海绵城市建设过程中,应统筹自然降水、地表水和地下水的系统性,协调给水、排水等水循环利用各环节,并考虑其复杂性和长期性。相关理论和实践还可参见:俞孔坚,李迪华,等."海绵城市"理论与实践[J]. 城市规划,2015(6):26-36.

⑤ Christiaanse K,Mensing A. Suburbia in Holland[M]. Berlin: Technische University,1997:15.

⑥ 欧洲棕地重建倡导联盟(BERI)网站:http://www. berinetwork. com.

⑦ 吴良镛,等. 京津冀地区城乡空间发展规划研究[M]. 北京:清华大学出版社,2002.

⑧ Oh K. Determining development density using the Urban Carrying Capacity Assessment System[J]. Landscape and Urban Planning, 2005(73):115.

⑨ 焦胜,等. 城市生态规划概论[M]. 北京:化学工业出版社,2005.

⑩ 理查德·瑞杰斯特. 生态城市伯克利:为一个健康的未来建设城市[M]. 沈清基,沈贻,译. 北京:中国建筑工业出版社,2005.

⑪ Kenworthy J. The eco-city: ten key transport and planning dimensions for sustainable city development[J]. Environment and Urbanization,2006(18):67.

⑫ Whitford V,Ennos A R,Handley J F. City form and natural process—indicators for the ecological performance of urban areas and their application to Merseyside, UK[J]. Landscape and Urban Planning , 2001(57): 91.

⑬ Jenks M, Burton E, Williams K. The Compact City: A Sustainable Urban Form? [M]. New York:E & F N Spon Press,1996.

⑭ Richardson B C. Sustainable transport: analysis frameworks[J]. Journal of Transport Geography,2005(13):29-39.

⑮ Illich I. Energy, Equity [M]. New York: Harper and Row,1974.

⑯ Newman P,Kenworthy J. Sustainability and Cities: Overcoming Automobile Dependence [M]. Washington D C: Island Press,1999.

⑰ Frey H. Designing the City: Towards A More Sustainable Form [M]. London and New York:Spon Press,1999.

⑱ Bokalders V,Block M. Building Ecology-knowledge for Sustainable Building [M]. Swedish Byggtjanst and Forfattarna,2004.

⑲ Newman P,Kenworthy J. Greening Urban Transportation [R]. State of the World 2007: Our Urban Future. Washing to DC: Worldwatch Institute,2007:66-89.

⑳ Knoflacher H. A new way to organize parking: the key to a successful sustainable transport system for the future [J]. Environment and Urbanization,2006.

㉑ Williams K. Spatial Planning, Urban Form and Sustainable Transport［M］. Oxford：Oxford Brookes University, UK，2005.

㉒ Kenworthy J. The eco-city：ten key transport and planning dimensions for sustainable city development［J］. Environment and Urbanization，2006(18)：67.

㉓ Newman P, Kenworthy J. Sustainability and Cities：Overcoming Automobile Dependence［M］. Washington D C：Island Press, USA,1999.

㉔ 第三届中国环境与发展国际合作研讨会［C］，北京，2005.

㉕ 曹勇宏. 城市绿地系统建设的生态对策——以长春市为例［J］. 城市环境与城市生态，2001(5)：9-11.

㉖ Kenworthy J. The eco-city：ten key transport and planning dimensions for sustainable city development［J］. Environment and Urbanization，2006(18)：67.

㉗ 焦胜，等. 城市生态规划概论［M］. 北京：化学工业出版社, 2006:201.

㉘ Newman P, Kenworthy J. Sustainability and Cities：Overcoming Automobile Dependence［M］. Washington D C：Island Press, USA,1990.

㉙ Kenworthy J. The eco city：ten key transport and planning dimensions for sustainable city development［J］. Environment and Urbanization，2006(18)：67.

㉚ The National Board of Housing, Building and Planning. The Ecological City-The Swedish Report to OECD［M］. Karlskrona：Boverket,1995.

㉛ 南京市统计局. 南京经济可持续发展与能源问题战略研究［R］，2007.

㉜ 周舫. 关于南京市生活垃圾处理的有关情况及建议［J］. 领导参阅，2005：53.

㉝ 顾斌，沈清基，郑醉文，等. 基础设施生态化研究——以上海崇明东滩为例［J］. 城市规划学刊，2006(4)：20-28.

㉞ 顾斌，沈清基，郑醉文，等. 基础设施生态化研究——以上海崇明东滩为例［J］. 城市规划学刊，2006(4)：20-28.

㉟ 美国绿色建筑委员会(US Green Building Council)建立的绿色建筑分级系统 LEED™，基于可接受的能源和环境原则，致力于在已有收效的实践活动同不断涌现的新概念之间实现合理平衡。该系统实行分级打分制，根据建筑材料、废弃物管理、能源、室内环境质量、景观与外部设计等分项指标下辖的约 40 项因子累计总分，然后依此颁发不同的绿色建筑等级。目前该系统在美国业内运用广泛，且不失可操作性。资料来源为：http://www. US. GBC. ORG.

㊱ 台湾绿建筑的评估资料表(2001 年版)通常由总表和分表两大部分组成：前者是对各分项指标的汇总评估，后者则是围绕着绿化、保水、节能、CO₂ 减量、废弃物减量、水资源、污水垃圾改善等 7 项分项指标，分别对其下辖的多项因子进行测算，完成分项评估。

㊲生态型城镇多倡导一种以公交为主的交通模式，尤其是那些富有吸引力的节能型交通，比如说有轨电车、公共汽车、轮渡、步行、自行车和 car-pools(汽车合用组织)。其中，哈默比湖城便面向所有的居民和就业人员成立了汽车合用组织，现已有成员 350 名和用车 25 辆。

㊳ Bo01 欧洲住宅展览会和哈默比湖城均广泛采用了垃圾和废弃物自动化的分类收集真空系统，固态垃圾可以通过相应的风动式管道吸入垃圾收集中心，经初步的汇集整理后，再由垃圾车按规定流线定点完成装载外运工作。

㊴ 西方的生态探索多强调可持续的、经过试验和检测的生态型材料的推广与使用，如美国绿色建筑委员会(US Green Building Council)就反对 VOC(注：即 volatile organic compounds，意为挥发性有机化合物)材料的使用，而瑞典的哈默比湖城也在环境规划中明文禁用经加压油浸处理过的木材。

㊵ 根据美国绿色建筑委员会建立的绿色建筑分级系统 LEED™，地方材料的使用是指可在 300 miles 内实现生产的材料。

㊶ 20 世纪末，斯德哥尔摩为申办 2004 年奥运会，编制了奥运场馆规划并把这一带定为奥运村，同时确立了环境和生态概念在建设中的显著地位。虽然最后申奥落败，却有效地加速了该地区的规划和建设步伐，使哈默比湖城(Hammarby Sjöstad)历经多年经营，逐渐形成今日的规模和景象。

㊷ 该纵向绿带的环境规划及其周边住宅单体的设计，曾获瑞典 2005 年的 Kasper Salin 奖。

㊸ 哈默比湖城最新的环境规划纲要和主要实施目标，已于 2005 年秋季通过论证核准。以目标为导向的各项工作不仅会涉及城市的行政管理部门，还会涉及相关的各类承包商。

㊹ 曹康，何华春. "棕地"揭秘［J］. 中国土地，2007(8)：43-44.

㊺ Viikki 实验新区所要实现的自我平衡和支撑不但包括就业问题——为 13 000 名居民提供 6 000 份工作和 6 000 份学习和科研的机会，还涉及相关的公共服务设施(如学校、幼托、高校、商店等)，从而达到降低人们出行可能性的目的。上述经济技术指标的来源为：http://www. arch. umanitoba. ca/vanvliet/sustainable/casestud. htm.

㊻ 该园艺中心位于 Latokartano 居住区的生态公园东部，由绿地、农田、湿地等环缘布置，结合家畜园布形相对独立。它在运营上由一家私人公司和市政府共同承担，旨在为 Viikki 新区居民提供有关园艺和小片耕地耕作的资讯和建议。

㊼ PIMWAG 体系源于专家们的姓氏字母缩写 (Pennanen, Inkinen, Majurinen, Wartiainen, Aaltonen 和 Gabrielsson).

㊽ 西港区曾是马尔默离中心区最近的滨海工业区，在用废料填埋后，除了一些工业企业、办公楼和大学建筑外，用地平整而荒芜。

㊾ 如维基实验新区结合了 254 hm² 的湿地保护区和南北向的绿色通廊，将基地内外的自然生态系统和农业生态景观整合一体，同时以生物方式来净化池塘水体，以铺地和种植物来降低地表水的流速；而哈默比湖城对于雨水的处理，一般都就地处理而不加重排水管网和污水处理厂的负荷，稍经过滤和净化处理后便会直接排入湖水等等。

㊿ 澳大利亚学者纽曼(Newman)和肯沃斯(Kenworth)针对世界各大城市的出色研究表明：城市密度同人均能耗量之间存在着规律性的联系。密度最低而能耗最高的城市往往在美国，而香港这个高密度城市以庞大的交通系统为支撑，反而产生了最经济能耗。可见，采取更为紧凑的城市发展格局并改善交通系统，可以有效地减少各类能耗及污染性气体的排放，这种构想实际上同我国生态理念导向下的城市建设目标是基本一致的。

［本章节为"十二五"科技支撑计划(2012BAJ14B01)和江苏省科技计划(SEB2015710009-01)资助成果］

内 容 提 要

　　本书全面讲述了城市规划与设计的基本概念、发展趋势、目标原则、编制方法与成果要求,具体涉及城市规划与设计概述、国土空间规划与主体功能区规划、区域与城乡总体规划、乡村规划与城乡统筹发展、控制性详细规划、城市设计原理与方法、城市居住空间规划设计、城市中心区规划设计、城市历史文化遗产保护与规划、城市更新改建规划与设计、城市轨道交通枢纽及用地规划、生态型城镇建设与规划等内容。

　　本书适用作高等学校城市规划专业教材,也可供城市规划、建筑学、经济地理及相关领域专业人员和建设管理者阅读。

图书在版编目(CIP)数据

　　城市规划与设计/阳建强主编. -- 2 版. -- 南京:
东南大学出版社,2015.12(2022.8重印)
　　ISBN 978 - 7 - 5641 - 5685 - 5

　　Ⅰ.①城… Ⅱ.①阳… Ⅲ.①城市规划-高等学校-
教材 Ⅳ.①TU984

　　中国版本图书馆 CIP 数据核字(2015)第 320311 号

城市规划与设计

出版发行:东南大学出版社
社　　址:南京市四牌楼 2 号(邮编　210096)
出 版 人:江建中
网　　址:http://www.seupress.com
电子邮箱:press@seupress.com
经　　销:全国各地新华书店
印　　刷:南京顺和印刷有限责任公司
开　　本:889 mm×1 194 mm　1/16
印　　张:16.75
字　　数:623 千
版　　次:2015 年 12 月第 2 版
印　　次:2022 年 8 月第 7 次印刷
书　　号:ISBN 978 - 7 - 5641 - 5685 - 5
定　　价:65.00 元

────────────────────────────────

(本社图书若有印装质量问题,请直接与营销部联系。电话:025 - 83791830)